清华科技大讲堂丛书

易学易懂C语言教程

刘永春◎编著

清华大学出版社

北京

内 容 简 介

本书以 C 语言的基础应用"程序设计"为主线,将 C 语言的基本概念和编程基础与程序的设计过程一步一步巧妙地结合起来,让学习者在程序设计的过程中理解基本概念,在理解概念的过程中提高程序设计和编程能力,达到事半功倍的效果。

本书采用启发、引导式的思路,运用通俗易懂的语言,将抽象的概念具体化,将复杂的问题简单化,有效提炼学习方法,重点强调学习内容,启发、引导学习者的编程兴趣,一步一步掌握编程技巧,不断巩固编程技能。本书共 10 章,内容包括 C 语言概述、顺序结构、选择结构、循环结构、数组、指针、函数、头文件、结构体和数据文件的存取技术等。每章都配有练习二维码以及习题简易答案的二维码,还配有完整的 PPT 课件和编程软件,供学习者和教学人员参考。

本书可以用作大学本科教材,也可以用作 C 语言爱好者的自学书籍,还可以作为软件专业人士的参考用书。

图书在版编目(CIP)数据

易学易懂 C 语言教程/刘永春编著. —北京:清华大学出版社,2024.5
(清华科技大讲堂丛书)
ISBN 978-7-302-66364-5

Ⅰ. ①易… Ⅱ. ①刘… Ⅲ. ①C 语言－程序设计－教材 Ⅳ. ①TP312.8

中国国家版本馆 CIP 数据核字(2024)第 107741 号

责任编辑:赵 凯 李 晔
封面设计:刘 键
责任校对:刘惠林
责任印制:曹婉颖

出版发行:清华大学出版社
　　　　　网　　　址:https://www.tup.com.cn,https://www.wqxuetang.com
　　　　　地　　　址:北京清华大学学研大厦 A 座　　邮　　编:100084
　　　　　社 总 机:010-83470000　　　　　　　　邮　　购:010-62786544
　　　　　投稿与读者服务:010-62776969,c-service@tup.tsinghua.edu.cn
　　　　　质量反馈:010-62772015,zhiliang@tup.tsinghua.edu.cn
　　　　　课件下载:https://www.tup.com.cn,010-83470236
印 装 者:河北盛世彩捷印刷有限公司
经　　销:全国新华书店
开　　本:185mm×260mm　　　　印　张:27.75　　　　字　数:672 千字
版　　次:2024 年 6 月第 1 版　　　　　　　　　　　印　次:2024 年 6 月第 1 次印刷
印　　数:1～1500
定　　价:89.00 元

产品编号:102459-01

前　言

　　C 语言是 1972 年由美国贝尔实验室的 D. M. Ritchie(D. M. 里奇)在 B 语言的基础上设计出的一种新语言,他取了 BCPL 的第二个字母 C 作为这种语言的名字,这就是 C 语言。它于 1990 年被国际标准化组织(International Standards Organization,ISO)一字不改地采纳,ISO 官方给予的名称为 ISO/IEC 9899,在 2011 年 12 月 8 日,ISO 又正式发布了新的标准,称为 ISO/IEC 9899:2011,简称为 C11。从此,C 语言进入了全面学习、开发和应用阶段。

　　目前,市面上出版的 C 语言教科书有很多种,其基本格式和内容都大同小异,给人的总体印象是抽象、难懂。不仅教师不好教,学生也不好学,尤其是自学就更加困难。

　　本书就是想给喜欢计算机语言、对 C 语言感兴趣的学生或者技术人员提供一本易学、易懂、系统、实用的教程,让大家在学习 C 语言的过程中既能“知其然”,也能“知其所以然”,不再感到抽象、困惑和畏难,让大家学起来尽量感到轻松自如,信心倍增,疑惑更少,兴趣更浓。

　　本书以 C 语言的基础应用“程序设计”为主线,将 C 语言的基本概念、基本语法、编程基础等与程序的设计过程一步一步巧妙地结合起来,通过程序设计引出相关的概念、解析相关的语法应用。本书尤其注重程序的设计过程,对于每一个程序设计案例要怎么具体设计都首先给出了详细的“编程思路”,让学习者先去思考、去理解怎样动手、怎样设计程序比较合理;而不是在程序设计完之后再进行设计思路的分析,将被动接受转为主动上手。本书在完成程序设计之后还对程序中的语句应用、疑点表现、设计技巧以及注意事项等进行了比较详细的解析,这样可以让学习者在程序设计的过程中去理解基本概念,在理解概念的过程中提高程序的设计和编程能力,从而达到事半功倍的效果。

　　本书摒弃以往强压式的教学方式,采用启发、引导式的教学思路,运用通俗易懂的语言,将抽象的概念具体化,将复杂的问题简单化,有效提炼学习方法,重点强调学习内容,启发引导学习者的编程兴趣,使其一步一步掌握编程技巧,不断巩固编程技能。由浅入深,从易到难,循序渐进,拓宽思路,让初学者不再有畏难、卡壳、学不下去的消极情绪出现。本书还专门配有详细的 PPT 教学课件、实训练习的二维码教学插件等,是学习 C 语言的上佳选择。

　　本书在不同内容的衔接部分,特别注重课程新内容切入点的选择。切入点选择正确,可以大大提高学生对课程新内容的理解能力,加快对新知识的接受速度和过渡过程。如果切入点选择不当,会使学生出现理解上的断层,或者出现对概念理解模糊的现象,从而影响学习效果。本书在循环、数组、指针、函数、头文件、结构体以及数据文件的引入方面都对切入点的选择做了比较周密的设计和铺垫,使学生对新知识的学习变得更容易,也有不少经典的案例供大家学习。

　　本书共有 10 章内容。第 1 章 C 语言概述与程序设计基础,主要介绍了 C 语言的程序结构和编程软件的使用方法。第 2 章 C 语言顺序结构的程序设计,主要介绍了格式化输出、输入语句的不同形式,算术运算以及综合运算的方法和顺序结构程序设计的思路等。第 3 章 C 语言选择结构的程序设计,主要介绍了 3 种不同的选择结构流程和编程方法,重点介绍了构成选择条件的关系表达式、逻辑表达式、算术表达式以及位逻辑表达式和运算规则等;尤其是对位逻辑的 6 种运算方法在 4 种不同类型变量的定义条件下,对正负数的不同运算规则作了全面、详细的介绍;还介绍了多分支语句的结构形式和构成"菜单"功能的应用方法等。第 4 章 C 语言循环结构的程序设计,主要介绍了循环结构的 4 个要素、4 种循环语句的用法,以及循环语句的嵌套应用等。第 5 章 C 语言中的数组,主要介绍了一维数组、二维数组、字符数组和字符串等概念及其应用。第 6 章 C 语言中的指针,以学习指针的 3 个关键环节为引领,全面介绍了变量的指针、一维数组的指针、二维数组列指针和行指针以及字符串数组指针的多种引用等概念和方法。第 7 章 C 语言中的函数,主要介绍了自定义函数的不同结构形式,自定义函数的不同调用方法,自定义函数的变量、指针和地址 3 种传递方式,函数的指针及其引用,变量的作用域,主文件和外部文件,C 语言的工程应用设计方法,通用函数的调用方法等。第 8 章 C 语言中的头文件及其应用,特别介绍了 C 语言中头文件的概念、头文件的编辑、头文件的保存以及头文件在 C 语言程序工程设计中的应用等。第 9 章 C 语言中的结构体及其应用,主要介绍了结构体的概念、创建、结构体数组、结构体指针、静态链表和动态链表的创建与应用等。第 10 章 C 语言的数据文件与数据的存取技术,全面介绍了对 C 语言中单一数据、单一字符、单一字符串和数据块的保存与打开技术,详细介绍了不同保存、打开语句对不同类型文件的操作方法,重点介绍了格式化文件的保存和打开技术的操作方法等。

　　在本书中,每章内容都"有骨有肉",并不是以干巴巴的语句介绍。被人们普遍认为最难学的"指针",在本书中以 3 个关键环节为主线,使指针的学习变得轻而易举。头文件对程序的优化设计尤为突出,本书将对头文件的介绍单列一章,主要强调了头文件在 C 语言程序设计中的重要地位和作用。从第 5 章数组开始,后面的每一章内容都十分丰富,应用举例丰富,学而有趣。

　　本书可以用作大学本科教材,也可以用作 C 语言爱好者的自学书籍,还可以作为计算机专业人士的参考用书。

　　本书在总结本人十多年 C 语言教学经验的基础上撰写,经过近三年时间的精雕细琢,终于完成了全部的撰写内容。由于本人的水平和能力有限,书中难免存在不足之处,万望同行和使用者提出宝贵的意见,本人不胜感激! 并将对内容不断地进行补充和完善。

刘永春

2023 年 2 月 24 日

目　录

第1章

 C语言概述与程序设计基础

计算机在各行各业的应用已经非常广泛,尤其是刚刚火热兴起的 ChatGPT 等许多高端领域,计算机都扮演着非常重要的角色。简单地讲,计算机就是为人类服务的高级工具。

世界上第一台计算机是 1946 年 2 月 15 日在美国发明的,占地面积有篮球场那么大,重 30 多吨,很笨重,但是,它开辟了人类智慧的先河。计算机的核心是 CPU,现在很小的智能手机 CPU 就有 4 核、8 核的不等,功能也有翻天覆地的提升。

计算机是用来帮助我们大家做事的。如果你想让计算机帮你做事,就必须用它能听懂的语言告诉它如何做,这种语言就叫作计算机语言。高级的计算机语言不仅计算机能听懂,我们人类也能明白。C 语言就是应用比较广泛的高级计算机语言之一,也是我们学习的首要对象。

C 语言是一种用途十分广泛的计算机高级语言,它既可以用于底层的基础和系统设计,又可以用于大量的应用设计。它以函数为基本单位,以模块化、结构化程序设计为主要形式,尤其是通过 C 语言编写的程序响应速度快、可移植性好,基本上不做修改就能用于各种型号的计算机、单片机、嵌入式系统和各种操作系统等。

与 C 语言类似的还有 C++语言,C 语言源程序的扩展名为.c,而 C++语言源程序的扩展名为.cpp。这两种语言有许多共同的语法和功能。C++语言是在 C 语言基础上发展起来的,功能比 C 语言更强,但是二者的基础基本上是一致的。C 语言比较粗放,而 C++语言比较严谨、细腻。C 语言面向过程,C++语言面向对象。C++除了包含 C 语言的相关功能之外,还有其自身独特的功能,比如新的数据类型——类,也就是一种新的变量——对象。不过,C 语言是很多计算机语言的基础,所以,学好了 C 语言,再学习其他类型的计算机语言就会触类旁通。

本书主要介绍 C 语言的基础应用知识,这些知识都很典型,只要按照本书内容来学习,是很容易理解和掌握的。

1.1　怎样学好 C 语言

学过、教过 C 语言的人都知道,C 语言的数据类型多、运算方式和规则也多。所以,C 语言这门课比较难学。

根据作者的教学经验,学习 C 语言最容易出错的地方有 3 个:一是对输出语句 printf()控制格式的应用不熟练,二是对输入语句 scanf()控制格式的应用不熟练,三是对函数的功能以及结构框架应用不熟练;还有一道坎迈不过去:那就是不会修改程序中的错误。

告诉大家一个秘诀,学习 C 语言必须掌握好 3 个环节,迈过一道坎:一是掌握好 C 语言输出语句 printf()的控制格式与用法;二是掌握好输入语句 scanf()的控制格式与用法;三是掌握好函数的结构形式;四是掌握查找和处理程序错误的方法。

只要牢牢掌握了这 4 点,学习 C 语言也就容易多了。

1.2　C 语言程序的输出语句介绍

不论用 C 语言设计的程序做什么,都要用输出语句 printf()把运算结果在计算机屏幕上显示出来。这些信息可能是一段文字、一句话、一个数据、一个字符或者是文字与数据的组合等不同形式。

下面就是 C 语言分类实现显示结果的语句格式模型:

```
printf("…");              //此模型专门用于显示文字结果
printf("%d", 100);        //此模型专门用于显示整数结果
printf("%f", 3.14);       //此模型专门用于显示小数结果
printf("%c", 'a');        //此模型专门用于显示字符结果
printf("…%d…", 100);      //此模型专门用于显示文字与整型数字组合的结果
```

还有一些其他的输出格式,后面再做介绍。

例 1-1　用 C 语言输出一句英文:This is a C program.
　　　　　用 C 语言输出一句中文:自强不息,止于至善。

其语句格式如下:

```
printf("This is a C program.");
printf("自强不息,止于至善。");
```

可见,不论是英文的,还是中文的,只要把所要显示的文字内容放到显示格式的双引号之内就可以了。

想一想:用 printf()输出语句怎样显示中国的八雅之一——"琴"的诗句?

知音一曲百年经,

荡尽红尘留世名。

落雁平沙歌士志,

渔樵山水问心宁。

轻弹旋律三分醉,

揉断琴弦几处醒?

纵有真情千万缕,

子期不在有谁听？

例 1-2　用 C 语言 printf()语句如何显示下面的数据：25,9.8,A？

本例中的 25 是整型数据；9.8 是小数，也叫作浮点型数据；A 是字符型数据，数据类型不同，输出格式也不一样。具体如下：

```
printf("%d", 25);        //是整型数据的输出格式
printf("%f", 9.8);       //是浮点型数据的输出格式
printf("%c",'A');        //是字符型数据的输出格式
```

例 1-3　用 C 语言 printf()语句输出"我的 C 语言成绩是 98 分"。

这是把文字与数据相结合的一个例子。具体如下：

```
printf("我的 C 语言成绩是%d 分", 98);
```

归纳总结：第一要记住输出语句的关键词：printf,第二要记住纯文字、整型%d、浮点型%f、字符型%c、文字与数据结合等不同的输出模型格式,第三要记住语句最后的分号";"不能缺。

练习实践：把你最喜欢说的一句话用 printf()语句输出出来；把 100、0.618、字符 W 和"我今年 20 岁"也输出出来。写出来后，认真检查一下格式对不对。记住这几种常用的输出格式。

1.3　简单的 C 语言程序设计

虽然 printf()语句具备了输出信息的能力,但是,仅有它还不能在计算机屏幕上输出信息。只有把该语句放到"函数"中才能实现其输出功能。

函数是 C 语言的基本单位,它与数学上的函数不同。C 语言中的函数就是不同语句命令的集合,也是实现某种特定功能的架构。换句话说,只有将某一个语句命令放到 C 语言的函数中,该语句才能真正发挥作用。

每一条语句命令就像身怀绝技的个体,而函数就像是将这些身怀绝技的个体组合在一起的一个团队,个体只有在团队里才能发挥出应有的作用。所以,语句命令只有在函数中才能展示出自身的能力。

1.3.1　函数的分类与定义

C 语言中共有 4 种函数：主函数、库函数、空函数以及用户自定义的函数。

函数的定义就是设定函数要完成的某种功能,同时在计算机中要给函数分配一定的内存单元,相当于给函数安了一个"家"。函数必须先定义、后调用。

函数的定义格式如下：

函数类型　函数名(参数列表)
{
　　…
}

其中,"**函数类型　函数名(参数列表)**"是函数的首部,它由函数类型、函数名和圆括号所包含的参数列表组成,圆括号( )是函数的标志。花括号｛…｝中所包含的内容就是函数体,它是

由 C 语言的语句命令组成,语句命令可多可少。

主函数:凡是用 main 作函数名所定义的函数都是主函数,主函数名是固定的,不能改变。每一个 C 语言程序都必须有一个主函数,也只能有一个主函数。主函数可以放在程序的不同位置,主函数是可以直接运行的,它是程序运行的入口,也是程序运行的出口。

用 C 语言代码写出主函数的定义格式如下:

```
void main()
{ … }
```

其中,void main()是主函数的首部,void 是函数的类型,代表空类型;main 是主函数的名字;圆括号( )是参数列表。花括号{ … }中所包含的内容就是函数体。函数体可以竖放,也可以横放。省略号部分就是放置语句命令的位置。

库函数:计算机系统自带的函数,不需要再定义,调用即可。比如输出函数 printf()就是库函数,我们也把它称为输出语句命令。在第 7 章之前我们主要学习主函数,也会涉及少部分库函数的调用。

自定义函数:用户自己定义的函数。自定义函数与主函数的结构类似,也是由首部和函数体组成的。不同的是,自定义函数的名字可以由用户自己取,就像给自己的孩子起名一样。在第 7 章之后将重点学习自定义函数。

用 C 语言代码写出自定义函数的定义格式如下:

```
void fun()
{ … }
```

不论是主函数,还是用户自定义的函数,它就是一个执行架构,只要将需要执行的语句命令放到架构中就可以了,也就是放到花括号以内就可以了。

空函数:如果函数体中只有一个分号";",那么它就是一个空函数,空函数没有实体执行语句。比如,主函数与自定义函数构成的空函数如下:

```
void main()              void fun()
{ ; }                    { ; }
```

归纳总结:函数是由首部和函数体两部分构成的。圆括号( )是函数的标志。主函数的名字 main 是专用的,自定义函数的名字可以自己取。空函数的函数体内只有一个分号。

1.3.2　用主函数实现输出功能

我们将前面的输出语句"printf("This is a C program. ");"放到主函数的函数体架构中,就可以构成一个完整的主函数:

```
void main()
{ printf("This is a C program."); }
```

同理,将输出语句"printf("自强不息,止于至善。");"放到主函数的架构中,也可以组成另一个主函数:

```
void main()
{ printf("自强不息,止于至善。"); }
```

上面的两个例子说明了把 printf()输出语句与主函数 main()相结合的具体方法。一般位于函数体内的语句要比花括号缩进 4 个空位,这也是函数的结构要求。

1.3.3　简单的 C 语言程序设计

虽然主函数可以直接运行,但是,仅有主函数还不能独立运行。因为它还缺少一个运行平台。只有将这个平台给主函数搭建好了,主函数才能真正运行。

这个平台就是♯include＜stdio.h＞,这个平台必须放在主函数之前,否则是无效的。具体如下：

```
# include < stdio. h>
void main()
{   printf("This is a C program.");   }
```

有了♯include＜stdio.h＞这个平台,主函数就可以运行了。

不同的函数有不同的运行平台,很多教科书上将这个平台叫作编译预处理命令,也有的叫作"头文件"。由于它的引导词"include"的意思是"包含",所以,我们也可以将它称为文件包含声明。虽然叫法很多,但其形式和含义是一样的。

在♯include＜stdio.h＞这个平台上,♯include 是一个引导词,stdio.h 是一个头函数库。其中,std 指的是 standar 标准,i 指的是 input 输入,o 指的是 output 输出,h 指的是 head 头函数库。♯include＜stdio.h＞指的是输入 scanf()和输出 printf()等库函数命令均在该标准的头函数库中。

由于 C 语言本身没有自己的输出命令,要想输出信息,就必须借用别的指令来实现。而"printf("…");"属于计算机编译系统自带的输出命令,也是库函数之一,它的功能就是输出信息,也可称为"打印"信息,本书选用"输出"信息这一说法。C 语言中更多信息的输出都是调用这一语句命令。

不过,要想调用它,就必须把 printf()输出语句的出处说清楚,否则就不能调用。这也可以看作对别人"知识产权"的一种尊重和保护,也还可以理解为"来宾介绍"。

实际上,♯include＜stdio.h＞这个平台是为输出语句等标准函数搭建的,只要主函数中有信息输出语句"printf();"的存在,就必须要有这个平台。

主函数运行后输出的结果为：

This is a C program.Press any key to continue

后面的"Press any key to continue"是计算机自动加上的。

归纳总结：一个 C 语言源程序必须由文件包含声明或者平台与主函数一起构成。每一个可运行的 C 语言源程序中必须且只能含有一个主函数,主函数既是程序运行的入口,也是程序运行的出口,与主函数在程序中的存放位置无关。

练习实践：你自己试编一个源程序,先建立运行平台,然后编写一个主函数,把你最想说的一句话输出出来。写好后,认真检查一下格式对不对。如果没有错误,接着再做类似的两个练习巩固一下学习效果。如果能在短时间内完成,就说明你真的理解了。

1.4　Microsoft Visual C++ 6.0 编程软件的使用方法

一个 C 语言源程序设计好之后就可以运行了,是真的吗？回答是：未必。因为计算机的窗口界面有很多,有文字编辑窗口、有电子表格窗口,还有 Windows 窗口等。一个 C 语言源程序只有在它的编辑软件窗口设计完成才可以正常运行,而在其他的编辑窗口设计的C语言源程序是不能直接运行的,比如用 Word 编辑的 C 语言源程序就不能直接运行。

C语言常用的编程软件主要有 Microsoft Visual C++ 6.0、Dev-C++ 5.11、C-free 等,大家可以在网上搜索下载,本书也会提供相应的软件。建议大家下载 Microsoft Visual C++ 6.0 编程软件。

采用 Dev-C++ 5.11 软件编程时会自动编行号、自动加上各类括号、引号以及分号等。但是,它的主函数类型是规定死的,不能使用 void,不论函数的功能是什么,统一都使用 int,而且在函数体的最后必须要加上返回语句"return 0;",否则,程序就不完整,无法进行编译和运行。

C-Free 编程软件与 Dev-C++ 编程软件的编程方法类似,它也会自动编行号、自动加上各类括号、引号以及分号等。主函数的类型也只能用 int,不能用 void。但是,程序的结尾对"return 0;"语句的要求不是很严格,可有可无。用 C-Free 软件设计的 C 语言源程序要求不是很严格,不用保存就可以运行,这一点还是挺方便的,这也是它的一大优点。

按理说,后两种编程语言给编程者提供了更多的方便,应该是一件好事。不过,本书作者认为,后两种编程软件对具有一定编程基础的软件开发人员来说会方便一些,但是,对初学者而言,并不大好。它会降低初学者对 C 语言基本编程命令格式的书写和掌握水平,甚至可能会产生编程上的错觉与依赖性。所以,本书作者认为 Dev-C++ 或者 C-Free 软件没有 Microsoft Visual C++ 6.0 软件严谨,不利于初学者的学习。因此,从初学者的角度出发,本书推荐使用 Microsoft Visual C++ 6.0 编程软件。当然,有兴趣的也可以自己去学习使用其他类似的编程软件。

当初学者下载安装好 Microsoft Visual C++ 6.0 编程软件后,就可以做编程练习了。只要对简单的程序从头至尾反复做 3 遍,就可以基本掌握 C 语言的编程套路了。

只要掌握了 Microsoft Visual C++ 6.0 编程软件的使用方法,你就可以设计出任意一个力所能及的 C 语言程序来。怎么样,是不是有点儿跃跃欲试的感觉了?

好的,下面就重点介绍 Microsoft Visual C++ 6.0 编程软件的使用方法。

1.4.1　编程软件的下载与安装

首先下载并安装好 Microsoft Visual C++ 6.0 编程软件,然后双击 图标打开该编程软件,进入编程软件的主窗口。在主窗口的顶部是主菜单栏,共有 9 个菜单:File(文件)、Edit(编辑)、View(查看)、Insert(插入)、Project(项目)、Build(构建或编译)、Tools(工具)、Window(窗口)、Help(帮助),这 9 个菜单又有各自的分项内容,我们可以打开详细了解。

主窗口的左边是项目引导区窗口,右边是程序编辑窗口,下面是提示信息窗口。

1.4.2　打开 Microsoft Visual C++ 6.0 软件与编程的方法

(1) 打开"文件"(File)菜单,如图 1-1 所示。

(2) 单击"新建"(New),接着在弹出的窗口中再单击"文件"选项卡,如图 1-2 所示。

(3) 单击 C++ Source File 选项,即可进入编程窗口,如图 1-3 所示。

图 1-1　"文件"菜单

图 1-2　打开"新建"窗口

图 1-3　单击 C++ Source File 选项

（4）在程序窗口编辑好 C 语言源程序文件，并单击存盘图标![存盘图标]，选好存盘路径，填入文件名后单击"保存"按钮，如图 1-4 所示。

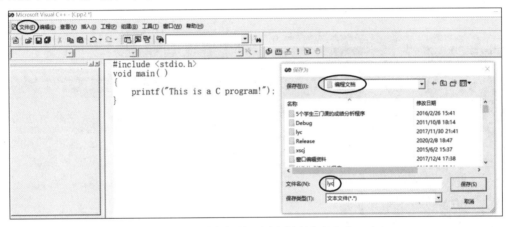

图 1-4　对编辑好的 C 语言源程序存盘窗口

编辑好的 C 语言源程序文件存盘的扩展名为.cpp，这是 C++源程序的存放形式，也是 Microsoft Visual C++ 6.0 编程软件的默认模式。如果扩展名取为.c，就是以 C 语言源程序文件的形式存盘。不论以哪种扩展名存放文件，程序的结构形式是一样的，运行结果也是一样的。比较而言，以.cpp 存放文件要比以.c 存放文件对程序的要求更严密一些。所以，如果没有特殊说明，本书所讲的程序存放形式都将以.cpp 的扩展名存放文件。

1.4.3　对源程序进行编译链接

选择"组建"→"全部重建"命令，单击弹窗中的"是"按钮，输入文件名后，单击"保存"按钮，完成对程序的编译和链接。下面的信息窗口显示 0 错误、0 警告，如图 1-5 所示，说明程序编译链接正确，没有问题，可以运行了。

```
Linking...
lyc.exe - 0 error(s), 0 warning(s)
```

图 1-5　程序编译链接信息说明

1.4.4　程序的运行方法

（1）单击上面菜单栏中的"！"图标，或者按 Ctrl＋F5 键均可进入运行状态，如图 1-6 所示。

（2）在弹出的窗口中直接单击"运行程序"按钮，如图 1-7 所示。

有些计算机会出现如图 1-7 所示的提示窗口，然后，就可以看到程序的运行结果了，如图 1-8 所示。

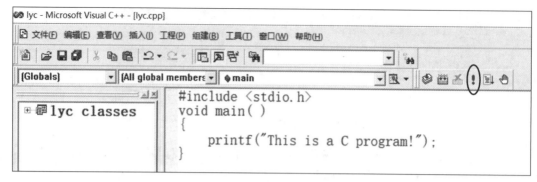

图 1-6　程序运行操作示意图

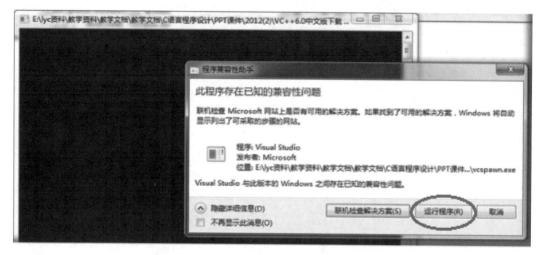

图 1-7　程序运行提示窗口

```
■ "E:\教学文档\C语言程序设计\编程文档\lyc\Debug\lyc.exe"
This is a C program!Press any key to continue
```

图 1-8　程序的运行结果

　　需要说明一下,在显示结果中出现的"Press any key to continue"是计算机自动加入的,不属于本程序的内容。

　　上面的 C 语言源程序,从设计到运行全过程,可以用如图 1-9 所示的流程图进行说明。

　　要设计、运行一个 C 语言源程序文件,包含编辑、编译、链接和执行 4 个步骤。首先是根据设计任务编辑 C 语言源程序,然后对源程序进行编译和链接,在编译过程中如果发现有错误,那么链接就无法通过,需要对程序进行修改。即便编译、链接成功了,执行后的结果也可能是错误的,同样也需要再对程序进行修改,直到符合设计要求为止。编辑好的程序,编译和链接可以一次完成,也可以分开完成。若程序没有问题,则编译、链接后文件的扩展名就变为.exe,程序也就可以运行了。

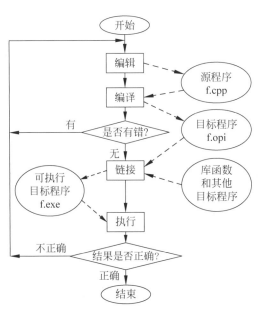

图 1-9　C 语言源程序的编辑设计到运行流程图

1.5　C 语言编程过程中错误信息的处理方法

　　C 语言编程需要耐心,稍一疏忽就会出错。对于初学者来说,出现差错是很常见的事,不足为怪。一旦编程出现了差错,程序编译就无法完成,也就不能进入运行状态。

　　由于 C 语言编程中的语句命令、字符、符号等均为英文的小写格式,在编程过程中,中、英文之间的切换比较多,很容易出现符号方面的错误。比如中文的双引号("")与英文的双引号(" ")、中文的逗号(,)与英文的逗号(,)以及中文的分号(;)与英文的分号(;)等差别都是很细微的,编程过程中很容易搞错。还有三角括号(< >)、小括号或圆括号( )、中括号或方括号[ ]、大括号或花括号{ }等各类括号的配对问题,中文形式与英文形式的差别很小,也很容易出现差错。

　　如果初学者不懂得如何查找和发现编程上的错误,也不具备处理和修改编程上出现错误的能力,那么一旦遇到程序的编译错误就会感到很无助,感觉无所适从,甚至感到很沮丧,也就有可能对学习 C 语言产生畏难情绪,以至于产生想放弃学习 C 语言的念头。所以,初学者必须要熟练掌握该技能,只有过了这一道坎,后面的学习才会变得更顺利。

　　请看下面的例句。

　　例 1-4　在下面的正确程序中设置编程错误,然后运行,分析错误信息,练习查找和修改错误的方法。

```
#include <stdio.h>
void main()
{
    printf("I love China! ");
}
```

　　例 1-4 中的程序没有任何问题,是完全可以编译和运行的,学习者可以自己验证。

下面给该程序设定 5 个错误,大家一起来观察一下:

① 将 include → inclde;

② 将< stdio. h > →〈studio. h〉;

③ 将 void → Void;

④ 将第 4 句改为 printf("I love China!);

⑤ 将第 4 句改为 printf("I love China!")。

看看程序编译时出现什么错误的信息。如图 1-10 所示就是第①个错误的窗口提示信息。

lyc - Microsoft Visual C++ - [lyc.cpp]
文件(F) 编辑(E) 查看(V) 插入(I) 工程(P) 组建(B) 工具(T) 窗口(W) 帮助(H)
(Globals)
(All global member
main
lyc classes
ClassV...
FileView
#inclde <stdio.h>
{
printf ("This is a C++ program.");
}
--------------------Configuration: lyc - Win32 Debug--------------------
Compiling...
c:\users\administrator\desktop\lyc.cpp(1) : fatal error C1021: invalid preprocessor command 'inclde'
执行 cl.exe 时出错.
lyc.exe - 1 error(s), 0 warning(s)
组建
调试
在文件1中查找
在文件2中查找
结果
SQL Debugging
invalid preprocessor command 'inclde'
行 7, 列 35
REC
COL
覆盖
读取

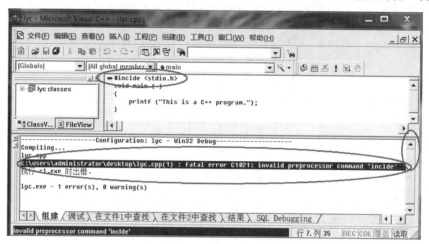

图 1-10　程序的错误信息提示窗口

以上 5 个错误内容不同,对应的错误语句所在行的位置也不同,大家必须学会如何查找和修改错误。

1.5.1　编程错误的查找方法

如果设计的程序比较长、错误信息比较多,那么所能看到的都是最后面的错误信息。所以,一定要先找到最前面的错误信息位置,然后从前向后逐个进行修改。

查找的方法如下:

(1) 在下面信息窗口的右边,单击右上角的三角符号按钮▲,一直往前找到最前面的错误信息为止,如图 1-11 所示。

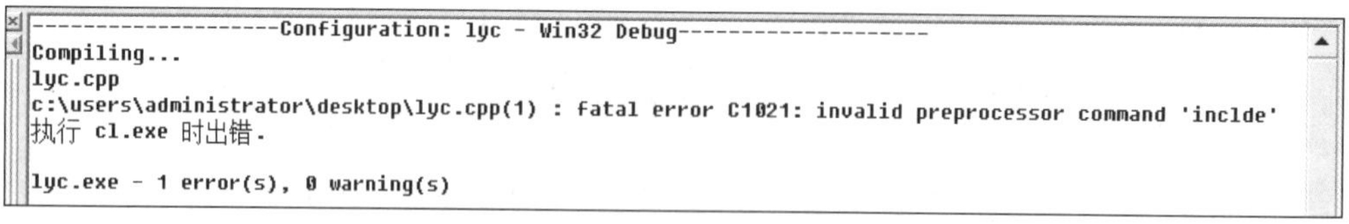

--------------------Configuration: lyc - Win32 Debug--------------------
Compiling...
lyc.cpp
c:\users\administrator\desktop\lyc.cpp(1) : fatal error C1021: invalid preprocessor command 'inclde'
执行 cl.exe 时出错.
lyc.exe - 1 error(s), 0 warning(s)

图 1-11　编译错误信息提示窗口

(2) 用鼠标选中错误信息条,然后双击错误信息条,这时错误信息就变成醒目的蓝底白字,同时会在源程序窗口中有错误的程序行左侧标注一个蓝色的小箭头→,说明箭头所指的命令行可能有编辑上的错误,其错误内容可参考信息行的具体提示。

有时错误信息并不在本行,而是在上一行。所以,当本行找不到错误信息时,可以在上一行继续查找。

（3）也可以按照错误信息中所提示的行号来确定程序出错的位置。

例如，lyc. cpp(1)：fatal error C1021：invalid preprocessor command 'inclde'，该信息表示执行 lyc. exe 时出错。

lyc. cpp(1)括号中的(1)就表示出错的行号，然后从程序的最前面开始往下数找到对应的行号后，再查找编程上的错误。

本错误信息的含义是：1 error(s)，说明有一个语法错误；cpp(1) 表示错误出现在程序的第一行；具体错误为 inclde 是一个无效的预处理命令。

上面的 3 步就是查找错误的具体方法，看起来并不难，关键是要能分辨出具体的错误是什么，然后才能准确地改正它。窍门就是多练习，熟能生巧。

按照以上的方法可以查找修改完所有的错误，然后再重新编译运行，看看是否运行正确。也可以每修改完一个错误后再编译一次，然后再接着查找新的错误，再修改、再编译，直到修改完所有的错误为止。

修改错误就是用规范的 C 语言语法和字符将错误的命令或者语句修改正确。这就要求学习者熟悉 C 语言规范的语法和要求，只有这样，修改才是有效的。

其他错误的查找和修改方法与上面的过程类似。

前面已经说过，一个 C 语言源程序即便编译、链接没有问题，并不等于运行就没有问题，也可能出现程序一运行就关闭以及退出编程软件的错误。请看如图 1-12 所示的程序及编译信息提示窗口。

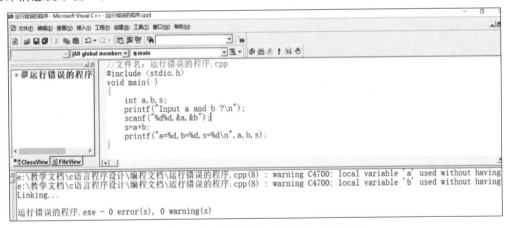

图 1-12　编译链接正常的程序信息提示窗口

可以看出，程序的编译和链接虽然有两条"警示"信息提示，但是，很多人会注意到下面的"0 error(s)，0 warning(s)"，说明程序的编译和链接已经通过，并没有问题，就以为程序也是正确的。可是，当运行程序时却出现了错误，而且是更严重的错误。请看图 1-13。

运行程序一旦出现如图 1-13 所示的错误，那么在低版本配置的计算机上，其程序和编程软件都会立即退出运行，直接返回到 Windows 桌面，什么提示都没有，这会让初学者感到非常纳闷，完全无所适从。在高版本配置的计算机上虽然不会退出程序和编程软件，但是，程序的运算结果是错误的，而且没有任何有效的提示信息。这种程序错误比较隐蔽，也很难发现，很容易误导人，其实这都属于对编程语句格式不熟悉引起的错误。当出现如图 1-13 所示的错误或者程序直接退出运行时，由于找不到程序错误的命令行，让人一时束手无策。

图 1-13　程序运行错误的提示窗口

在这里告诉大家一个思路:程序从哪个环节退出,错误就出现在哪个环节。只要从出现错误的环节查起,一定会很快找到错误的所在。

怎样确定程序出错的环节?可以根据程序的运行结果显示的信息来判断程序出错的位置。如果是刚输入完就出现问题,那就是输入命令格式出错了,应认真检查输入语句的格式。如果是输出环节出了问题,那就是输出语句命令格式错了,应认真检查输出语句的格式。

图 1-13 所示的编程错误就是在刚输入完变量 a、b 的值之后出现的,所以,问题就出在输入语句上,是"scanf("%d%d,&a,&b");"语句后面的双引号位置标错了。虽然编译、链接都通过了,但程序运行还是出现了问题。

类似的错误还有下面的一些情况:

"scanf("%d%d",a,b);"语句右边的输入变量 a、b 缺少地址号 &;

"scanf("%d%d,a,b");"语句,输入变量 a、b 缺少地址号 &,双引号位置也不对;

这些错误编译链接虽然能通过,但是运行时会出现与图 1-13 类似的错误。

另外,由输出语句控制格式错误也会引起这种弹窗关闭程序的错误。比如下面的语句:

printf("a= %d,b= %d,s= %d\n,a,b,s");

程序的编译链接都提示"0 error(s),0 warning(s)",运行后虽然没有弹出关闭窗口,但程序的运行结果是错误的,如图 1-14 所示。

图 1-14　程序运行结果错误信息

从图 1-14 中可以看出,给变量 a、b 输入的值分别为 3 和 5,应该是没有问题的。但输出的结果却都是 0,而且两数之和 s 不是 8。这是输出语句的控制格式不对引起的错误,只要对照 printf()的控制格式认真检查,都会发现问题。

这些编程错误都是初学者容易犯的,所以,在编程时一定要细心,尽可能减少错误。当然,偶尔出现编程上的错误也很正常,会查找修改就好了。

不过,下面的错误就不一样了,尤其是在第 10 章所讲的 C 语言的文件存储环节一旦出现了错误问题,那更让人头疼不已。比如下面的两种情况。

(1) 当 C 语言执行某个程序的语句"if((fp=fopen("E:\\教学文档\\C 语言程序设计\\编辑文档\\lzxs_cj.docx","r"))==NULL)"时,弹出了如图 1-15 所示的错误提示窗口。

图 1-15 程序运行结果错误信息窗口

由于图 1-15 所示的错误信息指向很不明确,检查程序问题会非常棘手,甚至会给人一种"绝望"的感觉。因为所有的程序看起来格式都是对的,没有问题,但是,一运行就弹出这样的窗口,一回车窗口就消失,程序再也无法运行下去,几乎让人"怀疑人生",无所适从。

其实,出现这种错误时首要的任务是:要准确定位出现错误的语句位置,然后再检查具体的错误内容是什么。

图 1-15 中显示的错误位置就是打开文件的判断语句位置,具体错误是打开文件的"路径"不正确,这种错误很隐蔽,很容易忽视。所以,只要对路径认真检查就可以发现问题的所在。

(2) 在判断 C 语言数据文件是否存在的 if((fp=fopen("文件路径\\文件名.扩展名","r")==NULL)以及 else 语句中,也常常会弹出如图 1-16 所示的错误信息提示窗口。

图 1-16 错误信息提示窗口

如果程序运行中出现了如图 1-16 所示的错误信息或者程序直接退出,主要是因为在 if()以及 else 语句中存在语法错误,也就是在 if()成立的分支语句中包含有 fclose(fp)的关闭文件语句。所以,在 if()…else 语句中,如果判断的结果是文件不存在,就不能在对应的程序复合语句中出现 fclose(fp)关闭文件的语句,也就是说,不能在相应的程序段中用该语句将之前打开的文件进行关闭,否则就会出现上面弹窗的错误信息。不过在 else 语句分支中关闭文件是没有问题的,因为文件是存在的,所以,再关闭理所当然。

总之,只要掌握了编程错误的查找和修改方法,就等于为建设"高楼大厦"打下了坚实的基础,学习 C 语言就会一路畅通。

1.5.2 减少编程错误的方法

一个程序编好之后,最理想的情况是一个错误都没有。但事实并非如此。当程序编好之后,总是或多或少地会有一些错误。要想减少编程上的错误,方法有 4 点:

(1)要确保命令语句中的关键词不能出错,这也是查找错误的第一点。比如,include、int、printf、scanf 等命令关键词不能写错。

(2)要确保命令语句中的控制格式不能出错,这是查找错误的第二点。比如,♯include、"printf("…");"和"scanf("%d",&a);"等格式不能写错。

(3)要确保命令语句中的标点符号不能出错,这是查找错误的第三点。比如,"printf("…");""scanf("%d",&a);"等格式不能写错。

(4)不要遗漏不同函数的运行平台,也就是函数对应的文件包含声明要完整,这是查找错误的第四点。比如,♯include < stdio. h >、♯include < math. h >、♯include < stdlib. h >等不同函数的运行平台不要遗漏。

只要按照这 4 点细心地编程,就会大大地减少错误;按照这 4 点查找错误,也一定会很快地找到错误,并能快速修正错误。

1.6 新编或打开程序的方法

1. 新编程序的方法

当设计好一个程序并运行完之后,如果需要新设计另外一个不同的程序时,可以不用退出或者关闭编程软件,只需要在编程窗口中打开左上角的"文件"菜单,然后单击左侧栏目中的"关闭工作空间"选项,即可清空编程栏内原来的编程信息。接下来,就可以编写新的程序了。如果不这样做,原来的程序信息可能会对新编写的程序产生干扰,从而出现编译或者运行上的错误。

练习实践:你自己先试编一个源程序,然后按照例 1-4 中②~⑤的方法设置错误,再一一进行查找,从而掌握查找故障的方法。并练习一下"关闭工作空间"的操作,新编一个 C 语言程序,熟悉这种处理程序的方法。马上动手试试,看看你掌握了没有?

2. 打开已有程序的方法

用编程软件 Microsoft Visual C++ 6.0 设计好一个 C 语言程序,经过编译、链接后,程序就存放在计算机或者 U 盘的某个指定文件夹中。当运行完程序退出软件平台后,如果下次还想再调用该程序或者对该程序进行修改完善,那么只需要将该程序从指定的文件夹中调出即可。初学者由于不知道这一操作方法,往往又重新设计一个程序,做了不少无用功。

一个 C 语言程序编辑设计完成之后,它的文件扩展名为. cpp 或者是. c,本书中选择

.cpp 形式；当程序编译完成后没有任何问题，其扩展名就是.obj；当程序编译、链接完成后没有任何问题，其扩展名就是.exe。

当程序运行完之后，打开存放程序的文件夹，可以看到有多个扩展名的文件，包括.cpp、.dsp、.dsw、.ncb、.opt、.plg 等。要重新打开 C 语言程序文件，需要正确选择。

首先不能选择"打开"方式，它是"文件"中的第 2 个菜单选项，如果单击它，那么软件会自动关闭，返回到 Windows 桌面。

应选择"打开工作空间"方式，然后在打开的窗口中找到存放的文件夹，再找到要打开的文件名，选择扩展名为.dsw 的文件打开即可。

我们以打开"输出中国的'八雅'之一_琴"为例来说明操作方法。

(1) 在计算机桌面找到编程软件图标 ，双击打开，如图 1-17 所示。

(2) 在图 1-17 窗口中选择"文件"→"打开工作区"命令，出现如图 1-18 所示的窗口。

图 1-17 打开编程软件画面窗口

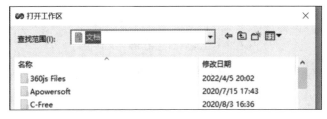

图 1-18 "打开工作区"窗口

在"查找范围"左边的下拉列表框中，单击右边的下三角按钮 ，找到存放 C 语言程序的文件夹。

(3) 在存放 C 语言程序的文件夹中，找到文件名为"输出中国的'八雅'之一_琴"，并选择文件扩展名为.dsw 的文件，如图 1-19 所示。

图 1-19 选择文件扩展名为.dsw 的文件

(4) 在图 1-19 中，单击右下角的"打开"按钮，即可调入之前编辑过的"输出中国的'八雅'之一_琴"的 C 语言程序，如图 1-20 所示。

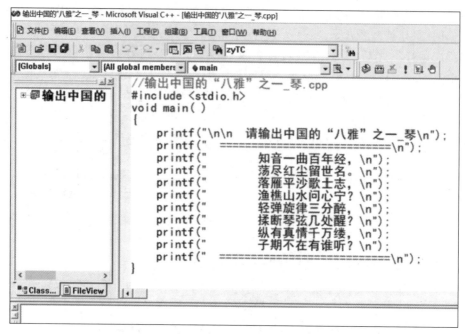

图 1-20　已编辑过的 C 语言文件窗口

（5）接下来就可以对原来编辑的程序进行编译、链接以及运行了，运行后的输出结果是没有问题的。

3. 重建新程序的方法

重建 C 语言程序的方法就是以原有的 C 语言程序为基础，重新设计另一个 C 语言程序的方法。由于两个程序具有相似性，采用重建方法可以提高程序的设计效率。

我们还是以"输出中国的'八雅'之一_琴"为例来说明具体的操作方法。

从文件名"输出中国的'八雅'之一_琴"可以看出，"琴"只是中国的八雅之一，还有"七雅"，因此，我们按照同样的方法可以输出中国其他的七雅。

我们以"输出中国的'八雅'之四_画"为例来说明重新设计 C 语言程序的具体的操作方法。

（1）在如图 1-20 所示的窗口左上角单击"编辑"菜单；

（2）在下拉菜单中单击"选择全部"，原有的程序即被选中；

（3）单击窗口上侧菜单栏中的复制图标 ▣ 进行复制，把原来的程序全部复制下来；

（4）接下来，在如图 1-20 所示的窗口中单击"文件"菜单；

（5）在下拉菜单中单击"关闭工作空间"，在弹出的"确定关闭所有文件窗口吗?"提示窗口单击"是"按钮，即可退出原来的编辑窗口，并新开一个新的编辑窗口；

（6）在新的窗口中，按照新编 C 语言程序的方法，打开"文件"菜单；

（7）单击"新建"命令；

（8）在弹出的窗口中，单击"文件"选项；

（9）选择 C++ Source File，单击"确定"按钮；

（10）单击窗口上侧菜单栏中的粘贴图标 ▣ 进行粘贴，就把原来的程序内容全部粘贴过来，内容与图 1-20 相同；

（11）先将文件名修改为：输出中国的"八雅"之四_画.cpp；

（12）再将输出名以及 8 行诗句的输出内容按照"第四雅_画"的内容进行修改；

（13）然后，以文件名为：输出中国的"八雅"之四_画.cpp，单击"组建"→"全部重建"命令，经过编译、链接和存盘，无误后，程序就可以运行和输出了。大家可以自己去练习验证。

同理，其他的七雅内容也可以这样设计，这也是一种编程技巧，请大家熟悉和掌握。

本章小结

本章主要介绍了 C 语言的输出语句的用法，介绍了函数的架构与运行平台，编程软件的用法，编程错误的查找方法以及其他的编程方法等。重点是主函数的定义、设计和编程软件的使用。

要想学好 C 语言，就要牢牢掌握 C 语言的 printf() 输出语句、scanf() 输入语句和函数的架构 3 个环节，还要迈过查找和修改程序错误的一道坎。

第2章

C语言顺序结构的程序设计

在第 1 章中,我们学习了 C 语言的 printf() 输出命令、主函数的结构形式、一般 C 语言源程序的结构形式等,还重点学习了 Microsoft Visual C++ 6.0 编程软件的使用方法以及如何查找编译错误、修改程序的方法等。在实际应用中,用 C 语言程序不仅可以输出一些信息,还可以做各种数学计算,这就是本章要重点学习的内容。

2.1 怎样用 C 语言程序进行算术运算

1. 算术运算的 5 种形式及规则要求

算术运算有 5 种形式:加、减、乘、除和求余。C 语言中 5 种运算的符号与数学运算符号略有不同:加法符号为+,减法符号为-,乘法符号为 *,除法符号为/,求余符号为%。

C 语言中算术运算的规则与数学运算的规则相同,即先算乘、除和求余,最后算加、减。其中加、减、乘等运算与数学运算一样,而除法和求余运算略有不同。

比如常见的计算:5+2+3,10.5-4 * 2.5,这里既有整数,又有小数。

可以直接用 C 语言的 printf() 输出语句来计算,方法如下:

```
printf("%d", 5+2+3);
printf("%f", 10.5-4 * 2.5);
```

第一句是一个整数常量计算,控制格式要用%d;

第二句是一个浮点数常量计算,控制格式要用%f,如果用错了,计算结果也就错了。

按照一般的计算习惯,要把计算结果赋给某一个字母,例如,s=5+2+3, y=10.5-4 * 2.5,这里的字母 s 和 y 实际上是一种变量的形式,这种计算更有意义。

想一想:C 语言中带变量的方式怎么计算?

2. 数据的基本类型

在 C 语言运算中会遇到 5、10、-8 等整数常量,也会遇到 0.5、-10.2、3.14 等小数常量,还会遇到 A、b、y 等字母常量。常量就是已知的量,类似于数学中的已知数。

除了常量之外,还会遇到整型变量、浮点型变量以及字符型变量等。变量就是未知的量,类似于数学中的未知数,也是可以改变的量。比如,整型变量 a、b;浮点型变量 c、d;字符型变量 x、y 等。这些变量的实际值是多少,还没有确定。可能需要赋值,也可能需要计算才能得到,即便已经有值了,也是可以改变的。变量要先定义后引用。

3. 不同类型变量的定义与内存分配

给变量定义的目的就是在计算机中给变量分配内存空间。

变量的定义方法是:

类型 变量名;

定义时后面的分号";"不能少。

例如,整型变量的定义"int a; int b; int c;"或者"int a,b,c;"。
其中,int 是整型变量的类型,a、b、c 是变量的名。

浮点型变量的定义"float x; float y; float z;"或者"float x,y,z;"。
其中,float 是浮点型变量的类型,x、y、z 是变量的名。

字符型变量的定义"char g; char h; char k;"或者"char g,h,k;"。
其中,char 是浮点型变量的类型,g、h、k 是变量的名。

C 语言规定:整型变量占 4 字节,浮点型变量也占 4 字节,字符型变量占 1 字节。"字节"是二进制数的长度单位之一。

二进制数的长度单位有位、字节、字和双字等。"位"是二进制数的最小单位;一个"位"相当于一个电气开关,开关接通就对应数字 1,开关断开就对应数字 0。所以,一个"位"有 1 和 0 两种状态。一个"字节"由 8 个"位"组成,相当于 8 个电气开关;一个"字"由两个"字节"组成,包含 16 个位;一个"双字"由两个"字"组成,包含 32 个位。计算机对数据的存储都是以字节来计算的。

有的教科书上将变量称为标识符,其含义是一样的。

归纳总结:同类型的变量可以单独定义,也可以一起定义。一起定义时,每个变量之间要用逗号","分开,定义的语句后面必须加上英文分号";"。

4. 变量的命名要求

C 语言对变量的命名是有规定的:只有字母、下画线和数字可以构成变量的名字,而且不能以数字开头,也不能用 C 语言中的关键词作变量。这就是变量命名的五要素。

例如,sy2、ab_1、yes、_x3、you、_5 等都是正确的变量命名;而 a@2、3xy、_b#4、a=b_2、d¥g 等都含有非法字符,都不是变量。

同样,main、if、for、printf、while 等都不是变量,因为它们是 C 语言中的关键词,所以不能作变量。

5. C 语言中含有变量的程序运算

例 2-1 用 C 语言程序计算矩形的面积。假设长为 a=2,宽为 b=3,面积为 s。

编程思路:要计算一个矩形的面积,首先要知道矩形长和宽的数据,还要知道矩形面积的计算公式,然后,通过计算即可求得矩形的面积。

我们用 a、b、s 三个变量来完成矩形面积的计算,其中 a、b 是自变量,s 是因变量,它们都是整型变量,需要先定义,然后才可以引用。

编程的方法可概括为以下 4 个步骤:

① 定义所有的变量(包括自变量和因变量);

② 给自变量赋值;

③ 列计算公式(计算由计算机完成);

④ 将计算结果输出显示出来。

记住:对于所有的面积、体积以及数学函数计算,这 4 个步骤也都适用。

所编的运算程序如下:

```
1    # include < stdio. h >
2    void main()
3    {
4        int a, b, s;
5        a = 2; b = 3;
6        s = a * b;
7        printf(" % d",s);
8    }
```

程序前面所加的编号是为了便于说明,实际程序是不带编号的。

程序说明如下:

第 1 行 # include < stdio. h > 是文件包含声明,也是主函数 main()的运行平台;

第 2 行 void main() 是主函数的首部;

第 3~8 行是主函数的函数体,其中:

第 4 行"int a, b, s;"一起定义了 3 个整型变量;

第 5 行"a=2; b=3;"表示给变量 a 赋值为 2,b 赋值为 3;

注意:凡是要参与计算的变量,都必须先给变量赋值,否则,计算时就会出现错误。

第 6 行"s=a*b;"是矩形的面积计算公式,也就是把变量 a * b 的结果赋值给变量 s;

第 7 行"printf("%d",s);"是将计算所得的面积值 s 通过控制格式%d 输出出来。

程序的运算输出结果为:6。

上面程序的第 4 行和第 5 行还可以改成:

int a = 2, b = 3, s;

这是给变量 a、b 定义时直接"赋初值",其运算结果是一样的。

本例是整型计算,变量类型为 int,输出控制格式用%d,前后类型要保持一致。

如果计算带有小数,那么程序应改为如下的形式:

```
1    # include < stdio. h >
2    void main()
3    {
4        float a, b, s;
5        a = 2.5; b = 3.7;
6        s = a * b;
7        printf(" % f",s);
8    }
```

小数的变量要定义为 float 浮点型,控制格式要用%f,前后的数据类型必须保持一致。

如果设计的程序是下面的形式:

```
float a, b, s;
s = a * b;
```

程序编译可以通过,但是计算结果是错误的。因为,变量 a、b 还没有赋值。

本例的程序结果是"死"的。若设计的程序能计算任意矩形的面积,那才更有价值。

要想使程序"活"起来,就必须改变变量的赋值方式,把变量的赋值由程序内改到程序外,从计算机的键盘上赋值,这就要用到 scanf()输入语句了。

2.2　C语言的输入语句命令格式介绍

scanf()是 C 语言常用的输入语句命令,它可以从键盘上给程序中的变量赋值,从而使程序"活"起来。由于数据的类型不同,scanf()输入语句命令也有不同的控制方式。

十进制整型数据的输入语句命令控制格式为:scanf("%d", &…);

浮点型数据的输入语句命令控制格式为:scanf("%f", &…);

字符型数据的输入语句命令控制格式为:scanf("%c", &…);

在 3 个 scanf()输入语句命令格式中,控制格式%d、%f、%c 与输出语句 printf()中的控制格式含义完全相同,不同的是输入语句中有一个符号 &,它是变量的地址符,加在变量之前代表变量的地址。在输出语句中并不需要,大家不要搞混了。

把例 2-1 程序中给变量 a、b 赋值的方式改为用 scanf()输入语句来实现,其程序如下:

```
1   # include < stdio. h>
2   void main()
3   {
4       float a, b, s;
5       scanf("%f",&a);
6       scanf("%f",&b);
7       s = a * b;
8       printf("%f",s);
9   }
```

程序的第 5 行和第 6 行就是用 scanf()输入语句给变量 a、b 从键盘上赋值,&a、&b 就是变量 a、b 的地址。

程序运行的结果如下:

2↙
3↙
6Press any key to continue

箭头(↙)表示回车。当程序运行后,从键盘上任意给定两个整数,都可以计算出不同矩形的面积,这样的程序就是"活"程序。尽管变量的值在发生变化,但是程序并没有改变,而是一个通用程序,非常灵活。这就是应用 scanf()输入语句带来的好处。

1. 输入输出语句的编程设计技巧

上面计算矩形面积的程序尽管已经很灵活了,但是还有一些不如意的地方。比如,当程序运行后,我们看到计算机屏幕的左上角有一个光标在闪烁,并没有任何提示信息。

因为事先知道这个程序是要给变量 a 和 b 赋值的,所以,我们输入了数据 2 和 3 就有计算结果 6 出来。如果该程序是给一个陌生人使用,当他看到光标闪烁时,并不知道要怎么操作。

所以,必须在输入语句之前加入一个提示信息,方法是用"printf()"输出语句来实现,这就是第一个程序的设计技巧。

设计技巧①　用 printf()输出语句加入提示信息。例如,

```
printf("a = ?");
scanf(" % f",&a);
printf("b = ?");
scanf(" % f",&b);
```

程序运行的结果如下:

a = ? 2✓
b = ? 3✓
6.000000Press any key to continue

同样,我们给输出结果也可以加上提示信息,方法是:

```
printf("面积为 s = % f",s);
```

其中,"s＝"也属于文字部分,只有%f是控制格式。程序运行后的输出结果为:

面积为 s = 6.000000Press any key to continue

这个结果还是不够清晰,要是把输出结果与附加文字 Press any key to continue 分成两行显示就会好看一些。

设计技巧②　给输出语句加上换行符\n。例如,

```
printf("面积为 s = % f\n",s);
```

程序运行后的输出结果就变成:

面积为 s = 6.000000
Press any key to continue

这样的输出结果明显好看多了。

换行符\n 也叫转义字符。转义字符是由反斜杠\与一个特定字符组合构成的。C 语言的转义字符有多个,每个作用都不同。把转义字符\n 加在输出语句控制格式%f 之后,就可以实现自动换行的目的。还有横向跳列转义字符\t,光标移到行首的转义字符\r,输出蜂鸣声的转义字符\a 等。

前面的输出结果"面积为 s＝6.000000",整数 6 之后有 6 位小数,也就是 6 个 0,这是浮点型数据的标准输出格式,看起来不大习惯。我们可以设定为两位小数。

设计技巧③　利用限定数字改变浮点型的小数输出位数。例如,

```
printf( "面积为 s = % 0.2f\n",s );
```

程序运行后的输出结果就变成:

面积为 s = 6.00
Press any key to continue

这样的输出结果看起来就舒服多了。

在输出语句中的浮点型控制格式%和 f 之间加上 0.2 或者 1.2、2.2 等形式,就可以将浮点数的输出结果设定为两位小数。

请看下面加入若干技巧的程序：

```
//矩形的面积计算.cpp    这是程序的文件名
#include<stdio.h>
void main()
{
    float a, b, s;
    printf("a=?");
    scanf("%f",&a);
    printf("b=?");
    scanf("%f",&b);
    s=a*b;
    printf("面积为s=%0.2f\n",s);
}
```

程序的运行结果如下：

```
a=?2.5
b=?3.5
面积s=8.75
Press any key to continue
```

这就是一个很实用的计算程序，它可以计算任意矩形的面积。

上面的程序中，两个变量 a 和 b 是分别提示、输入的，其实它们也可以一起完成。

设计技巧④　多个变量的提示和输入方法。请看例句：

```
printf("a=? b=?");
scanf("%f%f",&a,&b);
```

注意：采用这样的提示和输入方式时，在两个输入数据之间只能用制表符（Tab 键）、空格或者回车符 3 种方式对不同数据进行隔离，比如，"2.5 空格 3.5↙"。其他的隔离方式可能会出错。

重点强调：如果在多个控制格式%f%f 或者%d%d 或者%c%c 或者%d%f%c%d 之间加了其他字符，不管是什么字符，在输入时一定要按照原字符的格式输入所加的字符，这样才不会出错，否则一定会出错。例如，

```
printf("a=? b=?");
scanf("%f,%f",&a,&b);
```

在两个%f 之间加了一个逗号","，那么，正确的输入格式为：

```
a=? b=? 2.5, 3.5↙
```

%f 和%f 之间的","不能缺，这样输出的结果才对，否则就会出现 s 为一个很大的负数，说明输入方式错了。

再看下面的例子：

```
printf("a=? b=?");
scanf("%f@5y%f",&a,&b);
```

在两个%f 之间加了其他字符"@5y"，那么，正确的输入格式为：

```
a=? b=? 2.5@5y3.5↙
```

两个%f 之间的"@5y"不能缺，这样输出的结果也才对，否则也会出现 s 为一个很大的

负数,说明输入方式错了。

由于输入语句 scanf()中所加的非控制格式字符是不能显示的,输入时根本看不到,如果不了解该语句中的格式要求,那么输入的数据就很容易出错。为了避免发生这种错误,对变量的输入,还是建议一个一个地输入才会更稳妥、更准确。

设计技巧⑤　采用文字与数据组合多结果输出格式。

请看例句:

```
a = 2; b = 3; s = a + b;
printf("a = %d\tb = %d\ts = %d\n",a,b,s);
```

程序运行后的输出结果为:

```
a = 2          b = 3          s = 5
```

这样的多变量输出格式美观、清晰多了。

在输出语句中采用多个控制格式符与转义字符\t 相结合,可以实现多个变量值一起输出。转义字符\t 的作用是横向跳列,一次可跳 8 列,能使输出数据之间拉大距离,看起来更清楚。

灵活地运用设计技巧可以使程序运行时的"人机界面"更友好,看起来更舒服。C 语言的程序设计技巧还有很多,我们在后续的学习中还会给大家作介绍。

2. 巧用注释功能

注释的功能就是让某些语句命令不参与程序的运行,或者对程序中的关键点、重要环节进行标注说明。在设计程序时,万一某段程序有疑问先不要删除它,可以用注释暂时保留它,或许后面还有用处。

注释有两种方法:第一种方法是:/ * … * /,这种注释方式主要用于对多行语句的注释,也就是把多行语句包含在虚线所示的位置即可。第二种方法是://…,这种注释只能注释一行语句。语句一旦加上注释后就不再起作用了,也不参与编译和链接了。这两种注释也可以对重要的语句命令在句尾进行备注说明。例如,

```
1   # include < stdio. h>
2   void main()
3   {
4       float a, b, s;
5       /* printf("a = ?");
6       scanf("%f",&a);
7       printf("b = ?");
8       scanf("%f",&b);  */
9       printf("a = ? b = ?");
10      scanf("%f%f",&a, &b);      //两个变量一起输入
11      s = a * b;
12      printf("s = %0.2f\n",s);
13  }
```

第 5～8 行用的是多行注释/ * … * /,把函数体中间的提示和输入等 4 条语句命令从程序中隔离开了,这 4 条语句命令就不再参与程序的编译、链接和运行了。

第 10 行用的是单行注释//,主要是对多变量 scanf()输入语句进行备注说明。

2.3　多种表达式的应用

我们在学习数学、物理等课程时,总会涉及许多应用题的计算,如果采用 C 语言程序来完成这些计算,不论有多复杂,只要能写出公式,就可以直接计算出所要求的结果。所以,用 C 语言求解应用题或者进行工程计算,关键是要知道相应的计算公式。在 C 语言中,所有的计算公式都称为表达式。其中有不带等号“＝”的表达式,也有带等号“＝”的表达式。

1. 算术表达式的含义

算术表达式就是用算术运算符将数据、变量、数学运算等组合在一起的式子,也叫作不带等号“＝”的表达式。C 语言中所有的算术运算都是以算术表达式的方式出现的。

例如,$2+3$、$a*b/2$、26、$8-5*sin30°+7\%2$ 等都是算术表达式。

独立数据是特殊的算术表达式,例如 3、5、3.14 等也都是表达式。

2. 赋值表达式的含义

带等号“＝”的表达式就是赋值表达式。

例如,$a=b+c$、$d=sin\alpha$、$s=(a+b)*h/2$ 等都是赋值表达式。

C 语言中的“＝”不叫等号,而叫作赋值号。赋值号“＝”左边的项叫左值,右边的项叫作右值。左值必须是变量,不能是常量或表达式。所以,赋值表达式的左值名必然受到变量 5 个因素的约束。而右值既可以是常量,也可以是变量或者是表达式。只有给左值的变量赋值才有意义。

在 C 语言的算术运算中,凡是带有等号“＝”的计算公式都属于赋值表达式的类型,所有的函数计算、公式计算也都属于赋值表达式的类型。

3. 逗号表达式的含义

逗号表达式是指将多个表达式之间用逗号隔开的表达式的组合。逗号表达式是 C 语言的一个特色。

例如,“$b+c,(a+b)*h/2,y=x+2,2+3,a*b/2,26$”等就是一个逗号表达式。

逗号表达式也是有值的,逗号表达式的值就是最右面表达式的值。本例中表达式的值就是 26。

逗号表达式的作用就是可以为多种计算同时提供方便和条件,也就是在同一个逗号表达式中,可以同时完成多个表达式值的计算。如果用逗号表达式赋值,在逗号表达式的两边要加上圆括号( )。

例如,

$s=(5+3,x=2,y=x+5,x+y);$

通过这个逗号表达式赋值语句的计算,可以同时得到 3 个值:$x=2$,$y=7$,而逗号表达式的值 $s=9$。

逗号表达式包含的越多,计算的结果就越多,这就是逗号表达式的优点。

再看一个例子:

$s=5+3,x=2,y=x+5,x+y;$

这个例子也是一个逗号表达式,与前面逗号表达式相同的是 x＝2,y＝7,不同的是 s＝8,而不是 s＝9。因为 s＝5＋3 是一个简单的赋值表达式,它只是该逗号表达式前面的第一个表达式而已,并不是将整个表达式的值赋值给变量 s,要将整个表达式的值赋值给变量 s,就要对整个逗号表达式两端加上圆括号( ),也就是前一个例子。这两者之间不要弄错了。

2.4　用 C 语言程序进行除法和求余运算

1. C 语言中整数除法的规定及注意事项

C 语言中整数除法规定:**整数除以整数取整。**

有了这个规定,在列除法运算的表达式时,一定要特别注意被除数与除数的先后顺序位置,否则就会出现错误的计算结果。请看下面的例子。

例 2-2　给定两个直角边 a 和 b,计算直角三角形的面积 s。

其设计的程序如下:

```
# include < stdio. h>
void main()
{
    float a,b,s;
    printf("a = ?");
    scanf(" % f",&a);
    printf("b = ?");
    scanf(" % f",&b);
    s = 1/2 * a * b;
    printf ("a = % f\tb = % f\ts = % f\n",a,b,s);   // 转义字符\t 的作用是拉大横向的距离
}
```

当程序运行时将 a＝2.5、b＝3.5 输入给程序,其计算结果如下:

a = 2.500000　　　　b = 3.500000　　　　　s = 0.000000

可见,计算的结果为 0,这是一个明显的错误。原因就是在面积表达式的前面 1/2 的计算结果为 0,不是 0.5。如果用这样的赋值表达式计算直角三角形的面积,不论边长是多少,其计算的面积值永远为 0。正确的方法是把除以 2 放到表达式的后面。

正确的程序写法如下:

```
# include < stdio. h>
void main()
{
    float a,b,s;
    printf("a = ?");
    scanf(" % f",&a);
    printf("b = ?");
    scanf(" % f",&b);
    s = a * b/2;                                // 把除以 2 放到后面就不会出错了
    printf("a = % f\tb = % f\ts = % f\n",a,b,s);
}
```

当程序运行时再将 a＝2.5、b＝3.5 输入给程序,其计算结果如下:

a = 2.500000　　　　　b = 3.500000　　　　　s = 4.375000

这个计算结果就是正确的。可见,安排整数除法的顺序很关键。

练习实践:设计计算球体的体积 $V = 4/3\pi r^3$ 的程序。注意系数 4/3 除法的顺序,否则会出错。

C语言中没有幂运算, r^3 要用 r * r * r 来表示,其他的幂运算也一样。

虽然 C语言中整数除法的规定在一般的运算中因需要考虑先后顺序而不大方便,但在另一方面具有独特的优势。

大家知道,一个多位数整数,其每一位数可能相同,比如 99999;也可能不同,比如 43672。相同也好,不同也罢,有时候需要求出一个整数中每一位上具体的数是多少,这怎么求?这时整数的除法就帮了我们的大忙。

我们可以利用 C语言中整数除法的这一规定,方便地找出多位数整数每一位上的数字是几,还可以将这个整数倒过来输出。请看下面的例子。

例 2-3 我们可以将整数 a = 1314 写成 $a = a_1 a_2 a_3 a_4$ 的形式,并通过程序求出每一位的数字 a_1、a_2、a_3 和 a_4,然后将其倒过来以 $a = a_4 a_3 a_2 a_1$ 的形式输出,使结果变为 a = 4131。

程序如下:

```
#include<stdio.h>
void main()
{
    int a1,a2,a3,a4,a;
    printf("a=?");
    scanf("%d",&a);
    a1=a/1000;
    a2=a/100-a1*10;                    //或者 a2=(a-a1*1000)/100;
    a3=a/10-a1*100-a2*10;             //或者 a3=(a-a1*1000-a2*100)/10;
    a4=a-a1*1000-a2*100-a3*10;
    printf("a的原值=%d\n", a);
    printf("a的每一位数分别为:\n");
    printf("a1=%d\ta2=%d\ta3=%d\ta4=%d\n", a1,a2,a3,a4);
    printf("a倒过来的结果为:\n");
    printf("a=%d%d%d%d\n", a4,a3,a2,a1);
}
```

当程序运行时将 a = 1314 输入给程序,其输出结果如下:

```
a的原值=1314
a的每一位数分别为
a1=1        a2=3        a3=1        a4=4
a倒过来的结果为
a=4131
```

大家看,这个运算结果是不是很有意思?

练习实践:自己任意假设一个 5 位整数,用程序把该整数倒过来输出,并判断结果是否正确?

2. C语言中求余计算与数据的强制转换

求余计算就是求余数的计算。求余计算要求运算符号 % 两边的数据都是整数。

例如,7%2、25%6 都是正确的求余计算,但是 5%2.3、7.8%3.4 都是错误的求余计算。

还有:

float a; int b,c; a = 7; b = 3;c = a%b;

这样的求余计算也是错的。因为变量 a 定义为浮点数,"c=a%b;"是不能进行求余运算的。

如果求余计算的数据不是整数,那么可以采用强制转换的方法进行纠正。

方法有两种:一是对类型进行强制转换,二是对浮点数进行强制转换。

比如,7.8%3.4 可以改为:(int)7.8%(int)3.4,相当于变成了 7%3 的求余计算。也可以改为:int(7.8)%int(3.4),相当于变成了 7%3 的求余计算。

除了求余运算的强制转换之外,在浮点数除法运算中也会用到强制转换,即将整型数据强制转换成浮点型数据的形式。

例如,计算球体的体积 $V = 4/3\pi r^3$,计算表达式可以写成:$V = $ (float)4/3 * 3.14 * r * r * r 或者 $V = 4.0/3 * 3.14 * r * r * r$,相当于先将整数 4 强制转换成浮点数 4.0,然后再进行计算,这样计算的结果就正确了。

2.5   各类数值型数据间的混合运算规则

在 C 语言程序中,加、减、乘、除、求余等多种运算都可能会出现,还可能会包含一些数学运算在内,这些运算形式就叫作数据间的混合运算。

例如,3+5-7%2 * 4+'a'-'B'+(int)6.3%4+(sin(3.14/2)+2),这样的运算就是混合运算,还有许多计算公式也都属于混合运算的形式。

在上面的计算式中,'a'和'B'都是字母常量,它们都有准确的数值,其值就是它们各自的 ASCII 值。'a'表示小写字母 a,'B'表示大写字母 B。小写字母 a 的 ASCII 值是 97,小写字母 b 的 ASCII 值是 98,大写字母 A 的 ASCII 值是 65,大写字母 B 的 ASCII 值是 66。每个大写字母的 ASCII 值比其小写字母的 ASCII 值都小 32,也就是'a'-'A'=32,'b'-'B'=32,这也是字母大、小写转换的方法。

字母是字符的主要形式,在 C 语言表达式中,单个字母的书写要用单引号' '括住,例如,'a'、'B',而字符串要用双引号括住,如,"a"、"B"是字符串而不是字符。

混合运算的规则与数学运算的规则相同:先算乘除和求余,后算加、减。

2.6   顺序结构的程序设计应用举例

一般来讲,数学运算或者工程计算都是按照从前到后的顺序计算的,这种计算形式就叫作顺序结构。顺序结构没有任何分支,程序设计简单。很多数学、物理、化学等运算公式以及数学函数的计算都是顺序结构的计算形式。

例 2-4   给出圆的半径 r 和高 h,分别求出圆的周长、圆的面积、圆球的表面积、球体的体积以及圆柱体的体积等。

编程思路:这些计算都属于顺序结构的计算形式。尽管需要计算 5 个数据,但因为半径和高都相同,所以只需要设计一个程序就可以求出所有的结果。

编程时要把所有的变量全部定义好,除了定义半径 r 和高 h 之外,还有圆的周长、圆的面积、圆球的表面积、球体的体积以及圆柱体的体积等都需要先定义好,然后从键盘上输入圆的半径和高,要写对每一个计算公式。全部计算完后统一输出计算结果,这样比较简单。C语言中没有圆周率,所以用常数 3.14 代替,可以直接用,也可以定义一个变量来表示。

请看下面的程序:

```
# include < stdio.h >
void main()
{
    float p,r,h,c,s1,s2,v1,v2;          //定义了全部变量
    p = 3.14;                           //p代表圆周率
    printf("r = ?");
    scanf("%f",&r);
    printf("h = ?");
    scanf("%f",&h);
    c = 2 * p * r;
    s1 = p * r * r;
    s2 = 4 * p * r * r;
    v1 = 4 * p * r * r * r/3;
    v2 = s1 * h;
    printf("半径 r = %0.2f\t高 = %0.2f\n", r, h);
    printf("周长 c = %0.2f\n", c);
    printf("圆的面积 s1 = %1.2f\n", s1);
    printf("圆的表面积 s2 = %2.2f\n", s2);
    printf("圆球的体积 V1 = %3.2f\n",v1);
    printf("圆柱体的体积 V2 = %3.2f\n",v2);
}
```

这就是顺序结构的典型案例。大家可以验证一下该程序的运算结果。

练习实践:自己设计程序计算锥体的表面积、体积以及计算圆台的侧面积和体积。试试看,你能设计出这样的程序吗?(可以先查找一下扇形面积的计算公式)

2.7　输入输出语句较复杂的控制格式介绍

1. 输出数据复杂格式的控制

在例 2-4 中有 6 个输出数据,如果按 1 行或者 6 行输出结果都不大好看。如果用 2 列 3 行整齐输出更好,这就要用到 printf()语句复杂的输出控制格式了。

较复杂的输出格式为:

```
printf ("%m.nf", --- ); 以及 printf ("%md", --- );
```

第一种输出格式用于浮点型数据的输出,第二种用于整型数据的输出。

控制格式中的 m、n 都是整数。m 的作用有两个:一是表示输出的数据整数部分可以占用的列数;二是确定输出数据的左右对齐方式。如果 m 是负数,那么输出的数据要靠左对齐;如果 m 是正数,那么输出的数据要靠右对齐。小数点"."之后的 n 表示需要保留小数的位数,这一点在前面的编程技巧例子中已经讲过了。实际上 m 对输出数据整数部分所占的列数影响不大,不管大小,整数部分都是原样输出。

我们把例 2-4 程序中的输出语句格式修改如下:

```
printf("\t%6.2f\t\t%-6.2f\n", r, h);          //%6.2f 表示右对齐,%-6.2f 表示左对齐
printf("\t%6.2f\t\t%-6.2f\n", c, s1);
```

```
printf("\t%6.2f\t\t%-6.2f\n", s2, v1);
printf("\t%6.2f\n",v2);
```

程序运行后输入"r=?3↙ h=?5↙",输出的结果如下：

```
   3.00       5.00
  18.84      28.26
 113.04     113.04
 141.30
```

可见，两排数据输出很清晰。

2. 输入数据复杂格式的控制

较复杂的输入格式为：

```
scanf("%md", &…);
```

以及

```
scanf("%*md", &…);                                      //m为正整数
```

第一种格式中 m 起的是输入限位作用，第二种格式中在 m 之前加上一个 *，表示抑制限位的作用。

例如，

```
scanf("%2d",&a);                       //表示给变量a最多只能输入一个两位数,再多输入无效
printf("a=?"); scanf("%*2d%2d", &a);   //表示给变量a输入时前两位不算,被抑制掉了;只能输
                                       //入后面的两位数,后两位才有效
```

如果输入为：

```
a=? 1234↙
```

那么输出结果并不是 a＝1234，也不是 a＝12，而是 a＝34。

尤其要注意多种格式的综合输入，稍不留神就会出错。

本章小结

　　本章主要学习了 C 语言中输入语句的用法，数据类型以及数学运算程序的设计方法，也就是顺序结构设计的方法，还学习了多种表达式和多个程序设计的小技巧等。

　　C 语言中的算术运算有 5 种：加、减、乘、除和求余，重点是整数除法和求余运算。C 语言中的变量必须先定义后引用。定义时要区分变量的类型和变量名，变量名必须符合五要素的要求。

　　要明确算术表达式与逗号表达式以及赋值表达式的相关概念和区别。

　　逗号表达式中各表达式之间用逗号隔开，赋值表达式的左值必须是变量。

　　顺序结构就是从头到尾一步紧接一步的程序结构，它没有任何分支，完全按照先后顺序执行。顺序结构最简单，很多数学、物理、化学等运算公式的计算都属于顺序结构的运算形式。

　　每个大、小写字母均有 ASCII 值，小写字母 a 的 ASCII 值为 97，大写字母 A 的 ASCII 值为 65，其他字母的 ASCII 值从第一个字母开始依次加 1。大写字母比小写字母的 ASCII 值都小 32。

第3章

C语言选择结构的程序设计

第 2 章我们学习了 C 语言中的多种基础运算,输入、输出语句以及顺序结构的程序设计等。顺序结构只能解决简单的问题,不能解决选择性的问题。比如,要计算一元二次方程 $ax^2+bx+c=0$ 的实数根,需要对 $\Delta=b^2-4ac$ 进行判断;根据 3 条边求三角形的面积,需要对三边关系进行判断等,必须用选择结构来解决。

选择结构有 3 种形式:一是一个条件两项选择的形式,二是多个条件多项选择的形式,三是一个条件多种情况选择的形式。选择结构形式比较复杂,需要用流程图来描述。

3.1　流程图算法介绍

顺序结构的工作流程是一进一出,选择结构的工作流程是一进两出或者一进多出。

要解决问题,首先要有一个基本思路或者方法,可以把这种方法广义地称为算法。同一个问题,算法有很多,流程图就是常用的一种算法。

在顺序结构中有变量的定义、输入、公式计算以及结果的输出等语句,在选择结构中又遇到了分支判断语句,后面还会有循环结构等语句,这些语句都可以用图形来表示。

- 程序的开始或结束:用一个椭圆或圆角矩形来表示; ⬭
- 执行语句:用一个矩形来表示; ▭
- 判断语句:用一个菱形来表示; ◇
- 输入或者输出语句:用一个平行四边形来表示; ▱
- 循环语句:用一个扁平的六边形或者菱形来表示; ◇
- 流程图各模块之间的连接:用一个箭头来表示; ⟶
- 当流程图很大,在一个页面画不下时,可以用一个标注有顺序号的小圆圈来表示前后流程图之间的连接关系;圆圈中的数字编号前后要一致。○

我们把这种流程图的画法简称为"五个模块一条线"。

有了这"五个模块一条线",对于绝大多数程序设计的结构流程图就可以很直观地描述出来。

3.2   单一选择结构的用法

1. 单一选择结构流程图介绍

单一选择结构就是一个条件两项选择的结构形式,它有一个条件,满足条件的是一种结果,不满足的是另一种结果。这个条件可能简单,也可能复杂,但有两种结果是必然的。

图 3-1 所示就是单一选择结构流程图,它有 3 种不同形式。

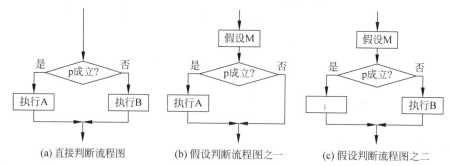

(a) 直接判断流程图   (b) 假设判断流程图之一   (c) 假设判断流程图之二

图 3-1   选择结构的 3 种基本模式

3 个图均由菱形和矩形模块构成,菱形代表条件判断,p 是判断的条件,矩形代表执行语句。A 和 B 是两种不同的执行语句。"是"表示条件成立的分支,"否"表示条件不成立的分支。

其中图 3-1(a)是对条件 p 的直接判断流程图;图 3-1(b)和图 3-1(c)是对条件 p 的假设判断流程图,也就是在条件 p 之前先做一个假设前提 M。图 3-1(b)和图 3-1(c)的不同分支输出,主要是因为条件 p 的判断方向发生了改变。在图 3-1(c)中,";"也是一个执行语句,它没有具体的执行内容,也叫作空语句,只起到语句支撑的作用。如果没有它,那么程序会出现逻辑上的错误。

虽然图 3-1 中的 3 个流程图模式不同,但是输出的结果完全相同。所以,在实际应用中,任选哪一种都行。

根据箭头所示,菱形判断模块的执行路径都是"一进两出"。所以,画流程图时不要出现路径上的漏洞。不过,实际的运算过程还是一进一出的形式。

2. 单一选择结构的语句命令介绍

用一个菱形和两个分支来表示选择结构流程图很直观,用语句命令来描述也很简单,就是 if() 和 else 两条语句。使用时判断条件要放在 if() 语句的圆括号内,不能留空。

if(判断的条件) 语句的作用就是判断圆括号内的条件是否成立? 其结果是"逻辑值",只有两个:要么成立,要么不成立。如果成立,逻辑值就为 1;如果不成立,逻辑值就为 0。

图 3-1(a)的语句如下：　图 3-1(b)的语句如下：　图 3-1(c)的语句如下：

```
if( p )                    执行假设 M;               执行假设 M;
    执行 A;                 if( p )                   if( p )
else                           执行 A;                    ;
    执行 B;                 执行 C;                   else
                                                         执行 B;
```

图 3-1(a)的功能是：如果条件 p 的逻辑值为 1，则说明条件成立，流程就去执行紧跟在 if()语句后面的执行语句 A；如果条件 p 的逻辑值为 0，则说明条件不成立，流程就去执行紧跟在 else 语句后面的执行语句 B。所以，在编写判断语句时，必须把条件成立的执行语句 A 紧放在 if()语句的后面，而把条件不成立的执行语句 B 紧放在 else 语句的后面，不能放错位置。

图 3-1(b)的功能是：根据假设条件 M，如果条件 p 成立，则执行语句 A，接着执行公共语句 C；若不成立则直接执行公共语句 C。

图 3-1(c)的功能是：根据假设的条件 M，如果条件 p 成立，就执行空语句"；"，否则执行语句 B。

不论是哪种流程图，选择结构的第一句命令一定是由 if()开始的，if(p)语句之后都要有"是"(成立)的执行语句。当"否"的分支上有执行语句时，必须要用 else 语句形式；没有语句时，就不需要 else 语句了。记住：在 if(p)的语句之后不能加"；"，否则就是条件 p 成立时什么都不做，是一个空语句。

例 3-1　从键盘上输入任意两个整数，找出其中的大数。

按照图 3-1(a)所示流程图设计的程序如下：

```
1   #include < stdio.h >
2   void main()
3   {
4       int a, b, max;
5       printf("a = ?b = ?");
6       scanf("%d%d",&a,&b);
7       if(a > b)
8           max = a;
9       else
10          max = b;
11      printf("a = %d\tb = %d\n",a, b);
12      printf("max = %d",max);
13  }
```

程序第 4 行是给 a、b、max 变量定义；第 5 行和第 6 行是给变量 a、b 从键盘上输入赋值；第 7～10 行就是按照图 3-1(a)所示流程图的模式通过 if()语句直接对变量 a、b 的值进行判断；如果 a > b，把大数 a 赋值给 max，否则把大数 b 赋值给 max；第 11 行和第 12 行分别输出 a、b 和 max 的值。

如果按照图 3-1(b)所示流程图设计程序，那么只需要将图 3-1(a)对应程序中的第 7～10 行改为下面的语句形式，其他程序都不变：

```
7       max = a;              //先假设 a 是大数
8       if(max < b)           //或 b > max
9           max = b;
```

"max＝a;"先假设 a 是大数。如果假设错,if(max＜b)成立,则执行"max＝b;",否则不变。

如果按照图 3-1(c)所示流程图设计程序,只需要将图 3-1(a)对应程序中的第 7～10 行改为下面的语句形式,其他程序都不变:

```
7        max = a;
8        if(max > b)
9            ;                  // 这个空语句形式必须要有,否则会出现逻辑错误
10       else
11           max = b;
```

"max＝a;"先假设 a 是大数。如果假设对,if(max＜b)成立,则执行";",否则执行"max＝b;"。

图 3-1(c)与图 3-1(b)程序不同的是判断语句 if(max＞b)中的条件方向相反,所以,后续的执行不同。

以上 3 种判断方式虽然不同,但是执行结果是一样的,大家可以自己去验证。

在选择结构中,判断条件表达式的构成最重要,不同的判断表达式有着不同的判断结果。

3.3　选择结构判断条件的构成形式介绍

选择结构的判断条件有很多构成形式,比如,可以由关系表达式构成、由逻辑表达式构成、由算术表达式构成、由逗号表达式构成,还可以由独立的数字构成等。

1. 由关系表达式构成判断条件

C 语言中包含 6 种关系运算符号,分别是＞、＜、＞＝、＜＝、!＝、＝＝。

应注意它们与数学关系运算符在写法上的区别。≥是数学中的大于或等于符号,而＞＝是 C 语言中的大于或等于符号,小于或等于也不同。尤其要注意不等于和等于符号的写法区别:≠是数学中的不等于,而"!＝"是 C 语言中的不等于;＝是数学中的等于,而＝＝是 C 语言中的等于。在关系运算符号的写法上,后两种运算符号有很多人会写错,一定要牢牢地记住。

例 3-2　a＞b,c＞＝d,a!＝b,h＝＝b 等都是正确的关系表达式写法。

关系运算的结果有两种:要么成立,要么不成立。成立时逻辑值为 1,不成立时为 0。

关系运算的优先顺序为:＞、＜、＞＝、＜＝,这 4 种运算级别相同,要优先算;当多个相连时,要从左到右运算。而!＝、＝＝这两种运算级别低一点,要后运算。

比如,y＝＝a＜b,因为"＜"运算比"＝＝"运算优先,所以,要先判断 a＜b 的结果,然后再判断 y 与 a＜b 的结果是否相等。

再比如,a＞b!＝c,要先判断 a＞b 的结果,然后再判断该结果与 c 是否不相等。

再比如,假设 a＝5,b＝4,c＝3,d＝2,f＝1;问 a＞b＞c＜d＝＝f 的逻辑值是多少?

这种判断题千万不要想当然,必须按照逻辑运算的规则进行。首先是"＝＝"左边的关系运算要先运算,而且要从左到右运算,最后才能与 f 进行相等＝＝的判断运算。

所以,先要对 a＞b 进行判断运算,因为 a＝5,b＝4,所以,a＞b 的判断运算结果等于 1。

然后要用这个判断结果1与c进行判断运算,因为c=3,所以1>3是错的,它的逻辑值为0,也就是a>b>c的逻辑值为0。

接着再进行0和d的判断运算,也就是0<d,因为d=2,所以0<2成立的,它的逻辑值为1,也就是a>b>c<d的逻辑值为1。

最后再进行该逻辑值与f的相等判断运算,即1==f的判断运算。因为f=1,也就是1==1,这个逻辑判断是成立的,它的逻辑值为1,也就是a>b>c<d==f整式的逻辑值是1。大家看明白了吗? 如果不是很明白,可以多做一些练习,加深理解。

我们也可以用一个简单的程序来验证a>b>c<d==f的逻辑运算值,因为逻辑运算的结果不是0就是1,就是最简单的整型数,所以,我们可以用下面的简单程序来验证:

```
#include <stdio.h>
void main()
{
    int a=5, b=4, c=3, d=2, f=1;
    printf(" (a>b>c<d==f) = %d\n",a>b>c<d==f);
}
```

在该程序中,我们给5个变量定义时直接赋初值,然后用输出语句就可以直接输出逻辑运算的结果。程序的运行结果如下:

```
(a>b>c<d==f)=1
Press any key to continue
```

可见,程序的运行结果与我们分析得出的结果1是完全一致的。希望大家学会这种验证方法。需要注意:if(1==1)永远是真的,if(0==0)也永远是真的。

2. 由逻辑表达式构成判断条件

选择结构的判断条件有相当一部分是由逻辑表达式构成的,C语言包含3种逻辑运算符号,分别是!、&&、||。! 表示逻辑"非","&&"表示逻辑"与",||表示逻辑"或"。逻辑运算也有1和0两种结果。

例 3-3　!A、!0、a&&b、c||d等都是正确的逻辑表达式写法。

逻辑运算的优先顺序为:!、&&、||。逻辑! 比较独立,它是单目运算,只需要一个数据即可运算,其运算级别最高,什么时候都可以优先运算。&& 和||都是双目运算,都需要两个数据参与运算,其运算级别依次降低。

凡是非0数字的! 非运算其结果都是0。比如,!5的逻辑值为0,!(-1)的逻辑值也是0。而0的! 非运算结果为1。

a&&b的"与"运算,只要a或者b中有一个是0,其"与"的逻辑运算结果就是0;只有a和b两个都不是0时,其"与"的逻辑运算结果才是1。如果 && 左边的逻辑值是0,右边的运算将不再进行。

比如a=1,b=2,c=3,d=4,m=5,n=6,经过(m=a>b)&&(n=c<d)判断运算后,a、b、c、d、m、n各是多少? 因为该例 && 左边的逻辑值为0,所以右边不需要再算,最后的结果是:a=1,b=2,c=3,d=4,m=0,n=6,这也可以用程序进行计算验证。

a||b的"或"运算,只要a或者b中有一个不是0,其"或"的逻辑运算结果就是1;只有a和b两个都是0时,其"或"的逻辑运算结果才是0。如果||左边的逻辑值是1,右边的运算也将不再进行。

例 3-4　a＝1,b＝2,c＝3,d＝4,m＝5,n＝6,经过(m＝a＜b)||(n＝c＞d)判断运算后, a、b、c、d、m、n 各是多少? 大家自己去验证练习。

3. 由算术表达式构成判断条件

在选择结构中,有时候会用算术表达式作为判断的条件。独立的数字也属于算术表达式,所以,独立的数字也可以作为判断的条件。比如,2＋3,a－2,1,35,0 等都可以构成判断的条件。只要表达式的值不为 0,它的判断结果一定是真的,逻辑值一定是 1;如果表达式的值是 0,一定是假的,其逻辑值一定是 0。比如,if(1)永远是真的,而 if(0)永远是假的。

4. 由逗号表达式构成判断条件

逗号表达式也可以构成判断条件。

比如,if(i＝2,m＝5)和 if(a＝2,c＝a＋3,d－c)就是由逗号表达式构成的判断条件。前一个判断的逻辑值为 1,因为 m＝5 是真的。后一个判断中先需要计算 c＝a＋3,而判断的逻辑值要看 d－c 的结果,如果结果不为 0 就是真的,否则就是假的。

请看下面程序的例子:

```
1    # include < stdio. h >
2    void main()
3    {
4        int a,b,c,d;
5        a = 2;c = a + 3;b = 2;
6        if(d = (a + c,c - b,a - 1))
7            printf("\n\n   a = %d,b = %d,c = %d,d = %d\n",a,b,c,d);
8        else
9            printf("\n\n   d = %d,c = %d,b = %d,a = %d\n",d,c,b,a);
10   }
```

程序的第 6 行就是用逗号表达式作为判断的条件,而逗号表达式中每一个表达式都要进行计算,然后把逗号表达式的值赋给变量 d,再根据 d 的值判断条件是否成立?

根据逗号表达式的定义可知,该逗号表达式的值就是 a－1 的值,也就是 2－1＝1,所以,把该表达式的值赋给变量 d,d＝1,条件判断为真。程序的输出结果如下:

　　a = 2,b = 2,c = 5,d = 1
Press any key to continue

输出结果是按照第 7 行 a、b、c、d 条件成立时的顺序输出的。

如果我们把第 6 行逗号表达式的判断条件修改成 if(d＝(a＋c,c－b,a－2))的形式, 那么程序的输出结果如下:

　　d = 0,c = 5,b = 2,a = 2
Press any key to continue

输出结果是按照第 9 行 d、c、b、a 条件不成立时的顺序输出的。

5. 选择条件的构成举例

选择条件的构成有简有繁,关键是要描述正确。

例 3-5　将 a＞b＞c 写成 C 语言要求的条件判断格式。

写法可能有 a＞b＞c、a＞b&&a＞c、a＞b||a＞c、a||b＞c 等,其实这些写法都是错的, 而正确的描述只有一种,即 a＞b&&b＞c。

再比如,a 是数字,一定要写成 a>=0&&a<=9 才对。

还有,b 是正数且能被 3 整除,正确的描述是:b>0&&b%3==0。

还有 year=2022,该年是闰年吗? 正确的描述是:year/4==0&&year/400==0。

还有,ch 是字母,正确的描述是:ch>='a'&&ch<='z'||ch>='A'&&ch<='Z',要包括小写字母和大写字母两种情况。

6. 综合算式的优先级与运算结果的归属类别

1) 综合算式的优先级别与运算结果的归属类别

当一个 C 语言程序中同时包含()、+、-、*、/和%等综合算术运算时,优先级别为:先算括号,再算乘、除和求余,最后算加、减。其中,乘、除和求余属于相同级别的运算,要按照从左到右的先后顺序进行计算。

例 3-6　假设"s=3+(10-3)-6+6*4/8%2-3;",则 s 等于多少? s 是什么类别?

第一步,计算(10-3)=7;

第二步,从左到右计算 6*4/8%2=1;

第三步,算加减,s=3+7-6+1-3=2。

这个例子的计算结果是一个整数,也就是变量 s 要定义为"int s;"。

不过,在 C 语言的计算中,不仅有 int 整型数运算,还有 char 字符型数运算,也有 float 单精度的浮点数运算,甚至还有 double 双精度的浮点数运算等。这些混合运算的优先级又怎么确定? 计算的结果归属类别又怎么确定?

首先,算术运算优先级由高到低是:先算括号,再算乘、除和求余,最后算加、减。

其次,字符的运算都是按照字符的 ASCII 值进行运算,而字符的 ASCII 值就是一个整数,所以,字符的运算可以直接按照整数的相关运算方法进行处理。

最后运算结果的归属类别规律为:char→int→float→double。

对 char→int→float→double 归类的说明如下:

(1) 如果一个综合算式中只有字符型和整型数的运算,那么结果就是 int 整型数的类型;

(2) 如果一个综合算式中有单精度浮点数的运算,那么结果就是 float 单精度浮点数的类型;

(3) 如果一个综合算式中有双精度浮点数的运算,那么结果就是 double 双精度浮点数的类型。

2) 逻辑运算综合算式的优先级别与运算结果的归属类别

如果在一个综合算式构成的条件表达式中,既包含算数表达式,又包含关系表达式,还包含逻辑表达式,那么其运算优先级别为:逻辑非或者括号→算数→关系→逻辑。也就是说,逻辑非和括号的运算优先级别最高,要先计算,然后是算术表达式运算,其次是关系表达式运算,最后是逻辑表达式运算。其中,

算数表达式运算的顺序规则依然为:先算乘、除、求余,后算加、减;

关系表达式运算的顺序为:>、<、>=、<=级别相同且优先,!=、==级别相同且延后;

逻辑表达式运算的顺序为:!→&&→||,而! 运算的级别最高,要先运算,|| 运算的级别最低,最后才能运算。

对于一个条件运算的式子而言,不论简单、复杂,其运算结果要么是 1,要么是 0,它们都

是 int 整型数。

例 3-7   对于综合条件表达式：$5<3+7-!2||9-3>=4\&\&6+4>7$，求其逻辑值。

其运算过程为：

$5<10-0||6>=4\&\&10>7$
$5<10||6>=4\&\&10>7$
$\qquad 0||1\&\&1$
$\qquad 0||1$

该综合条件表达式的逻辑值为 1。

在选择结构中，一旦条件描述正确了，程序也就成功了一半。

3.4　位逻辑运算及判断条件的构成

位逻辑运算也是 C 语言中比较重要的运算之一，它也是数字控制的基础。采用位逻辑运算也可以构成逻辑判断条件。下面我们就学习与"位"相关的有关概念和逻辑运算。

大家都知道，在不少城市节日的夜空，会看到绚丽多姿、栩栩如生的无人机灯光秀，这些无人机灯光的亮、灭都可以用数字来控制，而这些数字的控制就离不开位逻辑运算。要学习位逻辑运算先要了解有关"位"的概念。

1.　"位"与二进制数字的概念

在 2.1.3 节中对"位"的概念做过简单的介绍，"位"是二进制数的最小单位，是二进制数逻辑运算的基础。二进制数的运算规律就是：1+1=10。

二进制数的单位有"位""字节""字""双字"等。英文对应的"位""字节""字""双字"的单词分别为：Bit、Byte、Word、Double Word。它们之间的关系如下：

一个双字＝字＋字，也就是高字＋低字；

一个字＝字节＋字节，也就是高字节＋低字节；

一字节＝8 个位，也就相当于 8 个并列的开关。

2.　二进制数与十进制数字的对应关系

一个二进制数的字节排列规律与十进制数的对应关系如下：

"位"的编号为　　7　6　5　4　3　2　1　0，总共 8 个位；

对应二进制数为　1　1　1　1　1　1　1　1，总共 8 个 1；

对应十进制数为 2^7　2^6　2^5　2^4　2^3　2^2　2^1　2^0，每一"位"的十进制数取 2 对应位号的幂值；

一字节 8 个 1 的二进制数对应的十进制数依次为：

$$128\quad 64\quad 32\quad 16\quad 8\quad 4\quad 2\quad 1$$

把这 8 个十进制数全部加起来就是一个字节 8 个 1 的二进制数对应的十进制总数：128+64+32+16+8+4+2+1=255。可见，十进制数 255 对应的就是二进制数字 8 个 1。

根据以上规律，可以把一个十进制整数转换为二进制数，例如，十进制数 9 的二进制数是 0000 1001；十进制数 13 的二进制数是 0000 1101。

3.　二进制的正负数相关规定

二进制数也有正、负之分，带符号的二进制数一般用"字"来表示，一个"字"有 16 个位，最低"位"编号是 0,最高"位"编号是 15。

　　二进制数对符号位有规定:最高"位"就是符号位,也就是"字"的第 15 位是符号位,或者"双字"的第 31 位也是符号位,其余各位均为数字位。

　　二进制数规定:如果一个二进制数是"负数",那么其最高"位"要设定为 1;如果一个二进制数是"正数",那么其最高"位"要设定为 0。

　　下面举例说明正、负十进制数与正、负二进制数的对应关系:

　　十进制数 9 的二进制数是 0000 0000 0000 1001;

　　十进制数－9 的二进制数是 1000 0000 0000 1001。

　　在位运算中,有时把符号位单列在数字位的最左边。

3.4.1　二进制数的位逻辑运算方法

　　二进制数的位逻辑运算总共有位"与"、位"或"、位"非"、位"异或"、位"左移"和位"右移"6 种方式,其对应的逻辑运算符号依次为:&、|、~、^、<<、>>。

　　在位逻辑表达式运算中,位或(|)运算的级别最低要最后运算,位非(~)运算级别最高要先算,位左移(<<)和位右移(>>)运算的级别次于位非(~),但高于位与(&)和位或(|)运算,也就是介于位非(~)和位与(&)及位或(|)运算之间。位异或(^)运算比较灵活,多种运算组合时级别不易确定,可高可低。

　　每一种二进制的位逻辑运算,可能涉及二进制的正数,也可能涉及二进制的负数,即便是同样的逻辑运算,它们的计算方法却大不相同,尤其是对二进制负数的运算。

1. 负数的补码运算

　　凡是涉及二进制负数的"位"运算很多都需要进行补码运算,加上计算机对二进制负数的存放也是采用补码的方式,所以,负数的补码运算还是比较重要的。正数也有补码,正数和负数的补码是不同的。

　　正数的补码就是正数本身,比如,9 的二进制数和补码都是 0000 0000 0000 1001。

　　负数的补码与正数完全不同,是要进行运算的。

　　负数的补码运算方法:负数的符号位 1 保持不变,对其余的数字位先逐位取反,然后再加 1,结果就是负数的补码。

　　比如,十进制数－9 的二进制数是:

　　1000　0000　0000　1001

符号位 1 不变,对数字位取反:

　　1111　1111　1111　0110

然后再进行加 1 运算:

　　0000　0000　0000　0001

所计算的结果就是－9 的补码值:

　　1111　1111　1111　0111

　　再比如－5 的补码变换用一字节简化表示如下:

　　－5 的二进制数为:

```
1000  0101
```

对数字位取反为：

```
1111  1010;
```

再进行加 1 运算：

```
0000  0001
```

计算结果即补码：

```
1111  1011
```

有了负数补码运算的基础，二进制数的逻辑运算方法就容易理解和掌握了。

2. 变量的类型对位运算的影响

变量的基本类型有整型 int、浮点型 float 和字符型 char，位运算只适用于整型和字符型，浮点型不适用。整型有正整型、负整型或者 0。同样，字符型也有正、负之分。

C 语言中还有无符号整型和无符号字符型，其定义的关键词分别为 unsigned int 和 unsigned char。因为无符号数据所对应的二进制数最高位不再是符号位，而是数据位，所以，无符号的数据范围要比有符号的数据范围大。

无论是哪种类型的数据，正数的位运算规则都是一样的。而负数位运算的规则却差异很大，这一点一定要特别注意。

3. 二进制数的位"与"运算方法

位"与"运算的符号是 &，它是一个双目运算，其左、右两侧需要两个数，两个二进制数按对应位进行 & 运算。

& 运算的基本规则是：1&0=0,0&1=0,0&0=0,1&1=1。只有两个位都为 1 时，& 运算的结果才是 1，其余的运算结果都为 0。如果 & 运算的数是十进制数，要先将其转换为二进制数，然后逐位进行 & 运算，但正负数有差别。

1）正数的位"与"运算规则

正数的位"与"运算就是按对应位进行"与"运算即可。

例 3-8　采用整型、无符号整型、字符型和无符号字符型分别计算 9&3 的值。

采用整型变量计算的程序如下：

```
1   #include<stdio.h>
2   void main()
3   {
4       int a,b,c;   //也可用 unsigned int、char 和 unsigned char
5       a=9; b=3;
6       c=a&b;
7       printf("\n\n  a=%d\tb=%d\tc=%d\n",a,b,c);
8   }
```

程序的第 4 行是采用整型 int 定义了 3 个变量 a、b、c；

第 5 行是给整型变量 a、b 分别赋值为 9 和 3；

第 6 行是把变量 a&b 运算结果赋值给变量 c；

第 7 行是对 3 个变量的结果输出。

输出结果为：

```
a = 9    b = 3    c = 1
Press any key to continue
```

当变量采用整型、无符号整型、字符型和无符号字符型时,运算结果均为 c＝1。

下面用二进制的字节形式进行简化验证。

9 的二进制数为:

```
0000  1001
```

3 的二进制数为:

```
0000  0011
```

逐位进行"与"运算:

```
0000  0001
```

所得的结果为 0000　0001,其对应的就是十进制数 1。所以,9&3＝1。

2) 负数的位"与"运算规则

负数的位"与"运算先要对负数求补码,然后再对补码按位进行"与"运算。如果位"与"运算之后的结果中高数位仍然是 4 个 1 时,还需要对位"与"运算的结果再求一次补码运算,使高数位由 1 变为 0 即可。

例 3-9　采用整型、无符号整型、字符型和无符号字符型分别计算−9&3 的值。

将例 3-8 程序中的变量 a 改为 a＝−9,其他程序均不变,其输出结果为:

```
a = -9    b = 3    c = 3
Press any key to continue
```

当变量为−9 和 3 时,采用整型、无符号整型、字符型时,其运算结果均为 c＝3。

如果将前面程序第 4 行的变量定义为无符号字符型"unsigned char a,b,c;",其他程序均不变,其运行结果如下:

```
a = 247    b = 3    c = 3
Press any key to continue
```

运算结果中 b、c 没有变。只是 a 并不是−9,而是 247,它是−9 的补码形式。

下面用二进制的字节形式进行简化验证。

−9 的二进制数为:

```
1000  1001
```

先对−9 求补码,然后再"与"运算。

对−9 数字位取反:

```
1111  0110
```

再加 1:

```
0000  0001
```

−9 的补码为:

```
1111  0111
```

3 的二进制数为:

0000　0011

逐位进行"与"运算：

0000　0011

所得的结果为：0000　0011，其对应的就是十进制数3。所以，−9&3＝3。

例 3-10　用二进制数计算−13&−5的值。

其运算方法如下：

−13的二进制数为：

1000　1101

对−13数字位取反：

1111　0010

再加1：

0000　0001

−13的补码为：

1111　0011

−5的二进制数为：

1000　0101

对−5数字位取反：

1111　1010

再加1：

0000　0001

−5的补码为：

1111　1011

然后对−13的补码和−5的补码进行"与"运算。

−13的补码为：

1111　0011

−5的补码为：

1111　1011

逐位进行"与"运算：

1111　0011

因为计算结果中的高数位仍然是4个1，所以还需要对该计算结果再进行一次补码运算就是所求的结果。

前"与"结果为：

1111　0011

再进行取反为：

```
1000   1100
```

再加 1：

```
0000   0001
```

进行补码运算后的结果为：

```
1000   1101
```

可见，所得的结果为：1000　1101，其对应的就是十进制数－13。所以，－13&－5＝－13。

如果采用程序用 int、unsigned int 或者 char 对变量 a、b、c 进行定义，并赋值为：a＝－13，b＝－5，然后计算 c＝a&b 的值，其运算结果为：－13&－5＝－13。

如果用 unsigned char 对变量 a、b、c 进行定义，并赋值为：a＝－13，b＝－5，然后计算 c＝a&b 的值，其运算结果为：a＝243，b＝251，c＝243，这个结果实际上就是 3 个变量负数值的补码形式。虽然输出的结果形式不同，但是，负数的位"与"运算规则和执行过程是完全一致的。

3）位"与"运算应用举例

例 3-11　将 243 的 4 个高数位清 0，保留低数位。

十进制数 243 对应的二进制数用字节表示为：1111 0011，要将 4 个高数位清 0，保留低数位，我们可以用 243 跟 15 进行位"与"运算就可以达到预期的目的。用字节简化二进制数表示如下：

```
1111 0011(243)
0000 1111(&15)
0000 0011( = )
```

所以，243&15＝3，实现了高数位清 0。

例 3-12　保留 243 对应二进制数 1111 0011 的右边第 2 位。

243 对应二进制数右边的第 2 位数就是十进制的 2，所以可以用 243 跟 2 的位"与"运算来解决。用二进制数表示如下：

```
1111 0011(243)
0000 0010(&2)
0000 0010( = )
```

所以，243&2＝2，这样就保留了原数右边的第 2 位不变，其他位全为 0。

4．二进制数的位"或"运算方法

位"或"运算的符号是"|"，它也是一个双目运算，其左、右两侧需要两个数，两个二进制数按对应位进行|运算。

位"或"运算的基本规则是：1|0＝1，0|1＝1，1|1＝1，0|0＝0。只有两个位都为 0 时运算结果才是 0，其余的运算结果都为 1。如果位"或"运算的数是十进制数，那么要先将其转换为二进制数，然后进行逐位"或"运算。

1）正数的位"或"运算规则

正数的位"或"运算就是按对应位进行"或"运算即可。

例 3-13　采用整型、无符号整型、字符型和无符号字符型分别计算 9|3 的值。

采用整型变量计算的程序如下：

```
1   # include < stdio. h>
2   void main()
3   {
4       int a,b,c; //也可用 unsigned int、char 和 unsigned char
5       a = 9; b = 3;
6       c = a|b;
7       printf("\n\n   a = % d\tb = % d\tc = % d\n",a,b,c);
8   }
```

程序的第 4 行定义了 3 个整型变量 a、b、c；

第 5 行是给整型变量 a、b 分别赋值为 9 和 3；

第 6 行是把变量 a|b 运算结果赋值给变量 c；

第 7 行是对 3 个变量的结果输出。

输出结果为：

　a = 9　　b = 3　　c = 11

Press any key to continue

当变量采用整型、无符号整型、字符型和无符号字符型时,其运算结果均相同。

下面用二进制的字节形式进行简化验证。

9 的二进制数为：

0000　1001

3 的二进制数为：

0000　0011

逐位进行|运算结果为：

0000　1011

所得的结果 0000　1011 对应的就是十进制数 11。所以,9|3=11。

2) 负数的位"或"运算规则

负数的位"或"运算先要对负数求补码,然后再对补码按位进行"或"运算。如果位"或"运算之后的结果中高数位仍然是 4 个 1 时,还需要对位"或"运算的结果再求一次补码运算,使高数位由 1 变为 0 即可。

例 3-14　采用整型、无符号整型、字符型和无符号字符型分别计算-9|3 的值。

将例 3-13 程序中变量 a 改为 a=-9,其他程序均不变,其输出结果为：

　a = -9　　b = 3　　c = -9

Press any key to continue

可以验证,当变量的类型为无符号整型和字符型时,运算的结果也是 c=-9。

当变量的类型为无符号字符型时(unsigned char a,b,c;),运算的结果如下：

　a = 247　　b = 3　　c = 247

Press any key to continue

这个输出结果实际上就是负数值的补码形式,其中 247 是-9 的补码。

下面用字节形式进行简化验证。

-9 的二进制数为：

1000　1001

对-9数字位取反：

1111　0110

再加1：

0000　0001

-9的补码为：

1111　0111

3的二进制数为：

0000　0011

逐位求"或"为：

1111　0111

可见,所得的结果为：

1111　0111

因为计算结果的高数位仍然是4个1,还需要对位"或"运算的结果再进行一次"补码"运算即为所得。

原来的位或运算结果为：

1111　0111

再取反为：

1000　1000

再加1：

0000　0001

进行补码运算后的结果为：

1000　1001

所得的结果1000　1001对应的就是十进制数-9。所以,-9|3=-9。

例3-15　用二进制的方法计算-13|-5的值。

用二进制方法验证为：-13|-5=-5。

如果用程序验证也是：a=-13,b=-5,c=-5。

如果用unsigned char对变量a、b、c进行定义,其运算结果为：a=243,b=251,c=251。其中,243是-13的补码,251是-5的补码。虽然结果形式不同,但是,负数的位"或"运算规则和执行过程也是完全一致的。

3) 位"或"运算应用举例

例3-16　将3的4个低数位置1,高数位不变。

十进制数3对应的二进制数用字节表示为：0000 0011,要将4个低数位置1,高数位不变,用3跟15进行位"或"运算就可以达到预期的目的。用二进制数表示如下：

0000 0011(3)

```
0000 1111(|15)
0000 1111( = )
```

所以,3|15＝15,实现了低数位置1。

例 3-17 将 3 对应的二进制数 0000 0011 左边的第 2 位置 1。

3 对应二进制数左边的第 2 位数就是十进制的 64,所以,我们可以用 3 跟 64 的位"或"运算来解决。用二进制数表示如下:

```
0000 0011(3)
0100 0000(|64)
0100 0011( = )
```

所以,3|64＝67,这样就将原数左边的第 2 位置 1,其他位均不变。

5. 二进制数的位"非"运算方法

位"非"运算的符号是"～",它是一个单目运算,其右边需要跟一个数。

位"非"运算的基本规则是:按位取反,当位值为 1 时取 0,为 0 时取 1。

不少教科书上将位"非"运算笼统地称为"取反"运算,这是不恰当的,可能会误导学习者。因为位"非"运算并不是简单的"取反"运算,不要理解为:～5＝－5;也不要简单地理解为按位"取反"就是:～1＝0,～0＝1。其实,这些数据的"非"运算都是错误的。因为,这些运算数据都是十进制的数据,与二进制的数据是不同的。所以,二进制数的位"非"运算另有玄机。

如果位"非"运算的数是十进制数,那么要先将其转换为二进制数,然后再做位"非"运算。

正数和负数的位"非"运算规则不同,而且与正数或者负数定义的变量类型密切相关。

1) 正数的位"非"运算规则

当变量定义的类型为整型、无符号整型或者字符型时,正数的位"非"运算要先对正数按位"取反",然后再求"补码"运算即为所得。

当变量定义的类型为无符号字符型时,正数的位"非"运算就等于按位"取反"后所得的十进制数,不再需要求"补码"运算了。

例 3-18 采用整型、无符号整型、字符型和无符号字符型分别计算～1 的值。

采用整型变量计算的程序如下:

```
1   # include < stdio. h>
2   void main()
3   {
4       int a,c;
5       a = 1;
6       c = ~a;
7       printf("\n\n   a = % d\tc = % d\n",a,c);
8   }
```

程序的第 4 行定义了两个整型变量 a、c;

第 5 行是给整型变量 a 赋值为 1;

第 6 行是把变量～a 运算的结果赋值给变量 c;

第 7 行是结果输出。

输出结果为:

```
a = 1   c = -2
Press any key to continue
```

可以验证,当变量的类型为无符号整型和字符型时,运算结果都是 c=-2。

如果将例 3-18 程序中的变量改为"unsigned char a,c;",其他部分均不变,其输出结果为:

```
a = 1   c = 254
Press any key to continue
```

c=254 是对 1 的二进制数逐位取反后累加所得的十进制数。这个结果与前面的差异很大,实际上它就是-2 的补码。可见,当变量定义为无符号字符型时,直接逐位取"反"即可,不需要再进行"补码"运算。

下面用字节形式进行简化验证。

1 的二进制数为:

0000   0001

先按位取反为:

1111   1110

再求补码取反为:

1000   0001

加 1 为:

0000   0001

求补码所得为:

1000   0010

可见,所得的结果为:1000   0010,其对应的就是十进制数-2。所以,~1=-2。这就是整型、无符号整型和字符型的位"非"运算结果。

对 1 逐位取"反"所得的结果 1111   1110 对应的就是十进制数 254,这就是无符号字符型的位"非"运算结果。可见,无符号字符型的位"非"运算要少一个求补码的运算环节。按照类似的程序和方法计算~9 的值,所得的结果为-10,或者是 246。大家可以自己去验证。

2) 负数的位"非"运算规则

不论变量是什么类型,负数的位"非"运算都是先对负数求补码,然后再按位进行"取反"运算即为所得。

例 3-19 采用整型、无符号整型、字符型和无符号字符型分别计算~(-1)的值。

将例 3-18 程序中的变量 a 改为 a=-1,其他程序均不变,其输出结果为:

```
a = -1   c = 0
Press any key to continue
```

可以验证,当变量的类型为无符号整型和字符型时,运算结果也是 c=0。

当变量的类型为无符号字符型时,其运算结果为:

```
a = 255   c = 0
Press any key to continue
```

其中,a=255 是-1 的补码。而 c=0 就是~(-1)=0,与其他类型的位"非"运算结果完全相同。

下面用字节形式进行简化验证。

-1 的二进制数为:

1000   0001

对-1 求补取反为:

1111   1110

再加 1:

0000   0001

-1 的补码为:1111   1111,其对应的就是十进制数 255。

逐位取反为:

0000   0000

可见,所得的结果 0000   0000 对应的就是十进制数 0。所以,~(-1)= 0。

根据以上对正数和负数位"非"的计算结果,对于整型、无符号整型和字符型的变量,其位"非"的运算也可以得出简便算法:

位"非"运算等于原数加 1 后符号取反即可。

比如,~5= -6;~25= -26;~(-7)=6;~(-25)=24 等,大家可以自己去验证。

6. 二进制数的位"异或"运算方法

位"异或"运算的符号是"^",也是一个双目运算,其左、右两侧需要两个数,两个二进制数按对应位进行"异或"运算。

位"异或"运算的基本规则是:1^0=1,0^1=1,1^1=0,0^0=0。当两个位的状态值不同时,其运算结果是 1,相同时为 0。如果位"异或"运算的数是十进制数,要先将其转换为二进制数,然后再进行逐位"异或"运算。

1)正数的位"异或"运算规则

正数的位"异或"运算就是按对应位进行"异或"运算即可。

例 3-20   采用整型、无符号整型、字符型和无符号字符型分别计算 9^3 的值。

采用整型变量计算的程序如下:

```
1    # include < stdio. h>
2    void main()
3    {
4        int a,b,c;
5        a = 9; b = 3;
6        c = a^b;
7        printf("\n\n    a = % d\tb = % d\tc = % d\n",a,b,c);
8    }
```

第 7 行就是把变量 a^b 异或运算的结果赋值给变量 c。

输出结果为:

```
  a = 9    b = 3    c = 10
Press any key to continue
```

当变量的类型为无符号整型、字符型、无符号字符型时,运算结果也是 c=10。

下面用字节形式进行简化验证。

9 的二进制数为:

0000　1001

3 的二进制数为:

0000　0011

逐位进行"异或"运算的结果为:

0000　1010

可见,所得的结果 0000　1010 对应的就是十进制数 10。所以,9^3＝10。

2) 负数的位"异或"运算规则

负数的位"异或"运算要对负数先求补码后再按对应位进行"异或"运算。如果位"异或"运算之后的结果中高数位仍然是 4 个 1 时,则需要对位"异或"运算的结果再求一次"补码"运算,使高数位由 1 变为 0 即可。

例 3-21　采用整型、无符号整型、字符型和无符号字符型分别计算(−9)^3 的值。

将例 3-20 程序中的 a 改为 a＝−9,其他程序均不变,其输出结果为:

```
 a = -9   b = 3   c = -12
Press any key to continue
```

可以验证,当变量的类型为无符号整型和字符型时,运算的结果也是 c＝−12。

当变量的类型为无符号字符型时,运算的结果如下:

```
 a = 247   b = 3   c = 244
Press any key to continue
```

其中,a=247 是−9 的补码,c=244 是−12 的补码,这是无符号字符型运算用补码的特点。

下面用字节形式进行简化验证。

−9 的二进制数为:

1000　1001

对−9 数字位取反:

1111　0110

再加 1:

0000　0001

−9 的补码为:

1111　0111

3 的二进制数为:

0000　0011

逐位进行"异或"运算的结果为:

1111　0100

可见,所得的结果为:

1111　0100

因为计算结果的高数位仍然是 4 个 1,所以还需要对位"异或"运算的结果再计算一次"补码"运算即为所得。

原来的运算结果为:

1111　0100

再取反为:

1000　1011

再加 1:

0000　0001

进行补码运算后的结果为:

1000　1100

可见,所得的结果 1000　1100 对应的就是十进制数-12。所以,$(-9)\text{^}3=-12$。如果采用无符号字符型运算,其结果为 1111　0100,也就是十进制数 244。

例 3-22　计算$(-13)\text{^}(-5)$的值。

验证结果为:$(-13)\text{^}(-5)=8$,大家可以自己用程序去验证。

3) 位"异或"运算应用举例

例 3-23　采用位"异或"运算对-9清 0。

采用整型变量计算的程序如下:

```
1   #include <stdio.h>
2   void main()
3   {
4       int a = -9;
5       a = a^a;
6       printf("\n\n   a = %d\n",a);
7   }
```

第 5 行是把变量 a^a 异或运算的结果再赋值给变量 a。

输出结果为:

```
  a = 0
Press any key to continue
```

可见,输出变量 a 的值已经由-9变为 0。

用二进制的运算验证也是:$(-9)\text{^}(-9)=0$。这种方法对所有的数据都是如此。

例 3-24　假如有两个整数 a=3,b=-7,请将 a、b 两个数对调。

在 C 语言程序中要对调两个数是需要第 3 个中间变量的,比如,"int c; { c=a; a=b; b=c;}",这样就可以将 a、b 两个数对调。而利用位的"异或"运算,可直接对两个变量进行对调,不需要第 3 个中间变量。

请看下面的程序:

```
1   #include <stdio.h>
2   void main()
3   {
```

```
4       int a = - 9, b = 3;
5       printf("\n\n  原来的 a = % d\tb = % d\n",a,b);
6       a = a^b;
7       b = b^a;
8       a = a^b;
9       printf("  对调后 a = % d\tb = % d\n",a,b);
10 }
```

第 6~8 行 3 次采用位"异或"运算,对变量 a、b 的值进行对调。

输出结果为:

```
  原来的:a = - 9    b = 3
  对调后:a = 3      b = - 9
Press any key to continue
```

可见,对调的结果正确。

用二进制的位"异或"运算验证结果完全一致,大家可以自己去验证。

7. 二进制数的位"左移"运算方法

位"左移"运算的符号是"<<",它也是一个双目运算,左侧是要移位的二进制数,右侧是要移位的位数。位"左移"的运算符号"<<"看起来像是一个双箭头指向左侧,所以"<<"是位的左移运算。位"左移"是对整个二进制数一起向左移位。

十进制数的位"左移"要先将其转换为二进制数,然后再"左移"运算。

1) 正数位"左移"运算规则

正数位"左移"时移出的"位数"丢弃,在右侧补 0,移出几位就补几个 0。

例 3-25　采用整型、无符号整型、字符型和无符号字符型分别计算 9<<1 的值。

采用整型变量计算的程序如下:

```
1  # include < stdio. h>
2  void main()
3  {
4      int a = 9, b;
5      b = a << 1;
6      printf("\n\n  a = % d\tb = % d\n",a,b);
7  }
```

第 5 行是把变量 a<<1 左移运算的结果赋值给变量 b。

输出结果为:

```
  a = 9    b = 18
Press any key to continue
```

可见,正数 9 左移 1 位后的运算结果是 18,是原值 9 的 2 倍。如果采用其他 3 种类型定义变量 a、b,其运算结果是一样的。

用二进制字节简化验证也是 9<<1=18。如果对 9 左移 2 位,所得的结果为 9<<2=36。

2) 负数位"左移"运算规则

负数位"左移"时符号位 1 保持不变,只移左侧的数据位,移出的"位数"丢弃,在右侧补 0,移出几位就补几个 0。

例 3-26　采用整型、无符号整型、字符型和无符号字符型分别计算(-9)<<1 的值。

将例 3-25 程序中的变量 a 改为 a=-9,其他程序均不变,其输出结果为:

```
     a = - 9    b = - 18
Press any key to continue
```

可见,负数-9左移1位后的运算结果是-18,也是原值-9的2倍。如果采用无符号整型和字符型定义变量a、b,程序的运算结果与整型的结果也是一样的。

如果采用无符号字符型定义变量a、b,那么程序运算的结果如下:

```
     a = 247   b = 238
Press any key to continue
```

a=247是a=-9的补码形式,b=238也是b=-18的补码形式,运算实质并没有改变。

用二进制数字节简化验证为-9<<2=-36。

根据以上对正数和负数位"左移"的计算结果,可以得出简便算法:一个数的位"左移"运算等于原数乘以2的移位次数幂的倍数。

比如,$6 << 2 = 6 \times 2^2 = 24$,$-7 << 2 = -7 \times 2^2 = -28$,大家可以自己去验证。

8. 二进制数的位"右移"运算方法

位"右移"运算的符号是">>",与位的"左移"运算类似,也是一个双目运算,左侧是要移位的二进制数,右侧是要移位的位数。位"右移"的运算符号">>"看起来就像是一个双箭头指向右侧,所以">>"是位的右移运算。位"右移"是对整个二进制数一起向右移位。

十进制数的位"右移"运算要先将其转换为二进制数,然后再"右移"运算。

1) 正数位"右移"运算规则

正数位"右移"时,移出"位"丢弃,在左侧高数位补0,移出几位就补几个0。

例3-27 采用整型、字符型和无符号字符型、无符号整型分别计算正数9>>1的值。

采用整型变量计算的程序如下:

```
1    #include < stdio. h>
2    void main()
3    {
4        int a = 9, b;
5        b = a >> 1;
6        printf("\n\n   a = % d\tb = % d\n",a,b);
7    }
```

第5行是把变量a>>1右移运算的结果赋值给变量b。

输出结果为:

```
     a = 9    b = 4
Press any key to continue
```

可见,正数9右移1位后的运算结果是4。若是其他3种类型,其运算结果也是b=4。

用二进制字节形式简化验证为9>>1=4。如果对9右移2位,所得的结果为9>>2=2。

正数的位"右移"运算可以简单表示为:$a/2^x$ 取整,x代表移位数。比如,$25 >> 1 = 25/2 = 12$,$25 >> 3 = 25/2^3 = 3$。大家也可以自己去验证一下。

2) 负数位"右移"运算规则

负数的位"右移"运算规则比较复杂,与变量的类型有很大关系。

（1）整型负数的位"右移"运算规则。

先对负数求补码，再对补码右移，移出"位"丢弃，在左侧高数位补 1，移出几位补几个 1，然后对右移后的数再求补码就是所求结果。

例 3-28　采用整型计算－9 ≫ 1 的值。

将例 3-27 程序中的变量 a 改为 a＝－9，其他程序均不变，其输出结果为：

```
a = -9   b = -5
Press any key to continue
```

可见，－9 右移 1 位后的运算结果是－5。

用二进制字节简化验证为（－9）≫ 1＝－5。如果对－9 右移 2 位，所得结果为（－9）≫ 2＝－3。

根据整型变量负数的位"右移"运算结果，可以总结得到下面的简便算法。

如果 a 是一个负整数，当 a 右移 x 位时，其右移结果分两种情况：

若能被整除，其结果就是：$a/2^x$。比如，（－8）≫ 1＝（－8）/2＝－4，（－8）≫ 2＝（－8）/2^2＝－2。

若不能被整除，其结果就是：$a/2^x-1$。比如，（－9）≫ 1＝（－9）/2－1＝－5，（－9）≫ 2＝（－9）/2^2－1＝－3。

（2）无符号整型负数的位"右移"运算规则。

先对负数逐位取反码，再右移，移出"位"丢弃，在左侧高数位补 0，移出几位就补几个 0，右移后对应的十进制数就是所求的结果。

例 3-29　采用无符号整型计算－9 ≫ 1 的值。

将例 3-27 程序中的变量采用无符号整型，其他程序均不变，其输出结果为：

```
a = -9   b = 2147483643
Press any key to continue
```

可见，无符号整数－9 右移 1 位后的运算结果是 2147483643，这个数字实际上是－9 取反码的数 4294967286/2 所得。

下面用二进制字节形式进行验证。

－9 的二进制数为：

1 0000 0000 0000 0000 0000 0000 0000 1001

－9 取反码为：

1 1111 1111 1111 1111 1111 1111 1111 0110

其对应的十进制数为 4294967286。

右移 1 位为：

1 0111 1111 1111 1111 1111 1111 1111 1011

其对应的十进制数为 2147483643，也就是 4294967286/2＝2147483643。这也就是无符号整数对应负数位"右移"的运算结果。按照同样的方法，可计算－9 ≫ 2。

取反右移 2 位为：

1 0011 1111 1111 1111 1111 1111 1111 1101

其对应的十进制为 1073741821,也就是 $4294967286/2^2 = 1073741821$。

当定义变量为无符号整型时,其他负整数的位"右移"运算方法与上述相同,大家可以自己去验证。

(3) 字符型负数的位"右移"运算规则。

先对负数求补码,再对补码右移,移出"位"丢弃,在左侧高数位补 1,移出几位就补几个 1,然后对右移后的数再求补码就是所求结果。

例 3-30 采用字符型计算 $(-9) >> 1$ 的值。

将例 3-27 程序中的变量采用字符型,其他程序均不变,-9 右移 1 位的输出结果为:

```
a = -9   b = -5
Press any key to continue
```

可见,-9 右移 1 位后的运算结果是 -5。

用二进制字节简化验证 $(-9) >> 1 = -5$。

根据字符型变量负数的位"右移"运算结果,也可以总结得到下面的简便算法。

假设 a 是一个负整数,当 a 右移 x 位时,其右移结果分两种情况:

① 若能被整除,其结果就是:$a/2^x$。比如,$(-8) >> 1 = (-8)/2 = -4$,$(-8) >> 2 = (-8)/2^2 = -2$。

② 若不能被整除,其结果就是:$a/2^x - 1$。比如,$(-9) >> 1 = (-9)/2 - 1 = -5$,$(-9) >> 2 = (-9)/2^2 - 1 = -3$。

可见,字符型负数的位"右移"运算方法与整型负数的位"右移"运算方法相同,负数的位"右移"极限是 -1。

(4) 无符号字符型负数的位"右移"运算规则。

无符号字符型的负数位"右移"时,先对负数求补码,然后对补码之后的数进行位"右移";右移时移出"位"丢弃,在左侧的高数位补 0;右侧移出几位就在左侧高数位补几个 0;移位后所得的十进制数就是运算的结果。

例 3-31 采用无符号字符型计算 $-9 >> 1$ 的值。

将例 3-27 程序中的变量采用无符号字符型,其他程序均不变,其输出结果为:

```
a = 247   b = 123
Press any key to continue
```

其中,a=247 是 -9 的补码,变量 b 是对变量 a 的补码位"右移"后的十进制数 123。

用二进制字节简化验证 b=a>>1=123。如果在无符号字符型变量的情况下,将 a= -9 位"右移"2 位,即 a>>2,结果为 b=61,也就是 $247/2^2 = 61$。

3.4.2　位逻辑判断条件的应用

1. 位逻辑判断条件的构成方法

位逻辑运算共有 6 种,每一种都可以构成判断条件,也可以组合构成判断条件。

请看下面的程序:

```
1   # include < stdio. h >
2   void main()
3   {
```

```
4       unsigned char a,b,c;
5       a = 5;
6       printf("\n\n  请输入 b 的值(1～3):");
7       scanf(" % d",&b);
8       c = a&b;
9       if(c == 1)
10          printf("  a = % d\tb = % d\tc = % d\n",a,b,c);
11      else
12          printf("  条件不具备!\n");
13  }
```

程序的第 4 行定义了 3 个无符号整型变量 a、b、c;

第 5 行给变量 a 赋值为 5;

第 6 行和第 7 行提示给变量 b 从键盘赋值,赋值范围为 1～3;

第 8 行把 a&b 的值赋给变量 c;

第 9 行对变量 c 进行 c==1 的逻辑判断;

如果条件成立,那么第 10 行就输出 3 个变量的值;

如果不成立,那么第 12 行就输出提示信息"条件不具备!"。

当程序运行后给变量 b 输入 1,条件成立,输出结果为:

```
请输入 b 的值(1～3): 1
 a = 5    b = 1    c = 1
Press any key to continue
```

当程序运行后给变量 b 输入 2,条件不成立,输出结果为:

```
请输入 b 的值(1～3): 2
条件不具备!
Press any key to continue
```

当程序运行后给变量 b 输入 3,条件成立,输出结果为:

```
请输入 b 的值(1～3): 3
 a = 5    b = 3    c = 1
Press any key to continue
```

实际上,采用位逻辑运算还可以构成其他的判断条件,大家可以自己去练习。

2. 位逻辑运算综合应用举例

请看下面的程序:

```
1   # include < stdio.h>
2   void main()
3   {
4       unsigned char a = 1,b = 2,c = 3,d,e,f;
5       d = ~a&b|c;
6       e = a|b<<1;
7       f = ~a<<1;
8       printf("\n\n  a = % d\tb = % d\tc = % d\td = % d\te = % d\tf = % d\n",a,b,c,d,e,f);
9   }
```

程序的第 4 行定义了 a、b、c、d、e、f 五个无符号字符型变量,并给 a、b、c 三个变量分别赋
了初值 1、2、3;

第 5 行将位逻辑混合运算 ~a&b|c 的结果赋给变量 d;

第 6 行将位逻辑混合运算 a|b << 1 的结果赋给变量 e；

第 7 行将位逻辑混合运算～a << 1 的结果赋给变量 f；

第 8 行输出所有变量的值。

输出结果为：

a = 1　　b = 2　　c = 3　　d = 3　　e = 5　　f = 252

从程序的运行结果 d=3、e=5、f=252 可以验证，第 5 行的逻辑运算顺序位为：非→与→或；第 6 行的运算顺序为：位左移→位或；第 7 行的运算顺序为：位非→位左移。大家也可以自己去验证一下。

归纳总结：正数的位运算比较简单，尤其是无符号字符型的位运算更简单，它只有一字节，数字范围最小。负数的位运算比较复杂，变量的定义类型不同，位运算的规则就不同，尤其是位"右移"的运算规则差异很大。所以，位运算通常把变量的类型多定义为无符号字符型。

3.5　选择结构的程序设计应用举例

例 3-32　任意给定 3 条边，计算三角形的面积。

编程思路：首先，要判断所给定的 3 条边能否构成一个三角形，如果能，计算才有意义。分析的依据就是任意两边之和要大于第三边。其次，要知道根据 3 条边计算三角形的面积公式有什么特殊之处，以便在设计程序时考虑周到一些。

根据数学概念，已知 3 条边计算三角形的面积公式为：$s = \sqrt{t(t-a)(t-b)(t-c)}$，其中 $t = (a+b+c)/2$。很明显，这个面积计算要用到开方的运算，这是数学的专有运算。在 C 语言中是不能直接进行开方运算的，需要调用数学的开方运算函数 sqrt( ) 来完成相关的开方计算任务，还需要在程序前面加入数学运算的函数平台 # include < math. h >。

具体的程序如下：

```
# include < stdio. h >
# include < math. h >
void main()
{
    float a, b, c, t, s;
    printf("a = ? b = ? c = ?\n");
    scanf("%f%f%f",&a, &b, &c);
    if(a + b > c&&a + c > b&&b + c > a)
    {
        t = (a + b + c)/2;
        s = sqrt(t * (t - a) * (t - b) * (t - c));
        printf("a = %1.2f\tb = %1.2f\tc = %1.2f\n",a, b, c);
        printf("s = %5.2f\n\n",s);
    }
    else
        printf("三条边不能构成三角形!退出.\n\n");
}
```

程序说明：在判断条件中，对 3 条边的判断必须用逻辑与"&&"，不能用逻辑或"||"。if(…)语句后面的花括号{ }所包含的 4 个语句是一个复合语句，要一同执行完毕。

程序运行如下：

```
a = ? b = ? c = ? 3  3  2↙
a = 3.00   b = 3.00   c = 2.00
s = 2.83
```

说明输入正确,程序设计也正确。如果输入"1 2 3",那么程序会发出错误提示信息。

3.6 选择结构的嵌套

单一选择结构是一个条件两项选择,它不能解决多个条件多项选择的问题。选择结构的嵌套可以解决此类问题,这就是多个条件多项选择的结构形式。

例 3-33 从键盘上任意输入一个字符,判断它是什么字符。

算法分析:首先输入的字符可能是字母、数字、空格或者是别的字符等。而每一种字符的判断条件是不同的,选项结果也是不同的。可见,此例用单一的选择结构无法实现,必须用选择结构的嵌套来实现。图 3-2 所示就是选择结构的嵌套流程图。

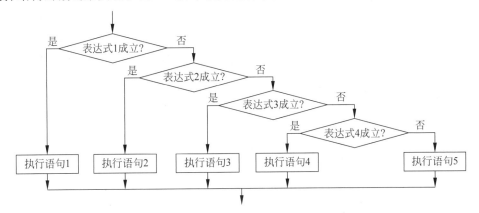

图 3-2 选择结构的嵌套流程图

如图 3-2 所示的选择结构对应的判断语句格式为:

```
if (表达式 1)
    语句 1;
else if (表达式 2)
        语句 2;
    else if (表达式 3)
            语句 3;
        else if (表达式 4)
                语句 4;
            else
                语句 5;
```

从流程图和选择语句中可以看出,它有 4 个条件判断表达式,还有 5 个执行选项结果,这就是多个条件多项选择的结构形式。

在选择语句的嵌套中多次出现 if()和 else 语句,前后很容易混淆。所以,书写时同级的 if()与 else 语句要对齐布局,形成倒阶梯形状,这样也有利于逻辑分析和查找问题。

对例 3-33 怎样编程? 对分段函数计算怎样编程? 大家试做一下这两个练习。

例 3-34　下面是一个选择结构嵌套程序的例子,该程序的输出结果是什么?

```c
#include <stdio.h>
void main()
{
    int a, b, c, d, x;
    a = b = c = 0;
    d = 20;
    if ( a )
        d = d - 10;
    else
        if ( d + 2 )
            if (!c)
                x = 15;
            else
                x = 25;
    printf("d= %d, x= %d\n", d, x);
}
```

程序的运行结果是什么? 大家猜得出来吗?

在这个程序中有两点需要说明:

一是给变量等价赋值"a=b=c=0;",这是对的;如果是"int a=b=c=d=0;",则是错的。因为赋值号"="左边是左值,左值必须是变量,而变量名中是不能包含"="的,所以是错的。

二是判断条件表达式用的是算术表达式 a 和 d+2,即 if(a)以及 f(d+2),这种形式是可行的。用算术表达式作为判断条件时,只要表达式的值不为 0,条件就成立,否则,就不成立。

理解了上述两点,再判断上面程序的结果就容易多了。

该程序的运行结果为:d=20,x=15,你猜对了吗?

3.7　条件表达式和条件语句介绍

C 语言有一个独门绝技,这个独门绝技就是条件运算。它的运算符号就是"? :"。之所以说成独门绝技,是因为在其他的计算机语言中没有这种运算方式,只有 C 语言才有。

运算符"? :"叫作条件运算符,它是 C 语言中唯一一个三目运算符,需要 3 个数据。条件运算符怎么用? 其第一个数据是一个条件或者是一个逻辑值,第二个数据是条件成立时的结果,第三个数据是条件不成立时的结果。第一个数要放在"?"之前;第二个数要放在"?"与":"之间;第三个数要放在":"之后。

例如,"a>b? a:b"或者"X? 方案一:方案二"都是条件语句的用法,这也叫作条件表达式。

如果把条件表达式的运算结果赋给一个变量,就可以构成条件表达式的赋值语句。

例如,"max=a>b? a:b;",这样 max 就可以获得两个数据中的大者。

不论条件判断的结果如何,只要是指向同一个目标,都可以用条件语句来实现。

例 3-35　求两个整数中的大者。用条件表达式来实现的程序如下:

1　#include <stdio.h>

```
2    void main()
3    {
4        int a, b, max;
5        printf("a = ? b = ?");
6        scanf("%d%d",&a, &b);
7        max = a > b ?a: b;
8        printf("a = %d\tb = %d\tmax = %d\n",a, b, max);
9    }
```

程序第 7 行用条件表达式实现判断功能,简化了程序设计。

3.8　switch()多分支语句介绍

虽然选择结构的嵌套能解决多个条件多项选择的问题,但是它不能解决一个条件多种情况选择的问题,而采用 switch()多分支语句解决此类问题正合适。

1. switch()多分支语句介绍及应用方法

switch()多分支语句的格式如下:

switch(表达式)
{
**   case 常量表达式 1:语句组 1;**
**   case 常量表达式 2:语句组 2;**
**   case 常量表达式 3:语句组 3;**
**   …**
**   case 常量表达式 n: 语句组 n;**
**   [default: 语句组 n + 1;]**
}

switch()多分支语句是由首部和 case 分支表组成的。它的首部括号中的“表达式”就是唯一的一个判断条件,但是它有多种情况与 case 分支表中的常量表达式相对应,而每个常量表达式后面对应着不同的分支选项。所以,它是一个多种情况多项选择的结构形式。

switch()语句就像一个多路开关,它的分支表中 case 可多可少,具体由所控制的对象来决定。如果没有特殊要求,那么分支表的前后顺序可以调换,原则上不影响语句的执行。

在 switch()多分支语句中需要注意以下几点:

(1) [default:语句组 n+1;]是一个默认选项,可有可无。

(2) case 中的常量表达式 1:后面的符号必须是冒号“:”。

(3) switch()括号中的表达式不能用浮点型数据或者表达式,比如,switch(a+3.5)或者 switch(2.3)等都是错误的。其他类型的表达式均可以,可以是整型、字符型表达式或者数据,也可以是关系表达式或者逻辑表达式。

(4) 分支表 case 中的常量表达式只能是字符常量或者整型常量,比如,0,1,2,3,…或者 A,B,C,…,a,b,c 等。不能用浮点数,更不能用变量。每个常量表达式的值不能重复,必须是唯一的。

switch()语句的执行过程是:当首部表达式的值与 case 分支表中常量表达式的值相等时,程序就去执行该分支表之后所列语句组的内容。分支表中常量表达式的值不同,执行的语句组内容也就不同。

例 3-36   下面 switch()语句的输出结果是什么?

```
#include <stdio.h>
void main()
{
    int a = 0, i = 1;
    switch( i )
    {
        case 0:
        case 1: a = 2; printf("a = %d\n",a);
        case 2:
        case 3: a = 3; printf("a = %d\n",a);
        default: a = 7; printf("a = %d\n",a);
    }
}
```

在这个例子中,因为 i=1,所以 switch(i)就是 switch(1),程序就去执行分支表中"case 1:a=2; printf("a=%d\n",a);"的语句,输出的结果应该是 a=2,但是程序执行的结果有 3 行输出:

a = 2
a = 3
a = 7

这是因为每个分支语句之后没有中断跳转语句,所以后面的情况都被一起执行了。假如 i=0,后面所有的 case 情况也都会被执行,这样的 case 分支表选项是没有选择性的。

2. switch()语句中"break;"语句的功能

要想使 switch()语句的分支表选择更清晰,就要在每个 case 分支语句组之后加上一条 "break;"语句。其流程图如图 3-3 所示。

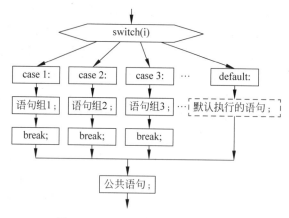

图 3-3   switch()多分支语句流程图

图 3-3 中的六边形表示 switch()多分支语句的流程图模块。

例 3-37   已知某公司员工的保底工资为 1000 元,某月的销售利润 profit(整数)与利润的提成关系如下(计量单位:元):

profit≤1000   没有提成;
1000<profit≤2000   提成 10%;

$2000 <$ profit $\leqslant 5000$　提成 15%；

$5000 <$ profit $\leqslant 10000$　提成 20%；

$10000 <$ profit　　　　提成 25%。

根据利润求出员工的工资数额。

设计分析：利润数很大，若直接用于 case 分支表中的常量表达式会很麻烦，所以要对利润进行简化处理，使 case 中的常量表达式变得简单，这也是处理同类问题的好方法。

由于利润提成的变化点都是 1000 的整数倍（1000、2000、5000、……），可以将利润 profit 整除以 1000，那么：

profit $\leqslant 1000$　　　　对应 0、1

$1000 <$ profit $\leqslant 2000$　对应 1、2

$2000 <$ profit $\leqslant 5000$　对应 2、3、4、5

$5000 <$ profit $\leqslant 10000$　对应 5、6、7、8、9、10

profit > 10000　　　　对应 10、11、12、……

从上面对应的数字来看，利润 1000 以下有一个 1，1000 以上也有一个 1；同样，利润在 $5000 <$ profit $\leqslant 10000$ 以下的有 10，利润在 profit > 10000 以上的也有 10。两个相邻级别之间出现了重叠问题，这不利于利润的分配。

解决重叠问题的方法很简单：采用最小增量法，就是将利润 profit 先减 1，然后再整除以 1000 就可以了。请看结果：

profit $\leqslant 1000$　　　　对应 0

$1000 <$ profit $\leqslant 2000$　对应 1

$2000 <$ profit $\leqslant 5000$　对应 2、3、4

$5000 <$ profit $\leqslant 10000$　对应 5、6、7、8、9

profit > 10000　　　　对应 10、11、12、……

经过这样的分级后所设计的程序如下：

```c
# include < stdio.h>
void main()
{
    long profit;              //定义 profit 为长整型变量
    int grade;
    float salary = 1000;      //工资底薪为 1000 元
    printf("Input profit: ");
    scanf("%ld", &profit);    // %ld 中 l 表示长整型格式
    grade = (profit - 1) / 1000;  /* 最小增量法的应用,这是编程的关键 */
    switch(grade)
    {
        case  0:  break;      //profit≤1000 没有提成
        case  1:  salary += profit * 0.1;  break;
        case  2:
        case  3:
        case  4:  salary += profit * 0.15;  break;
        case  5:
        case  6:
        case  7:
        case  8:
```

```
        case 9:  salary += profit * 0.2;  break;
        default:  salary += profit * 0.25;
      }
      printf("salary= %.2f\n", salary);
}
```

此例中同一个等级之间不使用"break;"语句,只在不同等级中使用,这样输出的结果符合题目要求。这样的多分支程序对确定利润提成很方便,大家可以按照自己心目中的薪资确定规则,感受一下该程序的乐趣。

3. 复合赋值运算符号的介绍

在例3-37的程序中,我们看到了一种全新的运算符号"+=",这种运算符号叫作复合赋值运算符。C语言中共有5种类型的复合赋值运算符,即+=、-=、*=、/=、%=,它们所对应的运算功能就是求累加、累减、累乘、累除和累求余。

例如,赋值表达式 a=a+2,就是用变量 a 原来的值加上 2 之后将所得到的新值再赋值给变量 a,即 a 现在的值已经被新的值刷新了。这种赋值表达式可以用复合赋值运算符写成 a+=2。同样,b=b-3 可以写成 b-=3;c=c*4 可以写成 c*=4;d=d%5 可以写成 d%=5 等。

4. 自增自减运算符号的介绍

当增量值≥2时都可以写成复合赋值运算符的表达方式,如果增量值为1,即 a=a+1 可以写成 a+=1;b=b-1 可以写成 b-=1。

不过,在C语言中把增量为1的累加和累减运算用一种更简单的运算符号来描述,这就是++和--。也就是可以把 a=a+1 直接写成 a++,把 b=b-1 直接写成 b--。

++或者--运算就叫作自增或者自减运算。

自增和自减运算各有两种运算形式,比如,a++和++a,b--和--b。自增、自减运算符号在变量后面的叫后置运算,在变量前面的叫前置运算。前置运算与后置运算的规则是不一样的。

前置运算的规则是:先增减后运算;后置运算的规则是:先运算后增减。

先增减后运算就是先给变量加1或者减1,然后才用变量的值进行计算;先运算后增减就是先用变量原来的值进行计算,之后再给变量的值加1或者减1。

虽说++i、--i 与 i++、i-- 都对应于 i=i+1 和 i=i-1 的形式,但是,运算之后的值要么加1要么减1。

例 3-38　下面例子的结果是多少?

如果 i=3,j=++i,则 i=__、j=__ ;

如果 i=3,k=i++,则 i=__、k=__ ;

如果 i=3,x=i--,则 i=__、x=__ ;

如果 i=3,y=--i,则 i=__、y=__ 。

答案是：i=4、j=4；

　　　　i=4、k=3；

　　　　i=2、x=3；

　　　　i=2、y=2。

你的答案对吗?

5. switch()语句的嵌套应用

switch()语句还可以嵌套应用,方法与单一的 switch()语句相同,但是,要掌握好各自
case 语句的对应关系,还要确定好"break;"语句跳出后的准确位置,否则就会出错。

例 3-39　下面例子的输出结果是什么?

```c
#include <stdio.h>
void main()
{
    int a = 2, b = 7, c = 5;
    switch(a > 0)
    {
        case 1: switch(b < 0)
        {
            case 0: printf("@"); break;
            case 1: printf("!"); break;
        }
        case 0: switch(c == 5)
        {
            case 0: printf(" * "); break;
            case 1: printf(" # "); break;
            default: printf(" $ "); break;
        }
        default: printf("&");
    }
}
```

程序的输出结果如下:

@#&,你答对了吗?

6. switch()语句的菜单功能

用 switch()多分支语句可以直接计算任意直角三角形的面积、矩形的面积、圆形的面积
或者梯形的面积等,而不是一个单一的计算程序,这就要用到 switch()多分支语句菜单功
能。怎样实现这个菜单功能?

我们需要借助 4 个语句来完成这个任务:一是 printf()输出语句,二是 scanf()输入语
句,三是 switch()多分支语句,四是 goto 转向语句(该语句是一种无条件的循环语句,会在
第 4 章中学习)。其中,由 printf()输出语句构成菜单选项;由 scanf()输入语句对菜单选项
进行输入确认;由 switch()多分支语句对选项内容进行具体的计算操作和执行输出;由
goto 转向语句确定是否需要返回菜单。请看下面的例子。

例 3-40　设计一个实用菜单,要求如下:

```
        选择计算有关面积
====================
1、求矩形的面积
2、求直角三角形的面积
3、求菱形的面积
```

```
    4、退出计算
    =====================
        你的选择是:
```

按照上面的书写形式,先用 printf() 输出语句设计一个显示菜单;根据菜单的不同选项编号,就可以计算不同图形的面积。这个选项编号要通过 scanf() 输入语句输入;根据输入的编号,由 switch() 多分支语句选择执行计算;执行完之后,如果还要进行其他图形的面积计算,则不用退出程序,可以再返回菜单进行新的选项计算,这个功能就由 goto 转向语句来完成,以此类推。直到从菜单上选择退出后,程序运行才真正结束。

下面就是所设计的程序:

```
1   # include < stdio. h >
2   # include < stdlib. h >              //这是清屏函数的头函数库声明
3   void main()
4   {
5       int a, b, s, m;
6   w: m = 0;                            //将选择序号先清 0,避免出现重复的选择
7       system("cls");                   //使用清屏命令,使屏幕的显示内容更整洁
8       printf("选择计算菜单\n");
9       printf(" =============== \n");
10      printf("1、计算矩形面积\n");
11      printf("2、计算直角三角形面积\n");
12      printf("3、计算菱形面积\n");
13      printf("4、退出计算\n");
14      printf(" =============== \n");
15      printf("  你的选择是:");
16      scanf(" % d",&m);
17      switch(m)
18      {
19          case 1: system("cls");      // 清屏语句
20                  printf("\n\n 请输入矩形的长和宽\n");
21                  scanf(" % d % d",&a,&b);
22                  s = a * b;
23                  printf("\n 矩形的长 = % d\t 宽 = % d\t 面积 = % d\n",a,b,s);
24                  break;
25          case 2: system("cls");      // 清屏语句
26                  printf("\n\n 请输入直角三角形的底和高\n");
27                  scanf(" % d % d",&a,&b);
28                  s = a * b/2;
29                  printf("\n 直角三角形的底 = % d\t 高 = % d\t 面积 = % d\n",a,b,s);
30                  break;
31          case 3: system("cls");      // 清屏语句
32                  printf("\n\n 请输入菱形的边长和高\n");
33                  scanf(" % d % d",&a,&b);
34                  s = a * b;
35                  printf("\n 菱形的边长 = % d\t 高 = % d\t 面积 = % d\n",a,b,s);
36                  break;
37          case 4: break;
38      }
39      if (m!= 4)
40          { getchar();  getchar();  goto w; }
41      printf("\n\n   已退出运算!\n\n\n");
42  }
```

程序总共有 42 行语句命令,其中:

第 1 行和第 2 行是两个文件包含声明;

第 5 行是变量的定义;

第 6 行是菜单循环的入口,"w:"是循环入口的标号;

第 7 行是清屏语句命令;

第 8～16 行是菜单与选项输入语句;

第 17～38 行是 switch()多分支选择语句;

第 39 行和第 40 行是判断以及菜单的循环语句;

第 41 行是退出提示语句。

其中,"case 1:"对应的是矩形面积的计算程序,包括变量的输入、面积计算以及结果输出等,最后是"break;"跳转语句。

"case 2:"对应的是直角三角形面积的计算程序,也包括变量的输入、面积计算以及结果输出等,最后也是"break;"跳转语句。

"case 3:"对应的是菱形面积的计算程序,也包括变量的输入、面积计算以及结果输出等,最后也是"break;"跳转语句。

"case 4:"是退出菜单的功能,结束程序的运行。

程序中 case 语句的标号必须与菜单中的选项编号类型一致,要么都用整型数据,要么都用字符型数据。"goto w;"语句中的 w 是转向语句的标号,w 后面必须用分号(;);第 6 行的"w:m=0;"语句前面的 w 就是 goto 要跳转的语句位置标号,w 的位置标号后面必须用冒号":",前后的标号字符必须一致。

程序中的"getchar();"语句是一个字符输入语句,它可以从键盘上获得任意一个字符。在该程序中连续用了两个"getchar();"语句,其中第一个"getchar();"语句是用来吸收输入选项后的回车键,第二个"getchar();"语句是起"暂停"的作用,以便能够对程序的计算结果看得清楚一些,等看清楚之后,没有问题,就在键盘上按一个任意键或者单击一下鼠标,程序就会返回到选择菜单。

"getchar();"语句是程序应用中的又一个技巧,同样,"system("cls");"语句的应用也是一个技巧,它叫作清屏语句,可以使屏幕显示的内容更干净。

这个程序主要介绍了把菜单与不同的面积计算程序相结合的方法,如果要设计其他类型的菜单,比如,卡拉 OK 菜单、材料存放菜单、工资管理菜单等都可以照此设计。

本章小结

本章重点介绍了 C 语言的 3 种选择结构形式,即一个条件两项选择结构形式、多个条件多项选择的嵌套形式和一个条件多种情况选择的 switch()分支语句形式;介绍了条件表达式的多种构成方式和条件语句的用法,包括 switch()语句中"break;"语句的功能、复合赋值运算、自增自减运算、switch()语句的嵌套以及由 switch()语句构成菜单功能的方法及其相关的应用等。

本章首先简要介绍了算法的概念以及流程图的模块及画法。算法就是解决问题的步骤和方法,而流程图主要由"五个模块一条线"构成。怎样画流程图是由程序运行的主体内容决定的,画流程图时要根据功能要求选择相应的图形模块,原则上一个流程图模块对应一个编程语句。

选择结构主要是由 if( )和 else 语句来实现的。流程图不同,语句命令的写法也不一样。选择语句命令都是由 if( )开头的,在 if( )语句之后一定要接条件成立的语句;在不成立的分支上只要有语句输出,就要用 else 的语句引导形式,之后再接条件不成立的语句,否则就不需要 else 语句了。

由关系表达式、逻辑表达式、算数表达式以及位逻辑表达式等多种形式可以构成选择判断的条件。在关系表达式中要注意不等于、等于符号的写法,等于"=="、不等于"!="的优先级别比其他的关系运算级别低,要后运算。在逻辑表达式运算中,逻辑或"||"的运算级别最低,一定要后算。在位逻辑表达式运算中,位或"|"运算的级别最低,要最后运算,位非"~"运算级别最高要先算,位左移"<<"或右移">>"运算级别次于位非"~",但高于位与"&"和位或"|"运算。

作为 if( )语句的判断条件,关系表达式、逻辑表达式和位逻辑表达式的值只有成立和不成立两种形式,成立的用 1 表示,不成立的用 0 表示。

位逻辑运算是数字控制的基础。正数的位运算比较简单,尤其是无符号字符型的位运算更简单,它只有一字节,数字范围最小。负数的位逻辑运算比较复杂,变量的定义类型不同,位逻辑运算的规则就不同,尤其是位"右移"的运算规则差异很大。所以,位逻辑运算通常把变量的类型多定义为无符号字符型。

在 if( )语句的嵌套格式中,书写时 else 语句要与所对应 if( )语句对齐布局,前后的 if( )语句要错位布局,形成倒阶梯形状。

条件表达式是由条件运算符"? :"构成的式子,它是一种三目运算。利用条件表达式可以简化选择结构的程序。

switch( )多分支语句是由其首部和分支表构成的,switch( )语句就像一个多路开关,它的分支表 case 项可多可少,具体由所控制的对象决定。若没有特殊要求,则分支表的前后顺序可以调换,原则上不影响语句的执行。switch( )括号里面的表达式不能用浮点型数据形式,分支表 case 中的常量表达式只能是字符常量或者是整型常量,分支表的标号之后只能用冒号":"。

利用"break;"语句可以实现 switch( )语句的准确分支,而不会出现前后语句功能的混淆。

对于 switch( )语句的嵌套程序,一定要明白"break;"语句退出后的层次位置,"break;"语句只能退出一层,不能退出多层。

复合赋值运算主要用于增量值大于或等于 2 以上的情况,自增自减运算只能用于增量值为 1 的情况。前置运算的规则是:先增减后运算;后置运算的规则是:先运算后增减。

设计菜单功能需要借助 4 个语句来完成:一是 printf( )输出语句,二是 scanf( )输入语句,三是 switch( )多分支语句,四是 goto 转向语句。其中,由 printf( )输出语句构成菜单的选项内容;由 scanf( )输入语句对菜单选项进行输入确认;由 switch( )多分支语句对选项内容进行具体的分项计算操作和执行输出;由 goto 转向语句确定是否需要返回菜单。

第4章

C语言循环结构的程序设计

尽管选择结构能解决一些有难度、较复杂的实际问题,但是,要计算 $1+2+3+\cdots+100$、$1-\frac{1}{2}-\frac{1}{3}-\cdots-\frac{1}{100}$ 等需要反复运算的问题,它就很麻烦了。我们把这些反复出现的问题统一称为循环问题。

4.1 循环的概念

循环结构主要解决重复的问题。比如大量数据的计算、统计、分析等要由循环结构来解决,在数组、指针、函数、结构体、数据文件等相关内容的学习中都会用到循环结构。所以,学好并掌握循环结构非常重要。

循环结构有两种形式:无限循环和有限循环。无限循环是一种死循环,程序一旦运行就无法退出。所以,设计程序时要尽量避免出现死循环的情况。一般来说,循环程序都是有限循环。

循环结构可用流程图来描述。其流程图有两种:一种是传统的流程图,另一种是 N-S 流程图。图 4-1(a)是传统的流程图,图 4-1(b)是 N-S 流程图。

图 4-1(a)所示的传统流程图比较复杂,图 4-1(b)所示的 N-S 流程图比较简单。但是,在传统的流程图中可以清晰地看出循环结构的 4 个要素,而且还可以看出 4 个要素所处的具体位置。

这 4 个要素就是:循环变量的初值、循环变量的终值、循环变量的增值和循环体。其中循环变量就有 3 个要素,简称为循环变量的初值、终值和增值。

在 N-S 流程图中这 4 个要素不明显。所以,建议用传统方式来画循环结构的流程图。

在如图 4-1(a)所示的流程图中,循环变量终值的判断条件采用的图形也是菱形,与 if() 选择结构的图形相同。但是,在选择结构中,判断条件的菱形是"一进两出";而在循环结构中,循环变量终值的菱形是"两进两出",其中"一个入口"来自于前面的程序,"另一个入口"

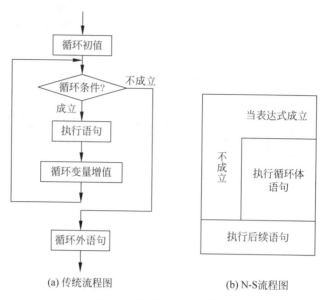

(a) 传统流程图　　　　(b) N-S流程图

图 4-1　循环结构的流程图

来自于后面的返回。所以,画流程图时要注意两者的区别。

　　流程图是编程的一个辅助工具,对于复杂的循环结构,根据流程图编程,可以减少编程上的错误。

　　从流程图中可以看出,循环是这样执行的:当程序执行到循环位置时,首先给循环变量赋一个初值,然后用这个初值与循环变量的终值相比较,如果未到终值结束的条件,则说明循环没有结束,要继续执行循环体的任务;然后改变循环变量的增值,可能是加,也可能是减,或者是其他形式,接着再用循环变量与终值相比较,如果未到终值结束条件,则继续执行循环体的任务;再次改变循环变量的增值,继续之后的循环,以此类推。直到满足终值结束的条件后,结束循环并退出,然后执行循环之后的语句。

　　在循环结构中,循环变量的初值决定循环开始的位置,循环变量的终值决定循环的结束,循环变量的增值决定循环渐变的步长,三者之间存在一定的渐变规律;而循环体是循环主要完成的任务。所有的循环都是由循环语句命令实现的。

　　C语言中的循环语句命令主要有 for、while、do…while 和 goto 共 4 种形式。

　　其中,goto 语句本身并不具备循环的特性,只能通过跳转的方式实现循环。它可以对整个程序进行循环,也可以对局部程序进行循环。但是,它必须与 if() 条件语句命令配合使用,以便构成有限循环;否则,可能就会出现死循环的现象。通过 goto 语句实现程序的循环,在 switch() 语句菜单中我们已经用过,使用时注意标号的要求。

　　for、while 和 do…while 语句本身就具有循环的特性,它们主要用于局部功能的循环,也是本章学习的重点。

　　重点强调:要学好循环结构,重点要把握好 3 个环节:一是所要解决的问题中有没有渐变循环的规律?二是所要解决的问题中循环的 4 个要素各是什么?三是在所要解决的问题中循环的 4 个要素在程序中怎么布局?只要把这 3 个环节掌握好,设计循环程序也就不难了。

　　一般而言,同一个循环功能用以上 4 种循环语句命令都可以实现,只是各自的实现形式不同,侧重点也有所不同。对于一般数据的分析、计算、统计等循环功能,用 for 循环语句会更多一些；对于字符型数据的分析、计算、统计等循环功能，用 while、do…while 循环语句会更多一些，对于整个程序的循环用 goto 语句会更多一些。比较而言，4 种循环语句中 for 语句最简单，也最清晰。所以，我们先从最简单的 for 语句开始学起。

4.2　用 for 语句实现循环的方法

之所以说 for 循环语句最简单，是因为该语句中循环的 4 个要素非常清楚。请看下面对 for 语句的文字说明：

for(循环变量的初值；循环变量的终值；循环变量的增值)
　　　循环体；

从 for 循环的文字描述中可以看出，循环变量的"初值、终值和增值"3 个要素都要放在 for 后面的圆括号( )中，三者之间要用分号";"隔开；而第四个要素"循环体"要紧跟在 for 语句之后，距 for 语句缩进 4 格。循环变量的"初值、终值和增值"3 个要素可以用简单的表达式语句构成，也可以用逗号","表达式构成；循环体可以是单一的执行语句，也可以是带有花括号{ }的复合执行语句。

1. for 语句的一般形式和执行过程

例 4-1　如何来求 1、2、3、……、100 的总和。

可能有人已经想到了，这是一个等差数列求和的计算，所以可以按照等差数列公式来计算。但是，如果不记得等差数列公式怎么办？那只能一步一步地用累加的方法来计算了。用等差数列公式计算是一种计算技巧，知道了就很容易，不知道就很难。而累加计算是一种最原始的方法，虽然比较啰唆，但它是计算机程序设计的常用方法。我们来看看它的基本计算过程：

从 1 开始加起，一直加到 100 结束。用变量 s 存放累加值，一开始 s＝0。计算过程如下：

计算次数	需要加的数	累加求和	计算结果
1	1	s = s + 1;	s = 1
2	2	s = s + 2;	s = 3
3	3	s = s + 3;	s = 6
4	4	s = s + 4;	s = 10
5	5	s = s + 5;	s = 15
…	…	…	…
100	100	s = s + 100	s = 5050

这个计算过程计算次数从 1 开始，到 100 结束，每进行一次加法计算，就要改变一下加数，直到计算出最后的结果，说明这种计算自身是具有渐变规律的，其渐变就是由 1 到 2 到 3，一直到 100，规律就是后面的数减去前面的数差值都相等，所以适合直接使用循环。

这个计算中包含了循环运算的 4 个要素，计算次数 1 就是循环变量的初值，计算次数 100 就是循环变量的终值，改变的加数就是循环变量的增值，而每次进行的累加求和计算，就是循环体，也就是循环要完成的任务。

思考分析：上面的例子中既具有循环的规律，又包含循环的 4 个要素，那么，如何把 4 个要素与 for 语句联系起来？也就是循环变量用什么表示？循环变量的初值、终值和增值怎么表示？循环体又怎么表示？4个要素要各自放在什么位置？

可以说,任何变量都可以用作循环变量,但是,习惯上常用整型变量 i 作循环变量。有了循环变量,循环变量的初值就可以表示为:i=1,终值就可以表示为:i<=100,增值就可以表示为:i++。计算求和用变量 s 表示,循环体可以表示为:s=s+i。

下面就是 for 循环语句的具体写法:

```
for(i=1; i<=100; i++)
    s=s+i;
```

可见,循环变量的初值、终值和增值 3 个要素依次放在 for()语句后面的圆括号中,循环体紧接着 for()语句下面放置,非常简洁清晰。

下面给出一个 for()语句应用的完整程序:

```
1   #include<stdio.h>
2   void main()
3   {
4       int i,s=0;
5       for(i=1; i<=100; i++)
6           s=s+i;      //也可以用 s+=i;
7       printf("s=%d\n",s);
8   }
```

程序的运行结果为:

s=5050

这个程序只有 8 行语句命令,其中,

第 4 行是对循环变量 i、总和 s 进行变量定义,并给总和 s 直接赋初值 0,就是给变量 s 清零,一定要这样做,否则会出现错误的结果。

第 5 行就是 for 循环语句的主体,包含循环变量的 3 个要素。

第 6 行是循环体,也就是累加计算。

第 7 行是计算结果的输出。

程序的计算过程是这样的:首先设 i=1,s=0,然后判断 i<=100 吗? 是的,所以计算 s=s+i,也就是 s=0+1;然后给初值+1,也就是 i++使 i=2,再判断 i<=100 吗? 是的,继续进行 s=s+i 的运算,即 s=1+2;接着再继续给初值+1,以此类推,直到判断循环变量的终值 i>100 后计算结束,并退出循环,最后输出计算的结果。

重点强调:对于不同的循环功能,都有自己不同的循环变量初值、终值和增值,也有自己不同的循环体,只要能将这 4 个要素表示清楚、表示正确,位置摆放符合要求,循环的问题也就迎刃而解了。

例 4-2   计算 200～500 能够被 5 整除的所有整数的总和。

编程思路:本例中 200～500 的整数都是一些自然数,自身是具有渐变规律的,而能够被 5 整除的数分别为 200、205、210、……、500 也是具有渐变规律的,所以可直接使用循环。循环变量的初值为:i=200,终值为 i<=500,增值为 i+=5;累加和的初值 s=0,其计算为:s=s+i。循环语句表示如下:

```
for(i=200; i<=500; i+=5)
    s=s+i;
```

用该循环语句替换例 4-1 程序中的循环语句,就可以计算出所求的结果。

也可以按照下面的程序设计:

```
1   # include < stdio. h>
2   void main()
3   {
4       int i, s = 0;
5       for(i = 200; i <= 500; i++)
6           if(i % 5 == 0)              //如果能够被 5 整除就进行累加计算
7               s = s + i;
8       printf("\n\n   s = % d\n",s);
9   }
```

运行结果为:

```
s = 21350
Press any key to continue
```

用 i+=5 和 if(i%5==0)两种方法计算的结果应该是一样的,自己可以去验证一下。

练习实践:编程计算 200~500 所有偶数的和、所有奇数的和以及所有能够被 3 整除的和。如果要计算 200~500 能够同时被 3、5、7 整除的所有数的和,其计算程序要怎样设计?如果在后一个计算中,不仅要计算其总和,还要统计出符合要求的数据总个数,又要怎样设计程序?

自己认真做一下这些练习,加深对 for 循环语句的认识和理解。

2. for 语句的多种形式介绍

我们知道,在 for 循环语句的圆括号( )中包含有循环变量的 3 个要素,这是 for 循环语句的规范书写形式。不过,有时候可能因疏忽而忘记了某一个要素的书写情况,比如,下面的 3 种情况之一:

(1) for(; i<= 500; i += 5)

(2) for(i = 200; i <= 500;   )

(3) for(; i<= 500;   )

第(1)种情况少了循环变量的初值,第(2)种情况少了循环变量的增值,第(3)种情况少了循环变量的初值和增值。对于这 3 种情况,for 循环语句是不能正常运行的。要运行必须进行要素补充。

方法是:循环变量的初值一定要在 for 循环语句之前进行补充;而循环变量的增值必须在循环体之后进行补充,从而构成复合循环体,并要用花括号{ }将整个循环体括起来。不论怎么补充,循环变量的 3 个要素都必须齐全,一个都不能少,否则 for 循环语句就无法正确执行。

下面就是循环变量不同要素补充的实例:

```
(1) i = 200;
    for(   ; i<= 500; i += 5)
        s = s + i;
(2) for(i = 200; i <= 500;   )
    {
        s = s + i;
        i += 5;
```

```
            }
(3) i = 200;
    for(   ; i < = 500;   )
    {
        s = s + i;
        i += 5;
    }
```

通过要素补充,以上 3 个程序都是可以正常执行循环功能的。

不过,在 for 循环语句中不能出现 3 个要素都缺少的情况,尤其是不能缺少循环变量的终值。如果没有终值,循环就没有了判断的依据和条件,即便在循环体中补充加入了终值的判断语句,程序只会处于一种"静止等待"的运行状态,实际上程序是无法运行的。

尽管上面的 3 种情况通过补充要素后也能够实现循环功能,但是,这种补充方式明显要复杂得多,也容易出错。所以,在实际编程中不建议使用。

3. for 语句循环程序设计举例

例 4-3　用 for 循环语句计算 $1 - \dfrac{1}{2} - \dfrac{1}{3} - \cdots - \dfrac{1}{100}$ 的值。

编程思路: 本例是一个分数减法计算,分母是由 2、3、……、100 自然数构成的,很明显,这些自然数是具有渐变规律的,可直接使用循环。根据分母的数字规律,等于给出了循环变量的初值、终值以及增值。所以,可以用 for 循环语句来计算。在本例中,第 1 项为 1,是一个正数,其后均为负数,而且都是分数,这就告诉我们本例中循环变量的初值取 2、终值为 100、增值为 1;而循环体为分数的累减,计算差值的初值为 1。要注意,分数的计算结果是一个小数。所以,累计计算差值的变量必须定义为浮点型数据;而且每一项累减的分数也都需要强制转换为浮点型数据,这样计算的结果才能正确,否则后面所有的分式计算结果都会是 0,整个计算结果都将是错误的。大家想想为什么。

本例所编的程序如下:

```
1   # include < stdio. h >
2   void main()
3   {
4       int i;
5       float s = 1;
6       for(i=2; i < = 100; i++)
7           s = s - 1/(float)i;          // 或者用 s = s - 1.0/i;
8       printf("s = % f\n",s);
9   }
```

程序的第 7 行分母中的(float)是对整型循环变量 i 的强制转换,如果把循环变量 i 定义为浮点型,那么可以不要强制转换。

程序的运行结果为:

s = - 3.187377

运行结果是一个负数。

例 4-4　用 for 循环语句计算 $\displaystyle\prod_{n=17,i=4}^{n=11,i=10} (n-i)$ 的值。

编程思路: 本例实际上是一个 $(n-i)$ 连乘的计算,其中 n 的值为 17、16、15、……、11,i

的值为 4、5、6、……、10,它们也都是自然数,自身也都具有渐变规律,可直接使用循环。实际上,也就是(17−4)与(16−5)、(15−6)、……、(11−10)连乘的计算,更准确的就是 13×11×9×7×5×3×1 连乘的计算。可以看出,在本例中有两个循环变量:一个是 n,一个是 i,它们的初值分别是 17 和 4,终值分别是 11 和 10,增值分别是−1 和 1。由于是连乘计算,所以,积的初值必须为 1,不能取 0,否则结算结果就是 0。

学习与思考:在本例中循环变量的初值、终值和增值都有两个,在 for 循环语句中应该怎么正确表示和摆放呢?

根据对本例的分析,完全可以选择简单的整数乘法来设计程序,但是,这样一来所设计的程序就不符合题目的原来要求。所以还是要按照题意来设计程序,而且要采用由逗号表达式构成的双循环变量来设计程序。

所设计的程序如下:

```
1   # include < stdio. h>
2   void main()
3   {
4       int n, i, p = 1;
5       for(n = 17, i = 4; n >= 11, i <= 10; n−− , i++)
6           p = p * (n−i);        //或者用 p *= n−i;
7       printf("p = % d\n",p);
8   }
```

程序的运行结果为:

p = 135135

在本例中,循环变量的初值、终值和增值都是两个,所以要采用逗号表达式的书写形式来表示和摆放双循环变量,表明两个变量可以一起赋值、一起判断、一起改变增量,其中第一个增量是自减,第二个增量是自增,这都是允许的,也是正确的。在循环变量的终值描述中还可以用"n >= 11 && i <= 10;"或者"n−i >= 1;"这样的形式,结果也是正确的,大家可以自己去验证。

如果有更多的循环变量,都可以采用逗号表达式的书写形式来表示和摆放。但是,不能把多个循环变量表达式之间的",改为";",否则会出现语法上的错误。

4.3 用 goto 和 if() 语句实现循环的方法

前面讲过 goto 语句是一个转向控制语句,除了不能转进循环语句内部之外,它可以转到程序中的任何位置,还可以跳出循环。用 goto 语句加标号,可以实现任意形式的循环,但这种循环是一种死循环,需要与 if() 语句配合才能实现有限的循环。

例 4-5 用 goto 和 if() 语句实现循环计算 1、2、3、……、100 中偶数的和。

编程思路:1、2、3、……、100 自然数中的偶数本身是具有渐变规律的,可直接使用循环。其循环变量的初值为 2、终值为 100、增值为 2,累加和的初值为 0;循环体为 s = s + i。循环过程必须通过 goto 语句强制跳转执行,并借助 if() 判断语句进行终值的判断。要合理摆放 4 个要素的位置,才能完成循环计算任务。

所设计的程序如下:

```
1   # include < stdio. h>
2   void main()
3   {
4       int i = 2,s = 0;
5   L1: if(i < = 100)
6       {
7           s = s + i;
8           i += 2;
9           goto L1;
10      }
11      printf("s = % d\n",s);
12  }
```

程序总共有 12 行语句命令,其中,

第 4 行是变量的定义和赋初值。

第 5 行是循环的入口,L1 是 goto 语句的跳转标号,后面要用冒号“:”。

第 6～10 行是循环体,其中第 7 行是累加求和,第 8 行是循环变量的增值,第 9 行是 goto 循环跳转语句的具体位置 L1,语句之后要用分号“;”。

第 11 行是计算结果的输出。

程序的运行结果为:

s = 2550

程序中 goto 语句之后的标号可以任意设定,其形式与变量取名类似。本例中循环体是一个复合循环体,必须用花括号{}括起来,否则会出错。复合循环体中的“goto L1;”语句就是一个强制跳转语句,有了它就能够完成真正的循环功能。

用 goto 语句实现循环,要给它加一个退出环节,常用 if()语句来实现。

4.4　用 while 语句和 do…while 语句实现循环的方法

while 和 do…while 语句是 C 语言中的另外两种循环语句,与 for 和 goto 循环语句一样,其切入点是所要解决的问题有没有渐变规律? 然后把握好循环语句 4 个要素的布局和摆放。

while 和 do…while 语句实现循环的功能类似,循环变量的初值都要放在循环语句的前面,增值都要放在复合循环体中。不同的是,while()语句中对循环变量终值的判断要放在循环体之前;而 do…while 语句中对循环变量终值的判断要放在复合循环体之后,而且语句的后面必须加上分号“;”。它们的流程图如图 4-2(a)和图 4-2(b)所示。

从如图 4-2 所示流程图中可以看出,while 循环语句是先判断后执行,do…while 循环语句是先执行后判断,这就是它们的差别。

1. 用 while 语句实现循环的方法

while 循环语句的结构形式与 for 循环语句的结构形式相同,其流程图与图 4-1(a)所示的传统循环流程图类似。

例 4-6　从键盘上任意输入一行字符,用 while 循环语句统计字符的总个数。

编程思路:从键盘上任意输入一行字符,相当于从键盘上一个一个地连续输入多个字

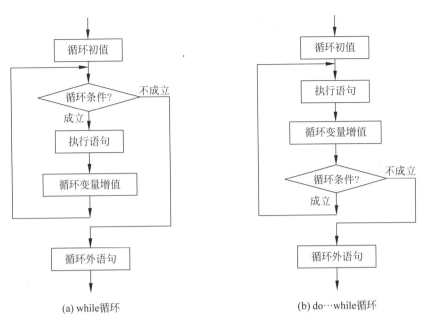

图 4-2　while 和 do…while 循环语句流程图比较

符后按回车键,这个输入过程由 while()语句自身的循环特性来完成。而从键盘上每次输入一个字符都要用到 getchar()这个字符输入函数。此例循环判断的条件是:getchar()!＝'\n',要放在 while()语句后面的圆括号中,意思是每次从键盘输入的字符不是回车键吗?若成立,它就是字符,否则,就不是,说明输入已结束。该判断条件既是循环变量的初值,也是循环变量的增值,还是循环变量的终值。转义字符'\n'要用单引号' '括起来,其含义是换行,也代表回车键的功能。字符个数的统计用变量 n++,初值要设定为 0。

所设计的程序如下:

```
# include < stdio.h>
void main()
{
    int n = 0;
    while(getchar()!= '\n')
        n++;
    printf("n = % d\n",n);
}
```

程序运行后,从键盘上任意输入一行字符,其输出的结果为:

```
gfshgg45 + sgh↙
n = 12
```

在 while 循环语句中,循环变量的初值、终值和增值虽然是同一个表达式,但是各自的含义是不同的,这一点一定要心中有数。

2. 用 do…while 语句实现循环的方法

例 4-7　从键盘上任意输入一行字符,用 do…while 循环语句统计其中所含字母、空格、数字以及其他字符的个数。

编程思路:从键盘上任意输入一行字符,输入回车键后结束。这个输入过程也由 do…

while 语句自身的循环特性来完成。只是每次输入的字符可能是字母、空格、数字或者是其他的字符,它们各自的判断条件均不同,统计数也不同。所以,这是一个多条件多选项的选择结构。

虽然用 3 个独立的 if()语句能够对输入的字母、空格和是数字做出准确的判断,但是,无法对输入的"其他字符"做出准确的判断。因为,其他字符包括标点符号、@、♯等形式很多,不好确定。所以,必须用 if()…else 语句的嵌套方式进行判断,层层把关、不留漏洞。

为了分析判断方便,定义一个字符型变量c,把每次由 getchar()输入的字符赋值给字符变量 c,即"c=getchar();",然后改为对变量 c 进行判断。把字母、空格、数字及其他的字符对应的个数分别定义为整型变量 n1、n2、n3 和 n4,都要先赋初值 0。

所设计的程序如下:

```
1    # include < stdio. h>
2    void main()
3    {
4        char c;
5        int n1 = 0, n2 = 0, n3 = 0, n4 = 0;
6        do
7        {
8            c = getchar();
9            if(c > = 'a'&&c < = 'z'||c > = 'A'&&c < = 'Z')    //判断字母
10                n1++;
11            else if(c == ' ')                              //判断空格
12                    n2++;
13                else if(c > = '0'&&c < = '9')              //判断数字
14                        n3++;
15                    else
16                        n4++;                              //剩下的就是其他字符
17        }
18        while(c!= '\n');   //判断输入是否结束
19        printf("n1 = % d\tn2 = % d\tn3 = % d\tn4 = % d\n",n1,n2,n3,n4 - 1);
20    }
```

程序说明:该程序总共有 20 行语句命令,其中,

第 4 行定义了一个字符变量 c。

第 5 行定义了 4 个统计变量,其中 n1 代表字母的个数,n2 代表空格的个数,n3 代表数字的个数,n4 代表其他字符的个数,先给 4 个变量赋初值清 0。

第 6~18 行是 do…while 循环语句,其中,

- 第 8 行是从键盘上输入一个字符给变量 c。
- 第 9 行判断如果是字母,第 10 行就给 n1 加 1,包括大写字母、小写字母,注意大写字母、小写字母判断条件的写法。
- 第 11 行判断如果是空格,第 12 行就给 n2 加 1,注意 else if()语句的写法,空格要用单引号括起来。
- 第 13 行判断如果是数字,第 14 行就给 n3 加 1,注意数字判断条件的写法。
- 第 15 行 else 后面没有 if()语句了,说明只剩下其他字符了,所以,第 16 行就给 n4 加 1。
- 第 18 行用"while(c! = '\n');"语句判断从键盘输入的字符 c 是不是回车键。如果不是,循环继续;否则,循环结束。

第 19 行分别输出 4 种情况的统计结果。

在该程序中,if(c>='a'&&c<='z'||c>='A'&&c<='Z')语句判断变量 c 是否为字母,包括大写字母和小写字母;if(c==' ')语句判断变量 c 是否为空格;if(c>='0'&&c<='9')语句判断变量 c 是否为数字,大家要熟记这种判断条件表达式的写法。

因为 do…while 循环语句的执行过程是先执行后判断,当输入回车键结束全部输入后,n4 也会把回车键当成一个其他字符给统计进去。所以,在第 19 行 printf()输出语句中要用 n4-1 对其他字符的个数进行修正,这样才符合实际。

程序运行后,从键盘上任意输入一行字符,其输出的结果为:

```
Ag fh34, + 2 4g fh@#k↙
n1 = 8        n2 = 4        n3 = 4        n4 = 4
```

说明输入的字母有 8 个,空格有 4 个,数字有 4 个,其他字符也有 4 个。运行结果完全正确。大家也可以用 while()语句练习一下,看看与 do…while()语句有何不同。

4.5　4 种循环语句的比较

在 4 种循环语句中,for、while 和 do…while 这 3 种循环语句自身都具有循环的特性,而 goto 语句必须通过跳转标号才能实现循环。4 种循环语句的执行都必须具备 4 个要素。

在 for 循环语句中,循环变量的初值、终值和增值 3 个要素依次摆放在 for()语句的圆括号中,随后就是循环体。所以,for 循环语句结构最简洁、清晰。

在 while、do…while 和 goto 的循环语句中,循环变量的初值必须放在循环语句之前,循环变量的增值必须放在循环体中,构成由花括号{ }括起来的复合循环体。

在 goto 循环语句中必须加上需要循环跳转的语句标号,还要加入由 if()语句构成的终止循环的条件。所以,goto 循环语句结构比较松散,使用比较灵活。

while 和 do…while 循环语句的整体结构有所不同的,while 循环语句是先判断后执行,而 do…while 循环语句是先执行后判断。两者循环变量的终值都必须放在 while()语句的圆括号( )内。在 do…while 循环语句中,"while();"语句位于循环体的后面,句尾要加分号";",而 while 循环语句不需要。所以,while 和 do…while 循环语句的结构形式一般适用于循环变量比较模糊的情况。

一般来讲,当循环变量的 3 个要素都明确时采用 for 循环语句比较简单,当循环结构比较松散时采用 goto 循环语句比较好,其他情况采用 while 或者 do…while 循环语句比较好。当然,只要能够确定循环的 4 个要素,采用哪一种循环语句都是可以的。

4.6　用 break 和 continue 语句改变循环的路径

前面所讲的循环模式都是一路执行到底,中间不停,把这种循环称作全循环。如果在一个循环中遇到某种特殊情况中途退出,那么这种循环叫作部分中断循环。如果在循环过程中有一些循环不用执行直接跳过,接着执行后面的循环,那么这种循环叫作选择循环。也就是说,在有限的循环中有全循环、部分中断循环和选择循环 3 种形式。部分中断循环和选择循环也可以称为有条件的循环,也就是将循环结构与选择结构相结合。

图 4-3 就是 3 种不同循环的流程图,其中图 4-3(a)是全循环流程图,图 4-3(b)是部分中断循环流程图,图 4-3(c)是选择循环流程图。

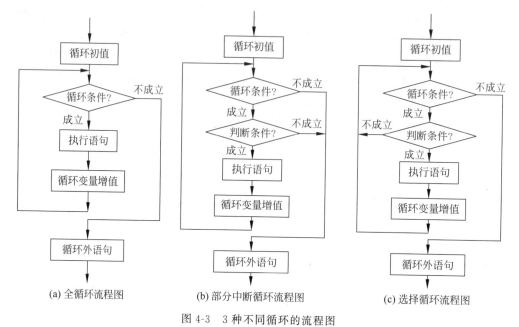

图 4-3　3 种不同循环的流程图

从图 4-3(a)中可以看出,全循环流程图有一个循环返回入口和一个最终出口;而图 4-3(b)所示的部分中断循环流程图有一个循环返回入口和两个出口,其中一个出口是由判断条件决定的中途中断出口,另一个是循环的最终出口;图 4-3(c)所示的选择循环流程图有两个循环返回入口和一个最终出口,其中一个循环返回入口是正常的返回入口,而另一个是选择循环返回的入口。

前面所讲的循环例题都属于全循环的实例,下面重点讲解部分中断循环以及选择循环语句的实现方法,也就是 break 和 continue 语句的使用方法。

1. 用 break 语句实现部分中断循环

例 4-8　从 1~10 中找出 7 之前的所有整数。

编程思路:首先在 1~10 中找数,这是一种有规律的数,可直接使用循环。而在 1~10 中第一个能够被 7 整除的数就是 7,那么,它之前的数 1~6 就是我们要找的数。7 之后的数 8~10 虽然也不能被 7 整除,但是并不是我们要找的数。所以,当程序运行到 7 的时候就要中断循环,结束运行。可见,整数 7 是一个重要的转折点,也是循环中断的出口点和中断条件构成的重要因素。中断条件可以用 1~10 的数与 7 求余来判断,如果求余的结果不是 0,则输出对应的数,并说明还没有到 7,要继续循环;若求余结果为 0,则说明已经到 7 了,循环终止。

所设计的程序如下:

```
1   # include <stdio. h>
2   void main()
3   {
4       int i;
5       printf("所找的数如下:\n");
```

```
6        for(i=1; i<=10; i++)
7            if(i%7!=0)
8                printf("%d\t",i);
9            else
10               break;
11       printf("\n");
12 }
```

程序由 12 行语句命令组成,其中,

第 7 行就是循环中断的判断条件,采用循环变量 i 对 7 求余不为 0 作为输出数字的条件,凡是求余不为 0 数字都要输出。

第 10 行是求余为 0 时由 break 语句实现中断,跳出循环。

程序的运行结果为:

```
所找的数如下:
1    2    3    4    5    6
```

上面程序的第 7～10 行也可以改为下面的形式:

```
7            if(i%7==0)
8                break;
9            else
10               printf("%d\t",i);
```

程序的运行结果是一样的。

思考分析:如果要找出 1～10 中所有不能被 7 整除的数,怎么编程?

例 4-9　当 $s=2-\sum_{n=1}^{5}\dfrac{1}{2n}=1.25$ 时,$n=$?

编程思路:原题实际上是求 $s=2-\dfrac{1}{2\times1}-\dfrac{1}{2\times2}-\dfrac{1}{2\times3}-\cdots-\dfrac{1}{2\times n}=1.25$ 时,$n=$?

这里要求的 n 肯定不是 5,而是 1～5 的某一个整数,否则求 n 没有意义。很明显,这是一个浮点数的减法计算,s 要定义为浮点数。减数中的分母是有规律的,可直接使用循环变量 i 来计算,i 的值越大,s 的值就越小。循环变量的初值可以设置为 i=1,终值设置为 i<=5,增值设置为 i++。s 的初值为 2,判断的条件可以设置为 s==1.25。

循环一开始首先要计算 s 的值,因为减数是分式,分子、分母都是整数,所以对分母要进行浮点数的强制转换,否则分式的计算值都是 0。计算表达式为:s=s-1/(float)(2*i)。

所设计的程序如下:

```
1  #include<stdio.h>
2  void main()
3  {
4      int i, n=0;
5      float s=2;
6      printf("所找的数如下:\n");
7      for(i=1; i<=5; i++)
8      {
9          s=s-1/(float)(2*i);   //也可以用 s=s-1.0/(2*i);
10         if(s==1.25)
11         {
12             n=i;
```

```
13                break;
14            }
15        }
16    if(n==0)
17        printf("没有找到!\n");
18    else
19    {
20        printf("n=%d\n",n);
21        printf("s=%0.2f\n",s);
22    }
23 }
```

程序总共有 23 行语句命令,其中,

第 9 行是累减计算,分式中的(float)就是对整型分母的强制转换。

第 10 行是找出所求结果 n 的条件判断语句,若条件满足,就将循环变量的值赋给变量 n,并中断循环,否则,继续循环直到全部循环结束。

第 16～22 行是对找出的结果再进行判断分析,如果 n==0,则说明没有找到所要的结果;否则,说明结果已经找到,并输出所求的结果。

程序的运行结果为:

```
所找的数如下:
n=2
s=1.25
Press any key to continue
```

在上面的程序中,当运行检测到 s=1.25 时,n=2,循环中断,并退出运行,后面的 n=3、4、5 就不再运行。在变量定义中,设定 n=0 是一个输出的判断标志。如果判断 n==0,这是最初的标志,则说明没有找到所求的结果;否则,说明结果已经找到,然后输出结果。假设将程序中的判断条件改为 s==1,则程序的运行结果为:

```
所找的数如下:
没有找到!
Press any key to continue
```

如果把程序的第 12 行"n=i;"用第 20 行和第 21 行的语句命令替换,那么程序的第 16～22 行语句可以不要,这样"没有找到"的情况就缺少了提示,但没有关系。

思考分析:$s=2-\sum_{n=1}^{5}\dfrac{1}{2n}$ 怎么计算?

前两个例子就是利用 break 语句实现部分中断循环的实例,大家也找几个场景去练习一下。

2. 用 continue 语句实现选择循环

用 break 语句可以实现部分中断循环,而用 continue 语句可以实现选择循环。

例 4-10　从 1～10 中找出所有不能被 3 整除的数。

编程思路:首先 1～10 的数是有规律的,可直接用循环。要找出 1～10 中所有不能被 3 整除的数,只要能找出所有能够被 3 整除的数,并将这些数排除掉,那么,其余的数就是要找的数。而能够被 3 整除的数自然是 3、6、9 了,它们都是 3 的整数倍。用每一个数都跟 3 求余,结果为 0 的数就是 3 的倍数,要排除掉,留下来的就是要找的数。

所设计的程序如下：

```
1   # include < stdio. h>
2   void main()
3   {
4       int i;
5       printf("所找的数如下:\n");
6       for(i = 1; i < = 10; i++)
7           if(i % 3 == 0)
8               continue;
9           else
10              printf(" % d\t",i);
11      printf("\n");
12  }
```

程序中的第 7 行就是排除被 3 整除的数的判断条件,如果是,则执行 continue 语句,结束本次循环,直接进入后面的循环继续判断查找。

第 10 行如果不能被 3 整除,就是要找的数,并输出。

程序的运行结果为：

```
所找的数如下:
1    2    4    5    7    8    10
Press any key to continue
```

可见,所找的数中没有能够被 3 数整除的数。如果要从 100～300 中找出所有不能被 3 整除的数,那么只要将程序中循环变量的初值和终值修改一下就可以实现。

上面第 7～10 行的判断语句也可以改成下面的形式：

```
7           if(i % 3!= 0)
8               printf(" % d\t",i);
9           else
10              continue;
```

第 8 行是直接输出不能被 3 整除的数,第 10 行是将被 3 整除的数跳过去,继续后面的循环。大家验证一下修改后的程序运行结果。

我们已经明白了从所给定的数段中找出某些特定的数,但这是不够的。有时候,我们不仅要找出这些数,还要对这些数进行进一步的运算,比如加、减、乘、除以及多种组合运算等。下面请看一个具体的例子。

例 4-11　求 1～100 中不含尾数为 2、5、8 的所有其他数的总和。

编程思路：首先 1～100 的数是有规律的,可直接用循环。1～100 中尾数含有 2、5、8 的数有 2、12、22、5、15、25、8、18、28、……、92、95、98 等数,只要找出这些特定的数,并将这些数排除或者筛选掉,那么,其余的数就是要找的数,然后将其求和即可。而要找出这些特定的数,只要能找到它们的通项表达式,然后再构成组合判断的条件,那么,找到并排除这些数就可以了。

在本例中,寻找特定数的通项表达式看似有点难,实际上很简单。我们以 2、12、22、……、92 为例,分析通项表达式的表示方法。我们可以将 1～100 的每个数与 10 进行求余运算,如果余数等于 2 则是我们要找的 2、12、……、92 等数字。同样,如果将 1～100 的每个数与 10 进行求余运算,如果余数等于 5 则是我们要找的 5、15、……、95 等数字。而将 1～100 的每个数与 10 进行求余运算,如果余数等于 8 则是我们要找的 8、18、……、98 等数字。

在这 3 种求余运算中,只要有一种符合要求,就要排除掉。所以,3 种求余运算应该构成逻辑"或"的关系。

根据上面的分析,所设计的程序如下:

```
1    #include < stdio. h>
2    void main()
3    {
4        int i, s = 0;
5        for(i = 1; i < = 100; i++)
6            if(i % 10 == 2||i % 10 == 5||i % 10 == 8)
7                continue;
8            else
9                s = s + i;
10       printf("所求数的总和为:\ns = % d\n", s);
11   }
```

程序的运行结果为:

```
所求数的总和为:
s = 3550
Press any key to continue
```

上面的例子就是把 1～100 不含尾数为 2、5、8 的所有数进行求和的计算,这就是一个选择循环的应用方法。

从本例中可以看出,要排除某一类数字,采用求余运算是最简单的排除方法,希望大家牢牢掌握这种方法。

4.7　循环语句的嵌套

1. 循环语句的嵌套方式

前面所讲的循环,不论是全循环、中断循环还是选择循环,都属于单一的循环。在实际应用中,还有循环的嵌套,也就是循环中套循环。如果在一个循环中只套了一个循环,就叫作双重循环;如果在双循环中还套有循环,就叫作三重循环或者多重循环。

循环嵌套的语句构成有多种形式,可以由 for、while、do…while 这 3 种语句相互交替构成嵌套,也可以由单一的语句形式按层次构成嵌套。请看下面的嵌套组合形式。

形式 1:

```
for(循环变量 1 初值; 循环变量 1 终值; 循环变量 1 增值)
    for(循环变量 2 初值; 循环变量 2 终值; 循环变量 2 增值)
        循环体语句;
```

形式 1 是由 for 循环语句构成的双重循环结构,第一个 for 循环叫外循环,第二个 for 循环叫内循环。循环体语句只是内循环的循环体,它与第二个 for 循环语句一起又构成第一个 for 循环语句的循环体。这种循环形式应用很普遍。

形式 2:

```
for (循环变量 1 初值; 循环变量 1 终值; 循环变量 1 增值)
{
```

```
        …
        while(循环变量 2 终值)
            循环体语句;
    }
```

形式 2 是由 for 和 while 两种循环语句构成的双重循环结构,for 循环语句是外循环, while 循环语句是内循环。循环体语句只是 while 内循环语句的循环体,包括 while 内循环在内,由花括号{ }括起来的部分又构成外循环 for 语句的循环体。

形式 3:

```
while(循环变量 1 终值)
{
        …
        for(循环变量 2 初值; 循环变量 2 终值; 循环变量 2 增值)
            循环体语句;
}
```

形式 3 是由 while 和 for 两种循环语句构成的双重循环结构,相关部分的含义与前面的类似。

形式 4:

```
while(循环变量 1 终值)
{
        …
        do
        {
            循环体语句;
        }
        while (循环变量 2 终值);
        …
}
```

形式 4 是由 while 和 do…while 两种循环语句构成的双重循环结构。

由 for、while、do…while 等循环语句构成的嵌套形式还有很多,单一语句形式的嵌套与多种语句形式的嵌套是完全可以互换的。在实际应用中,由程序设计人员根据项目的需要和自己的喜好来选择。

很明显,循环语句的嵌套要比单一的循环语句难很多,其难度主要有两点:一是每层循环变量终值的确定,尤其是内循环与外循环之间循环变量初值、终值以及增值相互关系的确定;二是不同循环层次循环体的确定,尤其是带有花括号{ }循环体的确定。只要抓住了这两个关键环节,循环嵌套的问题也就容易解决了。

2. 循环嵌套结构的程序设计应用举例

例 4-12　买鸡问题:用 100 元买 100 只鸡,公鸡 5 元 1 只,母鸡 3 元 1 只,小鸡 1 元 3 只,问可以买多少只公鸡、母鸡和小鸡?

编程思路:这是大家在中学遇到的一个解三元一次方程组的问题,现在,我们用 C 语言程序来解决这个问题。我们先来分析一下,解决这个问题要用哪种循环的嵌套。因为有公鸡、母鸡和小鸡,找公鸡数量是一个循环、找母鸡数量也是一个循环、找小鸡数量还是一个循环,所以,要采用三重循环的嵌套。

我们用鸡的数量来确定循环的上限,如果用 100 元全部买公鸡,5 元 1 只,最多可以买

20 只公鸡；同样，如果用 100 元全部买母鸡，最多可以买 33 只；用 100 元全部买小鸡，最多可以买 300 只，这就是 3 种鸡数量的上限。我们用变量 i、j、k 分别代表公鸡、母鸡和小鸡的个数。最多所买公鸡、母鸡、小鸡的数量就是各自循环变量的终值，也就是各自循环的上限。由于题目要求所买鸡的总数是 100 只，所以，小鸡 300 只的数量是不合题意的，也就是说，按照所买鸡的数量作为循环的终值条件，本例就不能采用三重循环的方式进行计算，只能采用双重循环的方式计算，小鸡的数量可以用 100 减去公鸡和母鸡的数量来替代。该题目的答案必须同时满足两个条件，就是所买公鸡、母鸡和小鸡的钱数只能是 100 元，而且公鸡、母鸡和小鸡的数量也只能是 100。只要满足这两个条件，所求的公鸡、母鸡和小鸡的数量就是所求的答案。

所设计的程序如下：

```
1    #include<stdio.h>
2    void main()
3    {
4        int i, j, k;
5        for(i=1; i<=20; i++)
6            for(j=1; j<=33; j++)
7            {
8                k=100-i-j;
9                if(i+j+k==100&&i*5+j*3+k/3.0==100)
10                   printf("i=%d\tj=%d\tk=%d\n",i,j,k);
11           }
12   }
```

程序第 5 行是对公鸡的循环，也是外循环，公鸡最多只能买 20 只。

程序第 6～11 行是对母鸡的循环，是内循环，还包括了对小鸡的计算，母鸡最多只能买 33 只。其中，

- 第 8 行是对小鸡的计算；
- 第 9 行是判断条件，鸡的数量和钱的数量必须同时相等；
- 第 10 行是计算结果的输出。

在判断条件中，小鸡的钱数必须用小鸡的数量 k 除以 3.0 的方式，也就是 k/3.0，使小鸡的钱数变为浮点型的小数形式，这样买鸡的总钱数才能达到 100 元的目标。不能用小鸡数量 k 直接除以 3，也就是 k/3，这是整数除以整数结果等于整数，总数达不到 100 元的目标，会出现错误的买鸡数量。

程序的运行结果为：

```
i=4        j=18       k=78
i=8        j=11       k=81
i=12       j=4        k=84
Press any key to continue
```

可以验证，这 3 组结果都是正确的。

其实，在上面的例子中，我们还可以采用三重循环嵌套的方式来计算，只是循环变量的上限不用买鸡的数量，而用买鸡的钱数。不论是买公鸡、母鸡，还是小鸡，最多都是 100 元，要求的条件与上面的相同。其对应的循环语句如下：

```
for(i=1; i*5<=100; i++)
```

```
for(j=1; j*3<=100; j++)
    for(k=3; k/3<=100; k+=3)
```

程序的执行过程是这样的：先买1只公鸡，再买1只母鸡，看看能买多少只小鸡可以满足买鸡的要求。若不满足，则加买1只母鸡，若还不满足，则加买1只公鸡，以此类推，不断地尝试，直到满足要求为止，这种方法叫"穷举法"，也叫"蛮力法"。

程序的运行结果与前面的完全一样。

在第二个程序中，因为1元可以买3只小鸡，所以，小鸡的循环变量初值从3开始，之后都是3的倍数，其小鸡变量的增值采用k+=3的形式。

实践练习：36块砖36人搬，男搬4块，女搬3块，两个小孩抬1块，若要把砖一次搬完，需要男、女和小孩各多少？这个题型与例4-12的买鸡问题类似，大家自己练习。

例4-13　案情分析题。某处发生一宗命案，侦察结果得到如下可靠的消息：

（1）a、b、c、d四人都有作案的可能；

（2）a和b中至少一人参与作案；

（3）c和b中至少一人参与作案；

（4）c和d中至少一人参与作案；

（5）c和a中至少一人未参与作案。

谁作案的可能性最大？请用C语言做出准确的分析。

编程思路：首先要建立案情模型。要对a、b、c、d四个人进行案情分析，究竟谁是凶手？谁作案的嫌疑最大？仅从文字描述上是比较模糊的，要准确地得出结论也是比较困难的。因为，对文字的判断没有对数字的判断清晰；另外，对文字的判断也不利于计算机的分析。所以把作案与不作案的文字描述用数字1和0来描述，1代表作案，0代表没有作案，这就是所要建立的案情模型，这也是一种将复杂问题简单化处理的好方法。

其次是循环分析。4个人的案情不是一个孤立的案件，而与每个人都有关系，即当某一个人作案时其他人怎样？当某一个人不作案时其他人又怎样？这就把每个人作案与否两种可能性与其他人联系起来了。用0和1表示案情的结果就是一种简单的循环。因为每个人都有这两种可能性，所以，4个人就构成了四重循环，把每个人作案的可能性全包括进来。

按照这样的思路编程设计，并输出每个人结果为1的多少，就可以准确地找出作案嫌疑人。由于程序的运行结果完全是客观的分析，不掺杂任何人为的因素，所以，分析的结果具有很高的可信度。

所设计的程序如下：

```
1   #include<stdio.h>
2   void main()
3   {
4       int a, b, c, d;
5       for(a=0; a<=1; a++)
6           for(b=0; b<=1; b++)
7               for(c=0; c<=1; c++)
8                   for(d=0; d<=1; d++)
9                       if(a==1||b==1)
10                          if(c==1||b==1)
11                              if(c==1||d==1)
12                                  if(c==0||a==0)
```

```
13                    printf("a = %d,b = %d,c = %d,d = %d\n",a,b,c,d);
14 }
```

程序总共有14行语句,其中,

根据第(1)种情况,a、b、c、d四人都有作案的可能,所以,第5~8行就是对情况(1)的描述;其中,

- 第5行是嫌疑人a是否作案的两种循环情况;
- 第6行是嫌疑人b是否作案的两种循环情况;
- 第7行是嫌疑人c是否作案的两种循环情况;
- 第8行是嫌疑人d是否作案的两种循环情况;

第9行是对第(2)种情况的描述,嫌疑人a和b中至少有一人作案;

第10行是对第(3)种情况的描述,嫌疑人c和b中至少有一人作案;

第11行是对第(4)种情况的描述,嫌疑人c和d中至少有一人作案;

第12行是对第(5)种情况的描述,嫌疑人c和a中至少有一人没有作案。

程序运行的结果如下:

```
a = 0,b = 1,c = 0,d = 1
a = 0,b = 1,c = 1,d = 0
a = 0,b = 1,c = 1,d = 1
a = 1,b = 1,c = 0,d = 1
Press any key to continue
```

可以看出,在4组分析中,b是4个1,d是3个1,c是2个1,a是1个1。很明显,b的作案嫌疑最大。如果凶手只是一个人,那一定是b;如果是两个人,一定是b和d,而且b是主犯,d是从犯。如果4个人当中有一人没有人作案,那么这个人一定是a。

可见,借助于C语言来分析案情也不失为一种好方法。你觉得呢?

实践练习:找赛手。两个乒乓球队进行比赛,各出3人。甲队是A、B、C,乙队是x、y、z。抽签名单已确定,有人向队员打听比赛名单,A说他不和x比,C说他不和x、z比。请编写一个C语言程序,找出3对选手各自的对手是谁。

本章小结

本章重点介绍了C语言的循环结构程序设计。循环结构主要解决重复的问题。它是数组、指针、函数、结构体以及数据文件等后续课程的重要基础。

循环结构有无限循环和有限循环。无限循环是一种死循环,所以在程序设计时要尽量避免。一般所设计的循环程序都是有限循环。有限循环又包含全循环、部分中断循环和选择循环3种形式。中断循环要用break语句,选择循环要用continue语句。

循环结构一般用流程图来描述。循环结构的流程图有两种画法:一种是传统的流程图画法,另一种是N-S流程图画法。循环结构有4个要素:循环变量的初值、循环变量的终值、循环变量的增值和循环体。

循环变量的初值决定循环开始的位置,循环变量的终值决定循环的结束,循环变量的增值决定循环渐变的步长,三者之间存在一定的渐变规律;而循环体就是循环主要完成的任务。

　　要注意区分 if() 选择结构与循环结构的区别。在选择结构中,条件判断的菱形是一进两出;而在循环结构中,循环变量终值的菱形是两进两出,其中"一个入口"直接来自于前面,"另一个入口"则来自于后面的返回。

　　C 语言中的循环语句命令主要有 for、while、do…while 和 goto 等 4 种形式,在不同的形式中,循环的 4 个要素所处的具体位置有所不同。

　　要学好循环结构,重点要把握好 3 个环节:一是所要解决的问题中有没有渐变循环的规律? 二是所要解决的问题中循环的 4 个要素是什么? 三是在所要解决的问题中循环的 4 个要素怎么布局? 只要把这 3 个环节掌握了,设计循环程序也就不难了。

　　不论是全循环、中断循环还是选择循环,都属于单一的循环。在实际应用中还有循环的嵌套,也就是循环当中套循环。其中有双重循环、三重循环或者多重循环等。

　　循环嵌套的语句构成有多种形式,可以由 for、while、do…while 等 3 种语句相互交替构成嵌套,也可以由单一的语句形式按层次构成嵌套。

　　循环语句的嵌套要比单一的循环语句难很多,一是确定每层循环结束的条件难;二是确定不同循环层次的循环体难。只要抓住了这两个关键环节,循环嵌套的问题也就容易解决了。

　　俗话说:"眼过千遍不如手过一遍。"记住,一定要多练习才能掌握循环功能的精髓。

第5章

C语言中的数组

前面重点学习了C语言的循环结构程序设计,运用循环可以解决很多有规律的数据运算问题。但是,世间万事万物都具有多样性和复杂性,具有显性规律的事情毕竟有限,而更多的是没有规律的事情。比如要计算下面100个整数的代数和,怎么求?

$$25、1、-63、87、-12、79、-102、39、72、-34、\cdots\cdots、58、65$$

因为它们之间没有任何规律,无法用循环来计算。大家想一想怎么办?

我们的思路是:给这些没有规律的数据人为地附加一个规律,有了规律,这些数据就可以用循环计算了。要加规律,就要从数组的知识讲起了。

5.1 数组概念的引入

我们知道,要计算1、2、3、4、5、6、7、8、9、10这10个数的和,用循环很快就能算出来。但是,如果把它们的顺序打乱成这个样子:8、1、9、2、6、7、4、5、3、10,再求和,循环就不能用了。要对25、1、-63、87、-12、79、-102、39、72、-34、……、58、65这100个数求和,当然就更难了。原因是它们都没有规律。

虽然它们都没有规律,但它们都是要多次进行累加求和的,这就是一种重复运算,完全符合循环结构的特点。所以,只要人为地给它们设定一个规律,有了规律,就可以使用循环了。这里的规律就是给每个数字编上号。

以上面的10个数为例,从左到右用最简单的数字对应编上号:编号0 1 2 3 4 5 6 7 8 9对应的数字为8、1、9、2、6、7、4、5、3、10。

编号规则:第1个数的编号必须是0,最后一个数的编号就是"总个数-1"。

10个数的编号就是0~9,100个数的编号就是0~99。

虽然编号有了,但还是不能用循环。因为没有规律的数可能会同时出现,比如:

8、1、9、2、6、7、4、5、3、10

25、1、-63、87、-12、79、-102、39、72、-34、……、58、65

还必须把两组数给分开。

分组方法：给每组分别起一个名字。名字与变量的命名方法相同。

比如给第 1 组的数据起名为 a，第 2 组的数据起名为 b。但是，从名字中看不出数据的多少。所以，起名时要把数据的总个数也加上，这样就更好了。

有人可能想到用 a10、a(10)、a{10}，或者 a\10 等来表示，其实，这些写法都不合适。因为 a10 是变量的写法，a(10)中的圆括号( )是函数的写法，a{10}中的花括号{ }是复合语句的写法，a\10 中的反斜杆\是转义字符的写法，这些写法都"名花有主"了。

我们知道，括号有 3 种：圆括号( )、方括号[ ]、花括号{ }。因为圆括号和花括号已经用过了，只有方括号[ ]还没有用过。所以，我们就用方括号[ ]加数字来表示数据的总个数。把总个数写在名字之后，记为 a[10]、b[100]，这样就可以一眼看出数据的名和总个数。怎么样，这种名字写法很棒吧！

有了名字和总个数，我们先用花括号{ }把数据全部括起来，表示它们是同一个组的整体，然后用名字和总个数与它们相对应，即

a[10]对应{8,1,9,2,6,7,4,5,3,10}；

b[100]对应{25,1,−63,87,−12,79,−102,39,72,−34,…,58,65}。

如果再加上每个数的编号，并把每个数的编号也与名字相结合就是如下的情况：

```
            0    1    2    3    4    5    6    7    8    9
a[10] 对应{ 8,   1,   9,   2,   6,   7,   4,   5,   3,   10 };
        a[0], a[1], a[2], a[3], a[4], a[5], a[6], a[7],a[8], a[9]
```

b[100]也可以写出同样的形式，即

```
            0    1    2    3    4    5    6    7    8    9   …  98   99
b[100]对应{ 25,  1,  −63, 87,  −12,  79,−102,  39,  72,  −34, …,58,  65 };
        b[0],b[1],b[2], b[3], b[4], b[5], b[6], b[7], b[8], b[9] …b[98],b[99]
```

不难看出，a[0]，a[1]，a[2]，…，a[9]与数组 a[10]中的每个数相对应，b[0]，b[1]，b[2]，…，b[98]，b[99]与数组 b[100]中的每个数相对应。

经过这样编号处理之后，a[0]，a[1]，a[2]，…，a[9]的具体数据还是可以改变的，但是，它们的表示方式 a[0]，a[1]，a[2]，…，a[9]却是不变的，这就是它们的规律。

由此可见，这样给数据命名、编号后，数据不仅有了规律，而且还可以看到数据的总个数，并知道了每个数据的表示方法。真是一举多得！这就是数组的神奇之处。

数组，顾名思义就是数字的组合，也可以说是数据的集合。根据前面的分析引导，我们把数组的概念说明如下：

数组就是由多个类型相同且没有规律的数据构成的集合。

这个概念有 3 个意思：一是这是一个数据群——集合，不是一个单一的数据；二是这个数据群中所有数据的类型都相同；三是这个数据群中的数据彼此之间是没有规律的。只有把这个数据的集合真正定义成数组之后，这些没有规律的数据才会具有一定的规律性，只是这个规律是人为设定的，并不是数据之间固有的。

由此可见，数组适用于没有规律的数据。

5.2　一维数组的定义

1. 一维数组的定义方法

一维数组的定义形式为：

数组类型　数组名[总个数]；

其中,数组的基本类型与变量的类型类似,有整型 int、浮点型 float,还有字符型 char 等。数组名就是数组的名称,其命名的方法与变量的命名方法一样。后面的方括号[ ]是数组的标志,方括号里面的数字表示数组中数据的总个数,总个数不是数组中所有数据的总和。把带有数字的方括号[ ]称为数组的下标。

数组的总个数不能为 0 和 1、不能为小数或者负数,只能是大于或等于 2 的整型常数或者是宏定义数。数组的数据至少要两个以上,必须是明确的数字,定义时不能用变量或者变量表达式来替代。

数组的定义举例：

    int a[6]; float b[4]; char c[8];

其中,"int a[6];"表示该数组是一个整型数组,数组中总共有 6 个整型数据,也代表了 6 个整型变量,分别是 a[0]、a[1]、a[2]、a[3]、a[4]和 a[5],至于每个整型数据的具体数值是多少则由具体的程序来确定。

"float b[4];"表示该数组是一个浮点型数组,数组中总共有 4 个浮点型数据,分别是 b[0]、b[1]、b[2]和 b[3],也代表了 4 个浮点型变量。

"char c[8];"表示该数组是一个字符型数组,数组中总共有 8 个字符型数据,分别是 c[0]、c[1]、c[2]、c[3]、c[4]、c[5]、c[6]和 c[7],也代表了 8 个字符型变量。

如果有多个类型相同的数组,那么可以一起定义如下：

    int a1[6], a2[4], a3[7];
    float b1[4], b2[5];
    char c1[8], c2[10];

一起定义时,每个数组之间要用英文逗号","隔开,不能用分号";"。只能在句尾用分号";",表示定义语句的结束。

只有一个下标的数组称为一维数组。

2. 数组元素的概念

我们知道等差数列 1,3,5,7,… 和等比数列 2,4,8,16,… 都有"通项"的概念,可以用"通项"来表示它们其中的一项。比如,该等差数列的通项为 $2n-1$($n \geqslant 1$ 自然数),等比数列的通项为 2^n($n \geqslant 1$ 自然数)。该等差数列可以写成 $1,3,5,\cdots,2n-1$；等比数列可以写成 $2,4,8,\cdots,2^n$ 等形式。

类比一下,数组 a[10]有 a[0],a[1],…,a[9]；数组 b[100]有 b[0],b[1],…,b[99]等,我们也可以用一个"通项"来表示数组中的数项。数组 a[10]的通项用 a[i]表示,i=0~9,数组 b[100]的通项用 b[j]表示,j=0~99。

我们给数组中每一个数据起一个新名字,叫作数组元素。数组元素要用数组名和下标共同表示,这也是数组元素的引用方法。这就把数组元素与普通变量区分开了。

数组的通项就是数组元素的统称。通项中待定数字的不同就构成了不同的数组元素。比如,对于通项a[i],当i=0时就是数组元素a[0],当i=6时就是数组元素a[6]。同理,对于通项b[j],当j=0时就是数组元素b[0],当j=99时就是数组元素b[99]。

3. 数组定义的拓展

数组如果有两个下标就是二维数组,有3个下标就是三维数组。比如,

```
x[3][4];                    //表示数组 x 是一个二维数组
log[15][3][5];              //表示数组 log 是一个三维数组
```

大家都会上网,曾经使用的网址主要是IPv4,它所对应的网址总数为:

```
IPV4[255][255][255][255];
```

这就是一个四维数组,我们上网的每一个网址都属于它其中的一个元素,比如,192.168.1.2 就是其中的一个网址,也是 IPV4 数组的一个元素。

现在,IPv6 技术也已研究成功,它所包含的网址更多,可以用六维数组来表示:

```
IPV6[255][255][255][255][255][255];
```

有人曾夸张地说,如果 IPv6 技术研究成功的话,地球上的每一粒沙子都会有一个准确的地址,这说明 IPv6 的地址总数是非常庞大的。

4. 数组定义的其他要求

数组不能动态定义,但是可以采用宏定义的方式。例如,

```
int n; scanf("%d", &n); int a[n];
```

此程序段中先定义了一个整型变量 n,然后,从键盘上给变量 n 赋了一个值,比如输入5。按理说,此时 n 已经有一个准确的值了,那么,在后面的数组定义"int a[n];"中,下标[n]应该是[5]。但是,在系统编译时提示该程序段是错误的。原因是 n 是一个变量,它的值随时都可以改变,数组 a[n]属于动态定义,这是不允许的。

如果是:

```
#define N 5
int a[N];
```

那么此程序段中"#define N 5"叫作宏定义,表示大写字母 N 代表数字 5,不论将大写字母 N 放在程序的什么位置,它都代表数字 5,而且确定不变。所以,数组的宏定义"int a[N];"是正确的。

数组采用宏定义还可以提高软件开发的工作效率,这也是数组宏定义的好处。

类型也可以采用宏定义的方式。

比如,"#define A int"定义 A 是一个整型类型,这样用 A 就可以定义其他变量了。

再比如,"A d;"说明 d 也是一个整型变量。

宏定义前面的 # 不能少,中间有空格,后面无标点符号。

5. 引用数组的好处

例 5-1　怎样对 12、5、-2、30、78、100、-76、83、4、11 这 10 个数求和?

编程思路:这 10 个数之间没有任何规律,不能用循环。假如还没有学习数组,只能用

顺序结构的想法设计如下的程序：

```
1    # include < stdio. h>
2    void main()
3    {
4        int a1, a2, a3, a4, a5, a6, a7, a8, a9, a10, s = 0;
5        printf("a1 = ?");
6        scanf(" % d",&a1);
7        printf("a2 = ?");
8        scanf(" % d",&a2);
9        printf("a3 = ?");
10       scanf(" % d",&a3);
11       printf("a4 = ?");
12       scanf(" % d",&a4);
13       printf ("a5 = ?");
14       scanf(" % d",&a5);
15       printf("a6 = ?");
16       scanf(" % d",&a6);
17       printf("a7 = ?");
18       scanf(" % d",&a7);
19       printf("a8 = ?");
20       scanf(" % d",&a8);
21       printf("a9 = ?");
22       scanf(" % d",&a9);
23       printf("a10 = ?");
24       scanf(" % d",&a10);
25       s = s + a1;
26       s = s + a2;
27       s = s + a3;
28       s = s + a4;
29       s = s + a5;
30       s = s + a6;
31       s = s + a7;
32       s = s + a8;
33       s = s + a9;
34       s = s + a10;
35       printf("s = % d\n",s);
36   }
```

可见，要计算这 10 个数的和，需要设计一个 36 行的程序。

先不说这个程序的运行结果如何，仅从程序的形式上看就让人感叹太啰唆、太麻烦了。10 个数就这么费劲，如果是 100 个数岂不把编程人员给累死？之所以这样，就是因为定义的变量太多、输入语句太多、求和过程也太多。很显然，这是最笨的编程方法。

我们用数组方式可以把这 10 个数据表示如下：

```
 0    1    2     3     4      5      6      7     8    9
```

$a[10]$ 对应

```
{ 12,  5,  - 2,   30,   78,   100,   - 76,   83,   4,  11 };
 a[0], a[1], a[2], a[3], a[4],  a[5], a[6],  a[7], a[8], a[9]
```

然后把 $a[0],a[1],\cdots,a[9]$ 这 10 个元素用通项 $a[i]$ 来表示，并把通项中的 i 与循环变量的 i 相统一，这样就有规律了，就可以采用循环方式设计程序了。

下面是采用循环结构设计的程序：

```
1   # include < stdio.h>
2   void main()
3   {
4       int a[10], i, s = 0;
5       for(i = 0; i < 10; i++)
6       {
7           printf("a[ % d] = ?",i);
8           scanf(" % d",&a[i]);
9       }
10      for(i = 0; i < 10; i++)
11          s = s + a[i];
12      printf("s = % d\n",s);
13  }
```

可见，用循环方式设计的程序只有 13 行，很简洁、清楚。

程序中的输入语句"scanf(" % d",&a[i]);"是用数组元素的通项 a[i] 的地址 &a[i] 来给数组元素赋值的，这就是在循环语句中运用数组元素通项的好处。如果要输出所有元素的值，也可以采用循环语句的通项 a[i] 来设计输出，大家想想看应该怎么做？

例 5-2　火车拉原木。

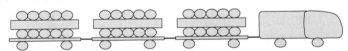

假设用火车拉运原木，共有 15 节车厢，每节车厢可以装 3 层，每层可以装 5 根原木，若要计算火车拉了多少根原木，大家肯定都会算，就是 $15 \times 3 \times 5 = 225$。

但是，如果要问某一根原木装在哪节车厢、哪一层、哪一个位置？如果装车时没有规律，恐怕谁也说不出来。

如果用一个三维数组 log[15][3][5] 表示火车拉的原木，当查问 log[12][1][3] 是哪根原木时，就知道该原木在第 13 号车厢、第 2 层、第 4 个位置，也就是给它的 3 个下标分别加 1 就是。

由此可见，引用数组有以下几个好处：

(1) 可以把没有规律的数据变得有规律。

(2) 使物体的摆放有了顺序，便于查找具体的位置。

(3) 可以简化变量的定义。

(4) 更重要的是可以使用循环了。

5.2.1　数组的地址特性

普通变量在计算机内存中存放的地址是随机的、不相连的。如果采用数组定义，那么每个元素在计算机内存中存放的地址是连续的，就像一个团队。

比如，"int b,c,d,a[5],e,f;"先定义了 b、c、d 三个整型变量，后定义了 e、f 两个整型变量，其间定义了一个整型一维数组 a[5]，通过程序运算得到它们的内存地址位置如下：

&b = 1703720
&c = 1703716
&d = 1703712

&a[0] = 1703692
&a[1] = 1703696
&a[2] = 1703700
&a[3] = 1703704
&a[4] = 1703708

&e = 1703688
&f = 1703684

可以看出,b、c、d 和 e、f 这 5 个整型变量的地址是降序排列,每个地址之间的差值都是 4,也就是 4 字节。但是,前面的 d 与后面的 e 之间地址是有断层的。而 5 个数组元素的地址采用升序排列,而且是连续的。

尤其要记住:数组名就代表数组的首地址,它与第一个元素的地址相同。

例如,在"int a[3];"中,a==&a[0],a+1==&a[1],a+2==&a[2]。

在"float b[3];"中,b==&b[0],b+1==&b[1],b+2==&b[2]。

在"char c[3];"中,c==&c[0],c+1==&c[1],c+2==&a[2]。

因为数组名代表了数组的首地址,所以数组名前都不需要再加地址符"&"了。

在上面的例子中,数组名后所加的数字 1、2 也说明了每个数组元素的地址是连续的。

所有数组,其前后两个元素地址的差值都是 1。

因为 a==&a[0],a+1==&a[1];所以两边的地址等价。

左边相减得:a+1-a=1;所以 &a[1]-&a[0]=1。

同理,&b[2]-&b[1]=1,&c[1]-&c[0]=1。相当于两个元素下标数的差,即 &a[5]-&a[2]=3,&b[4]-&b[1]=3,&c[1]-&c[0]=1。而两个元素地址之间的差值实际上就等于所包含元素的个数,而不是两个元素地址值之间的差值,这一点大家也可以通过程序去验证。

其实,所有数组两个相邻元素的地址之差都是 1。

5.2.2　数组元素的引用

数组元素的引用方法如下:

数组名 + 下标

注意:数组元素的下标与元素的总个数不同。元素的总个数必须是明确的正整数、宏定义的整型常量或者是整型的常量表达式,而且要大于或等于 2;而数组元素的下标可以是大于或等于 0 的整型常量,也可以是整型常量表达式或者是整型变量表达式,只要数组元素的下标数小于元素的总个数,则都是正确的。

比如,"int a[5]; int a[2+3]; int a[7-2];"这些数组元素的总个数都是正的整型常量或者是正的整型常量表达式,所以都是对的。但"int a[-5]; int a[2-3]; int a[b+c];"这些数组元素的总个数都是错的。

数组元素的下标要比数组的总个数灵活。比如,"int a[5],b=1,c=2;"中数组 a[5]的元素下标为 a[0]、a[2]、a[2+2]、a[7-3]、a[b+c]、a[c-b]等是正确的,因为 0≤下标数<5。

5.3　一维数组元素的赋值与引用方法

数组元素有值才能参与运算,给数组元素赋值有 3 种方法:一是在程序中单独赋值;二是给数组定义时直接赋初值;三是通过循环方式用 scanf()输入语句从键盘上赋值。第三种赋值方法最常用。

1. 给数组元素单独赋值

例如,

```
int a1[6];
a1[0] = 3;
a1[2] = a1[0] * 13;
```

给数组元素单独赋值,可以用常数,也可以用各种运算赋值,还可以是变量等。

2. 定义时直接赋初值

数据类型 数组名[元素总数] = {初值表};

(1) 只给部分元素赋初值。

例如,"int a[10]={0,1,2,3,4};",初值之间要用","隔开。

表示只给 a[0]~a[4] 5 个元素赋初值,后面的 5 个元素自动赋 0 值。

(2) 只能给元素逐个赋初值,不能整体赋初值。

例如,"int a[10]={1,1,1,1,1,1,1,1,1,1};"是对的。

而"int a[10]=1;"和"int a[10]; a[10]={1,1,1,1,1,1,1,1,1,1};"都是错的。

(3) 给数组中所有的元素赋 0 值,正确的写法为:

"int a[10]={0};"是对的,而"int a[10]=0;"和"int a[10]; a[10]={0};"都是错的。

(4) 如果不给数组元素赋初值,那么元素的值是不确定的。

(5) 如果是给全部元素赋初值,那么定义时总个数可以省略。

例如,"int a[5]={1,2,3,4,5};"可写为:"int a[ ]={1,2,3,4,5};"。

(6) 若花括号{ }中初值的总个数多于元素的总个数,则是错的。

例如,"int a[3]={5,7,19,34};"是错的。

(7) "int a[3]={5,7.5,19};"在整型数组中出现了浮点型元素 7.5,也是错的。

3. 循环赋值

循环赋值有两种方法:一是元素地址法,也可以称为"下标法";二是"移位法"。

(1) 用"下标法"给数组 a[10]各元素赋值。

```
for(i = 0; i < 10; i++)
    scanf(" % d",&a[i]);
```

因为地址 &a[i]中的[i]是下标,所以称为"下标法"赋值方式。

用"移位法"给数组 a[10]各元素赋值,数组元素地址的相对位置变化用 a+i 表示。

(2) 用"移位法"给数组 a[10]各元素赋值。

```
for(i = 0;i < 10;i++)
    scanf(" % d",a + i);
```

因为地址 a+i 中的+i 是一种移位,所以称为"移位法"赋值方式。

注意:循环赋值时循环变量的初值必须为 0,与第一个数组元素的下标[0]相对应;循环变量的终值小于总个数,不能小于或等于总个数,否则元素的个数会超出数组的定义边界。

例 5-3 有 6 个数据为 23、12、45、7、34 和 8,采用循环的方法先给数组元素赋值,然后用 23 * 12、45－7 分别替换 23 和 7 的值,并输出每个元素最后的值。

所设计的程序如下:

```c
#include<stdio.h>
void main()
{
    int a[6],i;
    printf("请给数组元素赋值:\n");
    for(i=0; i<6; i++)
        scanf("%d",&a[i]);
    a[0]=a[0]*a[1];
    a[3]=a[2]-a[3];
    for(i=0; i<6; i++)
        printf("%6d",a[i]);
    printf("\n");
}
```

程序运行后,采用一次将 6 个元素值全部赋完的方式,每个元素之间用空格隔开,最后按回车键,其运行结果如下:

```
请给数组元素赋值:
23 12 45 7 34 8↙
    276    12    45    38    34    8
Press any key to continue
```

采用循环给数组元素赋值时不用担心输入多少,当输入够数后,程序会自动结束输入状态。

5.4　一维数组的程序设计应用举例

例 5-4 找出所给 8 个数据 2、5、9、6、35、7、67、49 中最大的元素,并指出最大元素的位置。

编程思路:所给的 8 个数都是整型数,没有任何规律,可以将其定义成一个一维的整型数组,然后采用循环进行分析判断。要找出 8 个整型数中的最大数,必须要用 if() 的判断语句形式。

方法有两种:一是假设比较法,二是双分支比较法。

方法 1:先假设第一个元素的值最大,并记住它的下标号;然后将其与下一个元素的值做比较找到另一个大数和下标号,以此类推。最后找到的大数和下标号就是答案。

方法 2:直接用第一个元素的值与第二个元素的值相比较,把两者的大数和对应的下标号用 max 和 w 记下来;然后将其再与下一个元素的值做比较找到另一个大数和下标号,以此类推。最后找到的大数和下标号就是答案。大家自己动手设计这个程序。

下面是用方法 1 设计的程序：

```
1   # include < stdio.h>
2   void main()
3   {
4       int i,w,max,a[8] = {2,5,9,6,35,7,67,49};
5       for(i = 0; i < 8; i++)
6           printf(" % 6d",a[i]);
7       max = a[0]; w = 0;
8       for(i = 0; i < 8; i++)
9           if(max < a[i])
10              {max = a[i]; w = i;}
11      printf("max = % d\tw = % d\n",max,w + 1);
12  }
```

程序第 4 行是相关的变量和数组的定义，并给数组赋初值。

第 5 行和第 6 行用循环输出数组各元素的值。

第 7 行先假设第一个元素的值是最大数 max ＝ a[0]，并记住下标号 w ＝ 0；这个很重要。

第 8～10 行用循环和 if() 判断语句配合，不断查找最大数和对应的下标号。

第 11 行是结果输出。

程序的运行结果如下：

```
2    5    9    6    35    7    67    49
max = 67        w = 7
Press any key to continue
```

例 5-5　求 Fibonaci 数列的前 20 项。

编程思路：Fibonaci 数列是这样的，只要给定了前两个数，从第三个数开始，之后的每一个数都是前两个数之和。比如第一个数为 1，第二个数也为 1，之后的数依次为 2，3，5，8，…可见，Fibonaci 数列也是有规律可循的，当然可以用循环进行运算了。只是，在程序未执行之前，Fibonaci 数列所得到的数据是未知的。所以，我们也可以采用数组进行运算。

也就是说，求 Fibonaci 数列的前 20 项数据可以用两种方法来求解：一是直接用循环求解，二是用数组加循环求解。

采用方法 1 设计的程序如下：

```
1   # include < stdio.h>
2   void main()
3   {
4       int i,fb1 = 1, fb2 = 1, fb3;
5       printf(" % 6d % 6d",fb1,fb2);
6       for(i = 3; i <= 20; i++)
7       {
8           fb3 = fb1 + fb2;
9           printf(" % 6d",fb3);
10          fb1 = fb2;
11          fb2 = fb3;
13          if(i % 5 == 0)
14              printf("\n");
```

```
15        }
16        printf("\n");
17 }
```

程序总共有 17 行语句命令,其中,

第 4 行定义了循环变量 i 和 Fibonaci 数列的前两项。

第 5 行先输出 Fibonaci 数列的前两项。

第 8 行是将前两项的和作为第 3 项以及后续的当前项。

第 9 行是输出当前项。

第 10 行是改变前 1 项。

第 11 行是改变前 2 项。

第 12 行是设定每行输出 5 个数后换行。

程序的运行结果如下:

```
  1    1    2    3    5
  8   13   21   34   55
 89  144  233  377  610
987 1597 2584 4181 6765
Press any key to continue
```

程序中的第 10 行和第 11 行很关键,这是 Fibonaci 数列运算的前提,也是不断循环的基础。

第 2 种方法大家自己去编程验证。

思路拓展:用循环计算 Fibonaci 数列前 20 项数只是一个例证,我们完全可以用循环来进行其他数列的运算,比如,等差数列、等比数列以及其他形式的数列等。

例 5-6 用冒泡法对 10 个整数由小到大排序。类似于 10 个人按照身高排队。

编程思路:10 个整数大小不一,位置不同,彼此之间没有规律可循。所以,将这 10 个数定义成一个整型数组,然后对这 10 个整数的大小逐个进行比较判断。

假设 10 个整数排成一行,左边的数小,右边的数大,最右边的数最大。

冒泡法排序必须用双循环技术,其中外循环确定排序的轮次,内循环负责找大数。

首先要从 10 个整数中找出第一个最大数,内循环就要对 10 个数前后两两之间进行比较判断。如果前者大于后者,则把两数对调。直到找出第一个最大数,内循环总共要循环 9 次。如果将外循环变量定义为 i,内循环变量定义为 j,那么排序的过程可以用表 5-1 来说明。

表 5-1　冒泡法排序过程说明

序号	外循环轮次	内循环次数	内循环的任务	查找的结果
1	i=1	j=0～8	从 10 个数中找出一个大数	第 1 个大数
2	i=2	j=0～7	从剩下 9 个数中找出一个大数	第 2 个大数
3	i=3	j=0～6	从剩下 8 个数中找出一个大数	第 3 个大数
⋮	⋮	⋮	⋮	⋮
9	i=9	j=0	从剩下 2 个数中找出一个大数	第 9 个大数

双循环的关键是确定两个循环变量的终值。从表 5-1 中可以看出,对 10 个整数从小到大排序,外循环总共要循环 9 次,也就是 10−1＝9。如果外循环变量的初值设定为:i=1,

终值就为：i＜10；如果初值设定为：i＝0，那么终值就为：i＜9。内循环变量的初值均为：j＝0，这是因为每次都要从数组的第一个元素开始判断。但每轮的终值都在变小，而且与外循环变量 i 的值有一定的关系。

若 i 的初值为：i＝1，则 j 的终值就为：j＜10－i；当 i＝1 时，j＜9；i＝2 时，j＜8；……

若 i 的初值为：i＝0，则 j 的终值就为：j＜9－i；当 i＝0 时，j＜9；i＝1 时，j＜8；……

不论 i 的初值怎么取，j 的终值规律都是不变的，主要是保证 a[j＋1]的下标不要越界。

下面是按照 i 的初值为 0 设计的程序：

```
1   # include < stdio. h >
2   void main()
3   {
4       int i,j,t,a[10];
5       printf("Please input 10 numbers :\n");
6       for(i = 0; i < 10; i++)
7           scanf(" % d",&a[i]);
8       printf("\n");
9       for(i = 0;i < 9;i++)
10          for(j = 0;j < 9 - i;j++)
11              if(a[j]>a[j + 1])
12              { t = a[j]; a[j] = a[j + 1]; a[j + 1] = t; }
13      printf("The sorted numbers are:\n");
14      for(i = 0; i < 10; i++)
15          printf(" % d\t", a[i]);
16      printf("\n");
17  }
```

该程序总共有 17 行语句命令，其中，

第 6 行和第 7 行是循环输入语句，输入数组的 10 个数。

第 9 行是外循环，循环变量的初值取：i＝0，终值为：i＜9。

第 10 行是内循环，循环变量的初值取：j＝0，终值为：j＜9－i。

第 11 行是对前后两个元素进行比较判断。

第 12 行如果前一个数大于后一个数，就对两个数对调，变量 t 是对调的第三方变量。

第 14 行和第 15 行是排序后的结果输出。

程序的运行结果如下：

```
Please input 10 numbers:
6,2,67,34, - 2,7,89,0,57,52 ↙
The sorted numbers are:
 - 2     0     2     6     7     34     52     57     67     89
Press any key to continue
```

可见，从小到大排序的结果完全正确，说明该程序是正确的。

想一想：如果对 10 个任意整数从大到小排序要怎样编程？

5.5 二维数组的概念

生活中不仅有一维的数组形式，还有下面的数据方阵：

12	57	63	89	20	−6
33	16	48	21	94	63
40	59	85	62	43	68
53	−4	98	48	69	43

这是一个 4×6 的数据方阵，数据类型都是整数，每个数之间没有任何规律。

正因为没有规律，所以要从这个数据方阵中找出最大的数，并且确定其准确的位置是比较困难的。当然，如果还要对方阵中的数据进行各种运算、分析比较、逻辑判断、对调替换、排序筛选等更复杂的操作，那就更难了。如果有规律那就好办多了。

我们给一维数组附加了一个规律解决了很多问题，按照同样的思路，我们也可以给数据方阵人为地加上规律。

方法是：对数据方阵的每一列从左到右从 0 开始全部编上号，也给每一行从上到下从 0 开始全部编上号，如图 5-1 所示。

	0	1	2	3	4	5
0	12	57	63	89	20	−6
1	33	16	48	21	94	63
2	40	59	85	62	43	68
3	53	−4	98	48	69	43

图 5-1 带有编号的数据方阵

像一维数组那样，我们把数据方阵的列编号用一个下标来表示，记为[6]，也叫作列下标，数字 6 表示数据方阵总共有 6 列；同样把行编号也用一个下标来表示，记为[4]，也叫作行下标，数字 4 表示数据方阵总共有 4 行。

这样一来，数据方阵就变成了一个既有行号，又有列号的有序方阵。然后，我们再给数据方阵起一个名字，以便与其他的数据方阵有所区别。起名的方法与一维数组的要求相同，比如起名为 a，再把数据方阵的名字与两个下标组合在一起，行下标在前，列下标在后，即 a[4][6]。从这个名字中，我们就能一眼看出这是一个数据方阵，它有 4 行、6 列。即使不知道它的具体数据，也可以写出对应数据的代码如图 5-2 所示。

a[4][6]						
	a[0][0]	a[0][1]	a[0][2]	a[0][3]	a[0][4]	a[0][5]
	a[1][0]	a[1][1]	a[1][2]	a[1][3]	a[1][4]	a[1][5]
	a[2][0]	a[2][1]	a[2][2]	a[2][3]	a[2][4]	a[2][5]
	a[3][0]	a[3][1]	a[3][2]	a[3][3]	a[3][4]	a[3][5]

图 5-2 数据代码方阵

这个数据方阵中总共有 24 个代码，我们把每一个数据代码称为它的元素。同样，我们可以给这些元素起一个通用代码为：a[i][j]，i 和 j 是两个待定数，i <行数，j <列数，也可以用其他字母作为待定数，随个人的习惯而定。这就是二维整数的基本形式。

5.5.1 二维数组的定义

1. 二维数组的定义方法

数组类型 数组名[总行数][总列数];

例如，

```
float a[3][4];
```
定义 a 是一个 3×4（3 行 4 列）的浮点型数组，float 是数组的类型，a 是数组名，第一个下标
[3] 表示有 3 行，第二个下标[4] 表示有 4 列，它有 12 个元素，用 a[i][j] 表示二维数组 a 元素
的通项，它的每个元素都是浮点型数据。

```
float a[3,4];                    //这个定义是错的，因为下标不明确
```
再例如，

```
int b[5][3]; char BK[2][6];
```
定义 b 是一个 5×3 的整型数组，int 是数组的类型，b 是数组名，第一个下标[5] 表示有 5
行，第二个下标[3] 表示有 3 列，它有 15 个元素，用 b[i][j] 表示它的通项，它的每个元素都
是整型数据。

同样，定义 BK 是一个 2×6 的字符型数组，char 是数组的类型，BK 是数组名，第一个下
标[2] 表示有 2 行，第二个下标[6] 表示有 6 列，它有 12 个元素，用 BK[i][j] 表示它的通项，
它的每个元素都是字符型数据。

如果有多个二维数组类型相同，那么可以一起定义，比如，

```
int a1[6][3], a2[4][5], a3[7][6];
float b1[4][2], b2[5][7];
char c1[8][3], c2[10][5];
```
定义多个类型相同的数组时，每个数组之间要用英文的逗号“,”隔开，句尾要用分号“;”
结束。

由于定义的数组下标有两个，所以称为二维数组。在例 5-2 中定义的“log[15][3][5];”就
是一个三维数组。

2. 二维数组的宏定义

二维数组不能动态定义，但是可以宏定义。例如，

```
int n; scanf("%d", &n); int a[n][3];
```
或者

```
int n; scanf("%d", &n); int a[3][n];
```
或者

```
int n,m; scanf("%d%d", &n, %m); int a[n][m];
```
这些都属于动态定义，都是错的。因为 n、m 都是变量，不能直接作为数组的下标。

再看宏定义的例子：

```
#define N 5
#define M 3
int a[N][M];
```
先分别宏定义了 N 和 M，再定义二维数组，这是允许的，也是正确的。

3. 二维数组元素的排列顺序

二维数组中的元素是按行、按列顺序排列。先排完第一行所有的元素后再接着排第二
行的元素，以此类推。

例如,数组 a[3][4]排列顺序为:

```
a[0][0]  a[0][1]  a[0][2]  a[0][3]
a[1][0]  a[1][1]  a[1][2]  a[1][3]
a[2][0]  a[2][1]  a[2][2]  a[2][3]
```

二维数组元素的排列顺序是由行、列下标共同决定的,不能随意更改。

4. 二维数组的地址特性

二维数组的数组名代表该数组的首地址,它与第一行的首地址等价,也与第一行第一列元素的地址相同。以数组 a[3][4]为例,a、a[0]、&a[0][0]的地址值均为:2293568,但不能写成 a==a[0]==&a[0][0]的形式,因为不符合二维数组指针的概念要求。

二维数组中每个元素都有自己的地址,即

```
&a[0][0] &a[0][1] &a[0][2] &a[0][3]
&a[1][0] &a[1][1] &a[1][2] &a[1][3]
&a[2][0] &a[2][1] &a[2][2] &a[2][3]
```

在计算机内存中,二维数组不论有多少行、多少列,从第一个元素开始到最后一个元素结束,它们存放的地址都是连续的,也就是第二行第一个元素的地址紧接着第一行最后一个元素的地址,以此类推。

例如,在"int a[3][4];"中,它的第一行最后一个元素 a[0][3]的地址和第二行第一个元素 a[1][0]的地址特性可以用下面的程序和运行结果来说明。

```
#include<stdio.h>
void main()
{
    int a[3][4];
    printf("  &a[0][3] = % d\n",&a[0][3]);
    printf("  &a[1][0] = % d\n",&a[1][0]);
    printf("  &a[1][0] - &a[0][3] = % d\n\n",&a[1][0] - &a[0][3]);
}
```

程序运行的结果如下:

```
&a[0][3] = 1703692
&a[1][0] = 1703696
&a[1][0] - &a[0][3] = 1
```

从程序的运行结果可以看出,&a[0][3]=1703692,&a[1][0]=1703696;两个地址的差值为:1703696-1703692=4,这就是一个整型数所占内存的字节数;而两个地址之间的差值为:&a[1][0]-&a[0][3]=1,表明它们的地址是连续的,两者之间是没有间隔的。

也可以说,二维数组元素的地址排列与一维数组元素的地址排列规律相同,都是连续的。但是,两者毕竟形式不同,所以不能把一维数组元素的引用方法应用到二维数组上,也不能把二维数组元素的引用方法应用到一维数组上。

在例 5-2 中,我们通过"int log[15][3][5];"定义了一个三维数组。其实,一个三维数组可以看成由多个二维数组在空间的分层叠加。抽象出来,就是由 15 个 3×5 的二维数组在空间分 15 层叠加。那么,大家思考一下,每一层最后一个元素的地址与下一层第一个元素的地址是不是连续的?

5.5.2 二维数组的初始化

1. 二维数组分行初始化

例如，

`int a[3][4] = {{1,2,3,4},{5,6,7,8},{9,10,11,12}};`

给二维整型数组定义时直接赋初值，每行的数据都要用花括号{ }括起来，相邻的花括号之间要用逗号","分开。这种方法直观，一行对一行。

2. 按行按列给二维数组赋初值

例如，

`int a[3][4] = {1,2,3,4,5,6,7,8,9,10,11,12};`

定义时对二维整型数组的 12 个元素依次赋值，但不易分辨行。

3. 给部分元素赋初值

例如，

```
int a[3][4] = {{1},{5},{9}};    //分别给 a[0][0]、a[1][0]、a[2][0]赋初值
int a[3][4] = {{1},{5,6}};      //分别给 a[0][0]、a[1][0]、a[1][1]赋初值
int a[3][4] = {{1},{ },{9}};    //分别给 a[0][0]、a[2][0]两个元素赋初值
```

没有赋初值的元素值全部是 0。

4. 省略行号赋初值

对二维数组的全部元素赋初值时，行下标可以省略，但列下标不能。

例如，

`int a[3][4] = {1,2,3,4,5,6,7,8,9,10,11,12};`

可以写成：

`int a[ ][4] = {1,2,3,4,5,6,7,8,9,10,11,12};`

同样，"int a[ ][4]={{0,0,3},{ },{0,10}};"也是正确的。

5. 给二维数组元素直接赋值

例如，

```
int a[3][4];
a[0][0] = 5;
a[2][3] = 10;
```

这种赋值方式与普通变量的赋值方式类似，这说明二维数组元素与普通变量的性质一样，也可以参与任何形式的运算。

6. 用双循环给二维数组元素赋值

用双循环语句与二维数组元素的"通项"相结合给二维数组元素赋值，这种赋值有两种方式：一是元素地址法赋值，也称为"下标法"赋值；二是"下标移位法"赋值。这也是最常用的两种赋值方式。

例如，用"下标法"给数组 a[3][4]的各元素赋值：

```
int i, j, a[3][4];
for(i = 0; i < 3; i++)
    for(j = 0; j < 4; j++)
        scanf ("%d",&a[i][j]);
```

在双循环输入语句"scanf ("%d",&a[i][j]);"中,把二维数组元素的通项 a[i][j]与循环语句的变量 i 和 j 相结合,以地址 &a[i][j]方式给二维数组元素赋值,这就是"下标法"赋值方式。

例如,用"下标移位法"给数组 a[2][3]的各元素赋值。

```
int a[2][3],i,j;
for(i = 0;i < 2;i++)
    for(j = 0;j < 3; j++)
        scanf("%d",a[i] + j);
```

输入语句"scanf("%d",a[i]+j);"中的 a[i]+j 是元素的地址,因为包含行下标[i],而 +j 是一种移位操作,所以称为"下标移位法"赋值方式。

7. 二维数组元素的引用方法

二维数组元素的引用方法是:

数组名[行下标][列下标]

注意两点:

(1) [行下标]和[列下标]的下标数可以是大于或等于 0 的整型常量、整型常量表达式,或者是整型变量表达式,但是下标的值都应该是整型常数,不能是小数,更不能是任意变量。

(2) [行下标]和[列下标]的下标数都应在已定义数组的大小范围内,不能超出界外。假设有数组 d[3][4],则可用的行下标范围为 0~2,列下标范围为 0~3。第一个元素一定为:d[0][0],最后一个元素一定为:d[总行数−1][总列数−1],即 d[2][3]。

5.5.3　二维数组的程序设计应用举例

例 5-7　有一个 2×3 的数据方阵,所有的数据都是整型,而且都没有规律,要从键盘上给每个元素先赋值,然后输出全部元素的值。应该怎样编程?

编程思路:这个题型前面已经有例子了,我们主要说明一下编程的思路。首先这是一个 2×3 的整型数据方阵,数据之间没有规律。所以要定义成一个整型的二维数组,并定义两个循环变量 i 和 j,然后采用双循环输入和输出就可以了。

设计的程序如下:

```
1   #include < stdio.h>
2   void main()
3   {
4       int i,j,a[2][3];
5       printf("Input array a[2][3] = ?\n");
6       for(i = 0; i < 2; i++)
7           for(j = 0; j < 3; j++)
8               scanf("%d",&a[i][j]);      //也可以用 a[i] + j 的地址输入方式
9       printf("\n");
10      for(i = 0; i < 2; i++)
11          {
```

```
12          for(j = 0; j < 3; j++)
13              printf(" % 6d", a[i][j]);
14          printf("\n");
15      }
16  }
```

程序说明：该程序总共包括 16 行，其中，

第 4 行定义了两个循环变量 i 和 j 和一个二维的整型数组 a[2][3]。

第 5 行是输入提示信息。

第 6～8 行用双循环语句给二维数组 a[2][3]中各元素赋值，其中，外循环 for(i…)语句改变行数，内循环 for(j…)语句改变列数，输入语句"scanf("%d",&a[i][j]);"采用"下标法"赋值。

第 9 行的输出一个"空行"，用于前后隔离。

第 10～15 行用双循环语句输出二维数组的数据方阵，其中，第 11～15 行是外循环 for(i…)语句的复合循环体；第 13 行是内循环 for(j…)语句是循环体。"printf("%6d"，a[i][j]);"输出格式"%6d"中的数字 6 表示要输出的元素靠右对齐并占 6 格，实际意义是拉开两数间的距离。

第 14 行"printf("\n");"是换行输出语句，每输完一行后要换行。它是构键二维数组方阵输出的关键语句，不能缺少。

程序运行结果如下：

```
Input array a[2][3] = ?
6 9 7 8 2 10↙
    6    9    7
    8    2   10
```

连续输完 6 个数，中间用空格隔开，回车后输出的结果就是一个 2×3 的数据方阵。如果没有第 14 行的换行语句，输出格式中也不加数字 6，那么输出就是 6978210 的格式，是错的。

例 5-8 设计任意 n×n(n≥3)的奇次数据魔方阵的填充程序。

魔方阵，我国古代又称"纵横图"。是指用 1，2，3，…，m 等不同的自然数或者用具有等差数列性质的自然数填充 n×n 的奇数方阵(n≥3,5,7,…)，使其每行、每列以及主、副对角线上各 n 个元素之和都相等，该相等的数称为魔数或者魔方常量。

例如，最小的奇数方阵为 3×3 的奇数魔方阵：

$$8 \quad 1 \quad 6$$
$$3 \quad 5 \quad 7$$
$$4 \quad 9 \quad 2$$

它的每行、每列以及主、副对角线上各 3 个元素之和都等于 15，也就是它的魔数。

编程思路：要设计这个奇次数据魔方阵的填充程序，首先要分析这样的数据方阵具有哪些规律。只要找到了规律，编程也就不难了。

从题目中可以看出，它是一个 n≥3 的奇次数据方阵，最小的方阵为 3×3 的奇数魔方阵，总共需要填 3×3＝9 个不同的数据，而最大的方阵却没有限制，可以任意设定。另外，方阵中所填的数据，不论从哪个自然数开头，之后的每个数都要具有等差数列的特性，这也是

其中一个重要的规律。

根据数据方阵的基本规律,我们可以把奇次数据方阵设计成一个 N×N 的整型数组形式,比如,a[N][N],N≥3 且为奇次数据。数组的第一个下标代表行的变化,用循环变量 i 来表示,i 的初值取 0,终值取 N−1;数组的第二个下标代表列的变化,用循环变量 j 来表示,j 的初值取 0,终值也取 N−1。根据题意和数组的要求,这个魔方的次数 N 是一个任意可变的奇次数据,所以,我们可以采用宏定义的形式来指定它的具体数值,比如,"♯define N 5"就表示是 5×5 的奇次魔方。如果要求 15×15 的奇次魔方,只要改为"♯define N 15"就可以得到相应的奇次魔方,以此类推。

要给这个奇次魔方阵中填充数据,很多人首先都会想到按照数组的行号 i 和列号 j 的组合变化采用双循环的形式来填充数据。因为 i 和 j 的规律很明确,所以就以为很容易实现,其实不然。

从例题中所给的 3×3 最小奇次魔方数据可以看出,魔方阵的每一行中列与列之间的数据并没有任何规律,即 a[0][0]=8 与 a[0][1]=1 以及与 a[0][2]=6 之间都是没有规律的;同样,行与行之间的数据也是没有规律的。可见,只有行和列的规律是无法完成魔方数据的填充的。

但是,我们知道,魔方中的数据之间都是具有等差数列特性的,所以可根据这一规律进行填充。而且按照等差规律填充,采用单循环就可以实现,这样的填充更简单,数组下标的双循环变量 i 和 j 只作为确定元素值的条件即可。

只要我们设定了魔方要填充的数据变量,比如为 s,然后给定魔方开头的第一个自然数,比如 m 的值,并将 m 的值赋给变量 s,即 s=m,再给定等差数列的差值,比如 c 的值,那么,采用复合赋值运算的方式就可以得到第二个、第三个要填充的数据,比如,s+=c。最终,按照数组行 i 和列 j 的变化规律再确定要填充的数据位置和具体的数据,比如,a[i][j]=s 等,就可以完成填充的任务。

上面所述的这些参数都要归于数据单循环的控制,我们设置数据单循环的变量为 k,初值为:k=0,终值为:k<N×N。然后再根据数组的行下标 i 和列下标 j 的控制条件变化,就可以将准确的数据填充到魔方数组中的准确位置上。

下面就是数组元素行下标和列下标在魔方中变化的规律。

(1) 将开头的第一个自然数(比如1)放在第一行的中间一列。

(2) 从第二个数开始直到 N×N,各数依次按下列规则存放:每一个数存放的行数要比前一个数的行数减1,存放的列数要比前一个数的列数加1。例如,上面的三阶魔方,5 在 4 的上一行后一列,也就是后一个数位于前一个数的前一行后一列的位置。

(3) 如果前一个数的行数位于第一行,则后一个数的行数要取最后一行;例如,1 在第一行,则 2 应放在最后一行,列数同样要加1。

(4) 当前一个数的列数位于方阵最右边的一列时,则下一个数的列数要取最左边的一列,而行数要减去 1。例如,2 在第 3 行最后一列,则 3 应放在第一列,对应的行数为 3−1=2,位于第二行。

(5) 按上面的规律所确定的位置上,如果已经有数据存放或者前一个数据位于第一行的最后一列时,那么要把下一个数存放在前一个数下面对应的位置。例如,按照前面的规定,4 应该放在第一行的第二列,但该位置上已经存放有数据1,所以 4 就要放在 3 的下面;

而数据 6 位于第一行的最后一列,所以下一个数 7 就要放在 6 的位置下面,以此类推。

根据规律(1)可以确定魔方阵中开头第一个数的存放位置,从 3×3 的最小方阵中可以看出,第一个数存放的位置位于第一行的中间一列。按照数组方阵的形式,第一行的编号为 i=0,最后一列的编号为 j=N−1,则中间一列 j 的编号就为(N−1)/2,也可以直接写为 N/2。因为在 C 语言中,整数除以整数结果依然为整数,所以,任何一个奇数除以 2 都是整数。

规律(2)给出了填充魔方阵数据的一般规律,就是下一个数的存放位置为行号减 1,列号加 1,即 i−1,j+1,这是一个大方向,也叫作"爬楼梯"。但是,里面有些位置需要特殊处理,必须把它们单独列出来。

规律(3)到规律(5)给出了需要特殊处理的位置要求。其中规律(3)给出了如果前一个数位于第一行,也就是数组行号 i=0 时,则下一个数的行号要变为最后一行,也就是 i=N−1,且列数为 j+1。

规律(4)给出了如果前一个数位于最后一列,也就是数组列号 j=N−1 时,下一个数的列号要变为第一列,也就是 j=0,且行数为 i−1。

规律(5)给出了两个特殊的规律要求,即按照规律(1)的存放要求,如果在下一个存放位置上已经有数据存在,也就是 a[i−1][j+1]!=0 时,就不能再存放了,而要存放在前一个数的下方,行号加 1,列号不变,即 a[i+1][j]=s 的位置;另一个要求是,如果前一个数位于数组的右上角,也就是行号为 i=0,列号为 j=N−1 时,那么,下一个数也要放在前一个数的下方,即 a[i+1][j]=s 的位置。

根据奇次数据魔方阵的排列规律和我们的分析,可以采用数据单循环和数组元素的定位规则来确定每个数据存放的准确位置。

下面就是七阶魔方的数据填充设计程序:

```
1   #include<stdio.h>
2   #define N 7
3   void main()
4   {
5       int i,j,k,s,m,c,a[N][N]={0};
6       printf("魔方开始的值是几?");
7       scanf("%d",&m);
8       printf("魔方的等差值是几?");
9       scanf("%d",&c);
10      i=0; j=0;
11      for(s=m, k=0; k<N*N; k++,s+=c)
12          if(i==0&&j==0&&a[i][N-1]==0)
13          {
14              j=N/2;
15              a[i][j]=s;
16          }
17          else
18              if(i==0&&j!=N-1)
19              {
20                  i=N-1;
21                  j=j+1;
22                  a[i][j]=s;
23              }
24              else
```

```
25              if(i!= 0&&j == N - 1)
26              {
27                  i = i - 1;
28                  j = 0;
29                  a[i][j] = s;
30              }
31              else
32                  if(i == 0&&j == N - 1||a[i - 1][j + 1]!= 0)
33                  {
34                      i = i + 1;
35                      a[i][j] = s;
36                  }
37                  else
38                  {
39                      i = i - 1;
40                      j = j + 1;
41                      a[i][j] = s;
42                  }
43      printf("下面输出的是 %d 阶魔方各元素的值\n",N);
44      for(i = 0; i < N; i++)
45      {
46          for(j = 0; j < N; j++)
47              printf(" %6d", a[i][j]);
48          printf("\n");
49      }
50  }
```

程序说明：该程序总共有 50 行语句,其中,

第 2 行以宏定义的形式设置不同的奇数值,就可得到对应的奇次魔方；本程序中宏定义为 7,可以得到 7 阶的奇次数据魔方。

程序的第 3~50 行是主函数,其中,

(1) 第 5 行定义了二维数组的循环变量 i 和 j,并定义了数据的单循环变量 k、数组元素的赋值变量 s、数字魔方开头的第一个自然数变量 m、等差值 c 以及魔方对应的二维整型数组 a[N][N],并先给魔方数组元素赋初值 0,为元素的定位分析提供依据。

(2) 第 6~9 行是从键盘上获取魔方开头第一个自然数的值以及等差值,为构建魔方其他的数值做准备。

(3) 第 10 行是对控制数据位置的循环变量 i 和 j 进行初始化,均赋值为 0,表示数组魔方阵的起始位置位于二维数组的首行、首列。

(4) 第 11 行是给魔方中所有元素赋值的单循环语句,由 for 语句构成。其中,s 和 k 以逗号表达式的形式构成了循环变量的初值以及右边循环变量的增值。s 的初值为：s＝m,k 的初值为：k＝0；循环变量的终值为：k < N * N；右边循环变量的增值为：k++,s+＝c。

(5) 第 12~48 行是构成 for 循环语句的复合循环体,其中,

- 第 12~16 行是给魔方开头的第一个元素赋值。首先判断魔方的第一行所有元素是不是空的? 如果是,则说明是新的魔方,就可以把开头的第一数 s 存放在魔方的第一行中间一列。否则,如果不是空的,则说明魔方前面已经有数据存放了。
- 对于特殊"行号"的数据处理方法：程序的第 17~23 行判断魔方的前一个数据是不是位于第一行、但又不是最后一列? 如果是,则把下一个数据转到魔方的最后一行、

列号加 1 的位置存放。

- 对于特殊"列号"的数据处理方法：程序的第 24～30 行判断魔方的前一个数据并不是位于第一行、但却位于最后一列？如果是，则把下一个数据存放到前一个数据行号减 1 的第一列位置上。
- 对于特殊"位置"的数据处理方法：程序的第 31～36 行判断魔方的前一个数据是不是位于第一行、最后一列或者是下一个数据存放的位置上已经有数据存放了？如果是，则把下一个数据存放到前一个数据对应的下方位置，也就是行号加 1，列号不变的位置上。
- 对于正常的数据处理方法：程序的第 37～42 行，除了以上的几种特殊情况之外，其余的数据存放位置都是属于正常的存放形式，也就是行号减 1、列号加 1 的存放形式。

（6）程序的第 42～49 行是将已经填充好的数据魔方以二维数组的方阵形式完整地输出显示出来，以便人为地进行验证和确认。

程序的运行结果如下：

魔方开始的值是几?1↙
魔方的等差值是几?1↙

下面输出的是七阶魔方各元素的值：

```
    30    39    48     1    10    19    28
    38    47     7     9    18    27    29
    46     6     8    17    26    35    37
     5    14    16    25    34    36    45
    13    15    24    33    42    44     4
    21    23    32    41    43     3    12
    22    31    40    49     2    11    20
Press any key to continue
```

从程序的输出结果中可以看出，这是一个 7×7 的奇次数据方阵，总共由 49 个自然数组成，从 1～49 没有一个数据重复，而且，每行、每列以及主、副对角线上各自的 7 个数总和都等于 175，也就是这个 7×7 的奇次魔方数据方阵的魔数为 175。大家可以自己进行验证。

思路拓展：在例 5-8 的程序中，当程序运行后，如果改变了魔方开始的第一个数或者改变了魔方的等差值，或者将两个数都改变了，将可得到其他不同魔数的 7 阶魔方方阵。如果直接在程序中改变了宏定义 N 的值，也将会得到其他奇次的魔方阵。这也就是本例要求设计任意 n×n(n≥3 奇数)的数据魔方阵的填充程序。大家有兴趣可以亲自验证一下，一定会找到其中的乐趣。

如果以其他方式改变魔方的阶数、改变魔方开始的第一个数以及魔方的等差值等，则可以得到更多任意奇次数据魔方的填充程序。

本书作者设计的"万能奇次数据魔方自动生成程序软件"，2020 年 4 月 17 日获得了中华人民共和国国家版权局颁发的"计算机软件著作权登记证书"，证书编号为：2020SR0648436。该软件初次设定的最高奇次数据魔方的阶数为 99 阶，也就是可以自动生成 3×3 到 99×99 阶的任意奇次数据魔方，而且每种魔方可以 8 种不同的布局方阵来输出，并对魔方的魔数自动进行验证，对魔方的正确性进行判定。如果把该程序软件初次设定的最高阶数修改得更大，则可以产生更大阶数的任意奇次数据魔方。怎么样？是不是感觉 C

语言编程更有趣了？

从这个魔方数据的填充程序中可以看出，不论数据控制有多么复杂，只要能找到相应的控制规律，也就是数据之间的规律以及对应的位置规律，实现所想的数据控制还是比较容易的。

要记住，数组的下标是数据定位的关键。换句话说，谁控制了数组的下标，谁就控制了数组的一切。

下面是一个矩阵运算的例子，通过该例可进一步加深对二维数组的学习和理解。

矩阵与二维数组的形式非常相似，也有行、列。矩阵不仅是数据的不同排列，而且还可以进行多种运算。

例 5-9   设矩阵 $A = \begin{bmatrix} 2 & 0 & 1 \\ 1 & 2 & 0 \end{bmatrix}$，矩阵 $B = \begin{bmatrix} 1 & 2 \\ 0 & 1 \\ 2 & 0 \end{bmatrix}$，矩阵 $C = A \times B$，设计一个 C 语言程序计算矩阵 C 的乘积。

矩阵的乘法计算规则是：用第一个矩阵第一行的每个数字各自乘以第二个矩阵第一列对应位置的数字，再将其乘积相加，即可作为第三个矩阵第一行第一列的数字；用第一个矩阵第一行的每个数字各自乘以第二个矩阵第二列对应位置的数字，再将其乘积相加，即可作为第三个矩阵第一行第二列的数字；用第一个矩阵第二行的每个数字各自乘以第二个矩阵第一列对应位置的数字，再将其乘积相加，即可作为第三个矩阵第二行第一列的数字；用第一个矩阵第二行的每个数字各自乘以第二个矩阵第二列对应位置的数字，再将其乘积相加，即可作为第三个矩阵第二行第二列的数字。以此类推。

需要说明的是，第一个矩阵的列数必须与第二个矩阵的行数相等时两个矩阵才能相乘，否则是不能相乘的。在本例中，第一个矩阵 A 是一个 2×3 的矩阵，它有 2 行 3 列的数据，第二个矩阵 B 是一个 3×2 的矩阵，它有 3 行 2 列的数据，可见，第一个矩阵的列数与第二个矩阵的行数相同，符合矩阵的乘法性质。所以，可以进行乘法计算。经过相乘后得到的矩阵 C 是一个 2×2 的矩阵，也就是乘积的矩阵取第一个矩阵的行数、取第二个矩阵的列数。可以用代数展开的形式描述如下：

$$A = \begin{bmatrix} a_{11} & a_{12} & a_{13} \\ a_{21} & a_{22} & a_{23} \end{bmatrix}, \quad B = \begin{bmatrix} b_{11} & b_{12} \\ b_{21} & b_{22} \\ b_{31} & b_{32} \end{bmatrix}$$

则

$$C = A \times B = \begin{bmatrix} a_{11} & a_{12} & a_{13} \\ a_{21} & a_{22} & a_{23} \end{bmatrix} \times \begin{bmatrix} b_{11} & b_{12} \\ b_{21} & b_{22} \\ b_{31} & b_{32} \end{bmatrix} = \begin{bmatrix} c_{11} & c_{12} \\ c_{21} & c_{22} \end{bmatrix}$$

编程思路：要设计这个矩阵的乘法计算程序，必须找到 3 个矩阵之间有哪些规律。有了规律，编程就容易多了。

首先，来看看矩阵的数据之间有没有规律。对矩阵 A 和 B 来说，不论行和列，它们的数据都是没有规律的。所以，我们必须另辟蹊径。

根据前面的说明，我们看到矩阵 A、B、C 的数据位置都是由行和列构成的，它们的结构形式与二维数组非常相似，所以，可以把 3 个矩阵定义为 3 个不同的二维数组，分别为

a[2][3]、b[3][2]和c[2][2]。

根据矩阵的乘法规则,我们用数组的元素及简易下标来描述两个矩阵相乘的计算过程如下:

$$c[2][2] = \begin{bmatrix} c_{00} & c_{01} \\ c_{10} & c_{11} \end{bmatrix} = \begin{bmatrix} a_{00} & a_{01} & a_{02} \\ a_{10} & a_{11} & a_{12} \end{bmatrix} \times \begin{bmatrix} b_{00} & b_{01} \\ b_{10} & b_{11} \\ b_{20} & b_{21} \end{bmatrix}$$

$$= \begin{bmatrix} a_{00} \times b_{00} + a_{01} \times b_{10} + a_{02} \times b_{20} & a_{00} \times b_{01} + a_{01} \times b_{11} + a_{02} \times b_{21} \\ a_{10} \times b_{00} + a_{11} \times b_{10} + a_{12} \times b_{20} & a_{10} \times b_{01} + a_{11} \times b_{11} + a_{12} \times b_{21} \end{bmatrix}$$

从这个计算过程中数据元素之间的运算关系来看,计算结果的正确与否与3个数组元素的下标关系非常密切,只要能找出3个数组元素下标之间的关系,问题就解决了。

我们可以将二维数组a[2][3]的下标变量定义为i和k,将二维数组b[3][2]的下标变量定义为k和j,并将二维数组c[2][2]的下标变量定义为i和j。从上面的计算过程可以看出,二维数组c[2][2]的每一个元素并不是一次计算出来的,而是经过3次结果累加得到的;而且每一个乘积都与数组a[2][3]的元素下标i和k有关,也与数组b[3][2]的元素下标k和j有关。那么,这3个下标i、k、j之间的关系又如何呢?也就是说,通过计算,我们要给第3个二维数组c[2][2]的每一个元素赋值是采用双循环的形式赋值,还是采用三重循环的方式赋值?还有,这3个循环变量构成的循环顺序要怎样安排?与变量i、k、j对应的哪个循环在前?哪个在后?这个问题搞清楚了,编程的关键问题也就解决了。

如果按照i和j的双循环进行设计,循环变量的终值最多只能取2。例如,用for循环语句来实现,c[i][j]数组的元素由a[i][j]数组的行元素与b[j][i]数组的列元素进行相乘来获得,其语句构成形式为:

```
for(i = 0; i < 2; i++)
     for(j = 0; j < 2; j++)
          c[i][j] = a[i][j] * b[j][i];
```

程序运行后获得的结果如下:

$$c \begin{bmatrix} c_{00} & c_{01} \\ c_{10} & c_{11} \end{bmatrix} = \begin{bmatrix} a_{00} * b_{00} & a_{01} * b_{10} \\ a_{10} * b_{01} & a_{11} * b_{11} \end{bmatrix}$$

从上面双循环获得的结果形式可以看出,二维数组c[2][2]的每一个元素只累加计算了一次,而且,只有第一个元素和最后一个元素的相乘运算部分是对的,其他两个元素的相乘运算都是错的。因为二维数组c[2][2]的每一个元素应该由数组a[2][3]和数组b[3][2]相应元素的乘积累加3次来获得,而上面的运算结果缺少了两次累加计算。

另外,循环变量k的终值为3,在上面的双循环语句中并没有体现出来。还有,在上面的计算中,数组a[2][3]的第三列以及数组b[3][2]的第三行数据都没有参与计算。可见,仅仅采用双循环是不能满足要求的,必须采用三重循环的设计方式。

要采用三重循环的设计方式,那么,哪个变量的循环要放在前?哪个要放在后?i、k、j 3个变量的下标又如何组合?当然,我们可以用i、k、j三个变量以及对应的循环分别进行测试,再结合数组c[i][j]各元素下标的不同组合计算结果综合进行比较判断,其结果正确的就是我们的设计方案。可以说,这样的比较方案有很多,我们选取下面的3种组合形式进行验证:

（1）for(i = 0; i < 2; i++)
　　　for(k = 0; k < 3; k++)
　　　　　for(j = 0; j < 2; j++)
　　　　　　　c[i][j] += a[i][k] * b[k][j];
（2）for(i = 0; i < 2; i++)
　　　for(j = 0; j < 2; j++)
　　　　　for(k = 0; k < 3; k++)
　　　　　　　c[i][j] += a[i][k] * b[k][j];
（3）for(k = 0; k < 3; k++)
　　　for(i = 0; i < 2; i++)
　　　　　for(j = 0; j < 2; j++)
　　　　　　　c[i][j] += a[i][k] * b[k][j];

经过运算比较,3 种循环的运算结果是完全相同的,结果可以简写如下：

$$c\begin{bmatrix} c_{00} & c_{01} \\ c_{10} & c_{11} \end{bmatrix} = \begin{bmatrix} a_{00}*b_{00}+a_{01}*b_{10}+a_{02}*b_{20} & a_{00}*b_{01}+a_{01}*b_{11}+a_{02}*b_{21} \\ a_{10}*b_{00}+a_{11}*b_{10}+a_{12}*b_{20} & a_{10}*b_{01}+a_{11}*b_{11}+a_{12}*b_{21} \end{bmatrix}$$

从运算结果可以看出,3 个循环语句前后的位置顺序对运算结果并没有影响,所以谁先、谁后没有关系,只要是三重循环的结构形式就行。但是,数组 c[i][j]元素运算过程中数组 a[i][k]元素与数组 b[k][j]元素对应的两个下标不能搞错,必须是 i、k 和 k、j 的形式,要与数组定义中元素下标的数值大小统一,这一点非常重要,否则,计算结果一定会出错。

根据矩阵的乘法规则,为了能够借助二维数组的乘法运算解决矩阵的乘法计算问题,并能够对任意给定的两个二维数组进行乘法计算,我们采用宏定义的形式对两个二维数组的下标进行预先定义。如果想要计算不同的二维数组乘法运算,那么只要将数组下标的宏定义修改一下即可,这样可以提高程序的通用性,间接达到计算任意两个二维数组乘法的目的。

下面就是所设计的矩阵乘法运算程序：

```
1   #include <stdio.h>
2   #define M 2
3   #define N 3
4   #define P 2
5   void main()
6   {
7       int i, j, k, a[M][N], b[N][P], c[M][P] = {0};
8       printf("a[%d][%d] are :\n",M,N);
9       for(i = 0; i < M; i++)
10          for(j = 0; j < N; j++)
11              scanf("%d",&a[i][j]);
12      printf("b[%d][%d] are :\n",N,P);
13      for(i = 0; i < N; i++)
14          for(j = 0; j < P; j++)
15              scanf("%d",&b[i][j]);
16      for(k = 0; k < N; k++)
17          for(i = 0; i < M; i++)
18              for(j = 0; j < P; j++)
19                  c[i][j] += a[i][k] * b[k][j];
20      printf("a[%d][%d] are :\n",M,N);
21      for(i = 0; i < M; i++)
22      {
```

```
23          for(j = 0; j < N; j++)
24              printf(" % 6d",a[i][j]);
25          printf("\n");
26      }
27      printf(" ================= \n");
28      printf("b[ % d][ % d] are :\n",N,P);
29      for(i = 0; i < N; i++)
30      {
31          for(j = 0; j < P; j++)
32              printf(" % 6d",b[i][j]);
33          printf("\n");
34      }
35      printf(" ================= \n");
36      printf("c[ % d][ % d] are :\n",M,P);
37      for(i = 0; i < M; i++)
38      {
39          for(j = 0; j < P; j++)
40              printf(" % 6d",c[i][j]);
41          printf("\n");
42      }
43      printf(" ================= \n");
44  }
```

程序说明：该程序总共有 44 行语句命令,其中,

第 2～4 行以宏定义的形式为 3 个数组设置了不同的下标值,只要改变宏定义中 M、N、P 的数值,就可以进行不同二维数组的乘法计算。其中,M 表示第一个数组的行数,也是第三个数组的行数;N 表示第一个数组的列数,也是第二个数组的行数;P 表示第二个数组的列数,也是第三个数组的列数。

程序的第 5～44 行是主函数,其中,

- 第 7 行定义了二维数组的循环变量 i、j、k,并定义了 3 个二维整型数组 a[M][N]、b[N][P]和 c[M][P],并先给数组 c[M][P]各元素赋初值 0,以防计算时产生错误。
- 第 8～11 行提示给第一个数组 a[M][N]从键盘上赋初值。
- 第 12～15 行提示给第二个数组 b[N][P]从键盘上赋初值。
- 第 16～19 行通过三重循环对第三个数组 c[M][P]的各元素进行计算和赋值。
- 第 20～27 行是输出第一个数组 a[M][N]的数据方阵。
- 第 28～35 行是输出第二个数组 b[N][P]的数据方阵。
- 第 36～43 行是输出第三个数组 c[M][P]的数据方阵。

当程序运行时,分别从键盘上输入第一个数组和第二个数组各元素的值,然后回车。

其程序的运行结果如下:

```
a[2][3] are :
2 0 1 1 2 0
b[3][2] are :
1 2 0 1 2 0
a[2][3] are :
    2   0   1
    1   2   0
===============
b[3][2] are :
```

```
        1   2
        0   1
        2   0
    ==============
c[2][2] are :
        4   4
        1   4
    ==============
Press any key to continue
```

根据矩阵的乘法规则,经过验算可以证明该程序的计算结果是完全正确的。

思路拓展:例 5-9 是对整型矩阵乘法设计的程序,大家也可以修改程序中宏定义 M、N、P 的值,通过程序的运行,可以很容易地得到其他两个不同整型数组相乘的结果,也就是两个矩阵相乘的结果,使计算变得很方便。如果是两个浮点数矩阵的乘法计算,要对例 5-9 中的数组类型以及相应的输入和输出的控制格式做必要的修改,否则会出现错误。

5.6 字符数组与字符串应用

1. 字符数组的概念

前面学习的一维和二维数组都是数字类型的数组,在实际应用中,也会遇到字符类型的数据。比如,国家名 China、公司名、人名等都是字符类型,比如“我爱中国”,“Have a nice day”等普通的字符类型术语就更多。汉字也是字符,每一个汉字占两字节,相当于两个字符。像产品的型号 CDL-AN50、某人的 18 位个人身份证编号 34052419800101001X 等也都是字符类型。在 C 语言中,对字符类型的分析、判断、排序等也相当多。

在字符数据中,字符之间可能有规律,但更多的并没有规律。我们把没有规律的多个字符的组合可以定义成一个字符数组。根据这一概念,一个字符数组至少要由两个字符组成。

2. 字符数组的定义

与数据型数组一样,字符数组也有一维和二维之分。

1) 一维字符数组的定义

一维字符数组的定义由 3 部分组成:

类型 名字[下标];

例如,“char zf[6];”中的 char 是字符数组的类型,zf 是字符数组的名字,[6]是字符数组的下标。因为只有一个下标,所以称为一维字符数组。整数 6 表示该字符数组由 6 个字符元素组成。第一个元素的下标必须从 0 记起,最后一个元素的下标为元素的总个数减 1。它的“通项”可以表示为:$zf[i]$,i 是一个待定数。

2) 二维字符数组的定义

其定义也由 3 部分组成:

类型 名字[下标 1][下标 2];

例如,

```
char zf2[2][4];                    //二维字符数组也有两个下标
```

二维字符数组第一个元素的两个下标都必须从 0 记起,zf2[2][4]对应的各元素如下:

```
zf2[0][0]  zf2[0][1]  zf2[0][2]  zf2[0][3]
zf2[1][0]  zf2[1][1]  zf2[1][2]  zf2[1][3]
```

二维字符数组 zf2[2][4]元素的"通项"可以表示为：zf2[i][j]，下标[i][j]中的 i 和 j 是两个待定数。

二维字符数组的每一行所有元素的组合类似于一个一维的字符数组。或者说，一个二维字符数组可看作由多个一维字符数组组成。比如，可以把 zf2[2][4]的第一行 zf2[0][4]看成一个类似的一维字符数组，把第二行 zf2[1][4]看作另一个类似的一维字符数组。相当于把 zf2[0]、zf2[1]看作一维的数组名。实际上，这是有差别的。因为 zf2[0]、zf2[1]不符合数组名的要求。所以，我们要把对二维字符数组的分析与真正的定义区分开来。

多个字符数组也可以一起定义，数组之间要用逗号","隔开。

例如，

```
char zf[6],df_1[5][10],df[5],xy_2s[10][15],zcf[8];
```

其中，zf、df、zcf 都是一维的字符数组，而 df_1、xy_2s 是二维的字符数组。

3．字符串的概念

一个字符串就是多个字符的组合，它至少包括两个字符。因为，一维的字符数组是由多个字符组合的，所以，一维的字符数组就是一个字符串。或者说，一维的字符数组与字符串是等价的。

因为一个二维的字符数组等同于由多个一维字符数组组合而成，所以一个二维的字符数组也就是多个字符串。

用转义字符'\0'表示一个字符串的结束。当我们从键盘上输入完一个字符串按回车键结束时，计算机系统就会自动给该字符串的末尾添加一个转义字符'\0'，不需要人为添加。转义字符'\0'也需要占用一字节的位置。所以，在定义字符数组时，一定要多加一个字符的位置，以便存放字符串的结束标志，否则就会因为内存不够用而出现溢出的错误。

字符串与字符是有区别的。字符串至少由两个字符组成，而字符就是一个；字符串至少占两字节，而字符只占一字节；字符串要用双引号" "括起来，而字符是用单引号' '括起来的。

例如，'H'和"H"是不同的，前者是字符，后者是字符串。大家想一想看，后者为什么是字符串？它的不同点在哪里？

4．字符数组元素的赋值方法

1）一维字符数组元素的赋值方法

一维字符数组元素的赋值方法有以下 5 种：

(1) 在定义时直接赋初值。

例如，"char zf[6]={'C','H','I','N','A'};"每个字符的赋值都要用单引号' '括起来，字符之间要用逗号","隔开。

(2) 在源程序中直接给个别元素赋值。

例如，"char zf[6]; zf[0]='C'; zf[1]='H'; zf[2]='I'; zf[3]='N'; zf[4]='A';"，赋值时字符的前后两侧都要加上单引号，如：'C'.

（3）从键盘上给元素赋值。

例如，给个别元素赋值：

```
char zf[6];
printf("请给第 1 个元素赋值:");
scanf("%c",&zf[0]);
printf("请给第 2 个元素赋值:");
scanf("%c",&zf[1]);
…
printf("请给第 5 个元素赋值:");
scanf("%c",&zf[4]);
```

采用单个字符数组元素赋值，输入语句"scanf("%c",&zf[0]);"中的控制格式必须用"%c"的形式，后面要跟随元素的地址 &zf[0]。从键盘上输入字符时不需要加单引号。

这种方式从表面上看并没有问题，但在程序执行过程中，输入会出现一些漏洞。比如，要将 C、H、I、N、A 这 5 个字符分别输入给字符数组 zf[6]对应的元素，其第二个、第四个字符会丢失，出现空值。原因是之前的字符输入完之后按回车键，而后面的输入语句会接收到回车键，并不能接收到要输入的字符，从而出现"轮空"的情况。

要避免这种情况的发生，需要将每次输完之后的回车键吸收掉。方法是在每个输入语句之后加一行吸收字符的命令语句："getchar();"即可。

其修改后的程序段如下：

```
char zf[6];
printf("请给第 1 个元素赋值:");
scanf("%c",&zf[0]);
getchar();
printf("请给第 2 个元素赋值:");
scanf("%c",&zf[1]);
getchar();
…
printf("请给第 5 个元素赋值:");
scanf("%c",&zf[4]);
getchar();
```

当程序运行后，根据提示信息将字符 C、H、I、N、A 依次赋值给对应的数组元素，结果就正确了。

（4）采用循环给所有字符元素赋值。

例如，

```
char zf[6];
int i;
printf("请给字符数组 zf[6]各元素赋值\n");
for(i=0; i<6; i++)
    scanf("%c",&zf[i]);
```

以这种方式输入时，要把所有的字符一次输完，然后再按回车键，输入中间不能按回车键，否则也会出现前述"轮空"的错误。

可见，采用控制格式%c与循环相结合，只需要一个提示语句和一个输入语句就可以输完全部的字符元素，程序简洁、清晰。

（5）以字符串方式给字符数组元素赋值。

例如，

```
char zf[15];
printf("请给字符串 zf 赋值\n");
scanf("%s",zf);
```

这种输入方式不需要循环，可直接输入。但控制格式必须用%s，输入地址就是字符数组名。不过，这种从键盘赋值的方式有一个致命的缺点。它要求所输入的字符串中不能有空格，否则，空格之后的字符元素会丢失。比如，输入"I LOVE CHINA!"，3 个单词之间含有 2 个空格。当输出出来后只有一个字符 I，其他的字符全部丢失。

不过，在字符数组定义时直接将含有空格的字符串赋初值给字符数组，不论采用什么样的输出形式，结果都是正确的。

例如，

```
int i;
char zf[15] = {"I LOVE CHINA!"};
printf("%s\n",zf);
for(i = 0; i < 15; i++)
    printf("%c",zf[i]);
printf ("\n");
```

当该程序运行后，两种输出结果完全相同，均是：

```
I LOVE CHINA!
```

2）二维字符数组元素的赋值方法

给一维字符数组元素赋值的 5 种方法，对于二维字符数组元素的赋值也都适用。不同的是，二维字符数组元素多一个下标，如果用%c 的控制格式赋值则要用双循环的方式；如果用%s 的控制格式赋值则采用单循环方式。请看下面的例子：

用%c 的控制格式和双循环赋值方法。

```
char s1[2][6] = {" "};
int i,j;
for(i = 0; i < 2; i++)
    for(j = 0; j < 6; j++)
        scanf("%c",&s1[i][j]);
```

如果前后两行赋值元素的个数不相等，那么这种按字符元素循环赋值的方式，其输出结果会出现乱码，所以很少采用。

用%s 的控制格式和单循环赋值方法。

```
#include < stdio.h>
void main()
{
    char s1[2][6] = {" "};
    int i;
    printf("\n  请输入二维字符数组:\n");
    for(i = 0; i < 2; i++)
    {
        printf("  请输入第 %d 行的字符串:",i + 1);
        scanf("%s",s1[i]);
```

```
    }
        printf("  输出第 1 行的字符串为: % s\n",s1[0]);
        printf("  输出第 2 行的字符串为: % s\n",s1[1]);
    }
```

程序的运行结果如下:

```
请输入二维字符数组:
请输入第 1 行的字符串:Hello
请输入第 2 行的字符串:CHINA
输出第 1 行的字符串为:Hello
输出第 2 行的字符串为:CHINA
Press any key to continue
```

可见,输出结果正确。

在"scanf("％s",s1[i]);"的输入语句中,必须采用％s字符串的控制格式,输入地址要用字符串的首地址 s1[i]。当 i=0 时,s1[0]就是第一行字符串的首地址;当 i=1 时,s1[1]就是第二行字符串的首地址。这种赋值方式很简洁,也更常用。大家要牢记。

5.6.1　字符数组的程序设计应用举例

1. 一维字符数组的应用举例

例 5-10　用字符串"1234567890"和程序说明％s 和％c 两个控制格式的区别。程序如下:

```
1   # include < stdio. h>
2   void main()
3   {
4       int i;
5       char a[11] = {"1234567890"};
6       for(i = 8; i > = 0; i -= 2)
7       {
8           printf("  % s\n", &a[i]);
9           printf("  % c\n", a[i]);
10      }
11  }
```

程序说明:

该程序的第 4 行定义了一个循环变量 i。

第 5 行定义了一个一维字符数组 a[11]并赋了初值。

第 6 行 for()循环语句采用倒输的形式,循环变量的增值每次减 2。

第 7~10 行是循环体,其中第一个输出语句控制格式为％s,第二个输出语句控制格式为％c。

程序的运行结果如下:

```
90
9
7890
7
567890
5
34567890
```

```
3
1234567890
1
```

可以看出,第 9 行输出语句中%s 控制格式输出的就是对应元素地址后面的字符串。而第 10 行输出语句中%c 控制格式输出的就是对应元素的值。位置不同,输出的字符串和字符均不相同。

重点提醒:当采用%s 的输出格式时,后面一定要用地址的形式,可以是字符串数组的首地址,也可以是字符元素的地址。当采用%c 的输出格式时,后面只能用数组元素的形式。无论什么时候,%s 输出的都是字符串,而%c 输出的只能是单个字符。

字符型数字与数字不同,即'2'! = 2,要把字符型数字转换为数字,方法是:'2' - '0' = 2。

2. 二维字符数组的应用举例

例 5-11　输入并输出一个课程组 5 名学生的名单。

编程思路:按照习惯,很多人的姓名都由 3 个汉字组成,也就是 6 个字符,每个姓名就是一个字符串。总共有 5 名学生,相当于有 5 个字符串。这就组成了一个二维字符数组,命名为:xm[5][6]。二维数组通常需要两个循环变量,但是,二维的字符串数组用一个行循环变量 i 就够了,这也是二维字符串数组的一个优点。

所设计的程序如下:

```
1    #include <stdio.h>
2    void main()
3    {
4        char xm[5][6];
5        int i;
6        for(i = 0; i < 5; i++)
7        {
8            printf("请输入第 %d 个学生的姓名:\n",i + 1);
9            scanf("%s",xm[i]);
10       }
11       printf("\t 本课程组的学生名单如下:\n");
12       for(i = 0; i < 5; i++)
13           printf("\t\t %s\n",xm[i]);
14   }
```

程序说明:

程序的第 4 行定义了一个二维字符数组 xm[5][6],用于存放学生的姓名。

第 5 行定义了一个循环变量 i。

第 6~10 行以单循环的方式提示并输入 5 名学生的姓名。每个学生的姓名数组名用 xm[i]来表示,i 的值不同对应不同学生姓名数组的首地址。

第 11~13 行是提示和输出 5 名学生的姓名,转义字符'\t'是用于输出时拉开横向的距离。

程序的运行结果如下:

请输入第 1 个学生的姓名:
李子强↙
请输入第 2 个学生的姓名:
吴成昊↙

请输入第 3 个学生的姓名：
陈林彬↙
请输入第 4 个学生的姓名：
张小海↙
请输入第 5 个学生的姓名：
王俊新↙
　　　　本课程组的学生名单如下：
　　　　　　李子强吴成昊陈林彬张小海王俊新
　　　　　　吴成昊陈林彬张小海王俊新
　　　　　　陈林彬张小海王俊新
　　　　　　张小海王俊新
　　　　　　王俊新
Press any key to continue

　　从程序的运行结果来看，第一行依次输出了所有 5 名学生的姓名，下面逐行少一个学生的姓名，最后一行才是正确的显示。

　　为什么会出现这样的输出结果？

　　因为第 4 行定义的二维字符串数组为 xm[5][6]，列下标[6]没有考虑字符串的结束标志'\0'。所以，输出时把前后学生的姓名连带输出了。

　　解决的方法很简单，把程序第 4 行二维字符串数组的定义改为"char xm[5][7];"即可。

　　修改后的程序运行结果如下：

请输入第 1 个学生的姓名：
李子强↙
请输入第 2 个学生的姓名：
吴成昊↙
请输入第 3 个学生的姓名：
陈林彬↙
请输入第 4 个学生的姓名：
张小海↙
请输入第 5 个学生的姓名：
王俊新↙
　　　　本课程组的学生名单如下：
　　　　　　李子强
　　　　　　吴成昊
　　　　　　陈林彬
　　　　　　张小海
　　　　　　王俊新
Press any key to continue

　　很显然，输出结果正确。这也说明，在字符数组的定义时，一定要考虑字符串结束标志的存放位置。

　　不过，有一个新的问题，如果输入的姓名不是由 3 个汉字组成，而是由带空格的两个汉字组成，那么输出结果也会出错。

请输入第 1 个学生的姓名：
李子强↙
请输入第 2 个学生的姓名：
吴　昊↙
请输入第 3 个学生的姓名：
请输入第 4 个学生的姓名：

张小海↙
请输入第 5 个学生的姓名：
王俊新↙
　　　　本课程组的学生名单如下：
　　　　　　　　李子强
　　　　　　　　吴
　　　　　　　　昊
　　　　　　　　张小海
　　　　　　　　王俊新
Press any key to continue

输出结果有明显的错误，主要是因为第 2 名学生的姓名是两个字，输入时中间加入了空格，结果第 3 名学生的姓名就不能输入了，直接跳到第 4 名学生。

这可以验证，采用字符控制％c 加循环的方式输入和输出结果也是错误的。

归根结底，因为有空格，所以输入不能采用％s 的控制格式，只能改用专门的字符串输入函数 gets()和输出函数 puts()来实现，具体方法请大家重点关注 5.6.2 节的相关内容。

5.6.2　字符串的输入输出函数介绍

从前面输入和输出学生姓名的例子中可以看出，当学生的姓名由两个汉字构成时，如果中间带空格，那么程序的输入和输出都会出现错误。这是因为在程序中使用了％s 字符串的控制格式。其实，字符串的输入输出有 3 种格式：第一种是采用字符控制格式％c 与循环组合的处理格式，第二种是采用字符串％s 的控制格式，第三种是采用字符串的输入、输出函数的处理格式。3 种格式各有利弊。

第一种格式可以处理任何类型的字符串，但不适合处理由汉字组成的字符串。

第二种格式可以一次输入或者输出多个字符串，但不适合处理带空格的字符串。

例如，

```
char s1[8], s2[10], s3[6];
scanf("％s％s％s",s1,s2,s3);
printf("％s\n％s\n％s\n",s1,s2,s3);
```

第三种格式可以处理任何类型的字符串，不受字符串内容的限制。但是，每次只能处理一个字符串。实际上，对于处理字符串而言，这种格式是最好的。

1. 字符串的输入函数

（1）函数形式：

```
gets();
```

（2）函数的调用方式：

```
gets(字符数组名);
```

（3）函数的功能：直接从键盘上输入一个字符串给所定义的字符数组。

（4）使用说明：

① 采用 gets()函数输入的字符串，其长度只受所定义的字符数组空间的限制，如果定义的空间足够大，那么可以将整篇文档存放进去。

② 采用该函数输入的字符串中允许包含任何字符和空格，每次只能输入一个字符串。

例如，作者写了一首诗，诗名是《教师感怀》，内容如下：

方寸讲坛天地宽，

古今驰骋如家园。

为人师表勤耕耘，

桃李芬芳报春还。

若要将这首诗输入到程序中去，可以采用以下程序段来实现：

```
char jsgh[4][17];
int i;
printf("请输入诗词内容:\n");
for(i = 0; i < 4; i++)
        gets(jsgh[i]);
```

在输入函数的圆括号中，jsgh[i]代表了每行字符串的起始地址，相当于是诗词每一行的一维字符数组名。虽然每次只能输入一个字符串，但是与循环配合就可以实现多输入。

再比如，要将一段英语输入到程序中，内容如下：

```
Green and shady, cicadas and frogs singing, stars and moonlight, are all talking in the hot
summer.
```

这是经典散文《夏天里的絮语》开头的一段话，"绿意荫凉，蝉鸣蛙唱，星空月光，都在如火的夏天里絮语。"

我们可以采用以下程序段来实现：

```
char xtxy[100];
printf("请输入英语散文内容:\n");
gets(xtxy);
```

因为诗词与英文段落的格式不同，诗词要采用二维字符串数组的定义形式，英文段落则采用一维字符串数组的定义形式即可。不论是哪种定义形式，都采用相同的输入函数来完成输入，这样的输入方式简单明了。有输入也要有输出，结果才是真实的，下面学习字符串的输出函数。

2. 字符串的输出函数

（1）函数形式：

```
puts();
```

（2）函数的调用方式：

```
puts(字符数组名);
```

（3）函数的功能：把字符数组中所存放的字符串输出到屏幕上，并用'\n'取代字符串的结束标志'\0'，不需另加换行符。

（4）使用说明：

① 字符串中允许包含转义字符，输出时产生一个控制操作。

② 该函数一次只能输出一个字符串。

比如要输出《教师感怀》这首诗，可以与循环配合实现多语句输出。

下面的程序段就是字符串输入输出函数的用法：

```
char jsgh[4][17];
int i;
printf("请输入诗词内容:\n");
for(i = 0; i < 4; i++)
    gets(jsgh[i]);                          //多次输入字符串
printf(" ================== \n");
printf("输入的诗词内容如下:\n");
for(i = 0; i < 4; i++)
    puts(jsgh[i]);                          //多次输出字符串
```

完整的程序运行后的结果如下:

请输入诗词内容:
方寸讲坛天地宽,↙
古今驰骋如家园。↙
为人师表勤耕耘,↙
桃李芬芳报春还。↙
==================
输入的诗词内容如下:
方寸讲坛天地宽,
古今驰骋如家园。
为人师表勤耕耘,
桃李芬芳报春还。
Press any key to continue

再比如,要将前面输入的经典散文《夏天里的絮语》开头的一段英文输出到显示屏幕上,其输入和输出函数的语句命令如下:

```
char xtxy[100];
printf("请输入英文散文内容:\n");
gets(xtxy);
printf("~~~~~~~~~~~~~~\n");
printf("输入的英文散文内容如下:\n");
puts(xtxy);
```

程序运行后的结果如下:

请输入英文散文内容:
Green and shady, cicadas and frogs singing, stars and moonlight, are all talking in the hot
summer.
~~~~~~~~~~~~~~~
输入的英文散文内容如下:
Green and shady, cicadas and frogs singing, stars and moonlight, are all talking in the hot
summer.
Press any key to continue

可以看出,在输入的英文短文中总共有 16 个空格,不论是输入还是输出都完整无缺,这就是字符串输入输出函数的优点。

例 5-12 统计输入字符串中字母元素的总个数。

程序如下:

```
1   #include < stdio. h >
2   void main()
```

```
 3    {
 4        int i, num = 0;
 5        char str[255];
 6        printf("Input a string: ");
 7        gets(str);
 8        printf("～～～～～～～～～～～～～\n");
 9        for(i = 0; str[i]!= '\0'; i++)
10            if(str[i]> = 'a'&&str[i]< = 'z'||str[i]> = 'A'&&str[i]< = 'Z')
11                num++;
12        puts(str);
13        printf("num = % d\n", num);
14    }
```

程序说明：这也是一个事先给定的程序，由 14 个程序行构成。其中，

第 4 行定义了一个循环变量 i 和一个整型变量 num，并对其赋初值 0。

第 5 行定义了一个一维的字符数组 str[255]，指定了这个一维字符数组的存储空间为 255 字节，内存空间比较大。

第 6 行是一个提示信息。

第 7 行是应用字符串输入函数给字符串或者一维的字符数组 str[255]从键盘上赋值。

第 8 行是一段隔离信息。

第 9～11 行是循环分析一维数组 str[255]或者字符串中每一个字符元素是否是字母，包括 26 个小写字母和 26 个大写字母；如果是字母就给统计变量 num 加 1。

本例中有两点需要注意：一是判断字母的条件写法，要把小写字母和大写字母一同考虑进去，两者是逻辑或的关系；二是在本例中运用了一种新的循环终值的判断方法，即 str[i]! = '\0'，这是判断字符串是否结束的重要方法。这个逻辑表达式是判断字符串中每一个字符 str[i]的值是否等于转义字符'\0'？如果不等于，则说明该字符串还没有结束，循环还要继续；如果等于，则循环结束。

第 12 行是应用字符串输出函数输出字符串。

第 13 行是输出所输入的字母的总个数。

我们用前面输入的经典散文《夏天里的絮语》开头的一段英文来验证一下该程序的运行结果：

Input a string: Green and shady, cicadas and frogs singing, stars and moonlight, are all talking in the hot summer.
～～～～～～～～～～～～～
Green and shady, cicadas and frogs singing, stars and moonlight, are all talking in the hot summer.
num = 79
Press any key to continue

虽然在程序中定义的字符数组元素总个数为 255，但实际输入的没有那么多，其中字母只有 79 个，其他的标点符号和空格也不多，并不包含在输出的数据之内。

思路拓展：大家想一想，如果我们按照同样的方法从键盘上输入一个包含多种字符的字符串，并统计各种字符的个数，要怎样设计程序？请自己去编程练习。

5.6.3　字符串的其他处理函数介绍

字符串是一个整体，字符串中的元素可以进行少量的关系运算、逻辑运算，甚至是算术

运算。但更多的是对字符串整体进行的复制、连接、比较判断、字母的大小写转换以及对字符串的包含、分割等操作。这些操作都是由特定的字符串处理函数完成的,它们有一个专门的运行平台或者是头文件♯include < string. h >。在调用相关函数之前,必须在程序前面加上该平台。

1. 字符串的复制函数

(1) 函数形式:

strcpy();

(2) 函数的调用方式:

strcpy(字符数组名,字符串);

该函数的圆括号中有两个参数:第一个是字符数组名,也可以是字符数组指针,但是不能直接采用字符串;第二个是字符串,也可以是字符数组名或者字符数组指针。指针即将在第 6 章学习。

(3) 函数的功能:将该函数圆括号后面的"字符串"连同结束标志一起完整地复制到前面的"字符数组"中,字符数组中原有的内容被覆盖。

(4) 使用说明:

① 字符串的复制函数,也就是对字符串进行复制的函数。复制时,要求圆括号前面的字符数组空间足够大,以便能容纳下复制过来的字符串。

② 赋值运算符"="只能对单个字符元素复制,不能对整个字符串进行复制。

例如,用字符复制函数 strcpy()复制字符串。

```
char name1[6] = {"pear"};
char name2[13] = {"Apple&Banana"};
strcpy(name2, name1);
```

复制之后,两个字符串如下:

```
name1 是 pear
name2 是 pear &Banana
```

如果用%s 格式输出两个字符串,那么结果都是 pear,因为复制是带有结束标志'\0'的。复制字符串还可以采用单一字符逐个赋值的方式进行,自己去试试吧。

2. 字符串的连接函数

(1) 函数形式:

strcat();

(2) 函数的调用方式:

strcat(字符数组名,字符串);

该函数的圆括号中有两个参数:第一个是字符数组名,也可以是字符数组指针,但是不能直接采用字符串;第二个是字符串,也可以是字符数组名,还可以是字符数组指针。

(3) 函数的功能:把圆括号后面给定的"字符串"连同结束标志一起连接到前面"字符数组"之后。"字符数组"中原来的结束标志被连接的"字符串"第一个字符覆盖,连接后的字符数组只有一个结束标志。

（4）使用说明：

由于没有边界检查，"字符数组"的内存空间要定义得足够大，以便能容纳连接后的目标字符串。

简单地讲，字符串的连接函数就是把两个字符串连接成一个字符串。

例如，两个字符串的连接。

```
char name1[13] = {"pear"};
char name2[6] = {"apple"};
strcat(name1,name2);
```

连接后的运行结果如下：

```
name1 是 pearApple,字符串发生了改变;
name2 是 Apple,原字符串没有变。
```

注意："strcat("pear","Apple");"连接方式是错的，因为第一个参数不能用字符串。

3. 字符串的比较函数

（1）函数形式：

```
strcmp();
```

（2）函数的调用方式：

```
strcmp(字符串 1,字符串 2);
```

该函数的圆括号中有两个参数，两个参数都可以是字符串，也可以是字符数组名，还可以是字符数组指针。

（3）函数的功能：主要比较圆括号中两个字符串的大小，也包括两个字符串是否相等。

当字符串 1 > 字符串 2 时，该函数的返回值为 1；

当字符串 1 < 字符串 2 时，该函数的返回值为 -1；

当字符串 1 == 字符串 2 时，该函数的返回值为 0。

（4）使用说明：

① 如果一个字符串是另一个字符串从头开始的子串，则母串为大。

② 不能使用关系运算符 "=="来比较两个字符串，只能用 strcmp()函数来判断。

从形式上看该函数是比较两个字符串，实际上是对两个字符串中的每个字符从前到后一一进行比较判断，只要有一个字符不相等，两个字符串就不相等。并不是判断两个字符串的长度。

例如，判断字符串"you"和"we"是否相同，方法是：

```
char zf1[5] = "you", zf2[4] = "we";
if(strcmp("you","we") == 0)
```

或者

```
char zf1[5] = "you", zf2[4] = "we";
if(strcmp(zf1,zf2) == 0)
```

若不等于 0 则说明不相等。

还可以用两个字符数组的指针来判断。

例 5-13　从键盘上输入密码与程序中的密码进行比较，如果密码正确就进入下一个环节，否则给出错误提示信息。如果 3 次输错，则给出提示信息后退出程序。试设计程序。

编程思路：在银行、证券、移动支付等很多行业，为了提高密码的难度，要求密码的设定最好是字符与数字的多种组合形式，而且密码的长度一般要求不少于 6 个字符。根据这样的要求，密码必须采用字符数组的存储方式，密码元素至少在 6 位以上。在很多实用程序中，密码要由用户本人设定。为了说明密码的分析判断原理，本例可在程序中先设定好一个密码。

密码判定有 3 次机会，可以用循环来实现。输入密码后如果判定"对"，则给出提示信息后用 goto 语句跳转到下一个环节，也就是本程序的结束；如果"错"，则先给出提示信息，输入次数减 1，并给出剩余次数的提示信息；如果 3 次全"错"，则提示没有机会了，程序退出运行。

设计的程序如下：

```
1   # include < stdio. h>
2   # include < string. h>
3   void main()
4   {
5       char mm[12] = {"mmyzcx2019"},paw[12];
6       int i,m = 3;
7       for(i = 0; i < 3; i++)
8       {
9           printf("请输入密码:");
10          gets(paw);
11          if(strcmp(mm,paw) == 0)
12          {
13              printf ("输入的密码正确,程序进入下一个环节!\n");
14              goto ed;
15          }
16          else
17          {
18              printf("密码错误!\n");
19              m -- ;
20              if(m!= 0)
21                  printf("您还有 %d 次机会,请重输!\n", m);
22              else
23                  printf("3 次输入错误,您没有机会了!\n", m);
24          }
25      }
26   ed:;
27  }
```

程序说明：本程序的名称命名为：密码验证程序.cpp，由 27 个程序行构成。其中，

第 5 行定义了两个一维的字符数组，内存都是 12，把内定的密码直接赋给了第一个字符数组。

第 6 行定义了两个整型变量：其一是循环变量 i，其二是密码输入次数变量 m=3，表示有 3 次机会。

第 7~25 行是循环输入密码以及对密码的判断；其中，

第 7 行是循环语句命令，总共循环 3 次。

第 8~25 行是循环体，其中，

第 9 行和第 10 行是提示和输入密码。

第 11～24 行是密码比较、判断,其中,

第 11 行 if(strcmp(mm,paw)==0)判断密码是否相等,这是本程序的关键环节。如果字符串判断函数 strcmp(mm,paw)的返回值是 0,则说明密码正确,否则是错误的。

第 13 行和第 14 行是密码正确的提示信息和跳出循环的命令。

第 16～24 行是密码错误的分析行,其中,

第 18 行提示密码错误。

第 19 行"m－－;"对输入次数减 1。

第 20 行对密码次数进行判断。

第 21 行给出剩余次数的提示信息。

第 23 行提示 3 次输入错误,没有机会了,程序退出。

程序运行后,输入正确密码的结果如下:

请输入密码:mmyzcx2019 ↙
输入的密码正确,程序进入下一个环节!
Press any key to continue

输入密码错误的运行结果如下:

请输入密码:mmyzcx2018 ↙
密码错误!
您还有 2 次机会,请重输!
请输入密码:mm ↙
密码错误!
您还有 1 次机会,请重输!
请输入密码:mmyzcx ↙
3 次输入错误,您没有机会了!
Press any key to continue

本例中密码的设置很简单,可以直接进行分析、判断。在实际应用中,密码的设置是一门很深奥的学问,往往将难度与技巧相结合,常常采用相当复杂的函数程序来实现,甚至要用到量子纠缠与分发的密码技术,目的是提高密码的解密难度,防止"黑客"破解密码。有兴趣者可以进行更深入的学习和研究。

4. 字符串的有效长度函数

(1) 函数形式:

strlen();

(2) 函数的调用方式:

strlen(字符串);

该函数的圆括号中有一个参数,该参数可以是字符串,也可以是字符数组名或者是字符数组指针。

(3) 函数的功能:检测圆括号字符串的有效长度。

(4) 使用说明:

① 在该函数的圆括号中放入一个字符串或者一个一维的字符数组名,也可以是字符数组指针,就可以检测出该字符串的有效长度。

② 在检测字符串的有效长度时,不包括转义字符'\0',也不完全等于一维字符数组定义时的内存空间大小。

例如,

```
strlen("china");                              //字符串的有效长度是 5
```

若改成:

```
char str[10] = {"china"}; strlen(str);
```

则结果仍然是 5,而不是数组的内存 10,也不是包含转义字符'\0'在内的数字 6。

如果有:

```
char str[20] = {"china ximen "}; strlen(str);
```

则结果不是 20,也不是字母总个数 10,而是加了两个空格在内的字符数 12。

5．内存大小检测函数

（1）函数形式:

```
sizeof();
```

（2）函数的调用方式:

```
sizeof(参数);
```

该函数的圆括号中只有一个参数,该参数可以是字符数组名、字符串、指针、参数类型、变量以及数据常量等,它是一个全方位检测内存大小的函数。

（3）函数的功能:检测圆括号中给定参数所占用的内存空间大小。

（4）使用说明:

① 在该函数的圆括号中放入一个一维的字符数组名、一个字符串、一个指针、一个类型、一个变量或者一个常量等,就可以检测出对应参数所占用的内存空间大小。

② 如果参数是一个字符数组名,那么检测的内存大小等同于数组元素的总个数。如果参数是一个实际的字符串,那么检测的内存大小要包括转义字符'\0',也就是字符串的有效长度再加 1。如果参数是一个指针,那么检测的内存大小就是指针本身的地址整型常数的内存大小,也就是 4,并不是该指针所指向的对象的内存大小,这一点不要弄错了。如果参数是整型 int、长整型 long、浮点型 float、双精度浮点型 double 或者字符型 char 等类型时,那么所检测的就是对应数据类型所占用的内存空间大小。如果参数是不同类型的变量,那么所检测的就是对应数据类型所占用的内存空间大小。如果参数是不同类型的常量,那么所检测的也是对应数据类型所占用的内存空间大小。

例如,

```
char s[15] = {"apple"}; int d;
printf("d = % d",strlen("apple"));       //d = 5
printf("d = % d",sizeof("apple"));       //d = 6
printf("d = % d",sizeof(s));             //d = 15
printf("d = % d",sizeof(long));          //d = 4
printf("d = % d",sizeof(double));        //d = 8
printf("d = % d",sizeof(5.9));           //d = 8
```

可以看出,"apple"字符串的有效长度是 5,而它的内存大小是 6,是有效长度+1。

字符串 s[15]的内存大小是 15,等同于所定义的元素的总个数。

长整型 long 的内存大小为 4,而双精度浮点型 double 的内存大小为 8。

小数常量 5.9 的内存大小是 8,说明所有的小数都是按照双精度浮点型分配内存的。

6. 字符串大写字母转小写字母函数

(1) 函数形式:

strlwr();

(2) 函数的调用方式:

strlwr(参数);

该函数的圆括号中有一个参数,该参数可以是字符数组名,也可以是字符数组指针,但不能直接用字符串。

(3) 函数的功能:将圆括号参数中的所有大写字母转换成小写字母。

(4) 使用说明:

在该函数的圆括号中放入一个字符数组名或者一个一维的字符数组指针,就可以将该字符数组中所有的大写字母转换成小写字母。

例如,

char str[] = "ChInA"; printf ("% s\n", strlwr(str));

运行结果如下:

china

不能用字符串的形式,strlwr("ChInA")是错误的。

7. 字符串的小写字母转大写字母函数

(1) 函数形式:

strupr();

(2) 函数的调用方式:

strupr(参数);

该函数的圆括号中有一个参数,该参数可以是字符数组名,也可以是字符数组指针,但不能直接用字符串。

(3) 函数的功能:将圆括号参数中的所有小写字母转换成大写字母。

(4) 使用说明:

在该函数的圆括号中放入一个字符数组名或者一个一维的字符数组指针,就可以将该字符数组中所有的小写字母转换成大写字母。

例如,

char str[] = "ChInA"; printf ("% s\n", strupr(str));

运行结果如下:

CHINA

不能用字符串的形式,strupr("ChInA")是错误的。

8．子字符串的包含函数

（1）函数形式：

strstr();

（2）函数的调用方式：

strstr(参数1,参数2);

该函数的圆括号中有两个参数,该参数可以是字符数组名,也可以是字符数组指针,还可以直接用字符串。

（3）函数的功能：判断在圆括号内字符串1中是否包含有字符串2。

（4）使用说明：

在该函数的圆括号中放入两个字符串,就可以判断出在第一个字符串中是否包含有第二个字符串,但不包括第二个字符串的结束标志。也就是说,第二个字符串是否是第一个字符串的子串？也可以用两个字符数组名或者两个字符串指针判断。

如果是包含关系,则返回第二个字符串在第一个字符串中对应的地址位置或指针位置；否则返回一个空指针NULL或者0。

如果是包含关系,那么可以把所包含的子字符串从开始位置之后的所有字符串复制给另一个字符串,方法是用字符串的复制函数"strcpy(s3,strstr(s1,s2));",不能直接用赋值方式"="给字符串s3[]赋值,"s3[]＝strstr(s1,s2);"是错的。

判断两个字符串s1、s2是否是包含关系,可以用下面的判断语句形式：

```
if(strstr(s1,s2)!= NULL)
    printf("字符串 s1 包含字符串 s2!\n");
else
    printf("字符串 s1 不包含字符串 s2!\n");
```

也可以用下面的判断语句形式：

```
if(strstr(s1,s2)> 0)
    printf("字符串 s1 包含字符串 s2!\n");
else
    printf("字符串 s1 不包含字符串 s2!\n");
```

例 5-14 下面的程序判断两个字符串是否是包含关系。

```
1   # include < stdio. h>
2   # include < string. h>
3   void main()
4   {
5       char s1[ ] = {"C 语言中子字符串的判断"};
6       char s2[ ] = {"子字符串"},s3[16];
7       printf("\n   第一个字符串 s1 为:% s\n",s1);
8       printf("   第二个字符串 s2 为:% s\n",s2);
9       strcpy(s3,strstr(s1,s2));
10      printf("   对应包含的字符串 s3 为:% s\n",s3);
11  }
```

程序说明：第2行是字符串处理函数的运行平台。

第5行给字符串s1定义并赋初值。

第 6 行给字符串 s2 定义并赋初值,同时定义了第三个字符串 s3。

第 7 行和第 8 行输出两个字符串 s1 和 s2。

第 9 行是用子字符串函数 strstr(s1,s2)找出字符串 s2 在字符串 s1 中开始的地址位置,然后把字符串 s1 在该位置之后所对应的所有剩余字符串,用字符串的复制函数 strcpy( )全部复制到字符串 s3 中。

第 10 行是输出字符串 s3。

程序的运行结果如下:

```
第一个字符串 s1 为:C语言中子字符串的判断
第二个字符串 s2 为:子字符串
对应包含的字符串 s3 为:子字符串的判断
Press any key to continue
```

从运行结果可以看出,字符串 s1 包含了字符串 s2,而字符串 s3 是字符串 s1 从包含位置开始之后剩余的全部字符串,而且 s3 与 s2 不相等,这也说明子字符串函数并未包含字符串 s2 的结束标志,否则 s3 就与 s2 相同了。

如果 s2 与 s1 不是包含关系,程序可能会出现终止运行的情况。

9. 字符串的分割函数

(1)函数形式:

strncpy();

(2)函数的调用方式:

strncpy(字符串 1 的地址,字符串 2 的地址,n);

该函数圆括号中两个字符串的地址可以用数组名,也可以用指针,还可以用字符串。可以用固定的地址,也就是字符数组的首地址;还可以用动态可变的地址,具体应根据字符数组分割的要求来确定。

(3)函数的功能:从圆括号内字符串 2 的地址开始截取 n 字节的字符,复制到字符串 1 的地址中。如果字符串 1 的地址中原来就有字符,那么当把字符串 2 分割的字符复制过去后,字符串 1 中原来对应的字符将被覆盖。

(4)使用说明:

从第二个字符串所指定的地址位置开始先分割出 n 个字符,然后把切割得到的字符复制到第一个字符串指定的地址位置中去。

例 5-15 利用字符串的分割函数花式输出唐代诗人孟浩然的《春晓》古诗词。其程序如下:

```
1   # include < stdio. h >
2   # include < string. h >
3   void main()
4   {
5       int i, j;
6       char sr1[4][11] = {"春眠不觉晓","处处闻啼鸟","夜来风雨声","花落知多少"};
7       char sr2[4][11] = {" "};
8       printf("\n");
9       for(i = 0; i < 4; i++)
10      {
```

```
11        for(j = 0; j < 5; j++)
12        {
13            strncpy(sr2[i] + 2 * j, sr1[i] + 2 * j, 2);
14            if(i % 2!= 0)
15            {
16                switch(2 * j)
17                {
18                    case 0: printf("  % 0.2s\n",sr2[i] + 2 * j); break;
19                    case 2: printf("  % 4.2s\n",sr2[i] + 2 * j); break;
20                    case 4: printf("  % 6.2s\n",sr2[i] + 2 * j); break;
21                    case 6: printf("  % 8.2s\n",sr2[i] + 2 * j); break;
22                    case 8: printf("  % 10.2s\n",sr2[i] + 2 * j); break;
23                }
24            }
25            else
26            {
27                switch(2 * j)
28                {
29                    case 0: printf("  % 10.2s\n",sr2[i] + 2 * j); break;
30                    case 2: printf("  % 8.2s\n",sr2[i] + 2 * j); break;
31                    case 4: printf("  % 6.2s\n",sr2[i] + 2 * j); break;
32                    case 6: printf("  % 4.2s\n",sr2[i] + 2 * j); break;
33                    case 8: printf("  % 0.2s\n",sr2[i] + 2 * j); break;
34                }
35            }
36        }
37        printf("  % s\n",sr2[i]);
38    }
39    printf("\n");
40 }
```

程序说明：本程序的名称命名为：用字符串分割函数花式输出唐代古诗词.cpp，由 40 个程序行构成。其中，

第 5 行定义了两个循环变量。

第 6 行定义了一个二维字符串数组 sr1[4][11]用于存放唐代诗人孟浩然的《春晓》诗句。

第 7 行定义了另一个二维字符串数组 sr2[4][11]，并对其赋空值，主要是为存放分割的汉字做准备。

第 9～38 行是通过双循环花式输出《春晓》诗句的控制语句，其中，

第 9 行的外循环语句 for()控制古诗词行的变化。

第 11 行的内循环语句 for()控制古诗词列的变化，内循环的循环结束条件 j<5，是按照每行诗句有 5 个汉字设计的，不是按照每行的总字节数 11 设计的。

从第 10～38 行是外循环的循环体。

从第 12～36 行是内循环的循环体。

第 13 行是字符串分割函数 strncpy(sr2[i]+2 * j,sr1[i]+2 * j,2)的应用，意思是每次从字符串 sr1 的对应位置切割一个汉字，然后复制到字符串 sr2 对应的位置，这一语句命令行是本程序的关键。

其中，sr1[i]+2 * j 是字符串 sr1 在对应行的起始地址，sr1[i]是每行的首地址，2 * j 是

列的偏移量,乘以 2 表示每次向后移动两位,也就是一个汉字的位置。

右边的数字 2 表示每次从字符串 sr1 的对应位置切割两字节的字符,也就是分割一个汉字。

而 sr2[i]+2*j 与 sr1[i]+2*j 意义类似,是字符串 sr2 在对应行的起始地址,sr2[i]是每行的首地址,2*j 是列的偏移量,乘以 2 表示每次向后移动两位,也就是一个汉字的位置。

第 14 行的判断语句作用是把古诗词按照奇数行和偶数行分开,因为输出方式不同。

第 16～23 行与第 27～34 行类似,都是采用 switch(2*j)多分支语句分 5 种情况输出每一行古诗词的 5 个汉字,2*j 表示与不同位置的汉字相对应。

不同的是第 16～23 行的 switch(2*j)多分支语句输出的每个汉字是从左到右排列;而第 27～34 行的 switch(2*j)多分支语句输出的每个汉字是从右到左排列;即奇数行是从左到右,偶数行是从右到左。

在 switch()的 5 个分支表中,每个分支的输出语句都有输出位置的变化。

其中,第 18 行"printf("　%0.2s\n",sr2[i]+2*j);"中 0.2 的意思是:输出要靠右对齐,而.2 表示每次只能输出一个汉字;也就是把第一行要输出的这个汉字放到本行的最左边,占两字节的位置。

第 19 行"printf("　%4.2s\n",sr2[i]+2*j);"的意思是:把第二行要输出的这个汉字放到本行靠左的第 2 个汉字的位置,前面要留两个空位,正好与第一行的第一个汉字位置对应。

其他 3 行以此类推。

第 18～22 行 5 个分支语句的整体意思就是把一行唐诗古诗句的 5 个汉字从上到下、从左到右以一条斜对角线的方式输出出来。

第 29 行"printf("　%10.2s\n",sr2[i]+2*j);"中 10.2 的意思是:输出的字符总共占 10 个位置,而.2 也表示每次只能输出一个汉字,占两个位置,前面的另外 8 个位置留空;也就是把第一行要输出的这个汉字放到本行的最右边。

第 30 行"printf("　%8.2s\n",sr2[i]+2*j);"的意思是:把第二行要输出的这个汉字放到本行靠后的第二个汉字的位置。

其他 3 行以此类推。

第 29～33 行 5 个分支语句的整体意思就是把一行唐诗古诗句的 5 个汉字从上到下、从右到左以一条斜对角线的方式输出出来。

第 37 行是把与斜对角线输出的相同唐诗古诗句的 5 个汉字在一行输出出来。

经过这样的精心设计之后,程序运行后的输出结果如下:

```
        春
       眠
      不
     觉
    晓
    春眠不觉晓
    处
     处
      闻
       啼
```

```
            鸟
处处闻啼鸟
            夜
        来
      风
    雨
  声
夜来风雨声
花
  落
    知
      多
        少
花落知多少
Press any key to continue
```

从程序的运行结果可以看出,花式输出的唐代古诗词艺术感还是蛮强的。这也体现出了字符串分割函数的魅力。

字符串的处理函数有很多,可以根据程序的需要来选择。每个字符串处理函数的功能和具体的使用方法需要多做练习来进一步体会和掌握。

5.7　数组的程序设计综合应用举例

学完了一维数组、二维数组以及字符串数组的相关知识,还要把这些知识变为解决问题的能力,这才是我们学习的目的。下面用两个实例来介绍一下数组的综合应用。

图 5-3 是学生某课程班期末考试的成绩分布图,图的上半部分是成绩的分段数据分析,包括不同分数段的人数,所占的百分比,以及全班的总人数、平均分、最低分、最高分、不及格率和优秀率等数据。下半部分是成绩的分布图,从成绩的分布图可以看出,这个班的学习情况很不理想。不过,我们不是要分析它的问题和原因,而是要根据这种分析模式来介绍数组的综合应用。

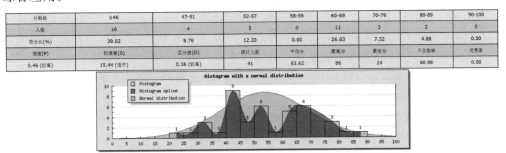

图 5-3　学生成绩分布图

根据上面的成绩分布图以及相关数据,我们设计一个类似的考试成绩分析程序。

例 5-16　设计一个课程班考试成绩分析程序,根据给定的课程班人数,从键盘上输入该课程班学生的学号、姓名、考试成绩,然后统计 0～59、60～69、70～79、80～89、90～100(优秀)各分数段的人数,并计算全班的平均分、不及格率和优秀率,再找出最低分和最高分,最后输出所统计的相关数据信息以及不及格学生的学号、姓名和成绩等。

编程思路：要设计这个程序需要解决4个主要问题：一是解决程序的通用性问题，二是解决课程班学生的基础数据构成问题，三是解决程序中相关变量的定义问题，四是解决程序的分析方法问题。

关于程序的通用性问题：我们要设计这样一个成绩分析程序，不是要适应一个课程班的考试成绩分析，而是要适应更多课程班的考试成绩分析。由于每个课程班的学生人数可能不同，所以，我们要给定一个学生总人数的上限，只要小于或等于总人数上限的课程班都可以适用该程序。那么，总人数怎么设定？最简单的办法是用宏定义来实现，我们可以设定为40人，其宏定义为 #define N 40。如果总人数大于40的上限，可以对宏定义的数字直接进行修改即可，其他的程序部分均不需要改变。

关于课程班学生的基础数据构成方式问题：根据例题的内容可知，每个学生的基础数据有学号、姓名和考试成绩3部分，对于不同课程班的人数，可以用不同的数组来构成基础数据。但是有一个严重的问题，这3部分的数据类型是不相同的，其中学号可以是整形或者字符型数据，姓名是字符型数据，而成绩应该是浮点型数据。根据数组的定义可知，数组是类型相同的数据的集合。所以要把3种不同类型的数据放在一个数组中显然是不允许的，需要定义3个不同的数组来实现。其中学号可以用一维的整型数组来实现，姓名可以用二维的字符型数组来实现，成绩可以用一维的浮点型数组来实现。按照汉字姓名的规则，以4个汉字设定，姓名的长度可以定义为9字节。根据前面的通用性问题分析，课程班总人数上限的宏定义为N，N为40，所以3个数组的学生人数上线为N，可以按照上限来定义，即学号数组定义为"int XH[N];"，姓名的数组定义为"char XM[N][9];"，成绩的数组定义为"float CJ[N];"。3个数组的实际人数上限是由所给定的课程班总人数来确定的。

关于程序中相关变量的定义问题：首先每个课程班的总人数不同，所以要设定一个总人数变量，用 n 定义；0~59、60~69、70~79、80~89、90~100 5个分段的成绩个数统计分别用 n0、n1、n2、n3、n4 定义；全班的总分用 sum 定义，平均分用 aver 定义，不及格率用 fail 定义，优秀率用 excellent 定义，最低分用 minimum 定义，最高分用 highest 定义。其中总人数和分段统计变量要用整型 int，其余变量要用浮点型 float。

关于程序的分析方法问题：不论是成绩的输入、分段统计、求平均值、查找最低分和最高分，以及不及格学生信息的输出等都需要一个学生一个学生地去分析，而且要把课程班所有的学生分析完，所以必须使用循环的方法。由于分析基础主要是一维数组，所以需要设定一个循环变量i，循环变量的终值就是每个课程班的总人数n。对于不同的分析功能，可以依次使用循环来实现。

另外，成绩分段统计是多条件多选项的判断结构，所以判断语句要用if()语句的嵌套方式来实现，判断的条件要用"逻辑与"来实现，比如，0~59可以用"CJ[i]>=0 && CJ[i]<=59"来实现，即"if(CJ[i]>=0 && CJ[i]<=59)"。人数统计用自增运算实现，即"n0++;"，以此类推。

下面是具体的程序设计：

```
1   # include < stdio. h>
2   # include < stdlib. h>
3   # define N 40
4   void main()
5   {
```

```
6       int i,n,n0 = 0,n1 = 0,n2 = 0,n3 = 0,n4 = 0,XH[N];
7       char XM[N][9] = {" "};
8       float sum = 0,aver,fail,excellent,minimum,highest,CJ[N] = {0};
        //下面是成绩输入程序
9       printf("\n  请输入该课程班的总人数:");
10      scanf("%d",&n);
11      for(i = 0; i < n; i++)
12      {
13          printf("  请输入第 %d 个学生的学号:",i+1);
14          scanf("%d",&XH[i]);
15          getchar();                    //用于吸收回车键,下同
16          printf("  请输入第 %d 个学生的姓名:",i+1);
17          gets(XM[i]);
18          printf("  请输入第 %d 个学生的成绩:",i+1);
19          scanf("%f",&CJ[i]);
20          getchar();
21      }
        //下面是分段成绩统计程序
22      for(i = 0; i < n; i++)
23      {
24          if(CJ[i]> = 0&&CJ[i]< = 59)
25              n0++;
26          else
27              if(CJ[i]> = 60&&CJ[i]< = 69)
28                  n1++;
29              else
30                  if(CJ[i]> = 70&&CJ[i]< = 79)
31                      n2++;
32                  else
33                      if(CJ[i]> = 80&&CJ[i]< = 89)
34                          n3++;
35                      else
36                          if(CJ[i]> = 90&&CJ[i]< = 100)
37                              n4++;
38                          else
39                              printf("  成绩超出范围!\n");
40      }
        //下面是计算全班的平均分数的程序
41      for(i = 0; i < n; i++)
42          sum += CJ[i];
43      aver = sum/n;
        //下面是计算不及格率和优秀率的程序
44      fail = ((float)n0/n) * 100;       //(float)n0 需要进行类型强制转换,下同
45      excellent = ((float)n4/n) * 100;
        //下面是查找最低成绩的程序
46      minimum = CJ[0];
47      for(i = 0; i < n; i++)
48          if(CJ[i]< minimum)
49              minimum = CJ[i];
        //下面是查找最高成绩的程序
50      highest = CJ[0];
51      for(i = 0; i < n; i++)
52          if(CJ[i]> highest)
53              highest = CJ[i];
```

```
                //下面是输出统计数据等相关信息的程序
54    system("cls");                        //清屏命令
55    printf("   全班总共有 %d 名学生,其中:\n",n);
56    printf("   0~59 分的学生有 %d 个;\n",n0);
57    printf("   60~69 分的学生有 %d 个;\n",n1);
58    printf("   70~79 分的学生有 %d 个;\n",n2);
59    printf("   80~89 分的学生有 %d 个;\n",n3);
60    printf("   90~100 分的学生有 %d 个;\n",n4);
61    printf("   全班的平均成绩为 %2.2f 分;\n",aver);
62    printf("   不及格率为 %2.2f % %;\n",fail);
63    printf("   优秀率为 %2.2f % %;\n",excellent);
                //% %是转义字符%的输出方法,下同
64    printf("   最低分为 %2.2f 分;\n",minimum);
65    printf("   最高分为 %2.2f 分;\n",highest);
                //下面是输出不及格学生的信息程序
66    printf("   不及格学生的信息如下:\n");
67    printf("   学号\t 姓名\t 成绩\n");
68    for(i = 0; i < n; i++)
69          if(CJ[i]< = 59)
70                printf("   %d\t %s\t %2.2f\n",XH[i],XM[i],CJ[i]);
71    }
```

程序的运行结果如下:

首先是输入信息:
　请输入该课程班的总人数:5
　请输入第 1 个学生的学号:1
　请输入第 1 个学生的姓名:张三
　请输入第 1 个学生的成绩:55
　请输入第 2 个学生的学号:2
　请输入第 2 个学生的姓名:李四
　请输入第 2 个学生的成绩:66
　请输入第 3 个学生的学号:3
　请输入第 3 个学生的姓名:王五
　请输入第 3 个学生的成绩:77
　请输入第 4 个学生的学号:4
　请输入第 4 个学生的姓名:赵六
　请输入第 4 个学生的成绩:88
　请输入第 5 个学生的学号:5
　请输入第 5 个学生的姓名:刘欣
　请输入第 5 个学生的成绩:99
　全班总共有 5 名学生,其中:
　0~59 分的学生有 1 个;
　60~69 分的学生有 1 个;
　70~79 分的学生有 1 个;
　80~89 分的学生有 1 个;
　90~100 分的学生有 1 个;
　全班的平均成绩为:77.00 分;
　不及格率为 20.00 %;
　优秀率为 20.00 %
　最低分为 55.00 分;
　最高分为 99.00 分;
　不及格学生的信息如下:
　学号　姓名　成绩
　1　　张三　55.00

Press any key to continue

可以看出,程序的运行结果都是正确的。

本例中把 C 语言的很多知识点都用上了,从程序的开始到结束,涵盖了宏定义、各种数据类型变量的定义及赋初值、各类数组的定义及赋初值、不同类型变量及数组元素的输入和输出方法、判断语句的嵌套应用、求和计算、求平均值、百分比的计算以及强制转换、最大和最小值的分析判断、百分比的输出方法以及数据信息的筛选方法等,程序中还应用了清屏、吸收回车键等一些小技巧,使程序变得更流畅、清晰。只要给出课程班的总人数,每个细节功能都能够实现。

由于学生的基础信息是由 3 个不同类型的数组构成的,在第 11～21 行输入学生信息时,不能采用"scanf("％d％s％f",＆XH[i]，XM[i]，＆CJ[i]);"的方式一次性输入多个元素,而要分别进行提示和输入,这样就不会出现输入漏项的错误。

程序运行后,只要给定不同课程班的人数不超过 40 人,程序都能够正确运行。

在该程序中包含有多种功能分析,在进行其他程序的设计时,根据自己程序设计功能的需要,完全可以借鉴本例中相关功能的分析方法,触类旁通,举一反三。

本章小结

本章重点介绍了 C 语言中数组的应用,包括一维、二维数组以及字符型数组等。对于没有规律、类型相同的数据或者字符的集合通过数组的形式将它们组合在一起,并给它们人为附加一定的规律,就可以采用循环对它们进行各种运算了,这是应用数组的最大好处。

我们还学习了 9 个字符串处理函数,它们对于字符串的处理各有所长。

在 C 语言中,数组不能动态定义,但可以宏定义。数组元素的引用方法是数组名加下标,一维数组加一个下标,二维数组加两个下标。下标必须用方括号[ ]括起来,这是数组的标志。数组第一个元素的下标数字必须以 0 开头,最后一个元素的下标数字必须是相应的总数减 1。元素的下标可以是整常数或者是整型表达式,其值要在数组下标规定的范围以内。

给数组元素赋值有 3 种方法:一是在定义时直接赋初值,二是给个别元素赋值,三是通过循环给所有的元素赋值。3 种方法可以灵活选用。最常用的方法是循环赋值,一维数组采用单循环赋值,二维数组采用双循环赋值。

对数组元素进行的各种运算、分析、判断等操作都可以采用循环的方法进行。对字符数组进行各种运算,根据需要可以与字符串函数的应用相结合。

在定义字符串数组时元素的总个数一定要多加一字节位,防止出现串位错误。

在本章中通过几个典型举例对数组的多种编程方法重点做了介绍,对于掌握数组的知识点具有画龙点睛的作用,希望大家能理解、掌握和灵活应用。

第6章

C语言中的指针

指针是 C 语言的精华。社会上有这样的说法：到了北京不去长城等于没有去北京；到了厦门没有去鼓浪屿等于没有去厦门。这些说法说明了长城和鼓浪屿都是当地非常热门的旅游景点之一，如果到了当地没有去这些景点旅游是很遗憾的事。对于 C 语言中的指针也有类似的说法：不学习指针等于没有学习 C 语言。由此可见，指针在 C 语言中是非常重要的。

指针包含的内容比较多，有变量的指针、数组的指针、字符串的指针、函数的指针、结构体的指针以及文件的指针等。学过、教过 C 语言指针的人有一个共识就是：C 语言的指针很难学、也很难教。之所以有这样的看法，主要是因为指针的概念多容易引起混乱。

指针看似比较具体，理解起来又很抽象。很多教科书上认为"指针就是地址"，这种"先入为主"的概念让人很纠结。因此，也有人认为这种提法不妥。所以，指针究竟是什么？在学术界尚有争论。

在许多教科书中，由于对指针概念的复杂描述，无形中给指针蒙上了一层神秘的面纱。加上变量的类型不同、数组的维数不同、函数的类型与形参的类型也不同等，指针又有多种不同的定义形式，这又加大了学习指针的难度。除此之外，与指针相关的其他概念也有很多，比如，指针变量、指向变量的指针变量、指向数组的指针变量、指向字符串的指针变量、指向函数的指针变量、指向结构体的指针变量，还有指向文件的指针变量等。这一连串的指针概念，对于一个 C 语言的初学者而言，就像是一个个绕口令，又像是指针的八卦阵，很容易使人心生迷惑，无所适从。

本书摒弃那些与指针相纠结的概念，仅仅采用与指针所指的对象来命名指针的概念，比如，变量的指针、数组的指针、结构体的指针、文件的指针等，让指针的概念更简洁、明了，让学习者轻装上阵。

C 语言的指针有很多优点。比如，使用指针可以很好地利用内存资源，可以用更简洁的方式描述更复杂的数据结构，对字符串的处理更灵活，对数组的处理更方便，编程也更简洁、高效。

本书从一个全新的视觉来介绍 C 语言的指针，对指针给出明确、简洁的定义，也使 C 语言指针的学习变得更轻松。

在此先告诉大家一个秘密,学习C语言的指针要紧紧抓住3个关键环节:一是指针的定义,二是指针的定位,三是指针的引用。所有的指针都是如此。只要牢牢抓住了这3个关键环节,指针的学习也就事半功倍了。

6.1　指针的概念与定义

在学习指针之前,我们先看看几个生活中的例子。

例一,每个人都会或多或少地从网上购物,当购买的货物到了取货点时,手机上会收到一条取货短信。短信中有一组取件码。比如"22-2-1304,小明"。看到这个信息,货主到取货点取货,是用"小明"的名字取货方便,还是用取件码"22-2-1304"取货方便? 或者是把取货码告诉店家,由店家帮忙取货方便? 回答肯定是通过店家取货方便,因为店家熟悉存货的具体位置,容易找。

例二,如果卫生防疫人员要到某社区查找一位"新冠阳性"患者,假如已经知道患者的姓名和社区的住址,是防疫人员根据姓名和住址查找好,还是通过社区的物业管理人员查找好? 回答肯定是后者。因为物业管理人员对本社区的情况更熟悉。

例三,假设在某宾馆的308、309房间各住一位客人,由于客人的身份特殊,宾馆给每位客人安排了一名专职服务员。如果要找到客人,有以下几种方法:

① 从宾馆的总服务台查找客人;

② 打客人的手机电话;

③ 到宾馆的308、309房间找客人;

④ 通过专职服务员找客人。

请问:用哪种方法能最快地找到客人?

有人首先想到用方法②打电话找客人。如果客人不用手机呢? 因为客人的身份特殊,为了安全起见,客人是不能带手机的。所以,方法②不靠谱。

其余的3种方法都有可能找到客人,从总台找不一定知道客人的去向,即使找到房间,客人也可能不在房间。所以,用方法④通过专职服务员找客人是最快的。因为专职服务员最清楚客人的行踪。

从3个例子中可以看到:例一通过店家取货最容易,例二通过社区的物业管理人员查找患者好,例三通过专职服务员找客人最快。

3个例子中有3个共同点:一是都有查找的对象,比如,货物、患者和客人;二是都有具体的位置,比如,取件码、住址、房间号;三是都有熟悉的帮手,比如,店家、物业管理人员、专职服务员等。大家思考一下:这3个例子与指针有何关系?

下面我们来回顾一下C语言中有关变量的概念,在C语言中,几乎所有的运算都采用变量来实现,这样做可以使C语言的程序变得更灵活、更通用。要使用变量,首先对变量要进行定义,只有定义了的变量才可以使用。变量的定义就是给变量分配内存空间。int整型变量占4B,float浮点型变量占4B,char字符型变量占1B,B代表字节。

内存就是计算机存储器中的存放单元,主要用来存储计算机运行过程中的数据。在每台计算机中都配备有存储器,它就像一个大仓库,而大仓库又被分割成一个一个的小单间,这个小单间就叫作1字节。为了便于管理,计算机给每个小单间编了号,也叫作内存地址。

当我们给变量定义时,计算机就自动给所定义的变量分配一个存储单元的地址,根据变量类型的不同,变量的地址以及所占用的内存大小也不一样。

例如,在下面的程序中:

```c
# include < stdio. h>
void main()
{
    int a,b,c;
    printf("\n变量a的地址为:%d\n",&a);
    printf("变量b的地址为:%d\n",&b);
    printf("变量c的地址为:%d\n",&c);
    printf("请输入变量a,b,c的值:");
    scanf("%d%d%d",&a,&b,&c);
    printf("变量a的值为:%d\n",a);
    printf("变量b的值为:%d\n",b);
    printf("变量c的值为:%d\n",c);
}
```

程序运行后,计算机首先给变量a、b、c各分配一个地址和相应的内存空间,然后输出每个变量的地址;接着给3个变量分别输入"9 8 6"这3个值,程序最后输出3个变量的值。

程序的运行结果如下:

```
变量a的地址为:1703724
变量b的地址为:1703720
变量c的地址为:1703716
请输入变量a,b,c的值:9 8 6
变量a的值为:9
变量b的值为:8
变量c的值为:6
Press any key to continue
```

运行结果中3个变量地址之间的差值都是4,而变量的值分别是9、8、6。

可见,变量的地址与变量的值是完全不同的两个概念,但是它们又有着必然的联系。

想一想:在本例中,我们是通过"printf("变量a的值为:%d\n",a);"语句命令用变量名a来输出变量值的,如果我们知道了变量a的地址,那么能不能找到变量a的值呢? 当然也可以,而且更快捷,这就要用指针来实现了。

就像在前述的例一中,可以通过买主的姓名取货,也可以通过店家取货,但是,通过店家取货更快捷;在例二中可以通过患者的姓名和住址找人,也可以通过物业人员找人,但是,通过物业人员找人更快捷;在例三中可以通过总服务台找人,也可以通过专职服务员找人,但是,通过专职服务员找人更快捷。

如果我们把3个例子中的"货物、患者和客人"统一看作"变量";把"取件码、住址和房间号"统一看作"变量的地址";然后,我们给"店家、物业管理人员、专职服务员"起一个统一的名字叫作"指针"。

从这个比喻中,我们可以看出,店家、物业管理人员、专职服务员并不是一个固定的人员,他们都是可以换人的,但是他们的职能并没有变。换句话说,指针是可以变的,但是指针指向地址的职能是不变的。

下面再举一个例子,通常我们在 516 教室上 C 语言课,"516"是教室的编号,也是教室的地址。假设在 516 教室的门口挂了一个标示牌子,牌子上写有"C语言上课教室"的字样。只要我们能找到这个牌子就能找到上 C 语言课的教室。如果有一天,"C语言上课教室"的牌子挂在了 502 教室的门口,则说明 C 语言上课的教室改到了 502 教室。虽然 516、502 教室的地址没有变,"C语言上课教室"的牌子形式也没有变,但是牌子的指向位置却变了,所以上课教室的属性也变了。

其实,"C语言上课教室"的牌子只是一个标识,我们把"C语言上课教室"的牌子也可以看作一个"指针"。

从上面不同的例子中可以看出,"指针"可以是"人",也可以是"物",但是,它并不是"地址",它只是一个指向"地址"的特殊标识。

本节之所以用比较大的篇幅和多个例子对指针进行阐述,目的就是要纠正和澄清"指针就是地址"的不实概念。

由此可见,指针是一个泛指的概念,也是一个抽象的概念;指针又是一个标识,是一个你可以想象成任意不同对象的标识。所以,为了便于学习和理解指针,我们就给指针起一个更简洁、清晰的名字。

这个名字就是:箭头↗,是一个虚拟化的客观实物。

不过要记住:只有定义了的指针,这个箭头才有意义,没有定义的指针箭头是没有意义的。而没有定位的指针,箭头是不确定的。指针的类型虽然有很多,但是,把指针看作一个箭头对哪种类型都适用。

6.2 变量的指针及 3 个关键环节

最基本的变量有 3 种类型,即整型变量、浮点型变量和字符型变量,与其对应的指针也有 3 种,即整型指针、浮点型指针和字符型指针,本书均简称为变量的指针。

变量指针的 3 个关键环节就是变量指针的定义、变量指针的定位和变量指针的引用。要引用变量的指针,3 个环节的顺序不能颠倒,即定义→定位→引用,而且缺一不可。

1. 变量指针的定义

定义方法:

指针的类型 ＊指针名;

变量指针的定义是变量指针的第一个关键环节,相当于给变量设定了一个箭头。指针的类型要与变量的类型相同,指针的名称要求与变量的相同。

整型变量指针的定义方法:

```
int a, * p;              //这是变量和指针一起定义,类型都是 int
```

也可以分开定义,例如,"int a; int ＊p;",谁前谁后都行。

浮点型变量和指针的定义与整型变量指针的定义类似:

```
float b, * q;           //这是一起定义
float b; float * q;     //这是分开定义
```

字符型变量和指针的定义也类似:

```
char c, * r;          //这是一起定义
char c; chat * r;      //这是分开定义
```

以上 3 种不同类型变量指针的定义方式都是正确的。

```
int * p; float * q; char * r;
```

这是 3 个不同类型指针的定义，语法上虽然没有错误，但是，如果没有变量与其匹配，这 3 个指针的定义也没意义。

定义了变量的指针只是设定了指针箭头，如果没有给指针定位，那么箭头的指向是不确定的。

2. 变量指针的定位

定位方法：

指针名 = 变量的地址；

或者是：

指针名 = & 变量名；

变量指针的定位是变量指针的第二个关键环节，就是给变量指针赋值，也就是把变量的地址赋值给指针，相当于把指针箭头指向了变量。

变量指针的定位可以与变量定义时一起完成，也可以分开完成，但是，必须是先定义，后定位，两者的先后顺序不能颠倒。

整型变量指针的定位方法：

"int a, * p=&a;"或者"int a; int * p=&a;"或者"int * p; int a; p=&a;"，这些都是对的。

浮点型变量指针的定位方法与整型变量指针的定位方法类似：

"float b, * q=&b;"或者"float b; float * q=&b;"或者"float b; float * q; q=&b;"都是对的。

字符型变量指针的定位方法也类似：

"char c, * r=&c;"或者"char c; char * r=&c;"或者"char c; chat * r; r=&c;"也都是对的。

变量和指针的定义不分先后，但是，指针必须先定义后定位。

"int * p=&a, a;"或者"float * q=&b, b;"或者"char * r=&c, c;"都是错的。

"int a; p=&a;"或者"float * q; q=&b;"也都是错的。

思路拓展：变量指针的定位与变量之间并不是一对一的绑定关系，而是具有随机性和选择性。

请看下面的程序段：

```
int a, * p, * p1, * p2, * p3, …, * pn;
p = p1 = p2 = p3 = … = pn = &a;
```

这一程序段表示总共有 n+1 个指针 p～pn 都定位在变量 a 上，或者有 n+1 个箭头 p～pn 都指向了变量 a。

再请看下面的程序段：

```
int a1, a2, * p;
p = &a1;
p = &a2;
```

这一程序段表示指针 p 先定位在变量 a1 上,离开变量 a1 后又定位在变量 a2 上。或者说箭头 p 先指向了变量 a1,离开变量 a1 后又指向了变量 a2。

两个程序段可以用图 6-1 来说明。

(a) n+1 个指针指向变量 a　　　　　(b) 同一指针可以指向不同的变量

图 6-1　指针的随机性和选择性

图 6-1(a)表示,指向同一个变量的指针可以有很多个,也就是指向同一个变量的"箭头"可以有很多个。图 6-1(b)表示,同一个指针可以指向不同的变量。换句话说,同一个地址可以同时赋值给多个不同的指针,但同一个指针不能同时指向多个不同的地址。这也说明:指针是具有随机性和选择性的,而地址是具有唯一性的,可见"指针就是地址"这种说法是站不住脚的。

指针的定位不是目的,目的是要利用指针的定位对指针进行引用和相关的运算。

3. 变量指针的引用

引用方法:

* 指针名 = 变量名;

变量指针的第三个关键环节就是变量指针的引用,简单地讲,就是对指针进行取 * 号运算,也就是用变量指针来获取变量的值或者通过指针对变量进行有关的运算。

这个方法也可以由指针的定位演变而来,比如指针的定位如下:

```
p = &a;
```

我们对指针的定位两边同时进行取 * 号运算就可以得到下面的表达式:

```
* p = * &a = a;
```

所以,可以得到:

```
* p = a;
```

这就是指针的引用,也就是用指针获取变量值的方法。

由对指针的定位进行取 * 号运算可以看出,这两种运算的结果等于 1,即 $* \& = 1$。所以,下面的程序段运算也是成立的:

```
int a = 5, b1, * b2, * p = &a;
b1 = * & * & * & * p;
b2 = * & * & * & * &p;
printf("b1 = % d\n",b1);
printf("b2 = % d\n",b2);
```

程序运行后的结果如下:

```
b1 = 5
b2 = 1703724
```

可以看到,b1＝5,是通过指针＊p求得变量a的值,并把a的值赋给了变量b1;而b2＝1703724是通过指针p把变量a的地址赋值给了指针b2,说明程序的运行没有任何问题。

请看下面的程序段:

```
int a = 5; printf("a = % d\n", a);
```

这种输出语句是用变量名来获取变量的值,此方法也叫作"直接访问"法。

请看下面的程序段:

```
int a = 5, * p = &a; printf("a = % d\n", * p);
```

这种输出语句是用变量指针的引用来获取变量的值,此方法也叫作"间接访问"法,也是指针常用的引用方法。

指针的引用除了获取变量的值之外,本身还可以进行以下几种运算。

(1) 带括号指针值的自增自减后置运算。

```
( * p)++;
( * p) -- ;
```

这两种运算表示先求取指针所指变量的值后再对该值加1或者减1操作,同时,该变量的原值也会加1或者减1。

请看下面的程序:

```
1   # include < stdio. h>
2   void main()
3   {
4       int a = 3, * p = &a;
5       printf("a = % d\n",a);
6       printf("( * p)++ = % d\n",( * p)++);
7       printf(" * p = % d\n", * p);
8       printf("a = % d\n",a);
9   }
```

程序说明:

第5行是输出指针定位时变量的原值a=3。

第6行(* p)＋＋是后置运算,先输出变量的原值,即(* p)＋＋＝3,然后再给变量的值加1。

第7行是输出指针所指当前变量的值,此时,该变量的值已经变为3+1=4了,即 * p=4。

第8行是输出运算后变量的当前值,即a=4。大家可以去验证运行结果。

想一想:如果第6行是"printf("(* p)－－＝％d\n",(* p)－－);",那么输出的结果是什么?

(2) 带括号指针值的自增自减前置运算。

```
++( * p);
-- ( * p);
```

这两种运算表示对指针所指变量的值先加1或者减1后再获取指针的值,操作后变量的原值和指针的值都会加1或者减1。

请看下面的程序段：

```
1   int a = 3, * p = &a;
2   printf("a = % d\t",a);
3   printf(" ++( * p) = % d\n",++( * p));
4   printf(" * p = % d\n", * p);
```

完整程序的运行结果如下：

```
 a = 3
 ++( * P) = 4
 * p = 4
Press any key to continue
```

可见，第2行和第3行的输出结果都给指针值和变量原值加了1，所以两个输出都是4。如果是"printf(" －－(* p)＝％d\n"，－－(* p));"，那么指针值和变量原值都会减1。

（3）不带括号指针（值）的自增自减后置运算。

```
* p++;
* p--;
```

这两种运算表示先求取指针所指当前变量的值之后再将指针指向后一位或者前一位，指针移位了。

请看下面的程序段：

```
int a = 3,b = 5, * p = &a, * q = &b;
printf("\n   a = % d, b = % d\t",a, b);
* q++;
printf("   a = % d, b = % d\n",a, b);
printf("   * p = % d, * q = % d\n", * p, * q);
```

完整程序的运行结果如下：

```
 a = 3, b = 5    a = 3, b = 5
 * p = 3, * q = 3
Press any key to continue
```

可见，经过" * q＋＋;"运算之后，变量a和b的值都没有改变，但指针p和q所指变量的值都是3，也就是说，此时指针q也定位在变量a上。说明： * p＋＋和 * p－－这两种运算类似于指针的移位运算。

（4）不带括号指针（值）的自增自减前置运算。

```
++ * p;
-- * p;
```

这两种运算表示对指针所指变量的值先加1或者减1，指针不变位。结果与带括号的指针值的自增自减前置运算等价。

请看下面的程序段：

```
int a = 3,b = 5, * p = &a, * q = &b;
printf("\n   a = % d, b = % d\t",a, b);
++ * p; ++( * q);
printf("   a = % d, b = % d\n",a, b);
printf("   * p = % d, * q = % d\n", * p, * q);
```

完整程序的运行结果如下：

```
a = 3, b = 5      a = 4, b = 6
* p = 4,  * q = 6
Press any key to continue
```

可见，指针＋＋＊p的运算与指针＋＋（＊p）的运算是等价的。

（5）变量指针值的算术运算。

＊p＋n，＊p－n，＊p＊n，＊p/n，＊p％n；

在上述5种运算中，n是一个普通变量，它与指针的值＊p进行相关的算术运算，指针的定位不变，所指变量的值也不变。

请看下面的程序段：

```
1   int a = 3, * p = &a, n = 2;
2   printf(" a = % d\n",a);
3   printf(" * p + n = % d\n", * p + n);
4   printf(" * p - n = % d\n", * p - n);
5   printf(" * p * n = % d\n", * p * n);
6   printf(" * p/n = % d\n", * p/n);
7   printf(" * p% % n = % d\n", * p%n);
8   printf(" a = % d\n",a);
```

程序说明：

程序段的第2行先输出变量a的原值，即：a＝3。

第3行是给指针的值加2后输出，即＊p＋n＝3＋2＝5。

第4行是给指针的值减2后输出，即＊p－n＝3－2＝1。

第5行是给指针的值乘以2后输出，即＊p＊n＝3＊2＝6。

第6行是给指针的值除以2后输出，即＊p/n＝3/2＝1（整数相除取整）。

第7行是给指针的值对2求余后输出，即＊p％n＝3％2＝1。

第8行输出变量a的值不变，即a＝3。

中间输出的指针运算结果与前后输出变量的值a＝3没有关系，大家可以去验证。

注意：在第7行中用了两个％％，这是％转义字符的输出方法，否则，％是无法输出的。

浮点型变量指针的引用与整型变量指针的引用方法类似。

对字符型变量指针主要是进行取＊号运算和指针的加、减移位运算。

请看下面的程序段：

```
char c = 'A', d, * r = &c; d = * r + 1;
printf("\n   * r = % c\n", * r);
printf("   d = % c\n",d);
```

输出结果如下：

```
 * r = A
d = B
```

下面的例子是利用指针找大数：

```
# include < stdio. h >
void main()
{
```

```
int  * p1, * p2, * p, a, b;
printf("\n\n  请输入两个整数:");
scanf(" % d % d",&a,&b);
p1 = &a;
p2 = &b;
if (a < b)
{p = p1; p1 = p2; p2 = p;}
printf("a = % d,b = % d\n",a,b);
printf("max = % d,", * p1);
printf("min = % d\n", * p2);
}
```

该程序的运行可以用图 6-2 进行说明。

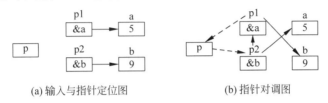

(a) 输入与指针定位图　　　　　　　(b) 指针对调图

图 6-2　利用指针找大数运行示意图

如图 6-2(a)所示,程序运行后给变量 a 和 b 分别输入 5 和 9,一开始指针 p1 指向变量 a,指针 p2 指向变量 b。如图 6-2(b)所示,通过判断 a<b,所以,借助第三个指针 p 将两个指针 p1 和 p2 对调,使指针 p1 指向大的数 9,指针 p2 指向小的数 5。

程序运行后的输出结果如下:

```
请输入两个整数:5   9
a = 5, b = 9
max = 9, min = 5
Press any key to comtinue
```

从图 6-2(b)和程序的运行结果都可以看出,虽然两个指针的指向交换了,但是两个变量的值并没有交换。变量 a 依然是 5,b 还是 9,而输出的 max=9,min=5 也都正确。可见,改变指针的指向或者定位并不会改变变量的值。这也再次证明了,指针就像一个箭头,指向哪里就是哪里,与变量的地址没有绝对的匹配关系。

以上的例子说明,指针有两个属性:一个是地址属性,另一个是指针值的属性。

6.3　一维数组的指针及 3 个关键环节

一维数组有整型、浮点型和字符型 3 种基本类型,其指针也有对应的 3 种形式。一维数组指针的 3 个关键环节依然是:指针的定义、定位和引用。

6.3.1　一维数组指针的定义

一维数组指针的定义格式:

指针的类型　* 指针变量名;

这是一维数组指针的第一个关键环节,相当于给一维数组设定了一个箭头。从形式上看,它与变量指针的定义是一样的,但二者所指的对象不同。

一维数组指针的定义可以与一维数组一起定义,也可以分开定义,两者的先后顺序没有关系,但是两者的类型必须相同。

例如,

```
int a[5], * p;          //这是整型一维数组和指针一起定义,它们的类型都是 int
int a[5]; int * p;      //这是整型一维数组和指针分开定义,谁前、谁后都行
```

浮点型一维数组和对应指针的定义与整型一维数组的定义类似。

```
float b[8], * q;        //这是两者一起定义
float b[8]; float * q;  //这是分开定义
```

字符型一维数组和指针的定义也类似。

```
char c[20], * r;        //这是一起定义
char c[20]; chat * r;   //这是分开定义
```

以上 3 种不同的一维数组指针定义方式都是正确的。

```
int * p; float * q; char * r;
```

上面是 3 个不同类型变量指针的定义,也可以是 3 个不同类型一维数组指针的定义。如果没有相应的对象与其匹配,那么其定义是没有意义的。

6.3.2　一维数组指针的定位

一维数组指针的定位方法:

指针名 = 一维数组的首地址;

或者

指针名 = 一维数组名;

这是一维数组指针的第二个关键环节。定位就是给一维数组指针赋值,可以把一维数组的首地址赋值给指针,也可以把一维数组名赋值给指针,可以看作把一维数组的指针箭头指向一维数组的首地址。

一维数组指针的定位可以与一维数组定义时一起完成,也可以分开完成,但是,必须是先定义,后定位,两者的先后顺序不能颠倒。

例如,"int a[5], * p=a;"是指针的定义、定位一起完成,定义在前,定位在后。在一维数组指针定义时把数组名直接赋给指针,也叫作给一维数组指针赋初值。数组名代表数组的首地址,所以,数组名 a 前不需要再加地址运算符 & 。

```
int a[5]; int * p = a;          //这也是指针定义、定位一起完成,定义在前,定位在后
int a[5]; int * p; p = a;       //这是指针定义、定位分开进行,定义在前,定位在后
```

浮点型一维数组和一维数组指针的定位与整型一维数组指针的定位类似。

```
float b[8], * q = b;            //这是指针定义、定位一起进行,定义在前,定位在后
float b[8]; float * q = b;      //这也是指针定义、定位一起完成,定义在前,定位在后
float b[8]; float * q; q = b;   //这是指针定义、定位分开进行,定义在前,定位在后
```

字符型一维数组和一维数组指针的定位也类似。

```
char c[20], * r = c;            //这是指针定义、定位一起完成,定义在前,定位在后
char c[20]; char * r = c;       //这也是指针定义、定位一起完成,定义在前,定位在后
```

```
char c[20]; chat * r; r = c;    //这是指针定义、定位分开进行,定义在前,定位在后
char * r; char c[20]; r = c;    //这是指针定义、定位分开进行,定义在前,定位在后
```

以上不同类型的一维数组指针的定位方式都是正确的。

```
int * p = a, a[5];
float * q = b, b[8];
char * r = c, c[20];
```

上面一维数组指针的 3 种定位形式都是错误的,因为定义、定位的顺序错了。

"int a[5]; p＝a;"或者"float * q; q＝b;"也都是错误的。

一维数组指针的拓展:一维数组指针的定位与一维数组之间并不是一对一的绑定关系,而是具有随机性和选择性。

一维数组指针的定位不是目的,目的是要对一维数组指针进行引用和相关的运算。

6.3.3　一维数组指针的引用

一维数组指针的第三个关键环节就是一维数组指针的引用,就是用一维数组的指针来获取一维数组元素的值或者对一维数组元素进行有关的运算操作。

1. 一维数组指针的引用方法

＊指针当前位置＝一维数组元素;

简单地讲,对一维数组指针的当前位置进行取 ＊ 号运算就可以得到一维数组当前位置对应元素的值,这个一维数组当前位置的值也叫作一维数组当前指针的值。

这个方法也可以由一维数组当前位置指针的定位演变而来,比如,一维数组当前指针的定位如下:

```
p = a;        //是指针定位在一维数组的首地址上;首地址与第 1 个元素的地址是相同的,所以,
              //p = &a[0]; 也就是 a 和 &a[0] 是等价的
```

我们对该定位两边同时进行取 ＊ 号运算就可以得到下面的表达式:

```
* p = * &a[0] = a[0];
```

所以,可以得到:

```
* p = a[0];
```

如有下面的程序段:

```
int a[5] = {3,5,2,6,8}, * p;
p = a;
p = p + 3;
printf(" * p = % d\n", * p);
printf("a[3] = % d\n",a[3]);
```

上面的指针赋值表达式"p＝p＋3;"表示把指针箭头 p 从数组 a 的首地址向后移动了 3 位,指针定位在数组 a 的第四个元素 6 上;此时,＊p 就是获取第四个元素的值。所以,程序后面的两个输出语句结果是相等的。

```
* p = 6
a[3] = 6
```

即 ＊ p＝＝a[3]。

这就是一维数组指针的引用。

一维数组指针的引用除了获取数组元素的值之外,还可以进行多种运算。

一维数组指针的引用运算除了包含与变量指针相同的引用方法之外,还包括多种其他的引用运算方式,很容易混淆。在这里给大家提供一个学习的秘诀。

学习指针引用的秘诀就是:首先要弄清楚指针引用运算中所涉及的指针移位是绝对移位还是相对移位。如果是绝对移位,则说明在引用运算之前与运算之后指针的定位位置发生了改变。如果是相对移位,则说明在引用运算之前与运算之后指针的定位位置并没有改变,指针还定位在原来元素的地址上。其次要明确知道指针的当前定位位置究竟是在哪个元素的地址上?这对后续指针的引用运算会产生直接的影响。

2. 一维数组指针的引用运算方式

一维数组指针的引用运算主要有以下多种方式。

1) 一维数组指针的"下标法"引用方式

下标法:就是把指针与下标相结合的引用方法。

一维数组指针的"下标法"引用运算是一种相对移位法运算,指针的实际定位始终在数组的首地址上。

从指针的定位中知道,数组名就是数组的首地址,即"p=a;",这说明指针与数组名具有一定的等价关系。也就是说,数组名所具有的运算,指针也具有类似的运算。

比如:用数组名下标法表示数组元素:a[0]、a[1]、a[2]、a[3]

同样,用指针也可以表示数组的元素:p[0]、p[1]、p[2]、p[3]

用数组名下标法表示数组元素的地址:&a[0]、&a[1]、&a[2]、&a[3]

用指针也可以表示数组元素的地址为:&p[0]、&p[1]、&p[2]、&p[3]

这就是一维数组指针的"下标法"引用方式。

请看用"下标法"引用部分程序设计的例子:

```
int a[5] = {3, 8, 9, 7, 2}, * p = a;
printf("a[3] = % d\n",a[3]);
printf("p[3] = % d\n",p[3]);
```

两行的输出结果如下:

```
a[3] = 7
p[3] = 7
```

可见,a[3]=p[3]=7,说明一维数组指针的下标法引用是正确的。

2) 一维数组指针的"移位法"引用方式

移位法:就是指针+下标的引用方法。

一维数组指针的移位法引用方式也是相对移位方式。

比如,用一维数组名移位法表示元素的地址为:a+0,a+1,…,a+i;

同样,用一维数组指针移位法表示元素的地址:p+0,p+1,…,p+i;

用一维数组名移位法表示元素的值为:*(a+0),*(a+1),…,*(a+i);

用一维数组指针移位法表示元素的值:*(p+0),*(p+1),…,*(p+i)。

这就是一维数组指针的"移位法"引用方式。

请看下面用一维数组指针移位法引用部分程序设计的例子:

```
int a[5] = {3, 8, 9, 7, 2}, * p = a;
printf(" * (a + 3) = % 3d", * (a + 3));
printf(" * (p + 3) = % 3d", * (p + 3));
```

两行的输出结果如下：

```
* (a + 3) = 7
* (p + 3) = 7
```

可见，$*(a+3)=*(p+3)=7$，说明一维数组指针的移位法引用也是正确的。

3) 一维数组指针的"循环移位法"引用运算

循环移位法：就是用指针作循环变量，直接使用指针的引用方法。

指针的循环移位法引用是绝对移位方式，指针的定位变了。该方式在输入、输出中直接用指针作为元素的地址或者是元素的值。

请看下面用一维数组指针循环移位法引用部分程序设计的例子：

```
1    int a[10], * p;
2    for(p = a; p < a + 10; p++)
3        scanf ("% d",p);
4    for(p = a; p < a + 10; p++)
5        printf ("% 5d", * p);
```

程序说明：

第 1 行是数组 a[10]和指针 p 的定义。

第 2 行和第 4 行是循环语句 for(p=a; p<a+10; p++)，用指针 p 作循环变量。循环变量的初值"p=a;"就是给指针定位；采用数组首地址的移位量 a+10 作为指针 p 的终值，即"p<a+10;"，增值采用指针的 p++自增绝对移位方式，将指针自动向后移位。指针的每次移位都属于绝对移位。所以，在输入和输出语句中直接用指针就可以了，不能再加移位变量了。

注意：指针 p 的循环终值条件不能用 p<p+10 或者 p<p+i 的表达式。因为，p+10 或者 p+i 中，指针 p 是一个变量，它的定位起点是不断移动变化的，而不是固定的。如果采用这种终值条件方式，那么程序就变成了无限循环的模式，而不是有限循环了。而 p<a+10 中的数组名 a 是数组的首地址，是一个常数，起点是固定的，所以，指针的循环是有限的。

第 3 行的输入语句"scanf ("%d",p);"采用指针 p 作为地址给一维数组元素赋值。注意：此时的指针 p 是随着指针的循环而自动向后移位的，是绝对移位，每循环一次，指针 p 的位置都是不同的。所以，不能再用 p+i 的地址移位方式了。

第 5 行输出语句"printf ("%5d", * p);"是采用指针取 * 号运算的引用方式，输出一维数组元素的值。同样，指针值 * p 是随着指针的循环而自动向后移位的，是绝对移位，每循环一次，指针值 * p 的位置都是不同的。所以，也不能再用 * (p+i)的地址移位方式了。

如果用完整的程序运行，可以看到结果是正确的。大家可以自己去验证。

4) 一维数组指针的自增移位法引用运算(简称自增移位法引用)

自增移位法：就是对指针值或者指针直接进行自增(或自减)后置运算的引用方法。

指针的这种移位方式也是绝对移位方式。它是用指针的自增(自减)运算作为数组元素的地址，并用指针值的自增(自减)运算来输出数组元素的值。在指针的自增(自减)运算过程中，指针会自动向后移位，不需要用循环变量来控制。

这种移位方式包括两方面：一是"指针值"的自增移位法，二是"指针"的自增移位法。这两方面各自又含有自增移位法和自减移位法，或含有自增（或自减）前置运算。

（1）"指针值"的自增（自减）移位法引用运算。

① 后置引用运算：

* p++;　　* p-- ;

这两种引用运算是一维数组指针值及定位位置的后置运算，表示先求取一维数组指针当前定位元素的值，该元素的值并不会增减，然后将一维数组指针的定位位置（++）向后或者向前（--）移动一位，指针的这种移位也是绝对移位，指针前后的定位发生了改变。

请看下面的程序段：

```
1   int a[5] = {3,5,2,6,8}, * p = a;
2   printf(" * p++ = % d\n", * p++);
3   printf(" * p = % d\n", * p);
```

完整程序的运行结果如下：

```
 * p++ = 3
 * p = 5
Press any key to continue
```

程序说明：

第1行的输出就是一维数组指针当前位置 a[0]元素的值3；

第2行的输出就是一维数组指针向后移动1位之后对应 a[1]元素的值5，指针变位了。

如果将上面的第1行和第2行改为下面的形式：

```
int a[5] = {3,5,2,6,8}, * p = a + 4;
printf(" * p--= % d\n", * p-- );
```

大家分析一下程序的运行结果如何？指针的位置改变了吗？

② 前置引用运算：

++ * p;　　-- * p;

这两种运算从形式上看好像是指针定位位置的前置运算，实际上并不是，它们是"指针值"自增、自减前置运算的另一种表现形式，指针的定位位置并没有改变。

请看下面的程序段：

```
1   int a[5] = {3,5,2,6,8}, * p = a;
2   printf("++ * p = % d\n",++ * p);
3   printf(" * p = % d\n", * p);
4   printf("a[0] = % d\n",a[0]);
```

完整程序的运行结果如下：

```
 ++ * p = 4
 * p = 4
 a[0] = 4
Press any key to continue
```

程序说明：

第1行输出的是指针当前位置元素的值加1的结果，也就是 a[0]元素的当前值4。

第2行输出的依然是指针当前位置对应元素的值，也就是 a[0]元素新的值4。

第 3 行输出的也是指针当前所指位置元素的值是,即 a[0] 的值 4。

说明数组第 1 个元素的值由 3 改变成了 4,而指针的定位位置没有变,还在第 1 个元素 a[0] 的地址上 &a[0]。

如果将上面的第 2 行改为下面的形式:

```
printf("++( * p) = % d\n",++( * p));
```

大家分析一下程序的运行结果如何? 指针的位置改变了吗?

对于-- * p、--(* p)的运算与上面的例子类似,都是改变元素的值,大家可以自己去验证。

++ * p 与++(* p)是等价的,-- * p 与--(* p)也是等价的,它们只是改变一维数组当前元素的值,指针的定位并没有改变。这一点千万要注意。

(2)"指针"的自增(自减)移位法引用运算。

① 后置引用运算:

```
p++;   p--;
```

这两种运算是指针的绝对移位运算,先取指针当前的地址,然后把指针向后(++)或者向前(--)移动一位。

请看下面的程序段:

```
1   int a[5] = {3,5,2,6,8}, * p = a, * q;
2   q = p++;
3   printf(" * q = % d\n", * q);
4   printf(" * p = % d\n", * p);
```

完整程序的运行结果如下:

```
 * q = 3
 * p = 5
Press any key to continue
```

程序说明:

第 1 行的输出是指针 p 原来位置 a[0]元素的值 3。

第 2 行的输出是指针 p 向后(++)移动 1 位之后 a[1]元素的值 5,指针 p 位置变了。

如果将 q=p++改为 q=p--,那么程序的输出结果与前面的类似,指针 p 也变位了。

② 前置引用运算:

```
++p;   -- p;
```

这两种运算也是指针的绝对移位引用运算,先把指针的当前位置向后(++)或者向前(--)移动一位,然后取指针当前的地址。

请看下面的程序段:

```
int a[5] = {3,5,2,6,8}, * p = a, * q;
printf(" * p = % d\n", * p);
q = ++p;
printf(" * q = % d\n", * q);
```

完整程序的运行结果如下:

```
 * p = 3
```

```
   * q = 5
Press any key to continue
```

程序说明：

第 1 行的输出是一维数组指针 p 原来位置 a[0]元素的值 3。

第 2 行的输出是一维数组指针 p 向后（＋＋）移动 1 位之后 a[1]元素的值 5，指针变位了。指针－－p 的前置运算方法与＋＋p 的类似，大家可以自己去练习验证。

5）一维数组指针的其他引用运算

（1）一维数组指针值输出结果的加减引用运算。

＊p＋n，＊p－n；

这两个是一维数组"指针值"输出结果的加减运算表达式，指针的定位位置不变。其中，＊p＋n 表示给指针的输出结果加上一个数值 n，而＊p－n 表示给指针的输出结果减掉一个数值 n。"指针值"输出结果的乘除和求余运算与加减运算类似。

（＊p）＋n，（＊p）－n；

这两个也是一维数组指针值输出结果的加减运算表达式，指针的定位位置也不变。其中，（＊p）＋n 表示给指针的输出结果加上一个数值 n，而（＊p）－n 表示给指针的输出结果减掉一个数值 n。其结果与前两种运算是一样的。

请看下面的程序段：

```
1    # include < stdio. h>
2    void main( )
3    {
4        int a[ ] = {1,2,3,4,5,6,7,8,9,0}, * p;
5        for(p = a; * p;p++)
6            printf(" % d,", * p);
7        printf("\n");
8        p = a + 4;
9        printf("( * p) + 2 = % d\n",( * p) + 2);
10       printf(" * p + 2 = % d\n", * p + 2);
11       for(p = a; * p;p++)
12           printf(" % d,", * p);
13       printf("\n");
14   }
```

程序说明： 在程序的第 5 行和第 11 行的 for( )循环语句中，循环变量的终值用＊p，它代表的就是元素的值，当它的值为 0 时，循环就结束。而数组 a[ ]最后一个元素的值就是 0，所以，当循环到 0 值的位置时循环能够正确结束。如果最后一个元素不是 0，那么循环的终值就不能用＊p 的形式。

第 8 行"p＝p＋4；"是指针的绝对移位，将指针定位在第 5 个元素 5 的地址上。

第 9 行和第 10 行是进行指针值的引用运算及结果输出，指针的定位没有改变，还在第 5 个元素 5 的地址上，只是给元素的值 5 加了一个 2，所以输出的结果都是 7，而第 5 个元素的值还是 5，并没有改变。

程序的运行结果如下：

```
1,2,3,4,5,6,7,8,9,
( * p) + 2 = 7
```

```
*p+2=7
1,2,3,4,5,6,7,8,9,
Press any key to continue
```

从程序的运行结果中可以看出：(*p)+2=7,*p+2=7,两个值完全相等,说明这两种运算是等价的。而数组各元素原有的值并没有发生改变,改变的只是指针输出结果的值。

（2）一维数组指针定位位置的加减引用运算。

① 指针的相对移位法引用运算（属于移位法引用）：

```
p+n;   p-n;
```

这两种是一维数组指针定位位置的相对移位运算表达式,其中,p+n 表示指针的相对位置在 p+n 的元素上,而 p−n 表示指针的相对位置在 p−n 的元素上,但是不能低于 0 位。这两种运算指针的实际定位仍然在原来元素的位置上,它的绝对定位位置并没有改变。比如输入和输出语句：

```
scanf("%d",p+n);
printf("%d",*(p+n));
```

② 指针的绝对移位法引用运算（也属于移位法引用）：

```
p=p+n;   p=p-n;
```

这两种运算在前面的例子中已经多次用到,这是一维数组指针定位位置的绝对移位运算,其中,p=p+n 表示把指针的绝对位置移位到 p+n 的元素上,而 p=p−n 表示把指针的绝对位置移位到 p−n 的元素上,同样不能低于 0 位。也就是说,在这两种运算中,指针的实际定位已经不在原来元素的位置上了,指针的当前位置已经发生了改变。比如输入和输出语句：

```
p=p+n;
scanf("%d",p);
printf("%d",*p);
```

大家一定要理解上面两种运算的不同之处。

③ 两个指针地址的减法运算：

```
p-q;
```

这是两个指针地址的减法运算,其中指针 p 的地址要大于指针 q 的地址,两者的差值不是等于地址值的差,而是等于两个指针之间元素的个数。

指针值和指针位置的加、减运算是容易理解的,但也容易混淆,大家一定要分辨清楚。简单地讲,带 * 号的指针运算是指针值的运算,不带 * 号的指针运算是指针地址的移位运算。

6）指针地址的关系运算

```
p>q;      //如果运算结果为真,则说明指针地址 p 大于指针地址 q
p<q;      //如果运算结果为真,则说明指针地址 p 小于指针地址 q
p==q;     //如果运算结果为真,则说明指针地址 p 等于指针地址 q
p!=q;     //如果运算结果为真,则说明指针地址 p 不等于指针地址 q
```

指针地址的关系运算也容易理解,不再举例。

浮点型和字符型一维数组指针的引用与整型一维数组指针的引用方法类似,大家可以对应练习,不再一一展开举例。

后续在字符串指针的引用中还会对一维字符数组指针的引用进行更多的介绍,大家可以参见字符串指针引用的相关内容。

为了帮助大家记忆,可以把一维数组指针的引用运算精简为两种主要形式:一种是含有++、──,或者是含有赋值号(=)的运算,这些运算都属于指针的绝对移位法引用运算,比如,p++、──p以及p=p+n等引用运算都是绝对移位法引用运算;指针作为循环变量时,因为包含p++的运算形式,所以也属于绝对移位法引用运算。但是++*p的形式除外。其余的就是指针的相对移位法引用运算或者是当前的定位运算。大家可以多练习,加深对指针运算的理解。

特别强调:一维数组指针的主要引用方式有下标法、移位法、循环移位法以及自增(自减)移位法4种引用方式,前两种属于相对移位法引用方式,后两种属于绝对移位法引用方式。对于一维数组全部元素的系统性输入、运算以及输出等操作时,这4种方式都适用;如果是对一维数组单一元素的个别赋值、运算以及输出等操作时,只有下标法和移位法两种方式才适用。

相对移位法引用方式的指针依然定位在原来的位置上,并不是移位元素所在的位置。

绝对移位法引用方式的指针的定位位置发生了变化,不是原来的定位位置。

表6-1是对一维数组指针引用方法的要点汇总,可以帮助大家进一步理解指针的引用。

表 6-1　一维数组指针引用方法的要点汇总

引 用 名 称	引用方法	引用条件	移位性质	引用特性	引用示例
下标法引用	指针[下标]	有循环变量	相对移位	系统性、单一性	&p[i],p[i]
移位法引用	指针+下标	有循环变量	相对移位	系统性、单一性	p+i,*(p+i)
循环移位法引用	指针	指针作循环变量	绝对移位	系统性	p,*p
自增(自减)移位法引用	指针++(──)	有循环变量	绝对移位	系统性	p++,*p++

说明:自增(自减)移位法引用,关键位置必须要对指针回位。

6.3.4　一维数组指针的引用程序设计举例

一维数组指针的引用内容比较多,很容易引起混乱,要多做练习,以便熟悉它们的用法。下面再通过几个例子来进一步说明一维数组指针的引用方法和注意事项。

例 6-1　利用指针对一维数组元素从小到大进行排序和输出。

编程思路:我们利用“冒泡法”对一维数组的10个元素进行过从小到大排序的程序设计,用指针对一维数组元素从小到大排序,方法有些类似,还是要用到“冒泡法”排序的思路,还要用到双循环的模式。只是排序中的比较分析判断不是用数组元素的“通项”来实现,而是要用一维数组指针的引用方式来实现。

在本例中,一维数组指针的引用可以用下标法和移位法两种方式进行,我们都来验证一下。因为在本例中要对单一元素进行比较判断,所以不适合用绝对移位法引用进行编程。

由于本例中没有给出具体的一维数组,所以可以先定义一个一维的整型数组a[10],然后采用指针的下标法引用方式从键盘上给数组元素赋值,再通过双循环对该数组元素进行排序。排序中的分析比较判断以及元素值的对调和后续的输出等均采用指针的移位法引用方式来实现。

所设计的程序如下：

```
1   # include < stdio. h>
2   void main()
3   {
4       int i,j,t,a[10], * p = a;
5       printf("请给一维数组 a[10]元素赋值:");
6       for(i = 0; i < 10; i++)
7           scanf(" % d",&p[i]);
8       for(i = 0; i < 9; i++)
9           for(j = 0; j < 9 - i; j++)
10              if( * (p + j)> * (p + j + 1))
11              {t = * (p + j); * (p + j) = * (p + j + 1); * (p + j + 1) = t; }
12      printf("排序后的一维数组 a[10]各元素为:\n");
13      for(i = 0; i < 10; i++)
14          printf(" % 4d", * (p + i);
15      printf("\n");
16  }
```

程序说明：该程序总共有 16 行语句命令,其中,

第 4 行是循环变量、一维数组和指针的定义。

第 5 行是提示信息。

第 6 行是 for(i…)循环语句。

第 7 行是用指针的下标法进行输入。

第 10 行是用指针的移位法进行比较判断。

第 11 行是用指针的移位法进行对调。

第 14 行是用指针的移位法进行输出。

程序的运行结果如下：

```
请给一维数组 a[10]元素赋值:9 2 7 4 5 8 6 10 3 1
排序后的一维数组 a[10]各元素为:
 1   2   3   4   5   6   7   8   9   10
Press any key to continue
```

从程序的运行结果来看,两种引用方法的设计都是正确的。

例 6-2　用指针引用法从两个元素总个数相同的一维整型数组中找出同一位置上相等的元素,并将其存放在第三个一维整型数组中,并输出相等元素的位置和元素的值。

编程思路：看到这个例子,很多人可能会说,例题中的内容不够明确,或者说条件不完整、不具体,不知道怎么设计编程。其实,条件不完整、不具体,正是我们发挥自我、创新求变的机会。的确是这样,由于本例中没有给出具体的一维数组,所以,我们可以自己定义两个简单的一维整型数组 a[6]、b[6],而存放找出相同元素的第三个一维整型数组要根据找出元素的个数来定义。因为数组 a[6]、b[6]可能有个别的元素相等,也可能完全不相等,还有可能全部元素都相等。所以,第三个要存放的一维数组,其元素的总个数要按照最大可能来确定,也就是有 6 个元素都相等。因此,第三个一维整型数组元素的总个数也要设定为 6,可以定义为：c[6]。

对于数组的分析一定要用到循环,还要用到指针。所以,我们可以将循环变量、3 个数组以及指针一起定义,给第三个数组 c[6]先赋初值 0,并对 3 个指针进行定位。即

```
int i,j,a[6],b[6],c[6] = {0}, * p = a, * q = b, * r = c;
```

这个程序设计有些复杂,有 4 种不同的设计方法:一是用下标法引用设计,二是用移位法引用设计,三是用指针循环绝对移位法引用设计,四是用指针的自增绝对移位法引用设计。其中,第四种难度最大,我们就用这种方法来设计,其他 3 种方法大家自己去练习设计。

采用指针的自增绝对移位法引用方式设计步骤如下。

(1)首先是对数组 a[6]和 b[6]元素的输入程序段设计。

```
1  printf("\n   请给第一个数组元素赋值:");
2  for(i = 0; i < 6; i++)
3       scanf(" % d",p++);
4  printf("   请给第二个数组元素赋值:");
5  for(i = 0; i < 6; i++)
6       scanf(" % d",q++);
```

第 3 行和第 6 行的 p++、q++就是采用指针的自增绝对移位法引用给数组元素赋值。

两个数组元素输入完之后就可以进行比较查找了。可以通过单循环对两个数组对应元素是否相等一一进行比较判断。如果相等,即可将对应元素存放在第三个数组对应的位置上,并将对应元素的位置和元素值都输出出来。

此程序段可以设计如下:

```
for(i = 0; i < 6; i++)
{
     if( * p == * q)
     {
          * r = * p;
          printf("   第 % d 个元素为: % d\n",i + 1, * r);
          p++;q++;r++;
     }
     p++;q++;r++;
}
```

按理说,这个程序到这里也就结束了,大家可以自己去验证一下。不过,似乎有一点遗憾,第三个数组仅仅用于存放两个数组比较的结果似乎意义并不大。

如果上面的程序段不仅要对元素进行筛选和第三个数组元素的存储,还要对第三个数组进行全面的分析判断和输出,那这个程序就有意思多了,这就是如何对整个数组进行全面分析判断和输出的问题了。很显然,这样的分析判断和处理难度就增大了许多。为什么?

如果只是对两个数组元素进行相等的判断比较,其结果是:要么相等,要么不相等,只有两种状态,采用 if()…else…语句就可以实现。

根据本例表述,当 a[6]、b[6]两个数组各元素都不相等时,第三个数组 c[6]就不用存储了,也就是说,c[6]将是"空"的;当 a[6]、b[6]两个数组各元素全部都相等时,第三个数组 c[6]各元素都需要存储,也就是说,c[6]将是"满"的;当 a[6]、b[6]两个数组只有部分元素相等时,第三个数组 c[6]也只有部分元素需要存储,也就是说,c[6]将是部分赋值的。

很显然,第三个数组 c[6]出现了 3 种分析状态:要么是"空"的,要么是"满"的,要么是部分存储的。要把数组的这 3 种状态区分开来,采用 if…else…语句肯定是不行的。所以,必须采用新的判断结构模式。图 6-3 所示就是对整个数组分析的流程图。

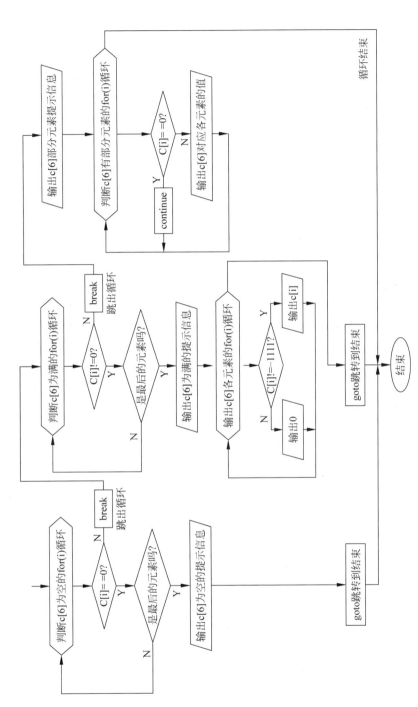

图 6-3　对第三个数组 3 种状态整体判断流程图

　　图 6-3 所示的左边部分是判断 c[6] 是否为"空"的流程图；中间部分是判断 c[6] 是否为"满"的流程图；右边部分是判断 c[6] 有"部分元素"的流程图。在"空"流程图中的 for(i) 循环有两个出口：一个是循环中途的 break 中断出口，另一个是 goto 的跳转出口。在"满"流程图中的 for(i) 循环也有中途的 break 中断出口，在后面的 for(j) 循环中也有 goto 的跳转出口。通过 break 中断出口跳出后可以直接进入到后面的程序；而通过 goto 的跳转出口则绕开了后面的程序，直接跳到了程序的结束环节，其目的是减少程序的运行时间，提高程序的运行效率。在"满"状态流程图后面增加的 for(j) 循环，主要是用于输出各元素的值。右边判断"部分元素"的流程图，属于常规的循环语句，循环结束之后直接进入结束环节。

　　说明一下：在如图 6-3 所示的流程图中，循环语句模块采用的是长条六边形，与菱形模块形状不同，但含义是相同的，都具有两进、两出功能。只是"空"和"满"两个流程中的 for(i) 循环不是运行到循环结束后退出，而是采用 goto 跳转语句退出；而"部分元素"流程图的 for(i) 循环是正常运行到循环结束后直接退出，请大家区分和理解这些形式上的变化。

　　流程图中的指针 *r 代表 c[6] 数组当前元素的值，图中每部分的原理大家可以对照后面相应的程序段自己去分析理解，在此不再做详细解释。

　　对于数组是"空"还是"满"，这两个极端状态还需要再深入地探讨一下。数组是"满"的，说明数组的每个元素都有值，这个好判断。如果数组是"空"的，说明每个元素都没有值。没有值怎么表示？有的人想到用空" "来表示，这当然是不行的。因为空" "是字符的表示形式，而第三个数组是整型数据形式，类型不符合，所以是不能使用的。有人想到"空"可以用 0 来赋值设定，因为 0 是整型数，这一点是想对了，我们可以给第三个数组赋 0 值来表示为"空"。

　　不过，还有一个问题：当 a[6]、b[6] 两个数组中某个对应元素的值也恰好为 0 时，它们当然也是相等的，那第三个数组 c[6] 对应的元素值也要保存为 0，这就与第三个数组为"空"时赋初值 0 出现了矛盾，所以，这个问题必须解决。

　　毕竟这是个特殊问题，特殊问题就用特殊的办法来解决。怎么解决？我们可以在判断 a[6]、b[6] 两个实际数组元素相等时，外加一个 0 值的判断。如果元素值是 0，我们就给第三个数组元素换一种存储内容。比如，把 0 改存为 −1，这就与 0 设定的"空"不同了。不过，−1 在两个数组中也有可能会出现。那我们就给一个特征更明显的负数，−1111，这样一来，巧合的概率就会小很多。所以，当判断相等元素的值为 0 时，我们将其改存为 −1111，这样就与数组的空 0 状态没有冲突了。当需要将第三个数组元素输出时，如果元素的值为 −1111，再将其还原为 0 即可。现在，大家应该明白了我们在数组 c[6] 定义时为什么先要赋初值 0 的目的了。

　　补充一点：在"满"和"部分元素"流程图的输出模块下端均包含有对 0 值元素的判断和还原输出功能，大家从流程图中可以去理解分析。

　　（2）下面是对 a[6] 和 b[6] 两个数组元素一一进行分析判断以及给第三个数组元素赋值的程序段设计：

```
1   p = a;q = b;r = c;
2   for(i = 0; i < 6; i++)
3   {
4       if( * p == * q)
5       {
```

```
6            if( * p == 0)
7            {
8                  * r = - 1111;
9                  p++;q++;r++;
10           }
11           else
12           {
13                 * r = * p;
14                 p++;q++;r++;
15           }
16       }
17       else
18       {   p++;q++;r++;   }
19   }
```

这个程序段有些复杂,首先第 1 行是对 3 个数组指针 p、q、r 进行回位,也就是对 3 个指针重新定位。

因为前面给两个数组元素赋值之后,p、q 两个指针都移到了数组最后一个元素之外的位置了,如果指针不回位,那么下面的程序就会出错。

第 4 行是判断数组 a[6] 和 b[6] 对应的当前元素值是否相等,要采用指针当前值的判断形式,即 if(* p == * q) 的形式,不能采用 if(* p++ == * q++) 的指针自增移位判断方式。因为后面紧接着还要判断当前指针的值是否为 0,也就是 if(* p == 0)。如果采用指针的自增移位判断方式,那么当后面再判断该指针的值是否为 0 时,这个值已经变了,并不是指针原来的值,而是后一位元素的值,这样会引起判断上的错误。

因为第 4 行和第 6 行都是判断指针的当前值,指针并没有移位。所以,判断完之后,还需要对指针进行补充移位。第 9 行是判断指针的当前值 * p == 0 成立时,对 3 个指针进行补充移位;第 14 行是判断指针的当前值 * p == 0 不成立时,对 3 个指针进行补充移位;第 18 行是判断指针的当前值 * p == * q 不成立时,对 3 个指针进行补充移位,而且要用复合语句的形式,不能出现漏洞。这 3 个补充移位很重要,不能有缺失。

(3) 下面是对第三个数组 c[6] 判断是否为"空"的程序段设计:

```
1    r = c;
2    for(i = 0; i < 6; i++)
3    {
4        if( * r == 0)
5        {
6            if(r == c + 5)
7            {
8                  printf("\n   两个数组对应元素均不相等!\n");
9                  goto ed;
10           }
11           else
12               r++;
13       }
14       else
15           break;
16   }
```

该程序段的第 1 行是给第 3 个数组指针 r 回位;因为前面的程序运行后,指针 r 已经移到第 3 个数组 c[6]的最后一个元素之后,如果不回位,那么后面的程序运行就会出现错误。

第 4 行是判断数组 c[6]对应的当前元素值是否为 0,要采用指针当前值的判断方式,即 if(* r==0)的形式,不能采用 if(* r++==0)的指针自增移位判断方式。因为后面紧接着还要判断当前指针的位置是否是最后一个元素的位置,也就是 if(r==c+5)。如果采用指针的自增移位判断方式,那么当后面再判断该指针的位置是否是最后一个元素的位置时,这个指针所指的地址并不是指针原来的地址,而是后一位元素的地址,这样会引起判断上的错误。

因为第 4 行和第 6 行都是判断指针的当前值,指针并没有移位。所以,判断完之后,还需要对指针进行补充移位。第 12 行是判断指针的当前地址 r==c+5 不成立时,对指针 r 进行补充移位。如果成立,那么程序判断就结束了,所以不需要再补充移位了。其他情况指针 r 也都不需要移位了。

(4) 下面是对第三个数组 c[6]判断是否为"满"的程序段设计:

```
1    r = c;
2    for(i = 0; i < 6; i++)
3    {
4        if( * r!= 0)
5        {
6            if(r == c + 5)
7            {
8                r = c;
9                printf("\n    两个数组对应元素全都相等,其元素依次为:\n");
10               for(i = 0; i < 6; i++)
11               {
12                   if( * r == - 1111)
13                   {
14                       printf(" % 4d",0);
15                       r++;
16                   }
17                   else
18                       printf(" % 4d", * r++);
19               }
20               printf("\n");
21               goto ed;
22           }
23           else
24               r++;
25       }
26       else
27           break;
28   }
```

该程序段的第 1 行也是给第 3 个数组指针 r 回位,原因与前述类似。

第 4 行和第 6 行都是对指针当前值和地址的判断。

第 8 行是给第 3 个数组指针 r 再次回位。

因为第 4 行和第 6 行的两个判断成立后,说明 a[6]、b[6]两个数组各元素都对应相等,那么,c[6]各元素均有值需要输出,所以,指针 r 要再次回位。

第 12 行是判断指针的当前值是否为-1111,也就是判断是否为 0 值,如果是则还原输出 0,然后第 15 行要对指针补充移位。

第 18 行的输出本身采用的是指针值的自增移位方式 ＊r＋＋,已经具有移位功能了。

第 24 行是当第 4 行的判断 if(＊r! ＝0)不成立时,需要对指针 r 补充移位。

其余情况指针都不再需要移位。

(5) 下面是对第三个数组 c[6]判断只有部分元素相等的程序段设计:

```
1     r = c;
2     printf("\n  两个数组部分元素对应相等,其元素为:\n");
3     for(i = 0; i < 6; i++)
4     {
5          if( * r == 0)
6          {
7               r++;
8               continue;
9          }
10         else
11         {
12              if( * r == - 1111)
13              {
14                   printf("  第 %d 个元素为:0\n",i + 1);
15                   r++;
16              }
17              else
18                   printf("  第 %d 个元素为:%d\n",i + 1, * r++);
19         }
20    }
```

该程序段的第 1 行也是给第 3 个数组指针 r 回位,原因与前述类似。

第 5 行是对指针当前值的判断,如果 ＊r＝＝0 成立,则说明 a[6]、b[6]对应的元素不相等,c[6]的对应元素不需要输出,要跳过,但指针 r 需要补充移位。

第 15 行输出完元素值为 0 后,也要对指针 r 进行补充移位。

其余情况指针都不再需要移位。

下面就是以上 5 个程序段组合后的完整程序:

```
1   # include < stdio. h >
2   void main()
3   {
4       int i,a[6],b[6],c[6] = {0}, * p = a, * q = b, * r;
5       printf("\n  请给第一个数组元素赋值:");
6       for(i = 0; i < 6; i++)
7           scanf(" % d",p++);
8       printf("  请给第二个数组元素赋值:");
9       for(i = 0; i < 6; i++)
10          scanf(" % d",q++);
11      p = a;q = b;r = c;
12      for(i = 0; i < 6; i++)
13      {
14          if( * p == * q)
15          {
16               if( * p == 0)
17               {
18                    * r = - 1111;
```

```
19                    p++;q++;r++;
20                }
21            else
22            {
23                  * r = * p;
24                  p++;q++;r++;
25            }
26        }
27        else
28        {   p++;q++;r++;   }
29    }
30    r = c;
31    for(i = 0; i < 6; i++)
32    {
33        if( * r == 0)
34        {
35            if(r == c + 5)
36            {
37                printf("\n   两个数组对应元素均不相等!\n");
38                goto ed;
39            }
40            else
41                r++;
42        }
43        else
44            break;
45    }
46    r = c;
47    for(i = 0; i < 6; i++)
48    {
49        if( * r!= 0)
50        {
51            if(r == c + 5)
52            {
53                r = c;
54                printf("\n   两个数组对应元素全都相等,其元素依次为:\n");
55                for(i = 0; i < 6; i++)
56                {
57                    if( * r == - 1111)
58                    {
59                        printf(" % 4d",0);
60                        r++;
61                    }
62                    else
63                        printf(" % 4d", * r++);
64                }
65                printf("\n");
66                goto ed;
67            }
68            else
69                r++;
70        }
71        else
72            break;
```

```
73          }
74      r = c;
75      printf("\n  两个数组部分元素对应相等,其元素为:\n");
76      for(i = 0; i < 6; i++)
77      {
78          if( * r == 0)
79          {
80              r++;
81              continue;
82          }
83          else
84          {
85              if( * r == - 1111)
86              {
87                  printf("  第 % d 个元素为:0\n",i + 1);
88                  r++;
89              }
90              else
91                  printf("  第 % d 个元素为:% d\n",i + 1, * r++);
92          }
93      }
94  ed: printf("\n");
95  }
```

整个程序有 95 行,其中第 94 行是 goto 语句的跳转结束环节标识位置。

下面是程序的 3 种运行结果。

判断两个数组元素均不相等,也就是第三个数组为"空"的运行结果如下:

```
请给第一个数组元素赋值:1 2 3 4 5 6✓
请给第二个数组元素赋值:6 5 4 3 2 1✓
两个数组对应元素均不相等!
Press any key to continue
```

判断两个数组元素均相等,也就是第三个数组为"满"的运行结果如下:

```
请给第一个数组元素赋值:1 2 3 4 5 6✓
请给第二个数组元素赋值:1 2 3 4 5 6✓
两个数组对应元素全都相等,其元素依次为:
 1   2   3   4   5   6
Press any key to continue
```

判断两个数组元素部分相等,也就是第三个数组部分存储的运行结果如下:

```
请给第一个数组元素赋值:1 2 0 3 4 5✓
请给第二个数组元素赋值:6 7 0 8 4 9✓
两个数组部分元素对应相等,其元素为:
第 3 个元素为:0
第 5 个元素为:4
Press any key to continue
```

从 3 个运行结果来看,完全符合例 6-2 的题意要求,也说明采用指针的自增绝对移位法引用所设计的程序完全正确。

重点强调:对于自增自减移位法引用,关键位置必须要对指针回位,如果采用指针当前值判断时,后续还要对指针进行补充移位,这些细节都很重要。

6.4 二维数组的列指针及 3 个关键环节

前面我们学习了一维数组的指针,并通过指针的下标法、移位法以及绝对移位法等多种引用方式的举例加深了对一维数组指针知识点的理解和掌握。下面介绍二维数组指针的相关知识。

与一维数组一样,基本的二维数组也有 3 种类型,即整型二维数组、浮点型二维数组和字符型二维数组等。请看下面不同类型的二维数组实例:

整型的二维数组 a[3][4]如下:

```
23   41   18   83
12   34   55   76
90   56   38   61
```

浮点型的二维数组 b[3][4]如下:

```
7.5   8.3   4.2   9.7
6.2   5.5   2.9   8.1
3.7   6.9   5.4   7.8
```

字符型的二维数组 c[3][10]如下:

```
Beijing
Shanghai
Guangzhou
```

3 个数组相比较而言,二维的整型和浮点型数组看起来要更规范,也更独立一些;而二维的字符型数组显得零散一些。从字符型二维数组 c[3][10]可以看出,它有 3 行 10 列,每一行字符的实际个数并不完全相等,加上转义字符'\0',第 1 行、第 2 行的字符个数并不够 10 列。不过没有关系,后面的位置可以看作空格。很明显,这个二维的字符型数组实际上就是由 3 个独立的字符串构成的,每一行就是一个字符串,也就是一个一维的字符型数组。这也预示着二维字符型数组指针的引用与二维整型和浮点型数组指针的引用会有所不同。

一维数组不论类型和大小怎样不同,它的指针都只有一种形式。二维数组的指针就不同了,二维数组既有行又有列,所以,仅仅用一种形式的指针来描述二维数组是不够的。

我们说指针就是一个箭头,既然是一个箭头,对于二维数组,我们可以用箭头指向列,也可以用箭头指向行。由于列和行的指向是不同的,所以这两个箭头也是不同的。也就是说,二维数组的指针有两种形式,我们把指向列的指针叫二维数组的列指针,把指向行的指针叫二维数组的行指针。

请看下面的二维整型数组 a[3][4]指针示例:

```
                列指针
                  ↓
  行指针──→ 23   41   18   83
             12   34   55   76
             90   56   38   61
```

列指针和行指针对于 3 种不同类型的二维数组都是适用的。

不论是列指针、还是行指针,它们同样有 3 个关键环节:一是指针的定义,二是指针的定位,三是指针的引用。请大家牢牢抓住这 3 个环节,深刻理解二维数组两种指针的含义。

6.4.1　二维数组列指针的定义

二维数组有列指针和行指针,由于两种指针的名义不同,指向也不同,所以它们的定义也是不同的。

二维数组列指针的第一个关键环节就是列指针的定义,相当于给二维数组的第一列设定了一个箭头。二维数组列指针的定义与二维数组的定义密切相关,没有数组的定义,二维数组列指针的定义也就没有意义。

二维数组列指针的定义格式:

指针的类型 ＊指针名；

从形式上看,二维数组列指针与变量指针以及一维数组指针的定义是一样的,但是,它的定位和引用方式是完全不同的。

二维数组列指针的定义可以和二维数组一起定义,也可以分开定义,两者的先后顺序没有关系,但是,两者的类型必须相同。

例如,下面的二维数组列指针的定义都是正确的:

```
int a[2][5], * p;
int a[2][5]; int * p;
int * p; int a[2][5];
```

浮点型二维数组和二维数组列指针的定义与整型二维数组列指针的定义类似,例如,

```
float b[2][8], * q;
float b[2][8]; float * q;
float * q; float b[2][8];
```

字符型二维数组和列指针的定义也类似,例如,

```
char c[2][20], * r;
char c[2][20]; chat * r; char * r;
char c[2][20];
```

如下 3 个指针的定义:

```
int * p; float * q; char * r;
```

可以是 3 个不同类型变量指针的定义,也可以是 3 个不同类型一维数组指针的定义,还可以是 3 个不同类型二维数组列指针的定义。因为它们的定义形式是相同的。从语法上来讲没有错误,但是,若没有相应的匹配对象,那么这 3 个指针的定义实际上是没有意义的。

定义了二维数组的列指针只是设定了一个列指针的箭头,如果没有给列指针定位,那么这个箭头位置是不确定的,只有给列指针定位了,列指针的箭头才有意义。

6.4.2　二维数组列指针的定位

二维数组列指针的第二个关键环节就是给二维数组列指针的定位。二维数组列指针的定位就是给二维数组的列指针赋值,也就是把二维数组的首行、首列地址赋值给列指针,也可以看作把二维数组列指针箭头指向二维数组的首行、首列地址,也可以把二维数组的其他行的首列地址赋值给列指针,也可以看作把二维数组列指针箭头指向二维数组的其他行的

首列地址,这就是二维数组列指针的定位。

二维数组列指针的一般定位方法是:

列指针名 = 二维数组的首行首列地址;

或者

列指针名 = 二维数组名 + [0];

二维数组列指针的定位可以与二维数组定义时一起完成,也可以分开完成,必须先定义,后定位,两者的先后顺序不能颠倒。

例如,

int a[2][5], * p = a[0]; 和 int a[2][5]; int * p = a[0];
int a[2][5]; int * p; p = a[0]; 和 int * p; int a[2][5]; p = a[0];

浮点型二维数组列指针的定位类似:

float b[3][8], * q = b[0]; 和 float b[3][8]; float * q = b[0];
float b[3][8]; float * q; q = b[0]; 和 float * q; float b[3][8]; q = b[0];

字符型二维数组列指针的定位也类似:

char c[4][20], * r = c[0]; 和 char c[4][20]; char * r = c[0];
char c[4][20]; chat * r; r = c[0]; 和 char * r; char c[4][20]; r = c[0];

以上二维数组列指针的定位形式都是对的。列指针和二维数组的定义不分先后。但是,两者必须定义在前,列指针定位在后。定位时数组名前不需要再加地址符号 & 了。

int * p = a[0], a[2][5];
float * q = b[0], b[3][8];
char * r = c[0], c[4][20];

上面 3 种情况的二维数组列指针的定位都是错的,因为列指针的定义、定位顺序错了。

"int a[2][5]; p＝a[0];"和"float * q; q＝b[0];"也是错的,因为所需要的定义不全。

不论是哪种类型的二维数组列指针,必须记住:二维数组和列指针的定义都必须在前,然后才能定位。定位不是目的,引用才是目的。

6.4.3　二维数组列指针的引用

二维数组列指针的第三个关键环节就是二维数组列指针的引用。二维数组列指针的引用就是用二维数组的列指针来获取二维数组元素的值或者是对二维数组进行有关的运算操作。

用列指针获取二维数组元素值的方法,与用变量的指针获取变量的值的方法以及用一维数组的指针获取一维数组元素值的方法都是类似的,都是对相应的地址进行取 * 号运算,不同的是它们各自的地址是有区别的。确切地说,要用列指针获取二维数组元素的值,首先要知道用列指针所表示的二维数组元素的地址,这是关键。

在一维数组中,我们可以用指针的下标法、移位法、循环移位法以及自增(自减)移位法 4 种引用方式来获取一维数组元素的地址和元素的值。对于二维数组的列指针而言,这 4 种引用方式依然具有一定的借鉴意义。

我们用下面的二维数组数据方阵来分析列指针 p 与元素地址之间的关系:

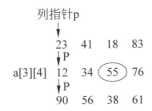

在上面的二维数组 a[3][4]中,我们定义一个列指针 p,它可以定位在首行首列的地址位置上,也可以定位在第二行首列的地址位置上,还可以定位在第三行首列的地址位置上。如果要用列指针 p 来获取元素的值 55,那么只要用列指针 p 描述元素 55 的地址就好办了。有了该元素的地址,然后对该地址进行取 * 号运算就可以得到元素的值 55。

我们把上面二维数组列指针的定位位置可以归纳为两种情况:一是列指针定位在首行首列的情况,二是列指针定位在元素所在当前行首列的情况,这两点都是容易做到的。对于同一个元素而言,虽然它在二维数组中的地址位置是固定不变的,但是,由于列指针的定位位置不同,元素对应的地址表达式也一定不同。对于元素 55 而言,当列指针 p 定位在首行首列与定位在当前行首列时,其元素地址的表达式是不一样的。下面就来分析这两种情况的元素地址表达方式。

1. 二维数组列指针的"双移位法"引用方式

当二维数组列指针位于首行首列时元素的地址怎么确定?有人想到可以从列指针 p 开始,向后一个一个数出来,这的确是一个办法。我们可以从第一行的第二列开始向后数,数到 55 上正好是 6,可以按照一维数组指针的移位法引用,写出用列指针 p 来表达元素 55 的地址为 p+6,那么元素 55 的值就可以表示为 *(p+6)。

这种向后数的方法看起来很简单,也没有错,但是它不实用。为什么?因为它缺乏通用性。当二维数组简单的时候是可以用的,当二维数组有很多行、很多列时,你还数得过来吗?所以说,这种方法是不科学的。

在学习二维数组时,我们用行下标和列下标来描述二维数组的元素,也就是用二维数组元素的通项来描述二维数组的元素,比如 a[i][j]。如果能把列指针与二维数组的行下标和列下标结合起来,一起来描述二维数组元素的地址,那就方便多了。

我们知道,二维数组的一行有多少个元素,也就有多少列,或者说:每一行元素的总个数都相等,都等于二维数组列下标的总数。如果一个元素的行号和列号都确定了,那么它与首行首列的位置也就确定了,当然它与本行第一个元素的移位也就确定了,这个位置都可以用该元素的行号和列号来表示。请看下面的二维数组方阵:

```
          列指针p
            ↓ ⓪  ①   ②   ③
          ⓪ 23  41  18  83

a[3][4] ① 12  34 (55) 76

          ② 90  56  38  61
```

从上面的二维数组方阵中可以看出,元素 55 位于行号为 1、列号为 2 的位置上,也就是元素 a[1][2]。当列指针 p 定位在首行首列时,我们把该元素与列指针 p 之间的位移量用它的行下标 1 和列下标 2 表示出来就是：1 ∗ 列下标总数＋2。因为一行有 4 个元素，或者说有 4 列，所以就是：1 ∗ 列下标总数＋2＝1 ∗ 4＋2，这就是该元素距离列指针 p 的位移量。有了位移量，用列指针 p 表示该元素的相对地址就是：p＋1 ∗ 列下标总数＋2，也就是：p＋1 ∗ 4＋2，结果就是：p＋6。

　　由此可见，用元素的行、列下标数与列指针表示的元素相对地址与前述的一个一个数出来的相对地址，其结果是完全一样的。这就说明，这种用元素行、列下标与列指针一起描述元素相对地址的方法是可行的，也是科学的。

　　根据同样的道理，如果用二维数组元素的通项 a[i][j] 与列指针一起来描述元素的相对地址，就可以写出下面的表达式：

p＋i ∗ 列下标总数＋j

　　该表达式就是当列指针定位于二维数组的首行首列时，用列指针与元素的行、列下标来获取元素相对地址的表达式，简称为用列指针表示二维数组元素地址的方法。我们可以把该表达式称为"列指针的双移位法"，也叫作列指针的相对移位法，前一个是行移位，需要相乘，后一个是列移位，需要相加，总体再与列指针相加。这个表达式本身就是元素的相对地址，所以，在该表达式的前面不需要再加地址符 & 了。

　　有了列指针表示元素的地址后，获取元素的值就简单多了，只需要对该地址直接进行取 ∗ 号运算即可，如下所示：

∗（p＋i ∗ 列下标总数＋j）

以上两个表达式就是二维数组列指针的引用方法之一。

　　需要注意的是，用列指针双移位法所描述的二维数组元素的地址只是一个相对地址，列指针的定位位置并没有改变，依然位于二维数组的首行首列，而且也必须定位在这个位置上，这一点大家必须清楚。

　　例如，要用二维数组列指针 p 的引用来获取之前的二维数组元素 a[2][1] 的值，根据列指针双移位引用方法可知该元素的地址为：p＋2 ∗ 4＋1＝p＋9，该元素的值为：∗（p＋9）＝56，可见，与 a[2][1]＝56 完全吻合。

2. 当前行列指针的下标法和移位法引用方式

　　我们知道，二维数组可以被看成多个一维数组，当二维数组的列指针定位在当前行的首列时，类似于将一维数组指针定位在该数组的首列位置上。

　　我们用一个通项公式来表示列指针定位在二维数组当前行的情况，就是"p＝a[i];"，当 i＝0 时，表示列指针定位在二维数组的首行首列；当 i＝1 时，表示列指针定位在二维数组的第二行首列；当 i＝2 时表示列指针定位在二维数组的第三行首列。只要变量 i 确定了，列指针的定位也就确定了。

　　在下面的二维数组方阵中，列指针 p 定位在第二行的首列上，也就是"p＝a[1];"，如果要获取元素值 55，那么很明显它的地址位置距离当前行的列指针 p 只隔了 2 列。

```
              23   41   18   83
                ↓p
a[3][4]       12   34   ⑤⑤   76

              90   56   38   61
```

如果我们能用当前行的列指针 p 来表示元素 55 的地址,那么再对该地址进行取 * 号运算就可以得到该元素的值。

这个地址怎么得来?如果把第二行的所有数组元素看成一个类似的一维数组,那么当列指针 p 定位在第二行的首列位置时,它就相当于是第二行对应的一维数组的指针。此时,元素 55 与当前行的列指针 p 相隔 2 列,也就是与类似的一维数组指针 p 相隔 2 列。由于用一维数组指针表示元素的地址有下标法和移位法两种方式,所以可以用两种方法来表示元素 55 的地址和元素的值。

1)当前行列指针的隐含下标法引用方式

按照一维数组指针的下标法来表示元素 55 的地址就为:&p[2],再进行取 * 号运算可得到元素的值为:p[2]。可见,指针的下标表示法 p[2] 代表的就是元素的值,而不是元素的地址。

其实,这里的指针 p 是二维数组的列指针,因为它定位在第二行首列的位置上,也就是"p=a[1];",所以指针 p 本身已经隐含了一个下标[1]。当用下标法表示元素的值为 p[2] 时,就相当于是元素 a[1][2] 了。因此,指针 p[2] 代表的就是元素的值也就可以理解了。把这种方式称为二维数组列指针的隐含下标法引用。注意:不能用 p[1][2] 的引用方式,因为它不是列指针的引用方式。

2)当前行列指针的隐含移位法引用方式

按照一维数组指针的移位法来表示元素 55 的地址就为:p+2,再进行取 * 号运算可得到元素的值为:*(p+2)。

当然,这里的指针"p=a[1];"是定位在第二行首列位置的上二维数组列指针,当用移位法表示元素的值为 *(p+2) 时,指针 p 本身已经隐含了一个下标[1]。所以,把这种方式称为二维数组列指针的隐含移位法引用。

例 6-3 设计程序,利用二维数组的当前行列指针引用给整型二维数组 a[3][4] 的各元素赋值,并用当前行列指针的引用输出各元素的值。二维数组的数据方阵如下:

```
23  41  18  83
12  34  55  76
90  56  38  61
```

编程思路:这个程序主要包括两部分:一是用当前行列指针输入数组各元素的值,二是用当前行列指针输出数组各元素的值。当前行列指针有隐含下标法和隐含移位法两种引用方式,下面主要介绍隐含下标法的程序设计方法。

这个程序设计的关键是要解决当前行列指针的定位问题。由于对二维数组元素的输入、输出都要用到双循环,其中外循环负责行的变化,内循环负责列的变化。而当前行的列指针定位与行的变化密切相关,行不同,列指针的定位就不同。也就是说,列指针的定位属于动态定位,是随行而变的。而且,行的变化应该在前,列指针的定位应该在后。所以,当前行列指针的定位要位于外循环之后,并与外循环相结合。其列指针的定位形式为:

列指针 = 数组名[外循环变量];

元素的地址和元素的值与定位的列指针密切相关,也与内循环的变化密切相关。所以,当前行的列指针必须在内循环之前定位,这就与当前行的列指针在外循环之后的定位相吻合。元素的输入、输出要在内循环中进行。用当前行列指针的隐含下标法表示元素的地址为：＆列指针[内循环变量]，而元素的值就是对该地址进行取＊号运算的结果。

我们把二维整型数组、行、列下标和列指针一起定义如下：

int i, j, a[3][4], ＊p;

其中，i是外循环变量，j是内循环变量，则当前行列指针定位为：

p = a[i];

二维数组各元素的地址可以用当前行的列指针表示为：＆p[j]，元素的值可表示为：p[j]。

下面就是采用当前行列指针的隐含下标法设计的完整程序：

```
1    # include < stdio. h>
2    void main()
3    {
4        int i,j,a[3][4], * p;
5        printf("请给数组各元素赋值:");
6        for(i = 0; i < 3; i++)
7        {
8            p = a[i];
9            for(j = 0; j < 4; j++)
10               scanf(" % d",&p[j]);
11       }
12       printf("下面输出数组各元素的值:\n");
13       for(i = 0; i < 3; i++)
14       {
15           p = a[i];
16           for(j = 0; j < 4; j++)
17               printf(" % 4d",p[j]);
18           printf("\n");
19       }
20   }
```

程序说明：

该程序总共有20行语句命令，其中，

第5行和第12行是提示信息。

第7～11行是输入外循环 for(i…)语句的循环体，它是由复合语句构成的。

第14～19行是输出外循环 for(i…)语句的循环体，它也是由复合语句构成的。

第8行和第15行是当前行列指针的动态定位。

第10行是输入内循环 for(j…)语句的循环体，其中输入语句中的 ＆p[j]表示元素的地址。

第17行是输出内循环 for(j…)语句的循环体，其中%4d中的4用于拉大输出元素之间的间隔，p[j]表示元素的值。

第18行表示每输出完一行之后要换一行，语句虽然简单，但不能少。

程序的运行结果如下：

请给数组各元素赋值:
23 41 18 83 12 34 55 76 90 56 38 61 ↙
下面输出数组各元素的值:
23　41　18　83
12　34　55　76

```
90  56  38  61
Press any key to continue
```

可见,各元素的输入、输出都正确,说明当前行列指针的隐含下标法引用正确。

当前行列指针的隐含移位法引用与隐含下标法引用设计思路是一样的,只需要把程序第 10 行输入语句中元素的地址换成 p+j、把第 17 行输出元素的值换成 *(p+j)即可。程序的运行结果是完全相同的,大家可以自己去验证。

在例 6-3 的程序中,当前行列指针 p 的定位都放在外循环之后与内循环之前,这是对的。如果将列指针定位在二维数组的首行首列位置上,即"p=a[0];",而且放在外循环之前,那么不论是元素的输入和输出都会出现错误。比如下面的程序段:

```
1   printf("请给数组各元素赋值:\n");
2   p = a[0];
3   for(i = 0; i < 3; i++)
4       for(j = 0; j < 4; j++)
5           scanf(" % d",p + j);
6   p = a[0];
7   printf("下面输出数组各元素的值:\n");
8   for(i = 0; i < 3; i++)
9   {
10      for(j = 0; j < 4; j++)
11          printf(" % 4d", * (p + j));
12      printf("\n");
13  }
```

从上面的程序段中可以看出,输入和输出都采用了双循环语句,似乎也都符合二维数组的基本要求。实际结果对不对呢? 我们继续往下看:

在输入程序段,第 2 行列指针定位在整个二维数组的首行首列上,当然也是定位在第 1 行的首列上。

第 4 行和第 5 行是通过内循环 for(j…)给二维数组的元素赋值;因为列指针 p 定位在第 1 行的首列位置上,所以在输入语句中的 p+j 对应的地址分别为 p+0、p+1、p+2 和 p+3,也就是通过内循环分别给第 1 行的 4 个元素赋值。

那么,有人要问了:第 3 行的外循环 for(i…)语句有什么用? 问得好!

在这里,第 3 行外循环 for(i…)语句的作用就是要对第 4 行和第 5 行内循环 for(j…)语句循环执行 3 次。前面刚说过,内循环是给第 1 行的 4 个元素赋值,那么,外循环对内循环要执行 3 次,也就是要对第 1 行的 4 个元素赋值 3 遍,而不是对二维数组的 3 行元素都赋值,当双循环输入执行完之后,第 2 行和第 3 行的元素实际上还是空的,只有第 1 行的 4 个元素有值。如果用该程序输入 12 个数:1、2、3、4、5、6、7、8、9、10、11、12,那么,给第 1 行 4 个元素第 1 遍输入所赋的值是:1、2、3、4;第 2 遍输入所赋的值是:5、6、7、8,并且将第 1 遍输入所赋的值全部刷新覆盖了;第 3 遍输入所赋的值是:9、10、11、12,并且将第 2 遍输入所赋的值也全部刷新覆盖了。因此,二维数组第 1 行 4 个元素最终的赋值是:9、10、11、12,而第 2 行和第 3 行的元素根本没有数字,是空的。

在输出程序段,第 6 行列指针定位在整个二维数组的首行首列上,同样也是定位在第 1 行的首列上。

第 10 行和第 11 行是通过内循环 for(j…)输出二维数组的元素值;因为列指针 p 定位

在第 1 行的首列位置上,所以输出语句中的 * (p+j)对应的分别为 * (p+0)、* (p+1)、* (p+2)和 * (p+3),也就是通过内循环分别输出第 1 行 4 个元素的值。

那么,第 8 行的外循环 for(i···)语句有什么用?

在这里,第 8 行外循环 for(i···)语句的作用就是要对第 10 行和第 11 行的内循环 for(j···)语句循环执行 3 次。前面刚说过,内循环是分别输出第 1 行 4 个元素的值,那么,外循环对内循环要执行 3 次,也就是要把第 1 行的 4 个元素值输出 3 遍,而不是输出二维数组 3 行的元素值。当双循环输出执行完之后,所输出的 3 行元素值实际上与第 1 行的 4 个元素值完全相同,就是把第 1 行的 4 个元素值连续输出了 3 遍。如果前面输入的 12 个数是:1、2、3、4、5、6、7、8、9、10、11、12,那么,输入完之后二维数组第 1 行 4 个元素的最终赋值是:9、10、11、12,而输出完之后屏幕上显示的结果是这样的:

```
9   10   11   12
9   10   11   12
9   10   11   12
```

3 行的 4 个元素值都是:9、10、11、12,也就是把第 1 行的 4 个元素值输出了 3 遍,与数组的第 2 行和第 3 行元素没有一点关系。对于这样的分析结果,大家可以自己去验证一下,看看是不是真的。

如果在前面的程序段中,输入语句不变,列指针的定位"p=a[0];"依然位于双循环之前,而输出语句采用正确的列指针动态定位,即"p=a[i];",并将定位语句放在外、内循环之间,见下面的程序输出段:

```
printf("\n  下面输出数组各元素的值:\n");
for(i = 0; i < 3; i++)
{
    p = a[i];
    for(j = 0; j < 4; j++)
        printf(" % 4d", * (p + j));
    printf("\n");
}
```

当该程序运行之后,输入部分的分析结果与之前的相同,也就是只给二维数组的第 1 行 4 个元素最后赋值为:9、10、11、12。而输出部分则对二维数组元素是按行的正常方式输出的,所以第 1 行输出的 4 个元素值是:9   10   11   12,而第 2 行和第 3 行输出的元素值全部都是乱码。因为,第 2 行和第 3 行的元素根本就没有输入过。对于这样的分析结果,大家也可以自己去验证一下。

通过上面对错误程序段的分析告诉我们,二维数组列指针的定位形式和定位位置很重要,如果定位位置和形式错误,那么必然会导致错误的运行结果。

3. 二维数组列指针的绝对移位法引用

这种引用有两种方式:一是列指针的内循环绝对移位法;二是列指针的自增 p++(或自减 p——)绝对移位法。后面会进一步介绍。

我们前面所分析的列指针例子虽然都是以整型二维数组列指针的引用得出的规律,但是对于二维浮点型数组的列指针而言,这些规律都通用,不再详细介绍,大家可自行验证。

表 6-2 是对二维数组列指针引用方法的要点汇总,可帮助大家进一步学习和理解。

表 6-2　二维数组列指针引用方法的要点汇总

引用名称	引用方法	引用条件	移位性质	引用特性	引 用 示 例
双移位法引用	指针＋行移位＋列移位	有循环变量	相对移位	系统性单一性	元素地址：p＋i＊总列数＋j 元素值：＊(p＋i＊总列数＋j)

隐含下标法引用	指针[列下标]	有循环变量	相对移位	系统性单一性	int i,j,a[3][4],＊p;
					for(i＝0; i＜3; i++)
					{　　p＝a[i]; //关键环节
					　　for(j＝0; j＜4; j++)
					元素地址：&p[j]，元素值：p[j]

隐含移位法引用	指针＋列下标	有循环变量	相对移位	系统性单一性	int i,j,a[3][4],＊p;
					for(i＝0; i＜3; i++)
					{　　p＝a[i]; //关键环节
					　　for(j＝0; j＜4; j++)
					元素地址：p＋j，元素值：＊(p＋j)

内循环移位法引用	指针	指针作内循环变量	绝对移位	系统性	int i,a[3][4],＊p＝a;
					for(i＝0; i＜3; i++)
					　　for(p＝a[i]; p＜a[i]＋4; p++)
					元素地址：p，元素值：＊p

自增(自减)移位法引用	指针++(－－)	有循环变量	绝对移位	系统性	元素地址：p++，元素值：＊p++

说明：自增(自减)移位法引用，要在关键位置对列指针回位。

从表 6-2 中可以看出，二维数组列指针有双移位法引用、隐含下标法引用、隐含移位法引用、内循环绝对移位法引用以及自增/自减绝对移位法引用 5 种方式，这 5 种引用方式对于二维数组所有元素的输入、运算以及输出等系统性操作都适用；但是，对于二维数组单一元素的个别赋值、运算和输出等操作时，只有前 3 种引用适用，绝对移位法不适用。明确了这一点，在程序设计时可以少费一些周折、少走一些弯路。

6.4.4　二维数组列指针的引用程序设计举例

例 6-4　设计程序，利用列指针的引用计算 5 个学生 3 门课的平均成绩并输出全部学生的成绩。学生的成绩数据方阵对应如下：

```
课程 1    课程 2    课程 3
89.3      78.4      90.7
78.6      88.1      67.4
86.8      76.5      91.4
89.4      95.8      87.9
74.3      67.9      84.2
```

编程思路：设计这个程序，首先要将 5 个学生 3 门课的成绩方阵设定为一个浮点型的二维数组，因为要计算每个学生的平均成绩，可以把平均成绩也列在每个学生 3 门课的成绩之后，构成一个 5 行 4 列的数据方阵。所以，这个浮点型二维数组可以定义为：float a[5][4]。这样一来，学生的编号就用数组的行号＋1 来表示，课程编号就用列号＋1 来表示，这是程序设计的基本条件。

根据题意要求，该程序的设计主要包括二维数组各元素的输入、每个学生 3 门课平均成绩的计算以及全部学生成绩信息的输出三大部分。这三大部分并不是对单一元素的操作，而是对数组元素的整体性操作。根据表 6-2 中二维数组列指针的引用特性可知，5 种引用方式都适用。所以，我们选择其中的一种引用方式来设计本程序。

采用内循环的列指针绝对移位法引用方式进行编程设计如下：

对于二维数组元素的输入、每个学生平均成绩的计算以及全部学生成绩信息的输出等都需要用到双循环的语句形式，而采用内循环的列指针绝对移位法引用方式，就是对以上 3 个双循环中的内循环采用列指针作为循环变量，并在输入、计算以及输出语句中，采用列指针的绝对移位法引用来表示元素的地址 p 以及元素的值 * p。

其输入部分的程序段可以设计如下：

```
1   for(i = 0; i < 5; i++)
2   {
3       printf("请输入第 %d 个学生三门课的成绩:",i + 1);
4       for(p = a[i]; p < a[i] + 3; p++)
5           scanf(" %f",p);
6   }
```

程序说明：

第 1 行是 for() 外循环语句。

第 2～6 行是外循环体；其中，

第 3 行是输入提示语句。

第 4 行是 for(p…) 内循环语句，采用列指针 p 作为循环变量，其中，"p = a[i];"是给列指针动态定位，a[i] 表示二维数组每行的首地址；"p < a[i]＋3;"是列指针循环变量每行的终值，＋3 主要与 3 门课的成绩相对应，这里必须用 a[i]，不能用 p[i]，否则就是死循环；p＋＋是列指针变量的增值，也是列指针的绝对移位方式。

第 5 行是用当前行的列指针 p 作为元素的地址给数组元素赋值。

特别强调一下：在列指针做循环变量时，其初值的下标必须用变量 i，不能用 0。如果用 0，那么 5 个学生成绩输完后，只有第 1 行有成绩，其余都为空，就会出现错误。大家可以去验证一下。

求平均成绩部分的程序段可以设计如下：

```
1   for(i = 0; i < 5; i++)
2   {
3       sum = 0;
4       for(p = a[i]; p < a[i] + 3; p++)
5           sum += * p;
6       * p = sum/3;
7   }
```

程序说明：

第 4 行依然采用当前行的列指针 p 作为内循环变量。

第 5 行是采用当前行列指针的绝对移位法引用进行累加求和。

第 6 行也是采用当前行列指针的绝对移位法引用进行平均成绩的计算。注意左侧的列指针 * p 不需要再加任何下标了，否则会出错。因为经过 3 次循环之后，循环变量的增值 p＋＋已经将列指针 p 指向到下一个元素的位置了，也就是指向平均成绩的位置了。所以，

此处的 * p 就是平均成绩。

全部学生成绩信息的输出部分程序段可以设计如下：

```
1  printf("学生的成绩信息如下:\n");
2  printf("编号\t 课程 1\t 课程 2\t 课程 3\t 平均值\n");
3  for(i = 0; i < 5; i++)
4  {
5      printf(" % d\t",i + 1);
6      for(p = a[i]; p < a[i] + 4; p++)
7          printf(" % 2.2f\t", * p);
8      printf("\n");
9  }
```

程序说明：

第 5 行是输出学生的编号,用 i+1 表示。

第 6 行也是采用当前行列指针 p 作为内循环变量,循环变量的终值为 p < a[i]+4; +4 表示包括平均成绩在内。

第 7 行是采用当前行列指针的绝对移位法 * p 引用输出元素的值。

第 8 行输出换行,是输出二维数组方阵的需要,不能少。

采用列指针的内循环绝对移位法引用设计的完整程序如下：

```
1   # include < stdio. h >
2   void main()
3   {
4       int i;
5       float a[5][4],sum, * p;
6       for(i = 0; i < 5; i++)
7       {
8           printf("请输入第 % d 个学生三门课的成绩:",i + 1);
9           for(p = a[i]; p < a[i] + 3; p++)
10              scanf(" % f",p);
11      }
12      for(i = 0; i < 5; i++)
13      {
14          sum = 0;
15          for(p = a[i]; p < a[i] + 3; p++)
16              sum += * p;
17          * p = sum/3;
18      }
19      printf("学生的成绩信息如下:\n");
20      printf("编号\t 课程 1\t 课程 2\t 课程 3\t 平均值\n");
21      for(i = 0; i < 5; i++)
22      {
23          printf(" % d\t",i + 1);
24          for(p = a[i]; p < a[i] + 4; p++)
25              printf(" % 2.2f\t", * p);
26          printf("\n");
27      }
28  }
```

程序每个部分的含义同前述。

程序的运行结果如下：

请输入第 1 个学生三门课的成绩:89.3 78.4 90.7
请输入第 2 个学生三门课的成绩:78.6 88.1 67.4
请输入第 3 个学生三门课的成绩:86.8 76.5 91.4
请输入第 4 个学生三门课的成绩:89.4 95.8 87.9
请输入第 5 个学生三门课的成绩:74.3 67.9 84.2

学生的成绩信息如下：

编号	课程 1	课程 2	课程 3	平均值
1	89.3	78.4	90.7	86.13
2	78.6	88.1	67.4	78.03
3	86.8	76.5	91.4	84.90
4	89.4	95.8	87.9	91.03
5	74.3	67.9	84.2	75.47

Press any key to continue

可见,运行结果符合题意的要求,说明列指针的内循环绝对移位法引用设计是正确的。请大家用列指针其他引用方法设计本例的程序,以便加深对列指针引用的理解。

6.5 二维数组行指针及 3 个关键环节

前面学习了二维数组列指针的定义、定位和 5 种引用方法,也有了比较全面的应用能力,这对二维数组行指针的学习很有帮助。二维数组的行指针同样有定义、定位和引用 3 个关键环节,它从另一个侧面为二维数组的分析和应用提供了重要手段。

6.5.1 二维数组行指针的定义

二维数组行指针的第一个关键环节就是行指针的定义,相当于给二维数组的行设定了一个箭头。二维数组行指针的定义与二维数组的定义密切相关,没有二维数组的定义,行指针就没有意义。

二维数组行指针的定义格式：

指针的类型（ * 行指针名）[**列下标总数**]；

行指针的定义由 3 部分组成：前面是指针的类型；中间是带 * 号的指针名,还要用圆括号括起来；后面是二维数组带方括号的列下标总数,也就是二维数组的列下标。

很显然,行指针的定义形式比列指针的定义形式要复杂一些,而且,行指针定义中包含有二维数组的列下标,这就把行指针与二维数组紧紧联系在了一起,这也是行指针的特殊性。要定义行指针,最好先定义二维数组。

例如,

int a[2][5], (* p)[5];
int a[2][5]; int (* p)[5];
int (* p)[5]; int a[2][5];

浮点型二维数组和行指针的定义与整型二维数组行指针的定义类似：

float b[2][8], (* q)[8];
float b[2][8]; float (* q)[8];

字符型二维数组和行指针的定义也类似：

```
char c[2][20],( * r)[20];
char c[2][20]; char ( * r)[20];
```

以上 3 种不同类型的二维数组行指针定义方式都是正确的。

```
int ( * p)[5]; float ( * q)[8]; char ( * r)[20];
```

这 3 个行指针的定义看似没有错误,但因为没有相应匹配的二维数组,所以这 3 个行指针的定义是没有意义的。

二维数组的行指针的定义只是设定了一个行指针的箭头,如果没有给行指针定位,那么这个箭头的指向是不确定的。只有给行指针定位了,行指针的箭头才有意义。

6.5.2 二维数组行指针的定位

二维数组行指针的第二个关键环节就是给二维数组行指针的定位。二维数组行指针的定位就是给二维数组的行指针赋值,也就是把二维数组的首行地址赋值给行指针,也可以看作把二维数组的行指针箭头指向二维数组的首行地址上,这就是二维数组行指针的定位。

二维数组行指针的定位格式:

行指针名 = 二维数组名;

这种定位方式与一维数组指针的定位方式类似,就是把二维数组名直接赋值给指针。

二维数组行指针的定位可以与二维数组定义时一起完成,也可以分开完成,但是,必须是先定义,后定位,两者的先后顺序不能颠倒。

例如,

```
int a[2][5],( * p)[5] = a;
int a[2][5]; int ( * p)[5] = a;
int a[2][5]; int ( * p)[5]; p = a;
```

浮点型二维数组和行指针的定位与整型二维数组行指针的定位类似:

```
float b[3][8],( * q)[8] = b;
float b[3][8]; float ( * q)[8] = b;
float b[3][8]; float ( * q)[8]; q = b;
```

字符型二维数组和二维数组行指针的定位也类似:

```
char c[4][20],( * r)[20] = c;
char c[4][20]; char ( * r)[20] = c;
char c[4][20]; chat ( * r)[20]; r = c;
```

以上 3 种不同类型的二维数组行指针定位方式都是对的。二维数组和行指针的定义不分先后,但是,必须先定义,后定位。

```
int ( * p)[5] = a, a[2][5];
float ( * q)[8] = b, b[3][8];
char ( * r)[20] = c, c[4][20];
```

上述 3 种情况二维数组行指针的定位都是错误的,因为定义和定位顺序错了。

同样,

```
int a[2][5]; p = a;
```

或

```
float ( * q)[8]; q = b;
```

上述两种情况也是错的,因为定义不全。

与其他类型的指针特性一样,指向同一个二维数组的行指针可以有很多个,也就是指向同一个二维数组"首行"的"箭头"可以有很多个;而同一个二维数组行指针也可以指向同一个二维数组的不同行,还可以指向不同的二维数组,只要它们有相同的类型和列数即可。

这也说明二维数组行指针具有随机性和选择性,不具有唯一性;而二维数组的首行地址具有唯一性,不具有选择性。

行指针的定位不是目的,目的是要利用其引用方式对二维数组进行相关的运算操作。

6.5.3 二维数组行指针的引用

二维数组行指针的第三个关键环节就是二维数组行指针的引用。二维数组行指针的引用就是用二维数组的行指针来获取二维数组元素的值或者是对二维数组进行有关的运算操作。

用行指针获取二维数组元素值的方法与用列指针获取二维数组元素值的方法是类似的,都是对相应的地址进行取 * 号运算,不同的是它们各自的地址是有区别的。确切地说,要用行指针获取二维数组元素的值,首先要知道用行指针所表示的二维数组元素的地址,这是关键。

我们知道,在一维数组中,指针的引用有 4 种方式,即下标法、移位法、循环移位法以及自增(自减)移位法;在二维数组中,列指针的引用有 5 种方式,即双移位法、隐含下标法、隐含移位法、内循环移位法和自增(自减)移位法。对于二维数组的行指针而言,这些引用方式依然具有一定的借鉴意义。

与前面所学指针的多种引用方式类似,二维数组的行指针也有多种引用方式:一是行指针的双下标法引用,二是行指针的下标移位法引用,三是行指针的双循环移位法引用,四是行指针的自增(自减)移位法引用,五是行指针的转换双移位法引用,六是行指针的平移转换列移位法引用。下面一一学习这些行指针的引用方式。

1. 二维数组行指针的双下标法引用方式

双下标法:就是把行指针与二维数组两个下标相结合的引用方法。

大家知道,数组名就是数组的首地址,如果有定义"int a[2][3],(* p)[3];",则行指针的定位为"p=a;"。从行指针的定位中可以看出,行指针 p 与数组名 a 具有一定的等价效应。也就是说,数组名 a 所具有的运算,行指针 p 也具有类似的运算。

比如,用数组名 a 和双下标可以表示二维数组的元素:

a[0][0]、a[0][1]、a[0][2]、a[1][0]、a[1][1]、a[1][2]

同样,用行指针 p 和双下标也可以表示二维数组的元素:

p[0][0]、p[0][1]、p[0][2]、p[1][0]、p[1][1]、a[1][2]

还有,用数组名 a 和双下标可以表示二维数组元素的地址:

&a[0][0]、&a[0][1]、&a[0][2]、&a[1][0]、&a[1][1]、&a[1][2]

同样,用行指针 p 和双下标也可以表示二维数组元素的地址:

&p[0][0]、&p[0][1]、&p[0][2]、&p[1][0]、&p[1][1]、&p[1][2]

这就是二维数组行指针"双下标法"的引用方式。

二维数组行指针的"双下标法"引用运算,其下标的变化又表示行指针的相对位置变化,行指针的实际定位位置始终都在二维数组的首地址上,这一点大家必须明白。

例如,用行指针"双下标法"引用输出二维数组元素的值:

```
int i, j, a[2][3] = {3, 8, 9, 7, 2, 6},( * p)[3] = a;
printf("a[0][2] = % d\n",a[0][2]);
printf("p[0][2] = % d\n",p[0][2]);
```

两行的输出结果如下:

```
a[0][2] = 9
p[0][2] = 9
```

可见,a[0][2]＝p[0][2]＝9,说明行指针的双下标法引用是对的。

2. 二维数组行指针的下标移位法引用方式

下标移位法:就是行指针[行下标]＋列下标的引用方法。

我们知道,二维数组 a[2][3]的各元素是这样表示的:

```
a[0][0]   a[0][1]   a[0][2]
a[1][0]   a[1][1]   a[1][2]
```

在第一行中,各元素的行下标都相同,都是[0],如果把数组名 a 与行下标[0]连在一起就是 a[0]。在第一行的各元素中 a[0]也都相同,而列下标为[0]、[1]、[2]均不同。与一维数组的定义相比,这个相同的 a[0]就相当于是一个特殊一维数组的数组名,再加上列下标,第一行就相当于一个以 a[0]为数组名的特殊的一维数组。同理,第二行也相当于是一个以 a[1]为数组名的特殊的一维数组。

由此可见,我们可以把一个二维数组看成由多个特殊的一维数组组成的整体。

因为,在一维数组中,我们学习过数组名和指针有移位法引用方式,比如下面的程序段:

```
int i,x[5], * s = x;
printf("\n   请给一维数组 x[5]各元素赋值:");
for(i = 0; i < 5; i++)
    scanf(" % d",x + i);
printf("\n  一维数组 x[5]各元素的值为:");
for(i = 0; i < 5; i++)
    printf(" % 3d", * (s + i));
printf("\n");
```

在该程序段的输入语句"scanf("％d",x＋i);"中,x＋i 就是用数组名的移位法进行元素地址的引用,而在输出语句"printf("％3d", * (s＋i));"中, * (s＋i)是用指针的移位法进行元素值的引用。

既然可以把一个二维数组看成由多个特殊一维数组组成的整体,那么,对于这些特殊的一维数组,也可以采用特殊的数组名移位法来表示数组元素的地址。

比如,a[0]＋j 表示第 1 行各元素的地址; * (a[0]＋j)表示第 1 行各元素的值;a[1]＋j 表示第 2 行各元素的地址; * (a[1]＋j)表示第 2 行各元素的值。

如果把上面第 1 个下标用行变量 i 来动态表示,那么其通项表达式就为:

a[i]＋j 表示第 i 行各元素的地址; * (a[i]＋j)表示第 i 行各元素的值。

在通项表达式中,数组名 a 紧连着一个行下标[i],故简称为"下标",又加了一个列下标 j,故简称为"移位",所以将这种方式称为"下标移位法"。

由于二维数组的行指针与二维数组名具有等价效应。所以,借鉴二维数组名的下标移位法引用,二维数组行指针也可以用下标移位法引用来表示二维数组各元素的属性,即用 p[i]+j 就表示第 i 行各元素的地址; *(p[i]+j)就表示第 i 行各元素的值。

例如,用行指针的"下标移位法"引用输出元素的值:

```
int i, j, a[2][3] = {3, 8, 9, 7, 2, 6},( * p)[3] = a;
printf(" * (a[1] + 2) = % d\n", * (a[1] + 2));
printf(" * (p[1] + 2) = % d\n", * (p[1] + 2));
```

两行的输出结果如下:

```
 * (a[1] + 2) = 6
 * (p[1] + 2) = 6
```

可见, *(a[1]+2)= *(p[1]+2)=6,说明行指针的下标移位法引用是正确的。

3. 二维数组行指针的双循环移位法引用方式

双循环移位法:就是用行指针作为外循环变量,列指针作为内循环变量的引用方法。

由于二维数组元素的输入、输出都要用到双循环,平常都是采用两个整数作为循环变量来进行元素的输入和输出控制,但是,双循环移位法引用方式,其循环变量不再是整数,而是行指针和列指针,而且列指针是由行指针转换得来的。

行指针与列指针怎样转换? 请看下面的分析。

在前面行指针的下标移位法中我们分析过,二维整型数组 a[2][3]可以看成由两个特殊的一维整型数组组成的整体,其中 a[0]和 a[1]是它们的数组名,每一个一维数组都有 3 列元素。

如果我们把这两个特殊的数组名 a[0]、a[1]再看成一个简单的一维整型数组 a[2]的两个元素,那么 a 就是该数组的数组名。根据数组的特性,数组名 a 就代表数组的首地址,而且数组的第 1 个元素 a[0]的地址 &a[0]与数组的首地址相同,也就是它们的数学关系是相等的,即 a=&a[0]。

再回头看看二维整型数组 a[2][3],如果再定义一个二维数组的行指针:

```
int ( * p)[3];
```

那么把行指针 p 定位在二维数组 a[2][3]上就是:

```
p = a;
```

把行指针 p 的定位语句"p=a;"与前面特殊一维数组分析中的 a=&a[0]关系相比较可以得到:p=a=&a[0];也就是:p=&a[0],这也可以看作给二维数组行指针的另一种定位形式。其实,这也是可以理解的,数组名 a 代表一维特殊数组 a[2]的首地址,它也与第 1 个元素的地址 &a[0]是等价的。因为,特殊的一维数组 a[2]实际上就是二维数组 a[2][3]的特殊表示形式。

根据指针的取 * 号求值运算方法,对 p=&a[0]两边同时进行取 * 号运算,可以得到: * p= * &a[0]=a[0],所以 * p=a[0]。

如果给二维数组 a[2][3]再定义一个列指针,即

```
int * q;
```

则列指针的定位就是：

```
q = a[0];
```

现在,我们来比较看看,行指针 p 和列指针 q 分别有下面的关系：

因为

```
* p = a[0];
```

而

```
q = a[0];
```

可见,这两个式子的右边相等,都是 a[0],所以它们的左边也应该相等；也就是：

```
q = * p
```

这就是二维数组行指针与列指针之间的等量关系,也就是对行指针进行取 * 号运算后就转换成列指针的方法。这是一个非常重要的概念,请大家务必记住。

有了行指针与列指针之间的转换关系,有关行指针的引用也就可以用列指针的引用来实现了。

我们知道,二维数组的行指针与行有关,列指针与列有关。所以,我们可以用行指针作为外循环的变量,即 for(p=a; p<a+2; p++),用列指针作为内循环的变量,此时的列指针是由行指针经取 * 号运算转换得来的,即：for(q= * p; q< * p+3; q++),这就是二维数组行指针的双循环移位法引用方式,两个指针都是绝对移位方式。

由于列指针与元素的地址和元素的值密切相关。所以,元素的地址和元素的值都可以采用列指针的绝对移位形式来表示,不再需要附加其他的下标了。

请看下面用行指针双循环移位法部分引用程序的例子：

```
1   int a[2][3],( * p)[3], * q;
2   for(p=a; p<a+2; p++)
3       for(q= * p; q< * p+3; q++)
4           scanf(" % d",q);
5   for(p=a; p<a+2; p++)
6   {
7       for(q= * p; q< * p+3; q++)
8           printf(" %3d", * q);
9       printf("\n");
10  }
```

程序说明：

第 1 行是二维数组和行指针、列指针的定义。

第 2~4 行用行指针的双循环绝对移位法引用给二维数组 a[2][3]的元素赋值,其中,

第 2 行 for(p…)是外循环,用行指针 p 作为循环变量,初值定位在二维数组的首行地址上；终值用"p<a+2;"以行+2 为结束标志；增值用 p++实现自动移位。

第 3 行 for(q…)是内循环,用列指针 q 作为循环变量,初值是由行指针 p 转换而来的,定位在二维数组的首列地址上；终值用"q< * p+3;"以列+3 为结束标志；增值用 q++实现自动移位。

第 4 行是给二维数组元素赋值,地址用列指针 q 表示,这是绝对地址。

第5～10行是用行指针的双循环绝对移位法引用输出二维数组 a[2][3]各元素的值，其中的行指针和列指针含义与输入语句中的相同。

第8行是输出二维数组元素的值，用列指针 * q 表示元素的值。

如果采用完整的程序运行，结果是没有问题的，大家可以自己去验证。

4. 二维数组行指针的自增（自减）移位法引用方式

行指针的自增（自减）移位法：就是在数字双循环变量的基础上，采用行指针转换后的列指针实现自增（自减）移位法引用方式。

该方式比较简单，但是，采用自增（自减）移位法给二维数组元素赋值完之后，在后面的自增（自减）移位法输出之前，必须对列指针进行回位，否则会出现输出数据的错误。

请看下面行指针的自增（自减）移位法部分引用程序的例子：

```
1    int i,j,a[2][3],( * p)[3] = a, * q = * p;
2    for(i = 0; i < 2; i++)
3        for(j = 0; j < 3; j++)
4            scanf(" % d",q++);
5    q = * p;
6    for(i = 0; i < 2; i++)
7    {
8        for(j = 0; j < 3; j++)
9            printf(" % 3d", * q++);
10       printf("\n");
11   }
```

程序说明：

第1行" * q = * p;"是对行指针 p 进行取 * 号运算，将之转换为列指针后赋初值给列指针 q。

第4行的 q++是用列指针的自增移位法引用表示元素的地址。

第5行是对列指针回位，这一行很关键。

第9行的 * q++是用列指针进行取 * 号运算的自增移位法引用表示元素的值。

如果采用完整的程序运行，结果是没有问题的，大家可以自己去验证。

二维数组行指针的自增（自减）移位法引用方式先对行指针进行转换，后续都是按列指针的引用方式进行的，虽然行指针出彩的机会不多，但是不可或缺。

5. 二维数组行指针的转换双移位法引用方式

行指针的转换双移位法：就是把行指针转换后利用列指针双移位的引用方法。

我们知道，二维数组列指针具有行移位和列移位的双移位法引用方式，由于列指针的这种移位是相对移位，因此，可以直接利用行指针转换为列指针的双移位法引用方式实现对二维数组元素的输入和输出，不需要另外再定义列指针，在输出之前也不需要再对指针回位了，程序比较简单。

请看下面行指针的转换双移位法引用部分程序设计的例子：

```
1    int i,j,a[2][3],( * p)[3] = a;
2    for(i = 0; i < 2; i++)
3        for(j = 0; j < 3; j++)
4            scanf(" % d", * p + i * 3 + j);
5    for(i = 0; i < 2; i++)
```

```
6  {
7      for(j = 0; j < 3; j++)
8              printf(" % 3d", * ( * p + i * 3 + j));
9      printf("\n");
10 }
```

程序说明：

第 4 行的 ＊ p＋i ＊ 3＋j 就是用行指针的转换 ＊ p 双移位法引用表示元素的地址。

第 8 行的 ＊ (＊ p＋i ＊ 3＋j)就是用行指针的转换 ＊ p 双移位法引用再进行取 ＊ 号运算表示元素的值。

如果采用完整的程序运行,结果是没有问题的,大家可以自己去验证。

6．二维数组行指针的平移转换列移位法引用方式

行指针的平移转换列移位法：就是把行指针平移后转换再加列移位的引用方法。

这种方法先要对行指针进行平移,再转换,转换后的行指针就等同于当前行的列指针,然后再加列移位即可。

请看下面行指针的平移转换列移位法引用部分程序设计的例子：

```
1  int i,j,a[2][3],( * p)[3] = a;
2  for(i = 0; i < 2; i++)
3      for(j = 0; j < 3; j++)
4              scanf(" % d", * (p + i) + j);
5  for(i = 0; i < 2; i++)
6  {
7      for(j = 0; j < 3; j++)
8              printf(" % 3d", * ( * (p + i) + j));
9      printf("\n");
10 }
```

程序说明：

第 4 行 ＊ (p＋i)＋j 就是用行指针的平移转换列移位法引用表示元素的地址。

第 8 行 ＊ (＊ (p＋i)＋j)就是通过对元素的地址进行取 ＊ 号运算表示元素的值。

如果采用完整的程序运行,结果是没有问题的,大家可以自己去验证。

从行指针的 6 种引用方式的介绍中可以看出,二维数组行指针的引用方式既汇集了一维数组指针的引用方式,又汇集了二维数组列指针的引用方式等多种形式,虽然不完全相同,但也有一定的相似之处,可以说,二维数组行指针的引用更加广泛、灵活。或许还有一些新的引用方式,大家可以继续探讨。

下面对二维数组行指针的引用方式要点用表 6-3 进行了汇总,以便帮助大家更好地理解和掌握。

表 6-3　二维数组行指针引用方法的要点汇总

引用名称	引用方法	引用条件	移位性质	引用特性	引 用 示 例
双下标法引用	行指针[行下标][列下标]	有循环变量	相对移位	系统性和单一性	元素地址: &p[i][j] 元素值: p[i][j]
下标移位法引用	行指针[行下标]＋列下标	有循环变量	相对移位	系统性和单一性	元素地址: p[i] + j 元素值: * (p[i] + j)

续表

引用名称	引用方法	引用条件	移位性质	引用特性	引用示例

双循环绝对移位法引用	行指针和列指针作循环变量	行指针作外循环变量列指针作内循环变量	绝对移位	系统性	int a[3][4],(* p)[3], * q;
					for(p = a; p < a + 3; p++)
					for(q = * p; q < * p + 4; q++)
					元素地址: q, 元素值: * q

自增(自减)移位法引用	行指针转换成列指针++(——)	有循环变量	绝对移位	系统性	int i,j,a[3][4]; int (* p)[3] = a, * q = * p; 元素地址: q++,元素值: * q++
转换双移位法引用	* 行指针 + 行下标 * 总列数 + 列下标	有循环变量	相对移位	系统性和单一性	int i,j,a[3][4],(* p)[3] = a; 元素地址: * p + i * 4 + j 元素值: * (* p + i * 4 + j)
平移转换列移位法引用	* (行指针 + 行下标) + 列下标	有循环变量	相对移位	系统性和单一性	int i,j,a[3][4],(* p)[3] = a; 元素地址: * (p + i) + j 元素值: * (* (p + i) + j)

说明：自增（自减）移位法引用，关键位置必须要对列指针回位。

从表 6-3 中可以看出，二维数组行指针有 6 种引用方式，这些引用方式对于二维数组所有元素的输入、运算以及输出等系统性操作都适用；但是，对于二维数组单一元素的个别赋值、运算和输出等操作，双循环移位法和自增（自减）移位法引用不适用。因为这两种引用方式是绝对引用方式，元素的具体位置不好确定。而相对引用方式能够准确定位某一个元素的位置，所以都适用。明确了这一点，在程序设计时可以少走弯路，少费周折，提高程序的设计效率。

在实际应用中究竟选择行指针的哪一种引用方法，要根据程序设计的实际要求来确定。一般情况下，选择双下标法或者下标移位法引用比较简单，选择平移转换移位法引用也比较简单，大家可以多体验一下。

6.5.4 二维数组行指针的引用程序设计举例

二维数组行指针的引用方式有多种，在前面所举的例子，已经做了比较全面的解释，有了一定的基础。下面仅通过个别例子再加深一下对行指针引用方式的学习和理解。

例 6-5 设计程序，利用行指针的引用计算 5 名学生 3 门课的平均成绩并输出全部学生的成绩。学生的成绩数据方阵对应如下：

```
课程 1    课程 2    课程 3
89.3      78.4      90.7
78.6      88.1      67.4
86.8      76.5      91.4
89.4      95.8      87.9
74.3      67.9      84.2
```

编程思路：首先要将 5 名学生 3 门课的成绩与平均成绩一起定义成一个浮点型的二维数组：a[5][4]。学生的编号用数组的行号 + 1 来表示，课程编号用列号 + 1 来表示。

该程序的设计主要包括：用行指针引用输入二维数组各元素的值，并计算每个学生 3 门课的平均成绩以及全部学生成绩信息的输出 3 部分。

这 3 部分都是对数组元素的整体性操作，表 6-3 中二维数组行指针的 6 种引用方式都适用。我们选择行指针下标移位法引用来设计程序。

采用行指针下标移位法引用方式进行程序设计的步骤如下。

下标移位法引用方式要采用双循环的控制语句,要设定两个循环变量 i 和 j;求平均值要用到累加求和,要设定一个总和变量 sum。二维数组、总和变量以及行指针 p 等都应设定为浮点型,并给行指针 p 先赋初值。程序中要加上适当的提示信息。

输入部分的程序段可以设计如下:

```
1   for(i = 0; i < 5; i++)
2   {
3           printf("请输入第 %d 个学生 3 门课的成绩:",i + 1);
4           for(j = 0; j < 3; j++)
5               scanf("%f",p[i] + j);
6   }
```

程序段的第 1 行是外循环语句 for(i),i < 5 主要与 5 名学生的人数相对应。

第 3 行是提示输入某个学生 3 门课的成绩信息,i + 1 表示学生的编号。该提示语句一定要放在外循环语句 for(i)之后、内循环语句 for(j)之前才有用。如果不设该提示语句,那么可能不知道输入的是哪个学生的成绩,也不知道要输入几门课的成绩,所以,该提示语句是必要的。

第 4 行是内循环语句 for(j = 0; j < 3; j++)主要与 3 门课的成绩相对应,数字 3 代表 3门课。

第 5 行中的 p[i] + j 就是用行指针的下标移位法引用方式表示二维数组元素的地址。

求平均成绩部分的程序段可以设计如下:

```
1   for(i = 0; i < 5; i++)
2   {
3       sum = 0;
4       for(j = 0; j < 3; j++)
5           sum += * (p[i] + j);
6       * (p[i] + 3) = sum/3;
7   }
```

程序段的第 3 行是给累加求和变量 sum 赋初值 0,该语句必须放在外循环之后、内循环之前,要在每个学生 3 门课成绩累加之前先对累加变量 sum 清 0,否则会出错。

第 5 行是采用行指针的下标移位法引用对每个学生 3 门课的成绩进行累加求和。

第 6 行是采用行指针的下标移位法引用进行平均成绩的计算,注意左侧的列移位要用数字 3 或者用下标 j,都表示数组的第 4 列,也就是存放平均成绩的位置。

全部学生成绩信息的输出部分程序段可以设计如下:

```
1   printf("学生的成绩信息如下:\n");
2   printf("编号\t课程 1\t课程 2\t课程 3\t平均值\n");
3   for(i = 0; i < 5; i++)
4   {
5       printf(" %d\t",i + 1);
6       for(j = 0; j < 4; j++)
7           printf("%2.2f\t", * (p[i] + j));
8       printf("\n");
9   }
```

程序段的第 1 行和第 2 行是输出提示信息,采用转义字符\t 拉大前后的信息间隔。

第 5 行先输出学生的编号 i+1。

第 6 行内循环语句中的"j<4;"表示分别输出 3 门课的成绩和平均成绩 4 个数据。

第 7 行是采用行指针的下标移位法引用输出元素的值。

第 8 行的作用是每输出完一个学生的信息后要换行。

采用行指针的下标移位法引用设计的完整程序如下:

```
1   # include < stdio. h>
2   void main()
3   {
4       int i,j;
5       float a[5][4],sum,( * p)[4] = a;
6       printf("\n");
7       for(i = 0; i < 5; i++)
8       {
9           printf("请输入第  % d 个学生 3 门课的成绩:",i + 1);
10          for(j = 0; j < 3; j++)
11              scanf("% f",p[i] + j);
12      }
13      for(i = 0; i < 5; i++)
14      {
15          sum = 0;
16          for(j = 0; j < 3; j++)
17              sum += * (p[i] + j);
18          * (p[i] + 3) = sum/3;
19      }
20      printf("学生的成绩信息如下:\n");
21      printf("编号\t 课程 1\t 课程 2\t 课程 3\t 平均值\n");
22      for(i = 0; i < 5; i++)
23      {
24          printf(" % d\t",i + 1);
25          for(j = 0; j < 4; j++)
26              printf("% 2.2f\t", * (p[i] + j));
27          printf("\n");
28      }
29  }
```

程序的运行结果与例 6-4 的结果相同,说明行指针的下标移位法引用是正确的。

6.6 字符串指针及 3 个关键环节

通过对第 5 章数组的学习,我们知道一维的字符型数组就是一个字符串,二维的字符型数组就是多个字符串。而一维数组的指针、二维数组的列指针和行指针等多种指针的引用方法对于相应的字符串或者字符型数组也都适用。对于字符型指针,由于定位不同,指向不同,可以是字符指针,也可以是字符串指针,而实际引用更多的是字符串指针。

字符串指针的引用主要有两个目的;一是通过字符串指针引用字符串,二是通过字符串指针引用单一的字符。这两种引用与字符的控制格式密切相关。

6.6.1 字符串指针的定义和定位

字符串指针也有定义、定位和引用 3 个重要环节,三者的先后顺序也不能颠倒。

我们把一维字符型数组的指针以及二维字符型数组的列指针和行指针都可以称为对应字符串的指针,它们的定义和定位方式与前述数组对应指针的定义、定位方式类似,不同的只是类型都是字符型 char。例如,

```
char sr1[6], * p = sr1;        //是给一维字符数组 sr1 和字符串指针 p 定义和定位
char sr2[2][6], * p = sr2[0];  //是给二维字符数组 sr2 和字符串的列指针 p 定义和定位
char sr2[2][6],( * p)[6] = sr2; //是给二维字符数组 sr2 和字符串的行指针 p 定义和定位
```

以上的定义和定位都是正确的。

6.6.2 用字符指针引用字符串的方法

字符指针的定义很简单:

字符类型 * 指针名;

例如,

```
char * p;                      //这就是字符指针的定义,p 是一个字符指针
```

字符指针与字符串指针略有不同,它比字符串指针更灵活。它可以指向任何一个字符,也可以指向任何一个一维的字符数组或者是字符串,还可以指向二维字符数组的某一列。可以把任意一个字符串直接赋值给它,字符串中字符的个数不受限制,这些就是字符指针的优点;缺点是不能从键盘上给字符指针动态赋值。

1. 用字符指针引用一维的字符串

例如,

```
char * p,sr1[6]; p = sr1;
```

先定义了一个字符指针 p 和一个字符串,然后给字符指针定位。

通过指针 p 的引用就可以给一维的字符串 sr1 赋值,比如,

```
scanf(" % s",p);
```

该输入语句中的指针 p 就代表字符串 sr1 的首地址,我们把"CHINA"通过键盘赋值给指针 p,再通过输出语句"printf("sr1＝%s",p);"就可以得到下面的显示结果:

```
sr1 = CHINA
```

输出语句中的指针 p 也代表字符串 sr1 的首地址,这就是用字符指针引用一维字符串的主要方法。

2. 用字符指针作为列指针引用二维的字符串

例如,

```
char * p, sr2[2][6]; p = sr2[0];
```

先定义了一个字符指针 p 和一个二维字符串,然后给字符指针定位。

该字符指针 p 扮演的是二维字符型数组列指针的角色。

通过该指针的引用给二维字符数组第1行的字符串 sr2[0]赋值,比如,

scanf(" % s",p);

我们把"Hello"通过键盘赋值给指针 p,再通过输出语句"printf("sr2[0]= % s",p);"就可以得到下面的显示结果:

sr2[0] = Hello

3. 用字符指针间接作为行指针引用二维的字符串

请看下面的程序段:

```
1    char sr2[2][6],( * p)[6] = sr2;
2    char * q;
3    q = * p;
4    printf("请输入一个字符串:");
5    scanf(" % s",q);
6    printf("该字符串是:");
7    printf(" % s\n",q);
```

程序说明:

第1行定义了一个二维字符数组 sr2[2][6]和行指针 p,并定位在该数组的首行。

第2行定义了一个字符指针 q。

第3行把行指针 p 转换为列指针后赋值给字符指针 q。

第4行和第6行是提示信息。

第5行是通过字符指针 q 从键盘上给二维字符数组的第1行输入一个字符串。

第7行是通过字符指针输出二维字符数组第1行的字符串。

完整程序运行的结果如下:

请输入一个字符串:world↙
该字符串是:world
Press any key to continue

说明字符指针 q 间接扮演了二维字符数组行指针 p 的角色。

4. 直接给字符指针赋字符串

我们可以通过字符指针直接赋值的方式把一个字符串赋值给字符指针。
例如,

char * p;
p = "Today is a good day!";
printf("该字符串是: % s\n",p);

输出的结果是:

该字符串是:Today is a good day!
Press any key to continue

如果把上面的程序段改为下面的形式:

char * p;
p = "云雨山川素纸装\n 晓风残月入华章\n 一毫漫卷千秋韵\n 七彩融开几度芳\n 山路松声和涧响\n 雪溪阁畔画船徉\n 谁人留得春常在\n 唯有丹青花永香\n";
printf("\n　字符串是:\n");

```
printf("%s",p);
```

在该程序段中,字符指针 p 就定位在所对应的字符串首地址上,至于该字符串究竟有多长并没有关系。

其输出结果如下:

```
 字符串是:
云雨山川素纸装
晓风残月入华章
一毫漫卷千秋韵
七彩融开几度芳
山路松声和涧响
雪溪阁畔画船徉
谁人留得春常在
唯有丹青花永香
Press any key to continue
```

从以上的例子可以看出,利用字符指针既可以引用一维的字符串,也可以引用二维的字符串,还可以给字符指针在程序中直接赋值,而且不会受到字符串长度的限制。这就是字符指针的优点。

需要注意的是,不能直接从键盘上对字符指针赋值。

请看下面程序的例子:

```
char * p;
scanf("%s",p);
```

如果给字符指针 p 从键盘上赋值"Have a nice day!"则没有输出结果。这是因为,字符指针 p 还没有定位。

可见,字符指针只有定义、没有定位是不能引用赋值的。所以对字符指针直接从键盘上赋值是错误的,只有定位到一个字符数组上才可以引用。

5. 采用专用函数对字符指针进行引用

采用字符串的输入、输出函数对字符指针进行引用也是可行的,请看下面的程序段:

```
char sr1[6], * p = sr1;
printf("请给字符串 sr1 赋值:");
gets(p);
puts(p);
```

完整程序的输出结果如下:

```
请给字符串 sr1 赋值:CHINA ↙
CHINA
Press any key to continue
```

如果程序段为:

```
char sr2[2][6], * p = sr2[0];
printf("请给字符串 sr2 的第 1 行赋值:");
gets(p);
puts(p);
```

完整程序的输出结果如下:

```
请给字符串 sr2 的第 1 行赋值:Hello ↙
```

Hello

Press any key to continue

同样,如果把字符指针定位在二维字符串的第2行上,也能输入、输出相应的字符串,大家可以自己去验证。

但是,下面的程序段是不可行的:

```
char * p;
printf("请给字符串指针赋值:");
gets(p);
puts(p);
```

如果用一个完整的程序来运行它,那么在执行输入语句"gets(p);"时,会弹出一个关闭程序的窗口。原因依然是字符指针p还没有定位,所以是不能引用的。

6. 采用字符指针以循环方式给二维字符串赋值及输出

对于二维字符串的输入和输出采用循环方式要更优化一些,二维字符串的个数越多优势就越明显。

请看下面的程序段:

```
1    int i;
2    char sr2[2][6], * p;
3    for(i = 0; i < 2; i++)
4    {
5         p = sr2[i];
6         printf("请给第 %d 个字符串赋值:",i + 1);
7         scanf(" % s",p);
8    }
9    for(i = 0; i < 2; i++)
10   {
11        p = sr2[i];
12        printf("第 %d 个字符串是:",i + 1);
13        printf(" % s\n",p);
14   }
```

程序说明:

第5行和第11行是给字符指针动态定位。

第6行和第12行是提示信息。

第7行是字符串的输入语句,用字符指针p作为地址。

第13行是字符串的输出语句,也是用字符指针p作为地址。

大家可以验证程序的运行结果。

本例中的字符指针就是二维字符数组的列指针。

6.6.3　用字符指针引用单一字符的方法

前面主要介绍了用字符指针引用字符串的方法,也可以用字符指针引用单一的字符。

1. 用字符指针引用一维字符串中的字符

请看下面的程序段:

```
char sr1[6], * p = sr1;
```

```
printf("请给字符串 sr1 赋值:");
gets(p);
printf("第 2 个字符是 %c \n",p[1]);
printf("第 4 个字符是 %c \n", *(p+3));
```

后两行的输出语句采用的都是字符的控制格式%c,但是,指针的引用方式不同,前一行用的是指针下标法 p[1],后一行用的是指针移位法 *(p+3),输出的都是字符,说明字符指针对一维字符串单一元素的引用有两种不同的形式。

2. 用字符指针引用二维字符串中的字符

请看下面的程序段:

```
char sr2[2][6], * p = sr2[0];
printf("请给第 1 行字符串 sr2[0]赋值:");
gets(p);
printf("第 1 行第 2 个字符是 %c \n",p[1]);
p = sr2[1];
printf("请给第 2 行字符串 sr2[1]赋值:");
gets(p);
printf("第 2 行第 4 个字符是 %c \n", *(p+3));
```

本例中也是采用%c 格式输出字符,但下标法 p[1]输出的是第 1 行字符串的第 2 个字符,移位法 *(p+3)输出的是第 2 行字符串的第 4 个字符,大家看明白了吗?

6.6.4　用二维字符串行指针引用字符串的方法

前面介绍了用一维字符指针和二维字符串列指针引用字符串的方法,如果要用二维字符串行指针引用字符串也是可行的。

从表 6-3 中可知,二维数组的行指针有双下标法引用、下标移位法引用、双循环移位法引用、自增(自减)移位法引用、转换双移位法引用以及平移转换列移位法引用 6 种方式。

从这些引用中可以看出,它们都有两层含义,比如,双下标法引用包含行下标和列下标两个下标;下标移位法引用包含下标法和移位法两种内容;双循环移位法引用包含外循环和内循环两种形式;转换双移位法引用包含行移位和列移位两种情况;平移转换列移位法引用也包括行平移和列移位两种因素,因此,我们可以把二维数组行指针的引用称为双层引用。

由于二维数组行指针主要用于对数组元素的引用,而二维字符串行指针主要用于对整体字符串的引用。对于二维字符串的行指针而言,这 6 种方式不仅可以用于对二维字符串的引用,而且比二维数组行指针的引用还要简单。比如,原来的双下标法引用采用单下标法即可;原来的下标移位法引用采用下标法即可;原来的双循环移位法引用采用外循环法即可;原来的转换双移位法引用采用转换行移位法即可;原来的平移转换列移位法引用采用行平移转换法即可,也就是都舍弃了后一种引用方式。所以,我们可以把二维字符串行指针的引用称为单层引用。下面分别举例说明。

1. 用二维字符串行指针的双下标法引用字符串

请看下面的程序段:

```
1   # include < stdio.h >
2   void main()
3   {
```

```
4        int i;
5        char sr2[2][6] = {" "},( * p)[6] = sr2;
6        for(i = 0; i < 2; i++)
7        {
8            printf("请给第 %d 个字符串赋值:",i + 1);
9            gets(&p[i][0]);
10       }
11       for(i = 0; i < 2; i++)
12       {
13           printf("第 %d 个字符串为:",i + 1);
14           puts(&p[i][0]);
15       }
16   }
```

程序说明:

第 9 行是用字符串的输入函数 gets()输入字符串,字符串的地址要采用行指针的双下标法 &p[i][0]来表示,前面的地址符 & 不能少,否则就成了元素值的表示方法;第 1 个下标[i]是行号的动态表示方法,第 2 个下标[0]是第 1 列元素的位置,表示每行的输入要从第 1 列元素开始输入,虽然下标是[0],但不能省略,否则会出现错误。可见,输入函数 gets()不能采用单下标法的引用形式。

字符串的输入也可以采用格式输入语句来实现,即"scanf("%s",&p[i][0]);",输入语句还可以采用"scanf("%s",&p[i]);"形式,这种形式中字符串的地址采用一个行下标就能够实现,输入效果是一样的。所以,这种引用方式也可以称为行指针的单下标法引用。

第 14 行是用字符串的输出函数 puts()输出字符串,字符串的地址也要采用行指针的双下标法 &p[i][0]来表示,相关含义与输入语句 gets()类似。可见,输出函数 puts()也不能采用单下标法的引用形式。

输出语句可以采用"printf("%s\n",&p[i]);"语句实现单下标法引用。

程序的输出结果如下:

```
请给第 1 个字符串赋值:HELLO↙
请给第 2 个字符串赋值:WORLD↙
第 1 个字符串为:HELLO
第 2 个字符串为:WORLD
Press any key to continue
```

运行结果正确,说明采用二维字符串行指针的双(单)下标法引用字符串是成功的。

2. 用二维字符串行指针的下标法引用字符串

下面是相关引用部分的程序设计:

```
1    int i;
2    char sr2[2][6] = {" "},( * p)[6] = sr2;
3    for(i = 0; i < 2; i++)
4    {
5        printf("请给第 %d 个字符串赋值:",i + 1);
6        gets(p[i]);
7    }
8    for(i = 0; i < 2; i++)
9    {
10       printf("第 %d 个字符串为:",i + 1);
```

```
11      puts(p[i]);
12 }
```

程序说明：

程序段第 6 行输入语句中,字符串的地址采用行指针的下标移位法 p[i]+0 来表示, p[i]+0 与 p[i]是一样的,所以地址直接采用 p[i],前面不用再加地址符 &。字符串的输入也可以采用格式输入语句"scanf("%s",p[i]);"来实现。

第 11 行输出语句中,字符串的地址也采用行指针的下标移位法 p[i]来表示。

这种行下标移位法引用实际上只有一个行下标,所以也叫下标法引用。

如果输入相同,那么程序的输出结果与前面的也是一样的,大家可以自己去验证。

3. 用二维字符串行指针的单循环移位法引用字符串

下面是相关引用部分的程序设计：

```
1  int i;
2  char sr2[2][6] = {" "},( * p)[6];
3  for(i = 0, p = sr2; p < sr2 + 2; i++,p++)
4  {
5      printf("请给第 %d 个字符串赋值:",i + 1);
6      gets( * p);
7  }
8  for(i = 0, p = sr2; p < sr2 + 2; i++,p++)
9  {
10      printf("第 %d 个字符串为:",i + 1);
11      puts( * p);
12 }
```

程序说明：

第 3 行和第 8 行是复合循环语句 for(i,p),是以整型数 i 和行指针 p 为复合循环变量。循环变量的初值为 p=sr2;循环变量的终值为 p<sr2+2,表示行指针 p 的最大行移位是 2;行指针循环变量的增值为 p++,表示将行指针 p 自动向后移动一行。所以,该循环语句是对二维字符串按行进行循环。由于随后的提示信息中对字符串有顺序要求,所以循环变量中加入了整型变量 i 构成为复合循环变量。

第 6 行是输入语句,把行指针转换为列指针 * p,并作为首列地址。

第 11 行是输出语句,也是把行指针转换为列指针 * p,并作为首列地址。

如果输入的字符串也是 HELLO 和 WORLD,那么程序的输出结果与前面的也是一样的。

4. 用二维字符串行指针的自增(自减)移位法引用字符串

下面是相关引用部分的程序设计：

```
1  int i;
2  char sr2[2][6] = {" "},( * p)[6] = sr2;
3  for(i = 0 i < 2; i++)
4  {
5      printf("请给第 %d 个字符串赋值:",i + 1);
6      gets( * p++);
7  }
8  p = sr2;
```

```
9   for(i = 0 i < 2; i++)
10  {
11      printf("第 %d 个字符串为:",i + 1);
12      puts( * p++);
13  }
```

程序说明:

第 6 行是输入语句,用行指针 * p++ 自增运算表示当前行的首列地址,并自动向后移动一行。取 * 号运算的作用是将行指针转换为列指针。

字符串的输入也可以采用格式输入语句"scanf("%s",p++);"来实现,这里的 p++ 不需要取 * 号运算,输入效果是一样的。

第 8 行是给行指针回位。

第 12 行是输出语句,也是用行指针 * p++ 自增运算表示当前行的首列地址,并自动向后移动一行。

也可以采用格式输出语句"printf("%s",p++);",输出效果是一样的。

如果输入的字符串也是 HELLO 和 WORLD,那么程序的输出结果也同前。

这个例子说明,字符串的输入函数 gets() 和输出函数 puts() 只能采用字符串的列指针作为地址,不能采用行指针作为地址。而格式输入语句 scanf() 和输出语句 printf() 两种指针都可以。

还可以用二维字符串行指针的转换行移位法以及平移转换法引用字符串,这两种引用方法比较简单,也容易理解,大家可以自己练习。

二维字符串行指针有 6 种引用方式,它比二维数组行指针的引用方式简单,二维数组行指针的引用是双层引用,而二维字符串行指针的引用几乎是单层引用。表 6-4 对二维字符串行指针的引用方式要点进行了汇总,以便帮助大家更好地理解和引用。

表 6-4　二维字符串行指针引用方法的要点汇总

引用名称	引用方法	引用条件	移位性质	引用特性	引 用 示 例
双下标法引用	行指针[行下标][首列下标]	有循环变量	相对移位	系统性和单一性	字符串地址: &p[i][0] (scanf()) 字符串: &p[i][0] (printf())
下标法引用	行指针[行下标]	有循环变量	相对移位	系统性和单一性	字符串地址: p[i] 字符串: p[i]
单循环法引用	行指针作循环变量	行指针作外循环变量	绝对移位	系统性	int a[3][4],(* p)[3]; for(p = a; p < a + 3; p + +) 字符串地址: * p, 字符串: * p
自增(自减)移位法引用	行指针转换成列指针 + +(− −)	有循环变量	绝对移位	系统性	int i,j,a[3][4]; int (* p)[3] = a; 字符串地址: * p++ ,字符串: * p++
转换行移位法引用	* 行指针 + 行下标 * 总列数	有循环变量	相对移位	系统性和单一性	int i,j,a[3][4],(* p)[3] = a; 字符串地址: * p + i * 4 字符串: * p + i * 4
平移转换法引用	* (行指针 + 行下标)	有循环变量	相对移位	系统性和单一性	int i,j,a[3][4],(* p)[3] = a; 字符串地址: * (p + i) 字符串: * (p + i)

说明:自增(自减)移位法引用,关键位置必须要对行指针回位。

从表 6-4 中可以看出,二维字符串行指针有双下标法引用、下标法引用、单循环法引用、自增(自减)移位法引用、转换行移位法引用以及平移转换法引用等多种方式,这些引用方式对于二维字符串的输入、输出等系统性操作都适用;但是,对于单一型二维字符串的赋值、输出操作,单循环法引用和自增(自减)移位法引用不适用。因为这两种引用方式是绝对引用方式,元素的具体位置不好确定。而相对引用方式能够准确定位某一个元素的位置,所以都适用。明确了这一点,在程序设计时就可以少走弯路,少费周折,提高程序的设计效率。

二维字符串行指针的引用方法有很多种,在实际引用中究竟选择哪一种,要根据程序设计的实际要求来确定。一般情况下,选择下标法引用方式最简单。

6.6.5　二维字符串行指针的引用程序设计举例

从表 6-4 中可以看出,二维字符串行指针的引用方式有很多种,在前面每种引用方式的学习过程中,我们已经列举了不少引用的例子,对各种引用方式做了比较全面的解释,也有了一定的理解和掌握。所以,不再一一列举其引用方法了。下面仅通过个别例子加深一下对字符串行指针引用方式的学习和理解。

在二维数组行指针的引用举例中,例 6-4 主要是利用行指针计算 5 个学生 3 门课的平均成绩并输出学生的成绩信息。这个例子中并没有出现学生的姓名,而是用编号来表示不同的学生,这种编号形式与学生的姓名相比不够具体。所以,我们现在将例 6-4 做一下小小的改变,给 5 个学生成绩都加上具体的姓名,这样就更具有普遍性了,然后用二维字符串行指针引用来完成 5 个学生姓名的输入和输出,用二维数组的行指针引用来完成每个学生 3 门课平均成绩的统计、计算和输出等。请看例题。

例 6-6　设计程序,利用行指针引用计算 5 个学生 3 门课的平均成绩并输出全部学生的成绩信息。学生的成绩信息数据对应如下:

姓名	课程 1	课程 2	课程 3
张三	89.3	78.4	90.7
李四	78.6	88.1	67.4
王五	86.8	76.5	91.4
赵六	89.4	95.8	87.9
刘欣	74.3	67.9	84.2

编程思路:这个题目与之前的例子类似,只是多加了学生的姓名。程序也包括三大部分:一是 5 个学生姓名以及对应 3 门课成绩的输入,二是每个学生 3 门课平均成绩的计算,三是 5 个学生姓名及所有成绩信息的输出。因为学生的姓名是字符型数据,成绩是浮点型数据,不能用一个二维数组来表示,所以要将 5 个学生的姓名定义成一个二维的字符串。按照中文的习惯,姓名主要由 3 个汉字组成,加上字符串的结尾标志\0,每个姓名字符串需要 7 列。所以二维姓名字符串可以设定为 5 行 7 列的二维字符串形式,即 st[5][7],并给二维字符串数组赋初值为"空",这样可以防止输出时因字符串长度不够出现乱码;再将 5 个学生对应 3 门课的成绩与平均成绩一起定义成一个浮点型 5 行 4 列的二维数组,即 a[5][4]。

二维字符串行指针的引用和二维数组行指针的引用各有 6 种形式,都可以用来设计本例的程序,在这里仅用最简单的一种引用形式。其中二维字符串行指针的引用采用下标法引用方式,而二维数组行指针的引用采用下标移位法引用方式。

二维字符串行指针的引用要用到行变化的单循环,而二维数组行指针的引用要用到行、列变化的双循环,所以需要两个循环变量 i 和 j;两个行指针类型是不同的,也需要设定各自的行指针,字符串的行指针可以设定为(* p)[7],并给行指针 p 赋初值定位;二维数组的行指针可以设定为(* q)[4],并给行指针 q 也赋初值定位;计算平均成绩还需要先求和,因此,还需要设定一个求和变量 sum。其相关的定义如下:

```
int i,j;
char st[5][7] = {" "},( * p)[7] = st;
float a[5][4],( * q)[4] = a,sum;
```

程序的输入部分可以采用姓名和成绩分开输入,也可以采用姓名和 3 门课成绩按顺序一起输入。如果分开输入,那么既可以用学生的姓名输出提示成绩的输入,也可以采用编号顺序来提示成绩的输入;如果采用按顺序一起输入,那么学生的姓名输入要放在成绩的输入之前,也就是放在内外循环之间。可以对输入信息进行整体提示,那么也可以按学生分开提示;如果是整体提示,那么提示信息要放在双循环之前;如果是分开提示,那么提示信息要放在外循环之后、内循环之前。

如果将姓名和成绩分开输入,程序中既含有输入,又含有输出,自然会复杂一些;而按顺序一起输入,只含有输入,所以程序要简单一些。对于同样的功能实现方法有多个选项时,要选择简单的选项。

要用最简单的程序实现最复杂的功能,这就是程序的优化设计。

本例输入部分的程序段设计如下:

```
1    printf("请输入学生的姓名和 3 门课的成绩:\n");
2    for(i = 0; i < 5; i++)
3    {
4         scanf(" % s",p[i]);
5         for(j = 0; j < 3; j++)
6              scanf(" % f",q[i] + j);
7    }
```

程序说明:

第 1 行是整体的提示信息,必须放在双循环之前。

第 2 行是外循环 for(i···)语句,用于控制二维字符串和二维数组的行号变化。

第 4 行是采用字符串行指针的下标法引用 p[i]作为地址,输入学生的姓名。

第 5 行是内循环 for(j···)语句,用于控制二维数组的列号变化,也就是按列输入 3 门课的成绩,这里循环变量的终值 j < 3;数字 3 表示有 3 门课,不能用 4,否则就把平均成绩的位置给占用了。

第 6 行是采用二维数组行指针的下标移位法引用 q[i]+j 作为地址输入学生 3 门课的成绩。

其中,第 4 行是先输入学生的姓名,第 6 行再输入对应学生 3 门课的成绩,这就是两种不同类型的数据按顺序一起输入。

本例平均分计算部分的程序段设计如下:

```
1    for(i = 0; i < 5; i++)
2    {
3         sum = 0;
4         for(j = 0; j < 3; j++)
```

```
5          sum += * (q[i] + j);
6          * (q[i] + j) = sum/3;
7      }
```

程序说明：

第 1 行和第 4 行循环语句含义同前。

第 3 行是对每个学生 3 门课的成绩累加求和之前，给求和变量 sum 清 0。

第 5 行是采用二维数组行指针的下标移位法引用进行取 * 号运算实现累加求和。

第 6 行是对每个学生的平均成绩进行计算和赋值，* (q[i]＋j) 是对行指针 q 进行下标移位法取 * 号运算，变量 j 代表平均成绩的列号，经过内循环之后，此刻 j＝3，这是一个确定的位置，也可以直接用数字 3，效果是一样的。

本例学生信息输出部分的程序段设计如下：

```
1  printf("学生的姓名和 3 门课成绩信息如下:\n");
2  printf("姓名\t  课程 1\t  课程 2\t  课程 3\t  平均\n");
3  for(i = 0; i < 5; i++)
4  {
5      printf("% s\t",p[i]);
6      for(j = 0; j < 4; j++)
7          printf("% 2.2f\t", * (q[i] + j));
8      printf("\n");
9  }
```

程序说明：

第 1 行和第 2 行是整体提示信息。

第 3 行和第 6 行是外、内循环语句，其中内循环变量的终值 j < 4；包含了平均成绩所在列的位置。

第 5 行是采用二维字符串行指针的下标法引用输出学生的姓名。

第 7 行是采用二维数组行指针的下标移位法引用进行取 * 号运算输出学生 3 门课的成绩和平均成绩。

整个完整的程序如下：

```
1   # include < stdio. h>
2   void main()
3   {
4       int i,j;
5       char st[5][7] = {" "},( * p)[7] = st;
6       float a[5][4],( * q)[4] = a,sum;
7       printf("请输入学生的姓名和 3 门课的成绩:\n");
8       for(i = 0; i < 5; i++)
9       {
10          scanf("% s",p[i]);
11          for(j = 0; j < 3; j++)
12              scanf("% f",q[i] + j);
13      }
14      for(i = 0; i < 5; i++)
15      {
16          sum = 0;
17          for(j = 0; j < 3; j++)
18              sum += * (q[i] + j);
```

```
19            * (q[ i] + j) = sum/3;
20        }
21        printf("学生的姓名和 3 门课成绩信息如下:\n");
22        printf("姓名\t  课程 1\t  课程 2\t  课程 3\t  平均\n");
23        for(i = 0; i < 5; i++)
24        {
25            printf(" % s\t",p[i]);
26            for(j = 0; j < 4; j++)
27                printf(" % 2.2f\t", * (q[i] + j));
28            printf("\n");
29        }
30 }
```

程序中每行语句的含义同前述。

输入数据时,各数据之间要用空格隔开。

程序的运行结果如下:

```
请输入学生的姓名和 3 门课的成绩:
张三 89.3 78.4 90.7 ↙
李四 78.6 88.1 67.4 ↙
王五 86.8 76.5 91.4 ↙
赵六 89.4 95.8 87.9 ↙
刘欣 74.3 67.9 84.2 ↙
学生的姓名和 3 门课成绩信息如下:
姓名    课程 1    课程 2    课程 3    平均
张三    89.3      78.4      90.7    86.13
李四    78.6      88.1      67.4    78.03
王五    86.8      76.5      91.4    84.90
赵六    89.4      95.8      87.9    91.03
刘欣    74.3      67.9      84.2    75.47
Press any key to continue
```

从程序的运行结果来看,输入和输出部分的内容是完全一致的,说明程序设计是成功的。

对于采用姓名和成绩分开输入的方式,大家自己可以去练习验证。

6.6.6　用二维字符串行指针引用单一字符的方法

用二维字符串行指针引用单一字符的方法要比引用字符串的方法复杂一些,前者是双层引用,后者是单层引用。该双层引用方法与二维数组行指针的多种引用方法类似,主要有双下标法引用、下标移位法引用、转换双移位法引用以及平移转换列移位法引用等多种方式,这些引用方式对于二维字符串中单一字符的个别赋值和输出等操作都适用;而双循环移位法引用、自增(自减)移位法引用是绝对引用方式,字符的具体位置不好确定,所以不大适合。引用时字符的控制格式必须采用%c的格式,下面举例来说明上面 4 种引用方法的具体应用。

例 6-7　用二维字符串行指针的多种引用方法输出 3 个字符串"Beijing"、"Shanghai"、"Guangzhou"中的单一字符。

编程思路:从例 6-7 中可以看出,有 3 个字符串,而且 3 个字符串长度各不相同,最长的有 9 个字符,加上字符串的结尾标志\0 就是 10 字节的位置。所以,我们可以定义一个 3 行

10 列的二维字符串,并从键盘上给字符串赋值。因为字符串的长度不统一,为了避免出现
输出上的错误,定义时需要给字符串赋空值。在二维字符串行指针引用单一字符的 4 种方
式中都需要用到双循环,所以需要定义两个循环变量 i 和 j。当然二维字符串行指针也必须
定义。有了这些基础,在程序中,我们分别用 4 种引用方式来输出 3 个字符串中不同的
字符。

下面是程序的定义部分:

```
int i,j;
char cs[5][10] = {" "},( * p)[10] = cs;
```

定义了两个循环变量 i 和 j,定义了一个二维字符串 cs 和字符串的行指针 p,并给字符串赋
空值,给行指针直接定位。

从键盘上给二维字符串赋值的程序段如下:

```
1   for(i = 0; i < 3; i++)
2   {
3          printf("请输入第 %d 个字符串:",i + 1);
4          gets(p[i]);
5   }
```

程序说明:

第 1 行是 for(i…)循环语句,用于控制字符串的行变化,也是控制字符串的个数。

第 3 行是输入字符串的提示信息。

第 4 行是采用字符串行指针下标法引用 p[i]作地址用字符串的输入函数 gets()来输入
字符串。

3 个字符串的输出程序段如下:

```
1   printf("下面输出各字符串:\n");
2   for(i = 0; i < 3; i++)
3{
4          printf("  ");
5          puts(p[i]);
6   }
```

程序说明:

第 1 行是输出提示信息。

第 2 行是 for(i…)循环语句,意义同上。

第 4 行输出两个空格,不要顶左边输出,这样看得更清楚。

第 5 行是采用字符串行指针下标法引用 p[i]作地址用字符串的输出函数 puts()来输出
字符串,也是对输入字符串进行验证。

下面是采用双下标法引用输出各字符串中的单一字符程序段:

```
1   printf("\n  下面用双下标法引用输出各字符串中的单一字符:\n");
2   for(i = 0; i < 3; i++)
3{
4          printf("  第 %d 个字符串的第 %d 个字符是:",i + 1,i + 1);
5          for(j = 0; j < 9; j++)
6          {
7                  if(i + 1 == j + 1)
```

```
8              printf("%c\n",p[i][j]);
9          }
10 }
```

程序说明:

第 1 行是提示信息。

第 2 行是 for(i…)循环语句,是外循环,含义同上。

第 4 行是字符串与对应字符的提示信息,其中字符串和字符都是随着循环可以变化的,并不是一个字符串的固定模式。

第 5 行是 for(j…)循环语句,是内循环,用于控制字符位置的变化。

第 7 行 if(i+1==j+1)是输出对应字符串与对应字符位置的判断语句,若成立,也即输出第一个字符串的第一个字符、第二个字符串的第二个字符和第三个字符串的第三个字符。

第 8 行是采用字符串行指针的双下标法引用输出对应字符的值。

下面是采用下标移位法引用输出各字符串中的单一字符程序段:

```
1  printf("\n  下面用下标移位法引用输出各字符串中的单一字符:\n");
2  for(i = 0; i < 3; i++)
3    {
4        printf("  第 %d 个字符串的第 %d 个字符是:",i+1,i+3);
5        for(j = 0; j < 9; j++)
6        {
7        if(i + 3 == j + 1)
8            printf("%c\n", *(p[i] + j));
9        }
10 }
```

程序段中各行的含义与字符串行指针的双下标法引用程序段的对应行含义相似,不同的是,第 8 行采用字符串行指针下标移位法引用进行取 * 号运算输出字符的值。

下面是采用转换双移位法引用输出各字符串中的单一字符程序段:

```
1  printf("\n  下面用转换双移位法引用输出各字符串中的单一字符:\n");
2  for(i = 0; i < 3; i++)
3  {
4        printf("  第 %d 个字符串的第 %d 个字符是:",i+1,i+5);
5        for(j = 0; j < 9; j++)
6        {
7            if(i + 5 == j + 1)
8                printf("%c\n", *( *p + i * 10 + j));
9        }
10   }
```

程序段中各行的含义也与字符串行指针的双下标法引用程序段的对应行含义相似,不同的是,第 8 行采用字符串行指针的转换双移位法引用进行取 * 号运算输出字符的值。

下面是采用平移转换移位法引用输出各字符串中的单一字符程序段:

```
1  printf("\n  下面用平移转换列移位法引用输出各字符串中的单一字符:\n");
2  for(i = 0; i < 3; i++)
3    {
4        printf("  第 %d 个字符串的第 %d 个字符是:",i+1,i+7);
5        for(j = 0; j < 9; j++)
```

```
6          {
7              if(i + 7 == j + 1)
8                  printf("%c\n", *(*(p + i) + j));
9          }
10     }
```

程序段中各行的含义也与字符串行指针的双下标法引用程序段的对应行含义相似,不同的是,第8行采用字符串行指针的平移转换移位法引用进行取*号运算输出字符的值。

下面是完整的程序设计:

```
1    #include < stdio.h >
2    void main()
3    {
4        int i,j;
5        char cs[5][10] = {" "},(*p)[10] = cs;
6        printf("\n");
7        for(i = 0; i < 3; i++)
8        {
9            printf("   请输入第 %d 个字符串:",i + 1);
10           gets(p[i]);
11       }
12       printf("\n 下面输出各字符串:\n");
13       for(i = 0; i < 3; i++)
14       {
15           printf("   ");
16           puts(p[i]);
17       }
18       printf("   下面用双下标法引用输出各字符串中的单一字符:\n");
19       for(i = 0; i < 3; i++)
20       {
21           printf("   第 %d 个字符串的第 %d 个字符是:",i + 1,i + 1);
22           for(j = 0; j < 9; j++)
23           {
24               if(i + 1 == j + 1)
25                   printf("%c\n",p[i][j]);
26           }
27       }
28       printf("   下面用下标移位法引用输出各字符串中的单一字符:\n");
29       for(i = 0; i < 3; i++)
30       {
31           printf("   第 %d 个字符串的第 %d 个字符是:",i + 1,i + 3);
32           for(j = 0; j < 9; j++)
33           {
34               if(i + 3 == j + 1)
35                   printf("%c\n", *(p[i] + j));
36           }
37       }
38       printf("   下面用转换双移位法引用输出各字符串中的单一字符:\n");
39       for(i = 0; i < 3; i++)
40       {
41           printf("   第 %d 个字符串的第 %d 个字符是:",i + 1,i + 5);
42           for(j = 0; j < 9; j++)
43           {
44               if(i + 5 == j + 1)
```

```
45                        printf(" % c\n", * ( * p + i * 10 + j));
46            }
47        }
48        printf("  下面用平移转换列移位法引用输出各字符串中的单一字符:\n");
49        for(i = 0; i < 3; i++)
50        {
51            printf("  第 % d 个字符串的第 % d 个字符是:",i + 1,i + 7);
52            for(j = 0; j < 9; j++)
53            {
54                if(i + 7 == j + 1)
55                    printf(" % c\n", * ( * (p + i) + j));
56            }
57    }
58 }
```

程序各行的含义分析同前,程序运行后输入的结果如下:

请输入第 1 个字符串:Beijing
请输入第 2 个字符串:Shanghai
请输入第 3 个字符串:Guangzhou
下面输出各字符串:
Beijing
Shanghai
Guangzhou
下面用双下标法引用输出各字符串中的单一字符:
第 1 个字符串的第 1 个字符是:B
第 2 个字符串的第 2 个字符是:h
第 3 个字符串的第 3 个字符是:a
下面用下标移位法引用输出各字符串中的单一字符:
第 1 个字符串的第 3 个字符是:i
第 2 个字符串的第 4 个字符是:n
第 3 个字符串的第 5 个字符是:g
下面用转换双移位法引用输出各字符串中的单一字符:
第 1 个字符串的第 5 个字符是:i
第 2 个字符串的第 6 个字符是:h
第 3 个字符串的第 7 个字符是:h
下面用平移转换列移位法引用输出各字符串中的单一字符:
第 1 个字符串的第 7 个字符是:g
第 2 个字符串的第 8 个字符是:i
第 3 个字符串的第 9 个字符是:u
Press any key to continue

从程序的输入和各项输出显示结果来看,完全正确,也说明二维字符串行指针多种方式引用字符串中单一字符是可行的。

本章中对字符串指针的引用举例虽然很有限,但是基本的引用方法都涉及到了。有道是:万变不离其宗。只要理解了最基本的引用方法,才能拓展更大的引用范围。不论是字符串指针何种类型的引用,原理和方法都是相通的,完全可以借鉴本章举例中的引用方法。

本章小结

指针是 C 语言的精华。它包含的内容比较多,本章主要介绍了变量的指针、数组的指针和字符串的指针等。

指针就像一个箭头。只有定义了的指针,这个箭头才有意义。而没有定位的指针,其箭头的指向是不确定的。

学习 C 语言的指针要紧紧抓住指针的定义、定位和引用 3 个关键环节。不论是哪种指针都是如此。三者必须按顺序进行,少一个都不行,顺序错位也不行。只要牢牢记住了这 3 个关键环节,指针的学习就会事半功倍。

变量有整型、浮点型和字符型 3 种类型,与其对应的指针也有 3 种类型,即整型指针、浮点型指针和字符型指针。

变量指针的定义格式:

指针的类型 ＊指针变量名;

指针的定位方法:

指针名 = 变量的地址;

或者

指针名 = ＆ 变量名;

变量指针的引用方法:

＊指针名 = 变量名;

变量指针的引用运算有 5 种方式,分别是带括号的指针值的自增自减后置运算、带括号的指针值的自增自减前置运算、不带括号的指针的自增自减后置运算、不带括号的指针值的自增自减前置运算和变量指针值的算术运算。

指针有两个属性:一个是地址属性,另一个是指针值的属性。也就是说,地址仅仅是指针的一个属性。

一维数组指针的 3 个关键环节也是定义、定位和引用。

其定义格式:

指针的类型 ＊指针变量名;

定位方法:

指针名 = 一维数组的首地址;

或者

指针名 = ＆ 一维数组名;

引用方法:

＊指针当前位置 = 一维数组元素;

学习指针引用的秘诀就是:首先要弄清楚在指针引用运算中所涉及的指针移位是绝对移位还是相对移位。如果是绝对移位,则说明在引用运算之前与运算之后指针的定位位置发生了改变。如果是相对移位,则说明在引用运算之前与运算之后指针的定位位置并没有改变,还在原来元素的地址上。其次要明确知道指针的当前定位位置究竟是在哪个元素的地址上,这对后续指针的引用运算会产生直接的影响。

一维数组指针的主要引用方式有下标法、移位法、循环移位法以及自增(自减)移位法 4 种引用方式,前两种属于相对移位法引用方式,后两种属于绝对移位法引用方式。

二维数组的指针有列指针和行指针。

列指针的定义：

指针的类型　＊指针变量名；

列指针的定位：

列指针名＝二维数组的首行首列地址；

二维数组列指针有双移位法引用、下标法引用、移位法引用、内循环移位法引用以及自增、自减移位法引用5种方式，5种引用方式对系统性操作都适用；对于单一元素操作，只有前3种引用方式适用。

行指针的定义：

指针的类型（＊指针变量名）［列下标总数］；

行指针的定位：

行指针名＝二维数组名；

二维数组行指针有双下标法引用、下标移位法引用、双循环移位法引用、自增（自减）移位法引用、转换双移位法引用以及平移转换列移位法引用等多种方式，这些引用方式对系统性操作都适用；但是，对单一元素的操作，双循环移位法引用和自增（自减）移位法引用不适用。

字符串指针的引用主要有两个目的：一是通过字符串指针引用字符串，二是通过字符串指针引用单一的字符。相对而言，引用字符串更多一些。引用字符串时要采用％s的控制格式，引用单一字符时要采用％c的控制格式。

字符串指针的定义和定位方式与其他对应指针的定义、定位方式类似，不同的只是类型是字符型 char。

因为字符指针与一维字符串指针、二维字符串列指针的定义格式完全相同，只有定位不同时，指针的归属才不同。所以，可以将字符指针称为字符串指针。用字符指针可以引用字符，也可以引用一维字符串，还可以引用二维字符串，另外，还可以直接给字符指针赋字符串，而且字符串的长度不受限制。采用专用函数也可以对字符指针进行引用。将字符指针与循环语句相结合对字符串进行相应的控制操作优势更明显。

用字符指针可以引用单一的字符，也可以引用一维和二维字符串中的单一字符。

用二维字符串的行指针可以引用字符串，其方法有单下标法引用、下标法引用、单循环法引用、自增（自减）移位法引用、转换行移位法引用以及平移转换法引用等多种方式，这些引用方式对系统性操作都适用；但是，对单一字符操作，单循环法引用和自增（自减）移位法引用不适用。

用二维字符串行指针可以引用单一的字符，方法要比引用字符串的方法复杂一些，前者是双层引用，后者是单层引用。

第7章

C语言中的函数

C语言中的函数内容比较多,包括C程序的结构形式、函数的分类、自定义函数与主函数的分工协作、函数的调用方法与形式、自定义函数参数的3种传递方式与特点、函数的指针及其引用、变量的作用域、主文件与外部文件、C程序的工程应用设计方法、通用函数的调用方法等;新的概念也多,比如自定义函数、有参函数、无参函数、有返回值的函数、无返回值的函数、内部变量、外部变量、内部函数、外部函数、静态变量、静态函数、变量的声明、函数的声明、函数的调用、函数的指针等。

C语言中的函数与单纯的数学函数不同,它不仅包含数学函数的功能,也可以实现某种特定的功能。

C语言中的函数是由众多C语言语句命令组成的集合。每一个C语言源程序都包含一个或者多个C语言函数。函数是C语言程序的基本单位,也是C语言程序模块化设计的基础。

如果有些功能是类似的,那么可以将其设计成一个自定义函数,在需要的时候调用它,这样既可以减少重复编程,又能提高工作效率。从这一点讲,自定义函数就是一种特殊的"循环"。

实际上,函数就是一种专门为C语言程序服务的"工具"。不同的是,有些"工具"是现成的,比如,通用函数,而绝大部分的"工具"是需要我们自己去设计的,这就是自定义函数。不论是哪一种"工具",只要我们知道了它是做什么的,就能更好地掌控它、使用它。

7.1 C程序的结构形式

图7-1所示是最简单的C程序结构形式,它只有一个源程序文件,而且源程序文件中除了预处理命令之外只有一个主函数。

我们在前面所列举的程序都是最简单的C程序,也称为源程序文件,它们只有一个主函数,运行也简单。

简单的 C 程序只能解决简单的工程问题,而复杂的 C 程序可以解决系统性的工程问题。图 7-2 所示就是复杂的 C 程序结构形式,它包含了多个源程序文件。在这些源程序文件中,只有一个源程序文件含有主函数,它也是 C 程序运行的入口,而其他的源程序文件中所含有的函数大都属于自定义函数。

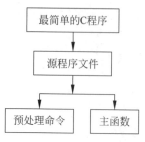

图 7-1　最简单的 C 程序结构形式

从图 7-2 中可以看出,源程序文件 2 中不仅包含预处理命令,也包含数据声明,还包含不同的函数。而源程序文件 1~源程序文件 n 等也具有类似的结构形式。在复杂的 C 程序中,将源程序文件又归结为主文件和外部文件两大类。

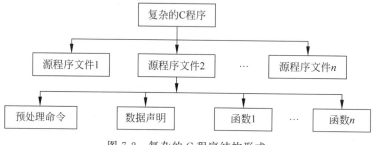

图 7-2　复杂的 C 程序结构形式

主文件:就是包含主函数的源程序文件。

外部文件:就是不包含主函数的源程序文件。

每个函数都有自己特定的功能,不论是主函数还是各种自定义函数,只有它们运行起来才能实现各自相应的功能。主函数在头文件的配合下是可以独立运行的,而各种自定义函数只有被调用时才能运行,这种调用关系很重要。

主函数与自定义函数的调用关系:当 C 程序中既有主函数又有自定义函数时,只有主函数可以调用任何自定义函数;反之不可以。但是,自定义函数之间可以相互调用,甚至还可以调用自己。该规定也符合文件的调用关系。

主文件与外部文件的调用关系:主文件可以调用外部文件,反之不可以;外部文件之间可以相互调用。

7.2　函数的分类

C 语言程序中的函数主要分为四大类:主函数、库函数、空函数以及用户自定义函数等。具体如下:

(1)主函数。main()就是程序首先要执行的函数。不论一个程序有多大,有多么复杂,也不论主函数位于程序的前面、中间还是后面,当程序执行时,都首先从主函数开始运行,最后到主函数结束。主函数的函数名 main 是专用的,不能修改,也不能用于其他的函数。

(2)库函数。所有由计算机编译系统提供的函数都是库函数,有的教科书中将其称为标准函数。它们都是由软件开发人员定义好的函数,并且将它们安装在计算机的编译系统中,需要时可以直接调用,不需要由用户自己再进行定义。

库函数有很多种,又可以分为两大类:一类是工具函数,例如,printf( )、scanf( )、getchar( )、gets( )、strcmp( )等;另一类是通用函数,例如,日期函数、实时函数、定位函数以及 sin( )、tan( )等数学函数。

要调用不同类型的库函数,必须首先找到该类函数的预处理命令或者是该类函数的头文件,在调用前先声明该类函数的运行平台,否则,即便是库函数也是无法运行的。

(3) 空函数。空函数是指函数体中只有一个分号";",没有任何实体语句的函数。空函数什么都不做,只是占用一段程序的位置,可以为后续程序的设计留有一定的余地。将循环语句与空函数相结合可以构成延时定时器,实现延时的功能,这一原理在单片机的程序设计中用得比较多。

(4) 用户自定义函数。由用户自己取名编写设计的函数。取名原则与变量的取名要求相同,也要具有 5 个要素,取名字母尽量与函数的功能协同一致,见名知义。

自定义函数与主函数是并列关系,不能嵌套定义。

自定义函数可分为有参和无参函数,也分为有返回值和无返回值的函数。

7.3　自定义函数与主函数的分工协作

当我们用 C 程序来完成某一项功能时,先要看一看有没有库函数可以完成我们所要求的功能。如果有,则可以调用相应的库函数来完成所要求的功能。比如,要计算 $\sin\alpha$、$\lg A$、$\sqrt{x}$ 的值等,这些都有现成的库函数,从数学函数库中直接调用相应的函数就能计算了,不需要自己再定义一个函数。

但是,绝大多数功能并没有对应的库函数,这就需要我们自己定义一个函数来完成它。要么直接由主函数来完成,要么由自定义函数来完成。

在一个 C 程序中,如果有 10 项功能要完成,那么可以让主函数完成重要的组织功能,而将其他的具体功能交给多个自定义函数来完成。这样的程序设计,结构更合理、更有优越性。

按照这样的设计理念,当完成所有的函数设计并组成 C 程序之后,在运行、调试过程中若出现了设计和编译问题,则可根据问题的特点查找相应的自定义函数,与其他的函数无关,这种查找和修改问题的方法也更快速、高效。

总的来说,自定义函数与主函数之间的关系就是分工协作的关系,而且自定义函数的作用更大、分量更重,所以更值得我们关注。

不管是主函数还是自定义函数,所有的函数都要先定义、后调用。

7.4　自定义函数的编程设计与调用方法

我们先回顾一下函数的定义方法,函数的定义就是对函数进行编程设计的过程。

1. 函数的一般定义方法

```
函数类型 函数名()
{
    函数体;
```

```
}
```

例 7-1　
```
void main()              void fun()
{                        {
    … ;                      … ;
}                        }
```

例 7-1 的左半部分是主函数的定义格式,右半部分是自定义函数的定义格式。可以看出,自定义函数的定义方法与主函数的定义方法类似,也就是把主函数的名字 main 更换成其他名字就成了一个自定义函数。所以自定义函数的定义方法还是比较简单的。

自定义函数选用什么类型是由该函数的返回值类型决定的,实际上是由主调函数的实参类型决定的。自定义函数的类型有 void、int、float、char 等多种形式。其中 void 是空类型,无返回值;int 表示返回值是整型;float 表示返回值是浮点型;char 表示返回值是字符型。

不论是输入、运算、比较、判断或者是输出等,凡是主函数能完成的功能自定义函数也能够完成。但是自定义函数不能独立运行,必须在主调函数的调用下才能够完成相关的功能。主调函数多为主函数,也有其他的自定义函数。

2. 自定义函数的分类

自定义函数可分为以下 4 种类型:

(1) 没有参数也没有返回值的自定义函数,简称"双无"函数;

(2) 没有参数但有返回值的自定义函数;

(3) 有参数但没有返回值的自定义函数;

(4) 既有参数又有返回值的自定义函数,简称"双有"函数。

这 4 种自定义函数都能被主调函数调用,其中第(1)、第(2)种自定义函数被调用时主调函数不需要实参;而第(2)、第(4)种自定义函数被调用时主调函数必须要有对等的实参与自定义函数的形参相配合。

设计主函数大家都熟悉,但要设计一个自定义函数大家可能还有点儿茫然,不知如何操作。

下面分别介绍 4 种自定义函数的定义和调用方法。

3. 没有参数也没有返回值的"双无"自定义函数的定义与调用方法

1)"双无"自定义函数的定义方法

请看下面的定义形式:

```
函数类型 函数名()
{
    说明语句部分;
    执行语句部分;
}
```

函数特征说明如下:

(1) 函数类型只能用 void 空类型,不能用 int、float、char 等形式。

(2) 函数名后面圆括号()中没有任何参数。

(3) 函数体的结尾不需要返回指令 return。

可见,"双无"自定义函数的定义方法很简单。

2)"双无"自定义函数的调用方法

函数的调用方法如下：

自定义函数名();

"双无"自定义函数的调用是一种"结果"调用形式，可以直接用自定义函数名调用，不需要任何实参，调用方法最简单。

例 7-2 这里以计算两个整数 a 和 b 求和 s 的简单例子来说明"双无"自定义函数的定义与调用方法。

我们知道，用 C 语言程序计算 s＝a＋b 很简单，包括以下 4 部分。

(1) 变量的定义：就是定义变量 a、b、s；

(2) 输入功能：就是给变量 a 和 b 赋值，否则无法计算；

(3) 计算功能：就是求 a＋b 的值，并赋值给变量 s；

(4) 输出功能：就是将变量 a、b 以及 s 的值输出出来。

如果不用自定义函数，由主函数来设计完成，则定义如下：

```
# include < stdio.h>
void main()
{
    int a,b,s;
    printf("Input a,b=? ");
    scanf("%d%d",&a,&b);
    s=a+b;
    printf("a,b,s=%d,%d,%d\n",a,b,s);
}
```

可见，主函数包含了变量的定义、变量的输入、求和计算以及结果的输出 4 个功能。若用自定义函数来完成该怎样设计，请看下面的编程思路。

编程思路：如果将主函数所完成的全部功能交给一个自定义函数来完成，该自定义函数取名为 Output，主函数仅仅调用这个自定义函数，当然是可行的。

因为自定义函数完成的功能与主函数是一样的，所以只需把主函数名 main 改成自定义函数名 Output，原程序的其他部分都不变，这就变成了一个自定义函数。该函数的定义如下：

```
void Output()
{
    int a,b,s;
    printf("Input a,b=? ");
    scanf("%d%d",&a,&b);
    s=a+b;
    printf("a,b,s=%d,%d,%d\n",a,b,s);
}
```

可见，该自定义函数的类型为 void，函数名 Output 后面的圆括号内没有任何参数，函数体尾部也没有 return 返回指令，所以，这就是一个"双无"自定义函数的定义。

虽然，这个"双无"自定义函数完成的功能与原来的主函数完全一样，但是，它是不能自己运行的，这也是所有自定义函数的共同特征。大家可以去验证。

该"双无"自定义函数不能独立运行，只有主函数调用后才能运行，其调用方法为"Output();"。

因为"双无"自定义函数 Output() 完成了所有的功能，所以主函数什么都不用做，只需

调用即可,其定义如下:

```
void main()
{
    Output();
}
```

加上文件包含声明后,将两者组合在一起,自定义函数在前,主函数在后,组合后的完整程序如下:

```
#include<stdio.h>
void Output()
{
    int a,b,s;
    printf("Input a,b=? ");
    scanf("%d%d",&a,&b);
    s=a+b;
    printf("a,b,s=%d,%d,%d\n",a,b,s);
}
void main()
{
    Output();
}
```

这就是一个"双无"自定义函数的设计与调用方法。编译后该程序就可以运行了。

由此可见,在主调函数要求自定义函数完成全部功能并输出其结果时,就可以将自定义函数定义成一个"双无"的函数形式,也就是定义自定义函数时不要形参,也不要返回值。你明白了吗?

4. 没有参数但有返回值的自定义函数的定义与调用方法

1) 没有参数但有返回值的自定义函数的定义方法

请看下面的定义形式:

```
函数类型 函数名()
{
    说明语句部分;
    执行语句部分;
    return 变量名;
}
```

函数特征说明如下:

(1) 函数类型只能用 int、float、char 等形式,不能用 void 空类型。

(2) 函数名后面的圆括号中没有任何参数。

(3) 函数体的结尾需要返回指令 return。

可见,没有参数但有返回值的自定义函数的定义方法要复杂一点。

2) 没有参数但有返回值的自定义函数的调用方法

函数的调用方法如下:

自定义函数名();

或者

变量名=自定义函数名();

没有参数但有返回值的自定义函数的调用是一种函数参数调用形式,调用返回的是一个数值,这个数值可以直接输出,也可以赋值给一个变量。但不需要任何实参。

例 7-3 还是以计算两个整数 a 和 b 求和 s 的简单例子来说明没有参数但有返回值的自定义函数的定义与调用方法。

编程思路:用主函数仅完成结果的输出,把变量的定义、输入以及计算等功能交给一个自定义函数来完成,该自定义函数取名为 fun,并将计算结果返回给主函数。

所设计的自定义函数如下:

```
int fun()
{
    int a,b,s;
    printf("Input a,b = ? ");
    scanf("%d %d",&a,&b);
    s = a + b;
    return s;
}
```

该自定义函数的类型为 int,函数名 fun()后面的圆括号()内没有任何参数,而函数体尾部有 return 返回指令,所以,这就是一个没有参数但有返回值的自定义函数。因为返回的变量 s 是 int 类型,所以,该自定义函数用的也是 int 类型。

该自定义函数不能独立运行,只有主函数调用后才能运行,其调用方法为"fun();"。

因为自定义函数 fun()完成了变量的定义、输入和计算等功能,所以主函数只负责调用并输出结果即可,其定义如下:

```
void main()
{
    printf("s = %d\n",fun());
}
```

或者定义为:

```
void main()
{
    int s;
    s = fun();
    printf("s = %d\n",s);
}
```

加上文件包含声明后,将两者组合在一起,自定义函数在前,主函数在后,组合后的完整程序如下:

```
#include < stdio.h >
int fun()
{
    int a,b,s;
    printf("Input a,b = ? ");
    scanf("%d %d",&a,&b);
    s = a + b;
    return s;
}
void main()
{
```

```
    printf("s = % d\n",fun());
}
```

这就是一个没有参数但有返回值的自定义函数的设计与调用方法。编译后运行没问题。

由此可见,在主调函数要求自定义函数完成变量的定义、输入和计算等功能,而不要求输出结果时,就可以将自定义函数定义成一个没有参数但有返回值的函数形式,主函数仅负责调用即可。你理解了吗?

5. 有参数但没有返回值的自定义函数的定义与调用方法

1) 有参数但没有返回值的自定义函数的定义形式如下:

函数类型 函数名(数据类型 参数1[,数据类型 参数2…])
{
　　说明语句部分;
　　执行语句部分;
}

函数特征说明如下:

(1) 函数类型只能是 void 空类型,不能用 int、float、char 等形式。

(2) 函数名后面的圆括号中的参数可以有一个,也可以有多个,每个参数都要进行类型说明,即便是同类型也不例外。这些参数被称为形参,形参具有变量定义的作用。

(3) 函数体的结尾不需要返回指令 return。

2) 有参数但没有返回值的自定义函数的调用方法

函数的调用方法如下:

自定义函数名(实参 1,实参 2,…);

有参数但没有返回值的自定义函数的调用也是一种"结果"调用形式,调用时要用自定义函数名、还要加上与自定义函数形参对等的实参,调用方法也比较简单。

例 7-4　仍然以计算两个整数 a 和 b 求和 s 的简单例子来说明有参数没有返回值的自定义函数的定义与调用方法。

编程思路:用主函数仅完成变量的定义,把变量的输入、计算以及结果的输出等功能交给一个自定义函数来完成,该自定义函数取名为 Output,由主函数进行调用。

对于这样的自定义函数,很多人可能会给出如下形式的定义:

```
void Output()
{
    printf("Input a,b = ? ");
    scanf("% d % d",&a,&b);
    s = a + b;
    printf("a,b,s = % d, % d, % d\n",a,b,s);
}
```

这样的自定义函数存在明显的错误,3 个变量 a、b、s 没有定义,编译肯定出错。

有人可能想到在函数体的前面加上变量的定义语句"int a,b,s;",如果这样做就成了"双无"函数,不合题意。所以,不能加变量的定义。正确的做法就是给自定义函数加上形参。

该自定义函数的正确定义形式如下:

```
void Output(int a, int b, int s)
{
```

```
        printf("Input a,b = ? ");
        scanf("%d%d",&a,&b);
        s = a + b;
        printf("a,b,s = %d, %d, %d\n",a,b,s);
}
```

给自定义函数加上形参定义就完整了。形参既是与主函数联系的纽带,又能起到变量定义的作用。形参的变量名可以与主函数的变量名相同,也可以不同,两者互不影响。

该自定义函数还不能运行,只有主函数调用后才能运行,调用时要加上实参,其调用语句为"Output(a,b,s);"。

主函数的定义如下:

```
void main()
{
        int a,b,s;
        Output(a,b,s);
}
```

在主函数中,3个变量a、b、s是实参,调用时实参不需要加类型,直接调用即可。

加上文件包含声明后,将两者组合在一起,自定义函数在前,主函数在后,组合后的完整程序如下:

```
void Output(int a, int b, int s)
{
        printf("Input a,b = ? ");
        scanf("%d%d",&a,&b);
        s = a + b;
        printf("a,b,s = %d, %d, %d\n",a,b,s);
}
void main()
{
        int a,b,s;
        Output(a,b,s);
}
```

这就是一个有参数没有返回值的自定义函数的设计与调用方法。编译后运行没有问题。

由此可见,只要主调函数要求自定义函数完成变量的输入、计算和输出等类似的功能,主函数仅完成变量的定义和调用时,就可以将自定义函数定义成一个有参数没有返回值的函数形式。形参的个数由自定义函数的功能要求来决定,形参的类型由实参的类型来决定。你能理解吗?

6. 有参数也有返回值的"双有"自定义函数的定义与调用方法

1)"双有"自定义函数的定义方法

其定义形式如下:

```
函数类型 函数名( 数据类型 参数1[,数据类型 参数2…] )
{
    说明语句部分;
    执行语句部分;
    return (返回参数);
}
```

函数特征说明如下：

（1）函数类型只能是 int、float 或者 char 等形式，不能是 void 空类型的形式。

（2）函数名后面的圆括号中的形参可以有一个，也可以有多个，具体个数由自定义函数的功能要求来决定，每个形参也都要进行类型说明，即便是同类型也不例外。

（3）只要函数类型是 int、float 或者 char 等，函数体的结尾必须要有 return 返回指令和返回值或者返回变量。

2）"双有"函数的调用方法

函数的调用方法如下：

变量名 = 自定义函数名(实参 1, 实参 2, …);

"双有"自定义函数的调用是一种参数调用形式，调用返回的是一个数值，这个数值可以赋值给一个变量，也可以直接输出。调用时需要有对等的实参。

例 7-5　仍然以计算两个整数 a、b 的和 s 的简单例子来说明有参数有返回值的自定义函数的定义与调用方法。

编程思路：我们用主函数完成变量的定义和结果的输出，把变量的输入和计算功能交给一个自定义函数来完成，该自定义函数取名为 Calculate，并由主函数进行调用。

"双有"自定义函数的定义如下：

```
int Calculate( int a, int b, int s )
{
    printf("Input a, b = ? ");
    scanf("%d%d", &a, &b);
    s = a + b;
    return s;
}
```

该自定义函数还不能运行，只有主函数调用后才能运行，调用时要加上实参，其调用语句为"Calculate(a, b, s);"。

主函数的定义如下：

```
void main()
{
    int a, b, s;
    s = Calculate(a, b, s);
    printf("s = %d\n", s);
}
```

加上文件包含声明后，将两者组合在一起，自定义函数在前，主函数在后，组合后的完整程序如下：

```
#include < stdio. h >
int Calculate( int a, int b, int s )
{
    printf("Input a, b = ? ");
    scanf("%d%d", &a, &b);
    s = a + b;
    return s;
}
void main()
```

```
{
    int a,b,s;
    s = Calculate(a,b,s);
    printf("s = % d\n",s);
}
```

这就是一个"双有"自定义函数的定义与调用方法。编译后运行没问题。

程序的运行结果如下：

```
Input a,b = ? 3 5 ↙
s = 8
Press any key to continue
```

可见，程序的运行完全正确。

由此可见，只要主调函数要求自定义函数完成变量的输入和计算等类似的功能，主函数完成变量的定义和结果的输出时，就可以将自定义函数定义成一个有参数又有返回值的"双有"函数形式。你明白了吗？

综上所述，"双有"自定义函数的程序设计要比"双无"自定义函数以及其他类型自定义函数的程序设计难一些，而"双无"自定义函数的程序设计最简单。不论哪种类型的程序设计，我们都要熟悉它。

实际上，自定义函数完成哪些功能是非常灵活的，既可以完成全部功能，也可以完成单一功能，也可以完成多个功能。当功能多的时候，既可以用一个自定义函数来完成，也可以用多个自定义函数分别来完成。请看下面的例子。

例 7-6　仍然以计算两个整数 a、b 的和 s 的简单例子来说明多个自定义函数的定义与调用方法。

编程思路：我们把输入功能分配给自定义函数 Input() 来完成，把计算功能分配给 Calculation() 来完成，把输出功能分配给 Output() 函数来完成，把变量的定义分配给主函数来完成，并由主函数按照一定的逻辑顺序分别调用 3 个自定义函数，从而实现所有的功能。

首先是输入功能 Input() 函数的定义，因为该函数完成变量的输入，而变量是在主函数中定义，所以要用有参数有返回值的"双有"自定义函数形式，要把输入的变量值返回给主函数中相应的变量。函数的类型要用 int；因为每次只能返回一个值，所以，只需要一个形参，形参可以与主函数的变量不同，就用 x。

Input() 函数的定义如下：

```
int Input( int x)
{
    scanf(" % d",&x);
    return x;
}
```

在主函数中有两个变量 a、b 要赋值，所以，主函数需要调用输入函数两次，其调用语句如下：

```
a = Input(a);
b = Input(b);
```

分别用变量 a、b 作实参调用输入函数 Input()，并把调用返回的结果赋值给对应变量。

计算函数的定义也要采用有参数有返回值的"双有"自定义函数形式，要通过自定义函数对两个变量进行求和计算，然后把计算结果返回给主函数对应的变量。所以，函数的类型要用 int；至少需要两个形参，就用 x、y，返回值变量由该函数内部自己定义为 z。

Calculation()函数的定义如下：

```
int Calculation(int x, int y)
{
    int z;
    z = x + y;
    return z;                    //也可以直接用"return x + y;"。
}
```

在主函数中的调用语句要用"s＝Calculation(a,b);"。

计算函数也可以定义成 3 个形参的形式，其程序如下：

```
int Calculation(int x, int y, int z)
{
    z = x + y;
    return z;
}
```

在主函数中的调用语句要用"s＝Calculation(a,b,s);"。

输出函数主要是输出程序的运行结果，也就是输出 3 个变量的值，不需要返回值。所以函数的类型要用 void；而变量的值是由主函数提供的，所以需要有 3 个形参，就用 a、b、s。显然该函数要采用有参数无返回的自定义函数形式。

Output()函数的定义如下：

```
void Output(int a,int b,int s)
{
    printf("a = % d\tb = % d\ts = a + b = % d\n",a,b,s);
}
```

在主函数中的调用语句要用"Output(a,b,s);"。

主函数主要完成变量的定义和 3 个自定义函数的调用，加上适当的提示信息后，主函数的设计如下：

```
void main()
{
    int a,b,s;
    printf("请输入变量 a 的值:");
    a = Input(a);
    printf("请输入变量 b 的值:");
    b = Input(b);
    s = Calculation(a,b,s);
    Output(a,b,s);
}
```

然后加上文件包含声明，将 3 个自定义函数与主函数组合在一起，3 个自定义函数在前，主函数在后，整个程序的设计如下：

```
# include < stdio. h >
int Input(int x)
{
    scanf(" % d",&x);
    return x;
}
```

```
int Calculation(int x, int y, int z)
{
    z = x + y;
    return z;
}
void Output(int a, int b, int s)
{
    printf("a = % d\tb = % d\ts = a + b = % d\n", a, b, s);
}
void main()
{
    int a, b, s;
    printf("请输入变量 a 的值:");
    a = Input(a);
    printf("请输入变量 b 的值:");
    b = Input(b);
    s = Calculation(a, b, s);
    Output(a, b, s);
}
```

经过编译整个程序完全正确,程序运行结果如下:

请输入变量 a 的值:3 ↙
请输入变量 b 的值:5 ↙
a = 3   b = 5   s = a + b = 8
Press any key to continue

通过以上例子,我们学习了 4 种不同形式的自定义函数的定义和调用方法,对自定义函数的应用有了一定的基础。

插一个关于对主函数编程问题的话题。由 Dev C++、C-Free 等编程软件设计的 C 语言程序,要求主函数的类型要用整型 int,因此,函数体的结尾必须要有返回指令"return 0;",这是整型类型函数的基本要求。而且返回的值必须是整数,整数有正整数、负整数和 0,只有 0 最简单。其实,主函数只是引导程序完成相应的功能而已,至少在 C 语言程序中是这样。而将主函数定义成整型类型并返回 0 值的做法对完成相应的功能没有任何影响。所以,在本书中,我们所设计的主函数都是用空类型 void,这样也就省去了 return 指令了,主函数的程序设计也简单了。

7. 协作方式与被调函数的声明方法

在本节前面所举的例子中,所有的自定义函数都位于主函数之前,程序的运行也没有问题。但是,当自定义函数比较多的时候,有些自定义函数可能位于主函数之后。如果出现这种情况就需要解决主函数与自定义函数的配合协作问题。

协作是有条件的,这个条件就是主调函数与被调函数前、后的位置关系。位置不同,协作方式也不同。因为所有的自定义函数都属于被调函数,而主函数是最重要的主调函数。所以,主函数与自定义函数的协作关系就是主调函数与被调函数的协作关系。

具体的协作方式是:当被调函数位于主调函数之前时,不需要任何声明,在主调函数中直接调用即可;当被调函数位于主调函数之后时,必须对被调函数先声明后调用。

被调函数的声明方法:就是将被调函数的首部复制之后尾部再加上一个分号";",并将其放置在主调函数的首部之前,也可以放置在主调函数的函数体前面。

比如"int Input(int x);""int Calculation(int x,int y,int z);"就是输入和计算函数的声明。被调函数声明的意思是：该函数已在别的位置定义过了,可以放心调用。

下面是将例7-6程序中的输入自定义函数放在主函数之前,将计算和输出两个自定义函数放在主函数之后的完整程序：

```
1   # include < stdio. h>
2   int Input(int x)
3   {
4       scanf(" % d",&x);
5       return x;
6   }
7   int Calculation(int x, int y, int z);
8   void main()
9   {
10      void Output(int a,int b,int s);
11      int a,b,s;
12      printf("请输入变量 a 的值:");
13      a = Input(a);
14      printf("请输入变量 b 的值:");
15      b = Input(b);
16      s = Calculation(a,b,s);
17      Output(a,b,s);
18  }
19  int Calculation(int x, int y, int z)
20  {
21      z = x + y;
22      return z;
23  }
24  void Output(int a, int b, int s)
25  {
26      printf ("a = % d\tb = % d\ts = a + b = % d\n",a,b,s);
27  }
```

程序说明：

第 7 行"int Calculation(int x, int y, int z);"是对计算函数的声明,并放在主函数的首部之前；第 10 行"void Output(int a,int b,int s);"是对输出函数的声明,放在主函数的函数体之前。这两行就是对被调函数与主调函数的配合协作处理方法,两个声明摆放的位置虽然不同,但是作用是一样的。通常情况都是放在主调函数之前。

该程序编译没有问题,运行也正确,大家可以自己去验证。

只要明确了主调函数与被调函数的配合协作关系以及对被调函数的声明方法,在程序设计时,对被调函数的处理是十分灵活的。可以将所有的被调函数放在主调函数之前,也可以放在之后；或者将一部分放在之前,另一部分放在之后,怎么做都可以。

这些例子告诉我们：自定义函数就是主函数的一个有力助手。如果一个计算任务或者一项工程的设计比较复杂,主函数可以找多个自定义函数作助手,让更多的助手来完成不同的任务,这样不仅可以平衡任务分工,还可以提高工作效率。

归纳总结：在主函数与自定义函数的协作配合中,要做到 4 个一致：一是形参与实参的个数要一致；二是形参与实参的类型要一致；三是形参的名称与自定义函数中运算变量的名称要一致；四是自定义函数中变量的控制格式与形参的类型要一致。

7.5　函数的调用方法与形式

函数的调用就是主调函数与被调函数相互协作与配合的过程。

从 7.4 节的举例中可知,函数的调用方法有两种:一是函数值调用法,二是函数结果调用法。

1. 函数值调用法

如果函数调用后得到一个准确的数值,那么这种调用方法就叫作函数值调用法。这个值要么赋给一个变量,要么直接参与表达式的计算,要么从输出语句中输出。

比如,"a＝Input(a); s＝Calculation(a,b);"调用就是赋值方式;而"s＝Input(a)＋Input(b);"或者"m＝a＊10－Calculation(a,b);"调用就是表达式的计算方式;"printf("s＝%d\n",Calculation(a,b));"调用就是输出方式。

函数值调用法不论有多少个形参或者实参,它的返回值始终只有一个,这就是函数值调用法的主要特征。

2. 函数结果调用法

如果函数调用后最终得到的是一个输出结果,那么这种调用方法就叫作函数结果调用法。函数结果调用法可能有参数,也可能没有参数,但是它一定没有返回值。所以不需要赋值,也不能计算,直接调用即可。

比如,"Output(a,b,s);"调用就是有参数的结果调用方式,它调用得到的肯定不是一个数值,而是程序某种运行结果的输出形式。假如在前面的例子中有"Output(5,8,s);"这样的调用,调用的结果就是"a,b,s＝5,8,13",这就是一种结果的输出信息。同样,如果是"Output();"这样的调用,那么调用的也是一种输出信息。

3. 函数的嵌套调用和递归调用形式

函数值调用法和函数结果调用法形式比较简单,而函数值调用法还有嵌套调用和递归调用多种方式。其中嵌套调用是一种多层次的调用;而递归调用是一种自我调用,有直接递归调用和间接递归调用两种形式。

1) 函数值的嵌套调用

在程序执行被调用函数的过程中,被调用的函数又调用了其他的被调函数,这种函数的调用形式就是函数的嵌套调用。

函数的嵌套调用执行过程如图 7-3 所示。

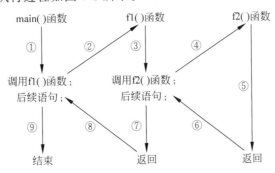

图 7-3　函数的嵌套调用执行过程

从图 7-3 中可以看出,在运行主函数 main()的过程中,程序先调用了被调函数 f1(),而在运行被调函数 f1()的过程中,程序又调用了被调函数 f2(),当被调函数 f2()执行完之后再返回到调用它的被调函数 f1(),接着执行被调函数 f1()后续的语句,执行完被调函数 f1()之后,程序最后返回到主函数,再执行主函数后续的语句命令。这样的函数调用形式就是函数的嵌套调用形式之一。

例 7-7　从键盘输入 4 个整数,求其最大值。

所设计的程序如下:

```
1   # include < stdio. h>
2   void main( )
3   {
4        int max_4(int a, int b, int c, int d);
5        int a, b, c, d, max;
6        printf("input 4 integer numbers:");
7        scanf("% d % d % d % d", &a, &b, &c, &d);
8        max = max_4(a, b, c, d);
9        printf("max = % d\n", max);
10  }
11  int max_4( int a, int b, int c, int d)
12  {
13       int max_2( int a, int b);
14       int m;
15       m = max_2(a, b);
16       m = max_2(m, c);
17       m = max_2(m, d);
18       return m;
19  }
20  int max_2( int a, int b)
21  {
22       return(a > b? a : b);
23  }
```

程序说明:

该程序总共有 23 行语句命令,其中,

第 1 行是文件包含声明,也就是主函数的运行平台。

第 2～10 行是主函数 main()的定义。

第 11～19 行是第 1 个自定义函数 max_4()的定义。

第 20～23 行是第 2 个自定义函数 max_2()的定义。

可见,该程序是由 3 个函数构成的,其中一个是主函数,另外两个是自定义函数。自定义函数 max_4()的功能是求 4 个数中的最大数;自定义函数 max_2()的功能是求两个数中的较大数。

由于主函数在前,自定义函数 max_4()在后,所以主函数的"int max_4(int a, int b, int c, int d);"就是对该自定义函数的声明,第 8 行是对该自定义函数的函数值调用,并将调用的返回值赋值给变量 max,即"max=max_4(a, b, c, d);"。

同理,第 13 行"int max_2(int a, int b);"是对 max_2()函数的声明。

程序的第 15～17 行是对 max_2()函数进行 3 次函数值的调用,第 1 次用实参 a、b 调用函数 max_2(a, b),并将调用返回值的赋给变量 m,即"m=max_2(a, b);",也就是 m 为 a、b

两数中的较大者；第 2 次用实参 m、c 调用函数 max_2(m,c)，并将调用返回的值再次赋给变量 m，即"m＝max_2(m,c);"，也就是 m 为 m、c 中的较大者，或者是 a、b、c 中的最大者；第 3 次用实参 m、d 调用函数 max_2(m,d)，并将调用返回的值再次赋给变量 m，即"m＝max_2(m,d);"，也就是 m 为 m、d 中的较大者，或者是 a、b、c、d 中的最大者，最后将 m 的值通过 max_4() 函数返回给主函数的参数 max，从而输出 4 个数中的最大数 max 的值。

自定义函数 max_2() 是用条件表达式 a>b? a：b 来分析寻找两个数中的较大数。

函数嵌套调用过程如图 7-4 所示。

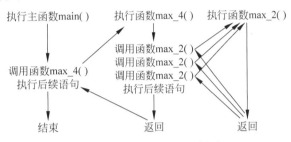

图 7-4　函数嵌套调用实例图

从图 7-4 中可以看出，主函数与两个自定义函数之间的调用形式就是函数的嵌套调用。

2）函数的递归调用

在执行被调用函数的过程中，被调用的函数又调用了自己。函数的递归调用有直接调用和间接调用两种形式。

函数的递归调用过程如图 7-5 所示，其中图 7-5(a) 是直接调用，图 7-5(b) 是间接调用。

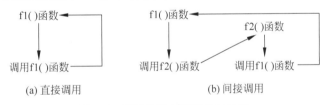

(a) 直接调用　　　　　　　　　　(b) 间接调用

图 7-5　函数的递归调用执行过程

从图 7-5(a) 中可以看出，在运行 f1() 函数的过程中，程序又去调用了 f1() 函数自己；就这样 f1() 函数在运行过程一遍又一遍地循环调用自己，这就是递归调用中的直接调用形式。

从图 7-5(b) 中可以看出，在运行 f1() 函数的过程中，程序先调用了 f2() 函数，当 f2() 函数执行完之后返回去又调用 f1() 函数自己，就这样 f1() 函数在运行过程中通过 f2() 函数一遍又一遍地循环调用自己，这就是递归调用中的间接调用形式。不论是直接调用，还是间接调用，这样的函数调用形式都是函数的递归调用。

通过图 7-5 可以看出，函数的递归调用是一种循环调用形式。如果没有终止循环的条件，就是无限循环，严重时可能造成计算机死机，这是递归调用的一个缺点。因此，给递归调用要人为设置终止的条件，这样递归调用才有意义。

例 7-8　用递归调用法计算 n!。n!＝n(n－1)!，可用函数 fact() 来完成。

编程思路：以计算 5! 的阶乘为例，它的计算过程如图 7-6 所示。

从图 7-6 中可以看出，要计算 5! 的阶乘就要先计算 4! 的阶乘，要计算 4! 的阶乘就要先计算 3! 的阶乘，以此类推，这就是一个不断递推的过程。直到计算出 1! 的阶乘后，再依

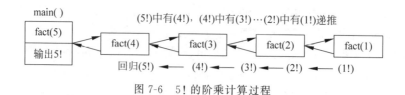

图 7-6　5! 的阶乘计算过程

次返回到 2!、3!、4!、5! 的阶乘,这就是一个回归的过程。经过递推与回归过程,也就是函数的递归调用过程,从而完成整个计算。

在这个递推过程中,对 1! 的阶乘计算就是该函数递归调用的终止条件,必须人为设定好,否则就是一个死循环。

所设计的程序如下:

```
1   # include < stdio. h >
2   void main()
3   {
4       long fact(int n);
5       int m;
6       printf("input a number m:");
7       scanf("% d", &m);
8       printf("% d!= % ld\n", m, fact(m));
9   }
10  long fact(int n)
11  {
12      int c;
13      if(n == 0||n == 1)
14          c = 1;
15      else
16          c = fact(n - 1) * n;
17      return c;
18  }
```

程序说明:

该程序共有 18 行语句命令,是由主函数和自定义函数 fact() 构成的,其中,

第 1 行是主函数的运行平台。

第 2～9 行是主函数 main() 的定义。

第 10～18 行是自定义函数 fact() 的定义。

由于主函数在前,自定义函数在后,所以在主函数中要对自定义函数进行声明,也就是程序的第 4 行"long fact(int n);"。程序的第 8 行中 fact(m) 是自定义函数的函数值调用法,并将返回值输出出来。

程序的第 10 行 long fact(int n)是自定义函数的首部,类型为 long,表示是长整型。因为阶乘计算所得的结果可能很大,所以将自定义函数直接定义为长整型,以免出错。

程序的第 13 行和第 14 行用判断语句来设定递归调用终止的条件。因为 0! =1、1! =1,所以,当阶乘的基数 n == 0 或者 n == 1 时,直接把 1 赋值给阶乘的计算结果变量"c = 1;",而不再需要进行阶乘的计算,以免出现计算上的错误。

程序的第 15 行和第 16 行就是阶乘的基数为其他值时,要执行递归调用语句"c = fact(n - 1) * n;",实现函数 fact(n) 的递归调用。

程序的运行结果如下:

```
input a number m:5 ↙
5! = 120
Press any key to continue
```

此例说明,采用递归调用计算阶乘要更容易一些,这是递归调用的优点。

7.6　函数调用的 3 种传递方式及特点

我们知道,一个"变量"除了自身之外,还有它的"指针"和"地址",比如,int a, ＊ p＝&a;其中,a 是变量自身,p 是变量 a 的指针,而 ＆a 是变量 a 的地址,它们 3 个都是变量的属性。既然变量 a 可以作自定义函数的形参,那么它的"指针""地址"同样也能作自定义函数的形参。由此可见,自定义函数有 3 种不同的形参设定方式。

与此相对应,主调函数也可以用变量名、变量的指针和变量名 3 种方式作实参来调用自定义函数。我们把这 3 种方式分别称为变量传递方式、指针传递方式和地址传递方式。

当自定义函数用变量作形参、主调函数用变量作实参时,此方式就叫作变量传递方式。

当自定义函数用指针作形参、主调函数用指针作实参时,此方式就叫作指针传递方式。

当自定义函数用地址作形参、主调函数用变量作实参时,此方式就叫作地址传递方式。

不难看出,这 3 种传递方式的概念见名知义,清晰可辨,也容易学习、理解和接受。

在一些 C 语言教科书中将变量作形参叫作值传递,将指针作形参叫作地址传递,而将地址作形参叫作引用传递。作者认为这样的 3 种传递概念不够清晰准确,容易引起混淆,甚至还会误导学习者。

虽然都是对自定义函数的调用,但是 3 种传递方式的特点不同。

7.6.1　变量的传递方式及特点

当采用变量传递方式时,对自定义函数的类型以及返回值都有明确的要求。函数的类型必须与主调函数实参的类型相同。如果自定义函数的功能是输入,那么每次只能输入和返回一个变量的值,对变量输入的个数也有限制。

请看下面的程序:

```
1    # include < stdio. h>
2    float Shuru(float x)
3    {
4        scanf(" % f",&x);
5        return x;
6    }
7    void main()
8    {
9        float a;
10       printf("\n\n    请输入变量:");
11       a = Shuru(a);
12       printf("   a = % 2.2f\n",a);
13   }
```

程序说明:

程序的第 2~6 行是自定义函数 Shuru()的定义。

第 7~13 行是主函数 main()的定义。

可以看出,自定义函数的类型和主函数中变量的类型都是 float,自定义函数 Shuru(float x)用变量名 x 作形参,主函数"a=Shuru(a);"用变量名 a 作实参,这就是"变量传递"的方式,它每调用一次只能返回一个变量值。

自定义函数"变量传递"方式的调用执行过程是这样的:主函数以变量名 a 为实参调用自定义函数 Shuru(a),相当于先行执行了下面的命令语句:

x = a;

也就是先把主函数的实参变量 a 赋给自定义函数的形参 x,该语句命令是隐含执行的,在程序中是看不到的。接下来,自定义函数就对形参 x 进行输入和返回,实际上就是对实参变量 a 进行输入和返回。这就是自定义函数"变量传递"的执行过程。当然,变量传递的本质是变量的值,所以把变量传递称为值传递也是可以理解的。

不论是一个变量,还是多个变量,也不论是输入、计算,还是其他的运算,变量传递的执行过程都是相似的。

7.6.2　指针的传递方式及特点

当采用"指针传递"方式时,自定义函数的类型直接用 void 类型,而且不需要返回指令 return。但是,指针形参的类型要与主调函数中指针实参的类型一致。

请看下面的程序:

```
1   # include < stdio. h>
2   void Shuru(float * x)
3   {   scanf("% f",x);  }
4   void main()
5   {
6       float a, * p = &a;
7       printf("\n\n   请输入变量:");
8       Shuru(p);
9       printf("   a = % 2.2f\n",a);
10  }
```

程序说明:
程序的第 2 行和第 3 行是自定义函数 Shuru()的定义。
第 4～10 行是主函数 main()的定义,其中,
第 6 行定义了一个浮点型变量 a 和一个变量指针 p,并给指针直接定位。
第 8 行是用变量 a 的指针 p 作实参进行函数调用。
第 9 行是输出变量 a 的值。

可以看出,自定义函数直接用 void 类型,自定义函数 Shuru(float * x)用指针 * x 作形参,"Shuru(p);"用指针 p 作实参,指针直接作用在变量 a 的地址上,所以自定义函数 Shuru()不再需要返回,这也与自定义函数的 void 类型相对应,这就是"指针传递"方式。

自定义函数"指针传递"的调用执行过程是这样的:主函数以指针 p 为实参调用自定义函数 Shuru(p),相当于先行执行了下面的命令语句:

x = p;

也就是先把主函数的指针实参 p 赋给自定义函数的形参指针 x,该语句命令是隐含执

行的,在程序中是看不到的。接下来,自定义函数就对形参指针 x 进行输入操作,实际上也就是对指针实参 p 进行输入操作。这就是自定义函数"指针传递"的执行过程。

程序的运行结果如下:

请输入变量:5 ↙
a = 5.00
Press any key to continue

可见,程序的运行结果完全正确。

我们知道,指针与地址有对应关系,当自定义函数采用"指针传递"方式时,我们也可以用主函数中变量的"地址"作实参对自定义函数进行调用,即"Shuru(&a);",其他程序不变,运行结果大家可以自己去验证。

当自定义函数采用"指针传递"方式时,由于直接作用在变量的地址上,与变量本身无关。所以,自定义函数对变量的输入个数没有限制,多个变量可以一起输入,这也是"指针传递"方式的又一个优点。

请看下面的程序:

```
1   # include < stdio. h>
2   void Shuru(float * x, float * y, float * z)
3   {   scanf("% f% f% f",x,y,z);   }
4   void main()
5   {
6      float a,b,c, * p = &a, * q = &b, * r = &c;
7      printf("\n\n   请输入 a,b,c 三个变量的值:");
8      Shuru(p,q,r);   //也可以用变量 a、b、c 的地址
9      printf("   a = % 2.2f   b = % 2.2f   c = % 2.2f\n",a,b,c);
10  }
```

程序说明:

从程序的第 2 行和 3 行可以看出,在自定义函数 Shuru()的"指针传递"方式中,直接采用 3 个指针 float * x、float * y、float * z 作形参,而函数体中也一次对 3 个指针对应的 3 个变量 x、y、z 一起进行输入,函数不需要做任何的返回。

程序第 8 行用 a、b、c 三个变量的指针 p、q、r 一起对自定义函数进行调用,从而获得 3 个变量的值。

程序的运行结果如下:

请输入 a,b,c 三个变量的值:3 5 8 ↙
a = 3.00   b = 5.00   c = 8.00
Press any key to continue

可见,程序的运行结果完全正确。

如果将第 8 行 3 个变量 a、b、c 的指针 p、q、r 改为对应的 3 个地址,也是可行的。

可见,函数调用采用"指针传递"方式后,不仅扩大了自定义函数的输入范围,还简化了自定义函数的程序设计,使自定义函数变得更加简单、清晰。

7.6.3　地址的传递方式及特点

当采用"地址传递"方式时,自定义函数的类型也直接用 void 类型,同样不需要返回指令 return。自定义函数也可以一次进行多个变量值的输入。但是,地址形参的类型要与主

调函数中实参变量的类型一致,而不是用长整型的地址类型 long,这一点大家一定不要搞错了。

"地址传递"尤其适合于对数组的操作,因为数组名就是数组的首地址,所以用数组名作形参进行"地址传递",可以很方便地对数组进行多种分析操作。

当自定义函数采用"地址传递"时,在主调函数中可直接用"变量名"作实参对自定义函数进行调用,而且只能用"变量名"作实参,不能用指针或者地址作实参,因为类型不匹配会出现错误。如果形参是"数组名",那么在主调函数中就直接用"数组名"作实参对自定义函数进行调用。这种调用方式与"变量传递"时的调用方式有些类似。

请看下面的程序:

```
1   # include < stdio. h>
2   void Shuru(float &x, float &y, float &z)
3   {    scanf("% f % f % f",&x,&y,&z);    }
4   void main()
5   {
6       float a,b,c;
7       printf("\n\n   请输入 a,b,c 3 个变量的值:");
8       Shuru(a,b,c);
9       printf("   a = % 2.2f    b = % 2.2f    c = % 2.2f\n",a,b,c);
10 }
```

程序说明:

从程序的第 2 行和第 3 行可以看出,在自定义函数 Shuru()的"地址传递"方式中,采用了 3 个变量的地址 float &x,float &y,float &z 作形参,而函数体中一次对 3 个地址 &x、&y、&z 对应的变量进行输入,函数并不需要返回任何内容。

第 8 行直接用 3 个变量名 a,b,c 一起对自定义函数进行调用,从而获得 3 个变量的值。

自定义函数"地址传递"的调用执行过程是这样的:主函数以变量 a、b、c 为实参调用自定义函数"Shuru(a,b,c);",相当于先行执行了下面的多条命令语句:

&x = &a; &y = &b; &z = &c;

也就是执行了:

x = a; y = b; z = c;

即先把变量 a、b、c 的地址 &a、&b、&c 对应赋给自定义函数的形参地址 &x、&y、&z,这些命令语句都是隐含执行的,在程序中是看不到的。接下来,自定义函数就对形参地址 &x、&y、&z 一起进行输入操作,实际上也就是对实参变量 a、b、c 进行输入操作。这就是自定义函数"地址传递"的执行过程。

程序的运行结果如下:

请输入 a,b,c 三个变量的值:6 8 5 ✓
a = 6.00   b = 8.00   c = 5.00
Press any key to continue

可见,程序的运行结果完全正确。

请看下面的程序:

```
1   # include < stdio. h>
2   void Sr( int x[ ], int &y)
```

```
3  {
4      int i;
5      for(i = 0;i < y;i++)
6          scanf("%d",&x[i]);
7  }
8  void main()
9  {
10     int i,a[5],b = 5;
11     printf("\n\n   请输入 a[5]元素的值:");
12     Sr(a,b);
13     printf("   a[5]元素的值为:\n");
14     for(i = 0;i < 5;i++)
15         printf("%5d",a[i]);
16     printf("\n");
17 }
```

程序说明：

该程序总共有 17 行语句,其中,

第 2~7 行是自定义函数 Sr()的定义,功能是给一维数组各元素输入赋值。

第 8~17 行是主函数 main()的定义,功能是调用自定义函数 Sr(),并输出一维数组各元素的值。

第 2 行是自定义函数的首部 void Sr(int x[],int &y),类型是 void 类型,其中两个形参都采用地址形式,其中第 1 个形参是用数组名 x[]作地址,第 2 个形参是变量的地址。

第 10 行定义了循环变量 i、一维数组 a[5]和变量 b,并给变量 b 赋初值 5,其中 5 代表一维数组元素的总个数。

第 12 行是用数组名 a 和变量名 b 直接调用自定义函数"Sr(a,b);",因为自定义函数两个形参采用的都是地址传递方式,所以主函数必须用数组名和变量名来调用,尤其是变量 b 必须如此。如果直接用数组元素的总个数 5 作为第 2 个实参来调用自定义函数,则会出现编译错误。因为第 2 个形参是 int &y,是变量的地址,而 5 是一个常量,类型不匹配。如果要直接用元素总个数 5 作实参,那么自定义函数的第 2 个形参要用变量作形参的传递方式,也就是形参要用 int y 的形式,这样,主函数的调用就不会出现问题,这一点大家一定要分辨清楚。

程序的运行结果如下:

```
   请输入 a[5]元素的值:8 2 5 3 6
   a[5]元素的值为:
    8    2    5    3    6
Press any key to continue
```

可见,程序的运行结果完全正确,说明用数组名和变量进行地址传递是成功的。

在该程序中,如果自定义函数 Sr(int x[],int &y)的两个形参采用带下标的数组名形式,即:Sr(int x[5]),这样用一个形参就够了,在函数调用时直接采用数组名 a 调用 Sr(a)即可。看似简单了,实际上并不实用。因为这种形参方式只能对元素总个数为 5 的数组进行操作,不是 5 的数组就不能调用该自定义函数,程序的应用受到了限制。如果采用数组名和元素总个数的变量地址作形参,那么调用时只要改变数组名和元素总个数的变量,就可以对任意不同的数组进行操作,适用范围明显大了很多,这就是用数组名和元素总个数地址作形参的好处。

归纳总结：自定义函数有变量传递、指针传递和地址传递 3 种方式，"变量传递"是采用"普通变量"作形参，"指针传递"是采用"指针"作形参，而"地址传递"是采用"地址"作形参，非常好理解。

采用"变量传递"时，对自定义函数的类型和返回值都有明确的要求。如果自定义函数仅仅是输入功能，那么每次只能返回一个值。所以每次只能对一个变量进行输入操作，不能对多个变量进行输入操作。如果自定义函数包含有计算、分析、判断、循环等功能，并有返回值要求，虽然可以对多个变量进行操作，但返回值也只有一个。

对于"变量传递"方式而言，在主调函数中，直接用"变量名"作实参对自定义函数进行调用，并需要将调用的值赋给对应的变量或者放置在相关语句中。

采用"指针传递"和"地址传递"方式时，自定义函数的类型直接采用 void 类型，结尾不再需要返回指令 return，还可以一次完成多个变量的输入、计算、分析、判断、循环等功能。

对于"指针传递"方式而言，在主调函数中，可以用"变量的指针"或者"变量的地址"作实参，两种方式都可以对自定义函数进行调用，调用之后，不需要再给对应的变量赋值了。

对于"地址传递"方式而言，在主调函数中，只能直接用"变量名"作实参对自定义函数进行调用，调用之后，也不需要再给对应的变量赋值了。需要注意的是，以"地址"作形参时，其形参的类型要与实参变量的类型相同，这一点不要弄错。

"指针传递"和"地址传递"与"变量传递"相比，不仅自定义函数的定义变得简单了，也扩大了自定义函数的应用范围，这就是"指针作形参"和"地址作形参"的好处。

表 7-1 汇总了函数调用 3 种传递方式的特点，供大家参考学习。

表 7-1　自定义函数参数 3 种传递方式的特点

传递名称	形参方式	实参调用方式	传递特点	传　递　举　例
变量传递	形参用变量 int x	实参用变量名 a＝Sr(a);	需要返回，输入受限	int Sr(int x) { scanf(" % d",&x); 　return x; }
指针传递	形参用指针 int * x, int * y	实参用指针或地址 Sr(p,&b);	用 void 类型，无返回，多输入	void Sr(int * x, int * y) 　{scanf(" % d % d",x,y);}
地址传递	形参用地址 int x[], int &y	实参用数组名或变量名 int a[10],b＝10; Sr(a,b);	用 void 类型，无返回，多输入	void Sr(int x[], int &y) { int i; for(i = 0;i < y;i++) scanf(" % d",&x[i]);}

理解表 7-1 中的内容对大家进行自定义函数的设计是有很大好处的。

7.7　函数的指针及 3 个关键环节

函数是不同语句命令组成的集合，它与变量和数组一样也要保存到计算机的内存中去，要保存就有地址，有地址就离不开指针。所以，函数也有指针。

我们知道，所有的指针都有定义、定位和引用 3 个关键环节，同样，函数的指针也是如此，而且 3 个环节的顺序不能颠倒。只要把握好这 3 个关键环节，函数指针的学习就不难。

7.7.1 函数指针的定义

函数指针的第一个关键环节就是函数指针的定义,也相当于给函数设定了一个箭头。函数指针的定义与函数的定义密切相关,没有函数的定义,函数指针的定义也就没有意义。

函数指针的定义格式:

函数指针的类型(＊指针名)(形参类型 1,形参类型 2,…);

可见,函数指针的定义由 3 部分组成:指针类型、指针名和形参的类型列表。指针名前要加＊,后面的两部分要分别用圆括号括起来。

定义时,函数指针的类型必须与函数的类型保持一致,指针变量的命名方式与变量的命名要求也一致,每个形参类型要与函数的形参类型对应一致,形参类型的数量要与函数形参的个数保持一致。简单地讲,函数指针的定义就是"四个一致"加两个圆括号。

函数指针后面圆括号中的形参只用类型,不需要加变量名,这一点与函数的形参不同。在程序设计时,函数指针的定义和函数的定义无先后顺序要求,但是,两者都必须有。

请看下面的程序段:

```
1  void( * p)(int, int, int);
2  void Output( int a, int b, int s)
3  {
4      printf("Input a, b = ? ");
5      scanf("% d % d", &a, &b);
6      s = a + b;
7      printf("a, b, s = % d, % d, % d\n", a, b, s);
8  }
```

程序说明:

第 1 行就是函数指针 p 的定义。

第 2~8 行是自定义函数的定义。

函数指针的定义在前,自定义函数的定义在后。两者的类型相同,都是 void,两者的形参类型也保持一致,形参的数量均为 3 个,说明两者的关系紧密。

如果将函数指针的定义放在自定义函数的定义之后,也是可行的,也可以在主函数的函数体前面定义函数的指针。

请看下面的程序段:

```
1   void Output( int a, int b, int s)
2   {
3       printf("Input a, b = ? ");
4       scanf("% d % d", &a, &b);
5       s = a + b;
6       printf("a, b, s = % d, % d, % d\n", a, b, s);
7   }
8   void main()
9   {
10      void( * p)(int, int, int);
11      int a, b, s;
12      … ;
13  }
```

程序说明:

第 10 行就是在主函数的函数体中定义函数的指针。

不论函数的指针在什么位置定义,它都必须与所对应的自定义函数的类型和形参要求保持一致。

函数指针的定义格式与二维数组行指针的定义格式很相似,有时候容易搞混。比如,

```
float( * p)(float);
float( * p)[5];
```

前者是函数的指针,后者是二维数组的行指针,两者类型相同,都有两个括号,指针名也相同,只有后面的括号形状不同、参数不同。由于两者很相似,所以在程序设计时,很容易把两者的定义搞错了。为了能把两者的定义清楚地区分开来,在这里给大家提醒两点:一是圆括号( )是函数的标志,方括号[ ]是数组的标志,所以,定义时可以从括号上进行区分;二是函数指针的形参类型是字母或者空格,而二维数组行指针的方括号中是一个整数,两者之间的区别是比较大的,定义时也可以从参数上进行区分。

7.7.2　函数指针的定位

函数指针的第二个关键环节就是给函数指针的定位。函数指针的定位就是给函数指针赋值,也就是把函数的首地址赋值给函数指针,也可以看作把函数指针箭头指向函数的首地址。

函数指针的定位方法是:

函数指针名 = 函数的首地址;

数组名代表数组的首地址,函数名也代表函数的首地址。所以,函数指针的定位方法就是:

函数指针名 = 函数名;

可见,函数指针的定位方法非常简单。

请看下面的程序段:

```
1   void Output( int a, int b, int s)
2   {
3       printf("Input a,b = ? ");
4       scanf(" % d % d",&a, &b);
5       s = a + b;
6       printf("a,b,s = % d, % d, % d\n",a,b,s);
7   }
8   void main()
9   {
10      void( * p)( int, int, int);
11      int a,b,s;
12      p = Output;
13      … ;
14  }
```

程序说明:

第 10 行是给函数指针的定义。

第 12 行就是给函数指针的定位,把自定义函数名 Output 赋给函数指针 p。

函数指针也可以在定义时直接定位,也就是给函数指针赋初值。比如第10行可以改成"void(* p)(int,int,int)=Output;",这就把函数指针的定义和定位一起完成了,程序的运行也是正确的。

7.7.3　函数指针的引用

函数指针的第三个关键环节就是函数指针的引用。函数指针的引用就是用函数指针来调用函数,它与函数的调用方法类似,但是比函数的调用方法更精简。

比如,对前面自定义函数 Output()的调用语句如下。

直接用函数调用为:

```
Output(a,b,s);
```

如果用函数的指针调用则为"p(a,b,s);",这也就是函数指针的引用。

可见,采用函数的指针引用来调用函数是很简洁的。

不过要注意:函数指针的引用必须在指针定位之后才可以进行,否则就是错误的。

比如下面的程序:

```
1   # include < stdio. h>
2   void Output( int a, int b, int s)
3   {
4       printf("Input a,b = ? ");
5       scanf("% d % d",&a,&b);
6       s = a + b;
7       printf("a,b,s = % d, % d, % d\n",a,b,s);
8   }
9   void main()
10  {
11      void( * p)(int,int,int);
12      int a,b,s;
13      p(a,b,s);
14  }
```

程序说明:

该程序总共有14行语句命令,其中,

第2~8行是自定义函数 Output()的定义,该函数有3个形参。

第9~14行是主函数的定义,其中,

第11行是函数指针的定义,指针的形参类型有3个,都是整型 int。

第13行是用函数指针的引用来调用函数,实参是变量 a、b、s。

可以看到,程序编译后链接的结果是0错误、0警告,似乎没有问题。但是,程序运行的结果是这样的:

```
Press any key to continue
```

实际上程序的运行并没有结果,也就是用函数指针的引用去调用函数出现了错误。

原因是函数的指针还没有定位,缺少了一个关键环节,当然是错误的。

其实,在程序编译时已经发出了警告信息,只是我们往往注意不到,只关注到最后链接的结果没有错误,以为一切都是好的。实际上的警告信息如下:

函数指针的定义与应用.cpp(14): warning C4700: |oca| variable 's' used without having been initialized
函数指针的定义与应用.cpp(14): warning C4700: |oca| variable 'b' used without having been initialized
函数指针的定义与应用.cpp(14): warning C4700: |oca| variable 'a' used without having been initialized
函数指针的定义与应用.cpp(14): warning C4700: |oca| variable 'p' used without having been initialized

可以看到,第14行(实际上是程序第13行)中所用的局部变量 s、b、a、p 还没有被初始化。其中前3个变量没有初始化就是还没有赋值,这是要调用自定义函数后才能完成的功能,没有关系;而第4个指针变量 p 没有初始化才是警告的关键,这就是函数指针没有定位造成的。所以,函数指针一定要先定位、后引用。

正确的程序如下:

```
1   # include < stdio. h >
2   void Output(int a, int b, int s)
3   {
4       printf("Input a, b = ? ");
5       scanf(" % d % d", &a, &b);
6       s = a + b;
7       printf("a, b, s = % d, % d, % d\n", a, b, s);
8   }
9   void main()
10  {
11      void( * p)(int, int, int);
12      int a, b, s;
13      p = Output;
14      p(a, b, s);
15  }
```

在原程序中增加了第13行"p＝Output;",这就是给函数指针定位的语句。

程序的编译链接后,函数指针的警告信息没有了。

其运行结果如下:

```
Input a, b = ?5 8
a, b, s = 5, 8, 13
Press any key to continue
```

可见,程序的运行结果完全正确,说明函数指针的定义、定位和引用是成功的。

我们也可以把程序的第11行改成"void (* p)(int, int, int)＝Output;"的形式,这就是函数指针的定义和定位一起完成,程序的运行结果也没有问题,大家可以自己去验证。

函数指针的作用就是调用自定义函数,当自定义函数的名字比较长的时候,采用函数指针的引用去调用自定义函数可以使程序更简洁。与数组的指针相比,函数指针其实是很简单的。

7.8　函数调用的程序设计综合应用举例

我们对函数调用的知识点已经做了全面的介绍,现在需要把这些知识点转化为实际应用的能力。下面主要是对自定义函数调用的综合应用举例。

7.8.1　指针作形参调用自定义函数的方法

指针作形参调用自定义函数有多种形式,其中,有变量的指针作形参调用自定义函数,一维数组的指针作形参调用自定义函数以及二维数组的指针作形参调用自定义函数等。

例7-9 指针作形参计算矩形的底面积和体积。要求输入、两个计算以及输出均采用自定义函数来完成,主函数只负责变量的定义与协作调用。

编程思路:由于本例中的计算都很简单,所以设计这个程序并不难。我们先把每个自定义函数设计出来,再把主函数设计出来,然后进行程序的组合。

指针作形参就是函数调用的指针传递方式,由表7-1中指针传递方式的特点可知,本例中所有的自定义函数都可以设计为 void 类型,而且均不需要返回,只是形参要用指针的形式,所以每个自定义函数的定义都比较简单。

下面是输入函数 Input() 的定义:

```
void Input(int * p1, int * p2, int * p3)
{
    printf("请输入矩形的长、宽和高:\n");
    scanf("%d%d%d",p1,p2,p3);
}
```

输入函数用3个指针作形参,给3个指针对应的变量输入值,不用返回。

下面是面积计算函数 mjjs() 的定义:

```
void mjjs(int * q1, int * q2, int * q3)
{ * q3 = * q1 ** q2;}
```

面积计算函数也用了3个指针作形参,其中,* q1 ** q2 表示两个指针的值相乘,并将计算结果赋值给第三个指针 * q3,也不需要返回。

下面是体积计算函数 tjjs() 的定义:

```
void tjjs(int * r1, int * r2, int * r3, int * r4)
{ * r4 = * r1 ** r2 ** r3;}
```

体积的计算函数与面积计算函数类似。

下面是输出函数 jgsc() 的定义:

```
void jgsc(int * ch, int * ku, int * ga, int * mj, int * tj)
{
    printf("a = %d,b = %d,h = %d\n", * ch, * ku, * ga);
    printf("s = %d\n", * mj);
    printf("v = %d\n", * tj);
}
```

结果输出函数用了5个指针作形参,并以对指针进行取 * 号运算的引用方式输出相应变量以及计算结果。

如果把主函数的定义放在最前面,其他自定义函数均放在后面,那么在主函数中要对所有的自定义函数进行声明。在主函数中,调用每个自定义函数的实参可以用变量的地址,也可以用变量的指针。

下面是主函数用变量的地址作实参调用自定义函数:

```
1  void main()
2  {
3      void Input(int * p1, int * p2, int * p3);
4      void mjjs(int * q1, int * q2, int * q3);
5      void tjjs(int * r1, int * r2, int * r3, int * r4);
6      void jgsc(int * ch, int * ku, int * ga, int * mj, int * tj);
```

```
7      int a,b,h,s,v;
8      Input(&a,&b,&h);
9      mjjs(&a,&b,&s);
10     tjjs(&a,&b,&h,&v);
11     jgsc(&a,&b,&h,&s,&v);
12 }
```

程序说明：

主函数中第 3～6 行是 4 个自定义函数的声明。

第 8～11 行是 4 个自定义函数的调用，调用顺序依次为输入函数、面积计算函数、体积计算函数和结果输出函数，调用 4 个函数的实参都是对应变量的地址。

下面是用变量的指针作实参调用自定义函数：

```
1  void main()
2  {
3      void Input(int * p1, int * p2, int * p3);
4      void mjjs(int * q1, int * q2, int * q3);
5      void tjjs(int * r1, int * r2, int * r3, int * r4);
6      void jgsc(int * ch, int * ku, int * ga, int * mj, int * tj);
7      int a,b,h,s,v, * pa, * pb, * ph, * ps, * pv;
8      pa = &a;pb = &b;ph = &h;ps = &s;pv = &v;
9      Input(pa,pb,ph);
10     mjjs(pa,pb,ps);
11     tjjs(pa,pb,ph,pv);
12     jgsc(pa,pb,ph,ps,pv);
13 }
```

与前面程序不同的是：

第 7 行增加了对 5 个变量指针的定义。

第 8 行是给 5 个指针定位。

第 9～12 行是用指针作实参分别调用 4 个自定义函数。

将主函数的后一种方式与 4 个自定义函数组合后的程序如下：

```
1  # include < stdio. h >
2  void main()
3  {
4      void Input(int * p1, int * p2, int * p3);
5      void mjjs(int * q1, int * q2, int * q3);
6      void tjjs(int * r1, int * r2, int * r3, int * r4);
7      void jgsc(int * ch, int * ku, int * ga, int * mj, int * tj);
8      int a,b,h,s,v, * pa, * pb, * ph, * ps, * pv;
9      pa = &a;pb = &b;ph = &h;ps = &s;pv = &v;
10     Input(pa,pb,ph);
11     mjjs(pa,pb,ps);
12     tjjs(pa,pb,ph,pv);
13     jgsc(pa,pb,ph,ps,pv);
14 }
15 void Input(int * p1, int * p2, int * p3)
16 {
17     printf("请输入矩形的长、宽和高:\n");
18     scanf(" % d % d % d",p1,p2,p3);
19 }
```

```
20 void mjjs(int * q1, int * q2, int * q3)
21 { * q3 = * q1 * * q2; }
22 void tjjs(int * r1, int * r2, int * r3, int * r4)
23 { * r4 = * r1 * * r2 * * r3; }
24 void jgsc(int * ch, int * ku, int * ga, int * mj, int * tj)
25 {
26     printf("a = % d,b = % d,h = % d\n", * ch, * ku, * ga);
27     printf("s = % d\n", * mj);
28     printf("v = % d\n", * tj);
29 }
```

程序的运行结果如下：

```
请输入矩形的长、宽和高：
5 8 6 ↙
a = 5, b = 8, h = 6
s = 40
v = 240
Press any key to continue
```

可以看出，程序的运行结果是正确的。

7.8.2　地址作形参调用自定义函数的方法

地址作形参调用自定义函数的方法就是地址传递的方法，它具有与指针作形参调用自定义函数类似的特点。下面通过一个例子加深对地址传递方式的理解和应用。

例 7-10　采用地址传递方式计算课程班每个学生 3 门课的平均成绩并输出。学生的成绩信息如下：

姓名	课程 1	课程 2	课程 3
张三	87.8	92.5	75.9
李四	88.5	90.3	87.4
王五	76.9	87.2	68.9
赵六	77.3	86.2	70.6
刘欣	81.7	95.4	90.2

编程思路：这个例子与前面的多个例子类似，程序主要包括学生的姓名和成绩的输入、平均成绩的计算以及学生成绩信息的输出等。题目中没有给出三大任务的分工，我们就先分一下工：将这三大任务分配给 3 个自定义函数来完成，主函数只负责协调和调用即可。其中输入部分由自定义函数 Shuru() 来完成，计算部分由自定义函数 Jisuan() 来完成，输出部分由自定义函数 Shuchu() 来完成。输入函数要完成学生姓名和 3 门课成绩的输入，计算函数要完成每个学生 3 门课成绩的统计、平均成绩的计算和录入，输出函数要完成学生姓名、3 门课成绩以及平均成绩的输出等。主函数要完成姓名数组以及成绩数组的定义和 3 个自定义函数的调用。两个数组可以这样定义：

```
# define N 50
char XM[N][5] = {" "};
float CJ[N][4];
```

采用宏定义 N 设定学生人数的上限为 50 人，也就是姓名和成绩二维数组的第一个下标。实际人数由程序输入来决定，这样可以保持程序不变。姓名数组的第二个下标按两个汉字加一个结尾标志确定，共 5 字节；成绩数组的第二个下标[4]包含了平均成绩。

根据地址传递的特点,形参要用地址的形式,也就是用数组名,每个自定义函数的类型都是 void 类型,而且不需要返回指令 return。所以,自定义函数的定义都比较简单。

输入函数的定义如下:

```
1   void Shuru(char xm[][5],float cj[ ][4],int &n)
2   {   .
3       int i,j;
4       printf("  请输入学生的姓名和三门课的成绩:\n");
5       for(i = 0; i < n; i++)
6       {
7           printf("  ");
8           scanf("% s",xm[i]);
9           for(j = 0; j < 3; j++)
10              scanf("% f",&cj[i][j]);
11      }
12  }
```

程序说明:

第 1 行是输入函数的首部,类型是 void 类型,有 3 个形参,其中前两个是用二维数组名作形参,必须要用两个下标,要与实参的二维数组相对应,第一个下标留空,由第三个形参动态提供下标值,第二个下标要用与实参数组对应的下标准确数字,不能留空;第三个是学生人数形参的地址。

第 4 行是输出提示信息,必须放在循环输入之前。

第 8 行是输入姓名,只能用一个行下标[i],表示每行的开始位置。

第 9 行和第 10 行是输入 3 门课的成绩,内循环的终值 j < 3;数字只能用 3,表示是 3 门课。

计算函数的定义如下:

```
1   void Jisuan(float cj[][4], int &n)
2   {
3       int i,j;
4       float sum;
5       for(i = 0; i < n; i++)
6       {
7           sum = 0;
8           for(j = 0; j < 3; j++)
9               sum += cj[i][j];
10          cj[i][j] = sum/3;
12      }
13  }
```

程序说明:

第 1 行是计算函数的首部,类型是 void 类型,有两个形参:一个是浮点型二维成绩数组名作形参,另一个是学生的人数形参的地址。

第 4 行定义了一个求和变量 sum。

第 7 行是给每个学生的求和变量先清零,必须放在内循环之前。

第 9 行是对每个学生 3 门课的成绩进行累加求和。

第 10 行是计算每个学生 3 门课的平均成绩,并将平均成绩录入对应数组的元素中,左边的 c[i][j]对应的就是学生的平均成绩,这里的 j＝3,是循环完之后 j 的值,也是平均成绩的对应列位置。

输出函数的定义如下:

```
1   void Shuchu(char xm[ ][5], float cj[ ][4], int &n)
2   {
3       int i,j;
4       printf("  学生的成绩信息如下:\n");
5       printf("  姓名\t课程1\t课程2\t课程3\t平均\n");
6       for(i = 0; i < n; i++)
7       {
8           printf("  ");
9           printf("%s\t",xm[i]);
10          for(j = 0; j < 4; j++)
11              printf("%2.2f\t",cj[i][j]);
12           printf("\n");
13      }
14  }
```

程序说明:

第1行是输出函数的首部,类型和形参与输入函数的相同。

第4行和第5行是输出提示信息,要放在输出循环语句之前。

第8行是先输出两个空格,使后面的输出与前面的提示信息位置对应。

第9行是输出学生的姓名,转义字符\t是与后面的成绩输出拉开距离。

第10行和第11行是循环输出学生3门课的成绩和平均成绩。

把3个自定义函数放在前面,主函数放在后面。

采用这样的布局,主函数的定义如下:

```
1   void main()
2   {
3       int n;
4       char XM[N][5] = {" "};
5       float CJ[N][4];
6       printf("\n  请输入学生人数:");
7       scanf("%d",&n);
8       Shuru(XM,CJ,n);
9       Jisuan(CJ,n);
10      Shuchu(XM,CJ,n);
11  }
```

程序说明:

第3~5行是学生实际人数、姓名和成绩二维数组的定义,并给姓名赋空值。

第6行输出提示信息。

第7行输入学生的实际人数。

第8行调用自定义输入函数。

第9行调用自定义计算函数。

第10行调用自定义输出函数。

调用3个自定义函数的实参都是对应的数组名和学生的实际人数变量名。

将主函数与各自定义函数按照分工要求组合成完整的程序如下:

```
1   #include <stdio.h>
```

```
2    #define N 50
3    void Shuru(char xm[ ][5],float cj[ ][4],int &n)
4    {
5        int i,j;
6        printf("\n");
7        printf("   请输入学生的姓名和 3 门课的成绩:\n");
8        for(i = 0; i < n; i++)
9        {
10           printf("   ");
11           scanf("%s",xm[i]);
12           for(j = 0; j < 3; j++)
13               scanf("%f",&cj[i][j]);
14       }
15   }
16   void Jisuan(float cj[ ][4],int &n)
17   {
18       int i,j;
19       float sum;
20       for(i = 0; i < n; i++)
21       {
22           sum = 0;
23           for(j = 0; j < 3; j++)
24               sum += cj[i][j];
25           cj[i][3] = sum/3;
26       }
27   }
28   void Shuchu(char xm[ ][5],float cj[ ][4],int &n)
29   {
30       int i,j;
31       printf("\n");
32       printf("   学生的成绩信息如下:\n");
33       printf("   姓名\t 课程 1\t 课程 2\t 课程 3\t 平均\n");
34       for(i = 0; i < n; i++)
35       {
36           printf("   ");
37           printf("%s\t",xm[i]);
38           for(j = 0; j < 4; j++)
39               printf("%2.2f\t",cj[i][j]);
40           printf("\n");
41       }
42   }
43   void main()
44   {
45       int n;
46       char XM[N][5] = {" "};
47       float CJ[N][4];
48       printf("\n   请输入学生人数:");
49       scanf("%d",&n);
50       Shuru(XM,CJ,n);
51       Jisuan(CJ,n);
52       Shuchu(XM,CJ,n);
53   }
```

程序的运行结果如下:

请输入学生人数:5 ✓

请输入学生的姓名和三门课的成绩:
张三 87.8 92.5 75.9 ✓
李四 88.5 90.3 87.4 ✓
王五 76.9 87.2 68.9 ✓
赵六 77.3 86.2 70.6 ✓
刘欣 81.7 95.4 90.2 ✓

学生的成绩信息如下:

姓名	课程1	课程2	课程3	平均
张三	87.8	92.5	75.9	85.40
李四	88.5	90.3	87.4	88.73
王五	76.9	87.2	68.9	77.67
赵六	77.3	86.2	70.6	78.03
刘欣	81.7	95.4	90.2	89.10

Press any key to continue

可以看出,输入和输出的学生成绩信息都是正确的,说明采用地址传递方式处理学生成绩信息的程序完全正确。尽管如此,但由于自定义函数需要形参以及调用需要实参,所以这种程序对自定义函数的定义和调用还是有些麻烦。

7.9　变量的作用域

变量的作用域对自定义函数的定义有着重大的影响。

变量的作用域:就是变量的适用范围。

我们知道,变量都是给函数用的,但有些变量只能给个别函数用,其他的函数是不能用的,它的作用范围小;而有的变量可以给更多的函数用,它的作用范围大。

那么,什么样的变量只能给个别函数用,什么样的变量可以给更多的函数用,这就由变量的作用域来决定,而变量的作用域是由变量的定义形式决定的。

7.9.1　局部变量与全局变量的含义

C语言中的变量有两大类:其一是局部变量,其二是全局变量,两者的区别主要是适用范围不同,也叫作作用域不同。局部变量仅适用于某一个特定的函数,而全局变量适用于所有的函数。

变量的定义:

变量的类型 变量名;

从变量的定义中看不出是哪种变量,要看变量定义的具体位置。

局部变量:如果变量定义在某个函数的函数体里面或者是某个复合语句中,该类变量就是部分变量或者局部变量,也叫作内部变量,它们只能被定义所在的函数或者复合语句引用。

全局变量:如果变量定义的位置在函数之外(可能在函数之前,也可能在函数之后),那么该类变量就属于全局变量或者共享变量,也叫作外部变量,它们可以被源程序文件中所有的函数引用。

简单地讲,在函数里面定义的变量属于局部变量,在函数外面定义的变量属于全局变量。局部变量只能由个别函数使用,全局变量可以由所有的函数使用。

局部变量和全局变量不仅仅是定义位置上的不同,它们在计算机的内存中存放的位置也不一样,如图 7-7 所示。

从图 7-7 可以看出,计算机中有专门的程序存储区和数据存储区,其中数据存储区分为静态存储区和动态存储区。全局变量就存放在静态存储区,而局部变量存放在动态存储区。静态存储区中的数据比较稳定,时效性也比较长,不会轻易改变;而动态存储区的数据随时都会发生改变或者被刷新,所以不够稳定。从存放的位置就可以看出,全局变量和局部变量的重要性是不一样的,全局变量更重要一些。

图 7-7　不同变量的存储区示意图

下面看一个不同变量定义的例子。

例 7-11　在下面的程序段中,哪些变量是局部变量? 哪些变量是全局变量?

```c
#include <stdio.h>
int a = 2,b = 3,c = 5;
void main()
{
    float x,y,z;
    printf("x、y = ? ");
    scanf("%f%f",&x, &y);
    z = x * y + a;
    {int d = 10; z = z - d;}
    printf("z = %2.2f\n",z);
}
int s = 25,t,u = 7,v;
```

根据对局部变量和全局变量的分析,本例中变量 x、y、z 和 d 是在函数内部定义的,所以它们都属于局部变量;而变量 a、b、c 以及变量 s、t、u、v 是在函数外部定义的,所以它们都属于全局变量。

本例告诉我们,如果在设计程序时要用到局部变量,则在对应的函数内部定义;如果要用到全局变量,则在函数的外部定义。

学习与思考:在本书前几章所举的例子中,所涉及的变量都属于局部变量,对它们的用法我们已经很熟悉了,只要定义了就可以直接引用。而对于全局变量而言,有的在函数之前定义,有的在函数之后定义;还有的在本文件中定义,有的在其他文件中定义,它们的引用方法是不同的。

全局变量的引用方法:如果全局变量在函数之前定义,那么不需要声明,可以直接引用;如果在函数之后定义,那么要先进行声明,然后才可以引用。这种引用方法与被调函数的声明异曲同工。

全局变量的声明方法:就是在全局变量定义的前面加上一个关键词 extern 就可以了。在全局变量的声明中不能给变量赋初值,全局变量的声明必须放在引用语句之前。

比如,"extern int s, t, u, v;"中 extern 的意思是说,整型变量 s、t、u、v 都属于外部变量,而且在其他地方已经定义过了,可以直接引用。

大家看看下面两个命令行的区别:

```
int s = 25,t,u = 7,v;
extern int s, t, u, v;
```

前一句是全局变量的定义,后一句是全局变量的声明。声明必须有关键词 extern 作引导,定义就不需要。

但是"extern int s=25,t,u=7,v;"这种声明方式是错误的,因为声明是不能赋初值的。

使用全局变量的好处:自定义函数可以定义成双无形式,主调函数可以采用无实参的直接调用方式。

例 7-12　计算两个整数之和,采用全局变量对空类型无返回的自定义函数进行设计。

所设计的程序如下:

```
1   # include < stdio. h>
2   int a,b,s = 0;
3   void shuru()
4   {
5       printf("Input two numbers: ");
6       scanf(" % d % d",&a,&b);
7   }
8   void jisuan()
9   { s = a + b; }
10  void shuchu()
11  { printf ("a = % d\tb = % d\ts = % d\n",a,,s); }
12  void main()
13  {
14      shuru();
15      jisuan();
16      shuchu();
17  }
```

程序说明:

第 2 行是全局变量 a、b、s 的定义。

第 3~7 行是自定义输入函数的定义。

第 8 行和第 9 行是自定义计算函数的定义,计算两个整数的和。

第 10 行和第 11 行是自定义输出函数的定义。

第 12~17 行是主函数的定义,只对 3 个自定义函数进行无参调用。

可以看出,3 个自定义函数都是双无函数,函数的定义形式非常简单。

程序的运行结果如下:

```
Input two numbers: 5 8 ↙
a = 5       b = 8       s = 13
Press any key to continue
```

可见,程序的运行结果完全正确。

本例说明:当采用全局变量时,与变量传递、指针传递、地址传递 3 种方式相比,对自定义函数的定义和调用是最简单的。

7.9.2　静态变量与普通变量的区别

前面所讲的局部变量和全局变量,由于定义位置不同,变量的作用域也不同,引用的要求也不同。除此以外,变量还有一些特殊的情况,比如,在设计程序时,不同的编程人员所设计的程序中,可能会出现相同的变量名,但是它们的属性和作用是不同的,程序设计好之后又不方便做出大的更改。为了避免在函数调用时相同变量之间出现混淆而引起错误,所以,对相同变量的其中一方可以做出一个限定,这样就可以消除两者之间的干扰和影响。这种限定方法就是静态变量的设定。

静态变量的设定:方法很简单,就是在变量的定义之前加上一个关键词: static。

普通变量:如果变量的定义之前没有加关键词 static,那么此类变量就是普通变量。普通变量既包括局部变量,又包括全局变量。

静态变量:如果变量的定义之前加有关键词 static,那么此类变量就是静态变量。静态变量既包括内部静态变量,也包括外部静态变量。

比如下面两种变量的定义:

```
int a,b,c;
static int a,b,c;
```

前者是对 3 个整型变量 a、b、c 的定义,这 3 个整型变量可能是局部变量,也可能是全局变量,具体由定义的位置来确定。但是,它们都属于普通变量。本书前面所讲的内容中所涉及的变量也都是普通变量。

后者也是对 3 个整型变量 a、b、c 的定义,但是它们的定义前面有关键词 static,所以这 3 个整型变量是静态的整型变量,它们可能是内部的静态变量,也可能是外部的静态变量,由定义的位置而定。

虽然我们说采取静态变量限定措施是为了避免不同程序中相同变量之间产生干扰,但实际上,即便是不同的变量,只要需要就可以采用这种静态的限定措施。

变量采用静态限定之后,相当于缩小了变量的作用范围。如果是内部的或者是局部的静态变量,那么它只能在定义该变量的函数内引用;如果是外部的或者是全局的静态变量,那么它只能在定义该变量的源程序文件中引用,在其他的源程序文件中就不能引用。

静态变量的赋值方式:在程序中,静态变量只能赋一次初值,也就是第一次引用静态变量时会赋初值,以后的引用就不用赋初值了,而是直接用静态变量当前的值。如果定义时静态变量没有被赋初值,那么系统会自动给静态变量赋 0 值。

普通变量在程序的运行过程中,每次引用都需要重新赋初值。静态变量和普通变量不同的赋初值方式会直接影响程序的运行结果。

例 7-13 下面的程序是静态内部变量的应用。

```
1    int fac(int n)
2    {
3        static int f = 1;
4        f = f * n;
5        return f;
6    }
7    # include < stdio. h >
8    void main()
9    {
10       int i;
11       for(i = 1; i < = 5; i++)
12           printf("   % d!= % d\n", i, fac(i) );
13   }
```

程序说明:

本例程序是由自定义函数 fac() 和主函数 main() 组成的源程序文件,自定义函数在前,主函数在后。整个程序由 13 行语句组成,其中,

第 1~6 行是自定义函数 fac() 的定义,自定义函数的功能是进行阶乘的计算。

第 7~13 行是主函数 main() 的定义,是以循环方式输出不同整数阶乘的结果。

程序的第 3 行是内部静态变量 f 的定义和赋初值。

输出格式 %d!=%d 中的 %d! 是阶乘的标志符号,不能看作不等号。

程序运行后,通过主函数中的循环变量 i 依次按照 1、2、3、4、5 的顺序调用自定义函数 fac(),由于该函数中变量 f 是静态变量,只需要赋一次初值"f=1;",以后不用再赋初值了,而是采用当前的计算值直接进行运算,然后将计算结果返回给主函数。

程序运行后的结果如下:

```
1!= 1
2!= 2
3!= 6
4!= 24
5!= 120
Press any key to continue
```

程序的运行结果 1! ~5! 的计算都正确,也说明静态变量的应用正确。

如果把程序第 3 行的变量 f 改为普通变量,那么其程序如下:

```
1   int fac( int n)
2   {
3       int f = 1;
4       f = f * n;
5       return f;
6   }
7   # include < stdio. h >
8   void main()
9   {
10      int i;
11      for(i = 1; i < = 5; i++)
12      printf("   % d!= % d\n", i, fac(i) );
13  }
```

程序的运行结果如下:

```
1!= 1
2!= 2
3!= 3
4!= 4
5!= 5
Press any key to continue
```

计算结果明显是错的,也说明普通变量与静态变量是有很大差异的。

内部变量和内部静态变量都属于函数级别的引用范围,而外部变量可以跨函数、跨文件、跨不同源程序文件引用。但是,外部静态变量只能在它所属的源程序文件范围内引用,而不能跨文件引用。

也就是说,外部变量和外部静态变量都属于文件级别的引用范围,但外部变量可以跨文

件引用,而静态外部变量只能在本文件的不同函数之间进行引用。

7.10 主文件与外部文件及相关函数

在 7.1 节中,我们简单地介绍了主文件与外部文件的概念,主文件是指包含主函数的源程序文件,外部文件是指不包含主函数,但包含其他自定义函数的源程序文件。

请看下面的源程序文件举例:

```
//文件名:主文件.cpp
#include<stdio.h>
void main()
{
    printf("Input a, b = ? ");
    scanf("%d%d",&a, &b);
    sum();
    printf("s = %d\n", s);
}
```

该源程序的文件名为:主文件.cpp,不论是用英文取名,还是用中文取名,它都是主文件。这并不是因为它的取名是"主文件"就是主文件,而是因为它包含有主函数 main()。在这个主文件中,主函数的功能包括了对两个变量 a、b 的输入,对自定义函数 sum()的调用以及结果的输出等。仅仅从主文件来看,这个源程序文件是不完善的,还缺少较多的运行条件,当然也是不能运行的。你能看出主文件缺什么吗?

再请看下面的源程序文件:

```
//文件名:外部文件.cpp
void sum()
{ s = a + b; }
```

该源程序的文件名为:外部文件.cpp,不论是用英文取名,还是用中文取名,它都是一个外部文件。这并不是因为它的取名是"外部文件"就是外部文件,而是因为它仅仅包含一个自定义函数,并没有包含主函数 main()。在这个外部文件中,自定义函数的功能很简单,就是计算两个变量 a、b 的和。从这个外部文件来看,自定义函数 sum()也是缺少条件的,即使被调用也无法运行,你看出来了吗?

这里我们特别强调了两个源程序的文件名不同。我们之前在各章节中所讲的源程序的例子,无论简单还是复杂都属于同一个源程序文件。而刚刚所讲的两个源程序文件与之前的源程序文件最大的区别就是,当下的两个源程序文件具有不同的文件属性。而且这两个不同的源程序文件可以是由同一个人设计编写的,也可以是由不同的两个人设计编写的,这就给我们的程序设计开阔了思路,拓宽了渠道。

从上面的主文件和外部文件可以看出,它们都欠缺一定的条件,但是它们的文件属性是没有问题的。

这里的主文件很简单,仅有一个主函数。在实际工程应用中,不会这么简单。主文件除了包含主函数之外,还可能包含其他的自定义函数,主文件的形式也会更复杂。

同样,这里的外部文件也很简单,只包含了一个自定义函数。在实际工程应用中,也不会这么简单。外部文件可能包含更多的自定义函数,外部文件的形式也会更复杂。

无论什么样的C语言程序,主文件必须有一个,而且只能有一个。但是,外部文件可有可无。如果有,也可能有多个外部文件。

7.10.1　内部函数的声明与调用方法

了解了文件的概念之后,下面学习文件中的内部函数声明与调用。

前面介绍过,一个大型的C语言程序,除了包含一个主文件之外,可能还包含多个外部文件。而且,在主文件中,不仅包含主函数,也可能包含自定义函数。同样,在每一个外部文件中,也可能包含多个自定义函数。也就是说,主文件和外部文件中都可能包含一定数量的自定义函数。

内部函数:我们把主文件中所包含的所有自定义函数称为主文件的内部函数;同样,我们把每个外部文件中所包含的所有自定义函数也称为该外部文件的内部函数。也就是说,主文件有自己的内部函数,外部文件也有自己的内部函数。

内部函数的调用:不论是主文件,还是外部文件,只要是在同一个文件中,要调用某一个内部函数,首先要弄清楚被调用的内部函数所处的前后位置关系。如果被调用的内部函数位于主调函数之前则可以直接调用;如果位于主调函数之后,那么在主调函数的函数体中或者在主调函数之前必须对被调用的内部函数先进行声明,然后才可以调用。

内部函数的声明方法:与我们之前所讲的对自定义函数的声明相同,就是给内部函数首部的尾端再加上一个分号。

内部函数调用的方法和形式与我们之前所讲的自定义函数的调用方法相同,也就是函数参数调用法、函数调用法以及嵌套调用和递归调用等形式。

可见,内部函数的声明方法以及调用方法与之前所讲的内容是完全一致的。

7.10.2　外部函数的声明与调用方法

我们已经知道,主文件可能带有自己的内部函数,外部文件也可能带有自己的内部函数。虽然这些内部函数所处的文件归属各不相同,但是它们在本文件内部的声明和调用方法都是一样的,都可以在各自的文件内部进行调用。

下面思考一个新的情况:假如主文件中自带的内部函数不能满足主文件调用功能的要求怎么办? 同样,假如外部文件中自带的内部函数也不能满足外部文件调用的功能要求怎么办? 可能有人会想,分别在主文件和外部文件中各自再定义一个能满足功能要求的内部函数不就行了? 这样做当然可以,但需要花费一定的时间。

我们可以设想一下,如果主文件要调用的功能,外部文件中正好有相应的自定义函数,而外部文件要调用的功能主文件中也正好有相应的自定义函数,那么,能不能跨文件相互调用这些自定义函数呢? 如果能,当然就不需要再定义内部函数了,还可以提高内部函数的利用率,减少程序设计的工作量,可以说好处多多啊。

就像我家没有要用的工具,但你家有,而你家没有要用的工具我家有,咱们两家就可以互相借用,各得其所,其乐融融。

事实上,内部函数的跨文件调用是完全可行的,只要改变一下对这些函数的叫法,以便与内部函数的调用有所区别。

外部函数:当一个文件调用另一个文件的内部函数时,我们把另一个文件的内部函数就叫作外部函数。也就是说,当主文件调用外部文件的内部函数时,我们把外部文件的内部函数称为外部函数;反过来,当外部文件调用主文件的内部函数时,我们把主文件的内部函数也称为外部函数。就像张家把李家的小孩称为邻居家的小孩,李家把张家的小孩也称为邻居家的小孩一样。

当外部函数满足某一文件所需的功能时,可以按照函数调用的方法和形式来调用这个外部函数,只是调用是有条件的,满足了条件才可以调用,否则是不能调用的。就像张家想叫李家的小孩到自己家来与自己的小孩玩,首先,张家要征得李家的许可才行。调用外部函数的条件就是对外部函数进行声明。

外部函数的声明:就是在内部函数声明的前面再加上一个关键词 extern。我们已经知道,内部函数的声明就是给内部函数的首部尾端加上一个分号,而外部函数的声明就是给内部函数声明之前再加上 extern 就变成了外部函数的声明。也就是说,外部函数声明是以内部函数声明为基础的。

请看下面两个函数声明的例子:

```
void sum();
extern void sum();
```

两个声明中自定义函数的名字相同,功能也相同。但是,前一句是内部函数的声明,说明该函数已经在本文件的后面定义过,可以在本文件中调用;而后一句是外部函数的声明,因为它的前面有关键词 extern,也说明该函数已经在外部文件中定义过,可以在其他文件中跨文件进行调用。

例 7-14 下面的程序是主文件和外部文件中外部函数的调用举例,请对相关细节进行分析、补充和完善。

```
//文件名:主文件_1.cpp
#include <stdio.h>
void main()
{
    printf("Input a, b = ? ");
    scanf("%d %d", &a, &b);
    sum();
    printf("s = %d\n", s);
}
```

从上面的程序中可以看出,主文件_1.cpp 中所调用的函数 sum()在主文件中并不存在,所以,对主文件_1.cpp 而言,函数 sum()就是一个外部函数,它位于下面的外部文件中。

```
//文件名:外部文件_1.cpp
void sum()
{ s = a + b; }
```

从该程序中可以看出,外部文件_1.cpp 仅仅是由一个函数 sum()构成的,它是外部文件_1.cpp 唯一的内部函数。

由于主文件_1.cpp 中要计算两个整数的和,它自己并没有计算求和的内部函数,而外部文件_1.cpp 中正好有计算两数之和的函数 sum(),所以,主文件_1.cpp 就可以调用外部文件_1.cpp 中的内部函数 sum()来帮自己完成两数求和的功能。

我们知道,内部函数的声明与函数定义的位置有关,函数定义在后要声明,定义在前就不需要声明。

　　而外部函数的声明与函数定义的位置无关,只与文件有关。只要是跨文件调用外部函数,不管这个外部函数在其所在文件的什么位置定义,在主调文件中都必须对它进行声明,然后才可以调用。

　　外部函数的声明通常要放在主调函数之前,也可以放在主调函数的函数体中。在7.10.2节所举的主文件和外部文件的例子中,我们说过它们还缺较多的条件,还不能正常运行,其中主文件所缺的一个条件就是对外部函数的声明。请看下面的程序:

```
//文件名:主文件_1.cpp
1  ♯include<stdio.h>
2  extern void sum();
3  void main()
4  {
5      printf("Input a, b = ? ");
6      scanf("%d%d",&a, &b);
7      sum();
8      printf("s = %d\n", s);
9  }
```

　　程序的第2行"extern void sum();"就是新补充的对外部函数 sum()的声明,它位于主函数之前。

　　再看下面的程序:

```
//文件名:主文件_1.cpp
1  ♯include<stdio.h>
2  void main()
3  {
4      extern void sum();
5      printf("Input a, b = ? ");
6      scanf("%d%d",&a, &b);
7      sum();
8      printf("s = %d\n", s);
9  }
```

　　程序的第4行"extern void sum();"也是新补充的对外部函数 sum()的声明,它位于主函数的函数体内,这也是可行的。也就是说,外部函数的声明放在主调函数之前和放在主调函数的函数体中都可以,通常放在主调函数之前要多一些。

　　外部函数的声明已经有了,但是主文件_1.cpp 和外部文件_1.cpp 中所引用的变量 a、b、s 都还没有定义,当然不能引用。所以,还需要对变量进行补充定义。

　　那么,是补充内部变量的定义好,还是补充外部变量的定义好?

　　如果补充内部变量的定义,主文件_1.cpp 和外部文件_1.cpp 都要进行补充,这样一来,外部函数 sum()的调用也会变得更复杂,函数 sum()就需要带参数,也必须有返回指令。

　　如果是补充外部变量的定义,那么既可以在主文件_1.cpp 中进行补充,也可以在外部文件_1.cpp 中进行补充,只需要补充一个就行,而且函数 sum()的调用也会很简单。具体怎么补充就要看程序的命令结构了。

　　在外部文件_1.cpp 中,由于外部函数 sum()的类型是 void,不需要返回指令 return,而且是无参的函数,还有主文件_1.cpp 中外部函数 sum()是无参的函数调用,再加上主文件_

1. cpp 和外部文件_1. cpp 引用的变量名字均相同，由此可知，主文件_1. cpp 和外部文件_1. cpp 所引用的变量应该是外部变量。

我们可以把 3 个外部变量 a、b、s 定义在主文件_1. cpp 中，然后在外部文件_1. cpp 中对外部变量进行声明后就可以引用了。

也可以把 3 个外部变量 a、b、s 定义在外部文件_1. cpp 中，然后在主文件_1. cpp 中对外部变量进行声明后再引用。

本例中，我们选择将 3 个外部变量定义在主文件_1. cpp 中，并在外部文件_1. cpp 中对 3 个外部变量 a、b、s 进行声明，然后就可以引用了。

经过以上的分析和补充之后，可以将例 7-14 的程序完善如下：

```
//文件名:主文件_1.cpp
1   # include < stdio.h >
2   extern void sum();
3   int a,b,s;
4   void main()
5   {
6     printf("Input a, b = ? ");
7     scanf("% d % d", &a, &b);
8     sum();
9     printf("s = % d\n", s);
10  }
```

程序说明：

第 2 行是对外部函数 sum()的声明。

第 3 行是对 3 个外部变量 a、b、s 的定义。

主函数的语句命令都不变。

将例 7-14 外部文件_1 的程序完善如下：

```
//文件名:外部文件_1.cpp
1   extern int a,b,s;
2   void sum()
3   { s = a + b; }
```

程序说明：

第 1 行就是对 3 个外部变量的声明。

至此，两个源程序文件都已补充完善妥当。

当然，在两个源程序文件还没有完善妥当之前，如果要对主文件_1. cpp 和外部文件_1. cpp 进行编译链接都是会出现错误的。只有完善妥当后，才可以对主文件_1. cpp 和外部文件_1. cpp 进行编译链接。

将主文件_1. cpp 和外部文件_1. cpp 进行编译链接后，程序没有任何问题。

程序的运行结果如下：

```
Input a,b = ? 6 8 ↙
s = 14
Press any key to continue
```

可以看出，通过对例 7-14 中的主文件_1. cpp 和外部文件_1. cpp 有关外部函数的调用细节进行分析、补充和完善后，程序的运行结果完全正确。说明对外部变量的声明、对外部函数的声明以及对外部函数的调用都是正确的,也说明主文件_1.cpp 和外部文件_1.cpp 的程序设计也是正确的。

7.10.3　静态外部变量与静态外部函数的声明方法

前面对跨文件的外部变量声明和引用以及外部函数的声明和调用作了比较详细的介绍,目的就是告诉大家:如何在不同的文件中引用外部变量和调用外部函数。现在这两个问题都已经解决了,下面我们来解决一个相反的问题,这个问题就是:在跨文件的调用中,如何限制对某些外部变量的引用以及如何限制对某一个外部函数的调用。静态外部变量和静态外部函数的处理问题也叫作静态外部变量和静态外部函数的声明方法问题。

俗话说:林子大了什么鸟都有。在 C 语言程序设计中,这句话也很适用。一个大型的 C 语言程序,可能包含很多文件,每个文件可能由不同的人来设计编写,每一个文件可能会用到形形色色的变量,而且每个文件还会包含数量众多的函数。在这些变量和函数中,它们的名字都与 26 个英文字母有关。在编写过程中,不难出现变量名相同或者函数名相同的问题。如果有这样的问题出现,那么各文件之间的外部变量引用以及外部函数的调用可能会出现混乱。所以必须要杜绝这些情况的出现,以保证程序的正确运行。从理想的情况来说,即便没有这些情况出现,在文件的相互调用中,我们可能也需要对某些外部变量或者外部函数加以限制。

简单地讲,如果在文件调用中要限制对某些文件中外部变量的引用或者要限制对某一外部函数的调用,那么可以采用静态外部变量或者静态外部函数的处理方法。

静态外部变量:如果在外部变量的定义之前加上关键词 static,那么它就变成了静态外部变量。

静态外部变量的引用范围:静态外部变量只能在本文件中引用,在其他文件中都不能引用。也就是说,本文件中所有的函数可以引用本文件中的静态外部变量,但是不能引用其他文件中的静态外部变量。可见,外部变量经过静态处理后,它的作用域受到了一定的限制,只能局限于在本文件中使用。

理解了静态外部变量的概念之后,我们再来分析静态外部函数的处理问题。

静态外部函数:如果给外部函数定义的首部之前加上关键词 static,那么这个外部函数就转变成为静态的外部函数。

静态外部函数的调用范围:静态外部函数只能在所定义的本文件函数中调用,其他文件中的函数无权调用。也就是说,主文件中的静态外部函数只能在主文件的函数中调用,不能在外部文件的函数中调用;而外部文件中的静态外部函数也只能在本外部文件的函数中调用,不能在主文件以及其他外部文件的函数中调用。可见,静态外部函数也被限定了调用范围。

例 7-15　请分析下面的主文件_2.cpp 和外部文件_2.cpp、外部文件_3.cpp 的源程序,并说明各文件中外部变量、静态外部变量、外部函数以及静态外部函数的应用和区别。

主文件_2.cpp 的源程序如下:

```
//文件名:主文件_2.cpp
1   #include<stdio.h>
2   extern void fun1();
```

```
3    extern void fun2();
4    int a = 2, b = 3, c = 5;
5    extern int i, j, x, y, z;
6    void main( )
7    {
8        extern int s,u,v;
9        fun1();
10       z = x * y + (a - v) * j;
11       {   int d = 10; z = z - d;   }
12       u = z * v - s;
13       printf("  z = % d\t u = % d\n",z,u);
14       fun2();
15   }
16   int s = 25, u, v = 7;
```

程序说明：

主文件_2.cpp 源程序的第 2 行和第 3 行是两个外部函数 fun1()和 fun2()的声明。

第 4 行是对本文件，即主文件_2.cpp 中 3 个外部变量 a、b、s 的定义和赋初值。

第 5 行是对 5 个外部变量 i、j、x、y、z 的声明。

第 8 行是在主函数体的前面对本文件，即主文件_2.cpp 的 3 个外部变量 s、u、v 进行声明。

第 9 行是调用外部函数 fun1()。

第 14 行是调用外部函数 fun2()。

第 16 行是对本文件，即主文件_2.cpp 的 3 个外部变量 s、u、v 的定义和赋初值。

在主文件_2.cpp 中暂时没有使用静态外部变量和静态外部函数。

外部文件_2.cpp 的源程序如下：

```
//文件名:外部文件_2.cpp
1    # include < stdio. h >
2    int x, y, z;
3    void fun1()
4    {
5        printf("  x、y = ? ");
6        scanf("% d % d",&x, &y);
7    }
```

程序说明：

外部文件_2.cpp 源程序的第 2 行是对 3 个外部变量 x、y、z 的定义。

第 3～7 行是对函数 fun1()的定义，函数的功能就是对两个变量的输入，比较简单。

在外部文件_2.cpp 中也暂时没有使用静态外部变量和静态外部函数。

外部文件_3.cpp 的源程序如下：

```
//文件名:外部文件_3.cpp
1    # include < stdio. h >
2    extern int c, s;
3    void fun2()
4    {
5        extern int i;
6        int x1,y1,z1;
7        printf("  x1、y1 = ? ");
8        scanf("% d % d",&x1, &y1);
```

```
9       z1 = i * (x1 + y1) * c - s;
10      printf("   z1 = % d\n",z1);
11 }
12 int i = 2, j = 3;
```

程序说明：

外部文件_3.cpp 源程序的第 2 行是对两个外部变量 c、s 的声明。

第 3～11 行是对函数 fun2() 的定义。

第 5 行是对本文件，即外部文件_3.cpp 的外部变量 i 进行声明。

第 6 行是对 3 个内部变量 x1、y1、z1 的定义。

第 12 行是对本文件，即外部文件_3.cpp 两个外部变量 i、j 的定义和赋初值。

在外部文件_3.cpp 中也暂时没有使用静态外部变量和静态外部函数。

可见，在例 7-15 的 3 个源程序文件中都没有使用静态外部变量和静态外部函数，对 3 个文件进行编译和链接后，其文件结构如图 7-8 所示。

图 7-8　主文件和外部文件的正常结构形式

从图 7-8 左侧的文件结构图中可以看出，该文件系统是由主函数 main()、两个外部函数 fun1() 和 fun2()，以及 a、b、c、i、j、s、u、v、x、y、z 等 11 个外部变量组成的。从主文件_2.cpp 的源程序中可以看出，非本文件的外部变量都在本文件的前面进行了声明，如程序第 6 行的 "extern int i, j, x, y, z;" 命令语句，本文件的外部变量在引用的函数体之前也进行声明，如程序第 9 行的 "extern int s, u, v;" 命令语句。如果将本文件中的外部变量声明 "extern int s，u，v；"也放在本文件之前进行声明，那么程序的编译链接以及运行也都是可以的。如果去掉两个外部函数 fun1() 和 fun2() 外部声明的关键词 extern，程序的编译链接和运行也是可以的，似乎没有影响，不过加上关键词 extern 更规范。

以上的程序文件经过编译链接无误后，其运行结果如下：

```
x、y = ? 3 5 ↙
z = - 10    u = - 95
x1、y1 = ? 6 7 ↙
z1 = 105
Press any key to continue
```

通过验算可以证明 3 个程序文件的运行结果是正确的，也说明该程序的设计完全正确。

从举例中可以看出，文件中所涉及的外部函数都是"双无"函数，对于这样的函数，其定义和调用都变得简单很多，这也是采用程序文件设计 C 语言程序的优势。

所以，在以后的程序文件设计中，我们都可以把所有的函数设计成"双无"类型的函数，不再被形参怎么设定、函数用什么类型、要不要返回等细节问题所烦扰，也不用再考虑是用变量传递方式，还是指针传递方式或者是地址传递方式来定义函数的问题。总之，函数的定义变得更简单了。

把例 7-15 的 3 个程序文件相关变量和函数做一下静态处理，看看会出现什么问题。

主文件_2.cpp 的程序修改如下：

```
//文件名:主文件_2.cpp
1   # include < stdio. h>
2   void fun1();
3   void fun2();
4   int a = 2,b = 3,c = 5;
5   extern int i, j, x, y, z;
6   void main()
7   {
8       extern int s,u,v;
9       fun1();
10      z = x * y + (a - v) * j;
11      {   int d = 10; z = z - d;   }
12      u = z * v - s;
13      printf("z = % d\t u = % d\n",z,u);
14      fun2();
15  }
16  static int s = 25, u, v = 7;
```

在主文件_2.cpp 程序中，我们将第 16 行 3 个外部变量 s、u、v 的定义修改成静态外部变量，其他都不变。

外部文件_2.cpp 的程序修改如下：

```
//文件名:外部文件_2.cpp
1   # include < stdio. h>
2   int x,y,z;
3   static void fun1()
4   {
5       printf("x、y = ? ");
6       scanf("% d % d",&x, &y);
7   }
```

在外部文件_2.cpp 程序中,我们将第 3 行函数 fun1()定义的首部修改成静态外部函数,其他都不变。

外部文件_3.cpp 的程序修改如下:

```
//文件名:外部文件_3.cpp
1   #include <stdio.h>
2   extern int c,s;
3   static void fun2()
4   {
5       int x1,y1,z1;
6       printf("x1、y1 = ? ");
7       scanf("%d%d",&x1, &y1);
8       z1 = i * (x1 + y1) * c - s;
9       printf("z1 = %d\n",z1);
10  }
11  int i = 2, j = 3;
```

在外部文件_3.cpp 程序中,我们将第 3 行函数 fun2()定义的首部也修改成静态外部函数,其他都不变。

我们把例 7-15 的 3 个程序文件都做了个别的静态处理,编译链接后的文件结构如图 7-9 所示。

图 7-9　静态处理的 C 语言文件系统变化

将图 7-9 左侧的文件结构与图 7-8 左侧的文件结构相比较可以看出,经过静态处理后,例 7-13 的文件系统结构变成了是由主函数 main()以及 a、b、c、i、j、x、y、z 等 8 个外部变量组成的系统。原来的两个外部函数 fun1()和 fun2()以及外部变量 s、u、v 都看不到了,并不是它们从程序中消失了,它们都还在,只是它们都被"静态"处理了,其他的文件不能再调用或者引用它们了,这就是"静态"处理所起的作用。

经过静态处理后,原来程序中的相关调用或引用当然也出现了问题,从图 7-9 下面的信息栏中可以看出,经过编译和链接后,程序出现了多个问题,其错误信息的关键词为"unresolved external symbol",字面意思是"未解析的外部符号",主要的意思是函数 fun1()、fun2()以及变量 s、u、v 的调用或者引用是"无效"的。因为它们是静态外部函数和静态外部变量,是不允许被调用或者引用的。

由于出现了编译和链接的问题,所以程序是无法运行的。反过来也证明了,对程序文件中外部变量和外部函数所进行的静态处理是成功的。当然,也可以采用正面应用的例子来进行证明,有兴趣的读者可以自己去练习验证。

一般而言,使用静态外部变量和静态外部函数的情况是比较少的,所以,大家对静态外部变量和静态外部函数的应用能够理解就可以了。

7.11　C语言程序的工程应用设计方法

在前面的主文件和外部文件应用中,我们举了几个程序运行成功的例子,但如果大家要按照前面的相关程序文件去设计编程和运行,还是会出现问题,也就是说,程序还是无法运行。为什么?

主要是因为编程的框架有问题,大家会将前面程序文件的例子按照 C++ Source File 的一般模式来设计编程。也就是说,不论是主文件,还是外部文件,所有的源程序文件都直接由 C++ Source File 模式来设计编程。这样一来,表面上看起来程序文件都已经编写完成了,编译也通过了,但实际上都是"虚"的,主文件和外部文件之间并没有构成一个完整的文件架构体系。所以,程序可能是无法运行的。要解决这个问题,就必须学习和掌握 C 语言程序的工程应用设计方法,这也是我们学习 C 语言的最终目的。

C语言程序的工程应用设计方法就是函数的工程应用设计方法,也就是主文件与外部文件的应用设计与调用方法。这种设计方法就是一种框架结构体系,也可以叫作模块化的程序结构设计,它跟之前的程序设计方法是有所不同的,只有掌握了这种设计方法,才可以用 C 语言程序解决真正的工程实际问题。

大家应该知道,在现实工作中,要完成一个大型工程项目的设计开发,开发的内容可能有很多,开发人员往往不止一个。每个人的开发内容有所不同,所以必须要有分工、合作,否则可能会出现重复开发而影响工作的效率。一般来说,每个人要先行完成自己的开发任务,开发好之后,最后再进行汇总与协调。

7.11.1　C语言程序的工程应用设计结构介绍

C语言程序的工程应用设计方法:我们把不同人员开发的源程序文件按照一定的工程项目结构组合汇集在一起的设计开发过程称为 C 语言程序的工程应用设计方法。

最简单的 C 语言程序工程应用设计结构如图 7-10 所示。

从图 7-10 中可以看出,C 语言程序的工程应用设计架构主要由主文件和若干外部文件组成,这些文

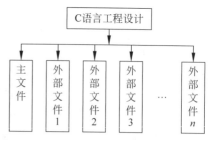

图 7-10　C 语言程序工程应用设计结构

件都是并列关系,相互之间没有任何交叉,完全可以独立地进行设计。如果由一个团队负责对C语言工程项目的设计开发,那么可以将这些文件分配给若干软件开发人员去先行开发设计。设计完成后,再按照工程设计的架构进行汇总、粘贴,然后依照文件之间的相互关系和要求进行补充和完善,最终进行编译链接以及调试验证,直至符合设计要求。

当然,按照这样的架构,一个人也可以完成,只是需要的时间会长一些。我们作为学习者也能更好地加深理解C语言程序工程应用的设计方法。

7.11.2 C语言程序工程应用的设计步骤

我们先简要说明一下C语言程序的工程应用设计步骤,设计步骤主要包括4个过程:

(1) 建立工程项目名称;

(2) 建立所有程序文件;

(3) 完善文件条件要求;

(4) 编译链接调试运行。

工程项目名称是设计C语言程序的总架构,首先要建立起来,这是第(1)步。第(2)步建立所有的程序文件,这是C语言程序工程应用设计的主要内容。在这一过程中,要把所有的程序文件全部设计完成。所以,大量的工作都在这一步。等所有的程序文件设计完成后,第(3)步就是依照各文件之间的调用条件和要求,完善对外部函数的声明以及对外部变量的声明等。第(4)步就是对整个C语言程序文件进行编译链接以及调试运行,检验C语言程序工程应用设计的正确性。

下面就以一个具体实例来说明C语言程序的工程应用设计方法。

例7-16 以C语言程序工程应用的设计方法计算梯形图的面积。工程名称取名为:面积计算_1,该工程的架构总共包括4个程序文件,其中有3个外部文件和1个主文件。外部文件的名称和功能依次为:外部文件1_输入,外部文件2_计算,外部文件3_输出;主文件名称和功能为:主文件_调用。

具体的设计步骤如下:

(1) 建立工程项目名称。

① 单击图标 。

② 打开"文件",如图7-11所示。

图7-11 选择打开"文件"

③ 选择"新建"命令;单击 **Win32 Console Application** 平台。

④ 在"工程名称"一栏输入工程名称,比如,"面积计算_1",在"位置"编辑框中选择好存放的路径,其他都不变,单击"确定"按钮,如图7-12所示。

⑤ 接着看到如图7-13所示的界面,然后单击"完成"按钮,如图7-13所示。

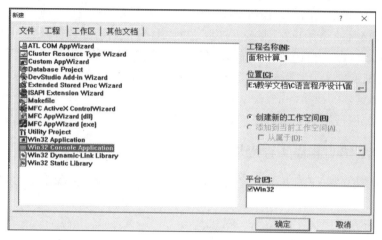

图 7-12　建立工程名称界面

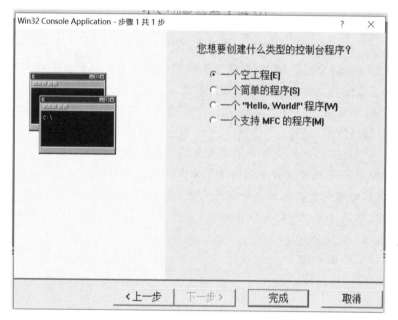

图 7-13　选择一个空工程

⑥ 接着单击"确定"按钮，即可完成工程名称的创建，如图 7-14 所示。

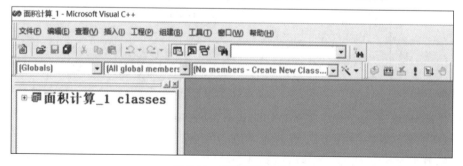

图 7-14　创建工程名称

创建好了工程名称后,接着建立所有的程序文件。

(2) 建立所有程序文件。

4个程序文件的建立顺序可以随意,谁先谁后都行。为了说明具体的建立过程,可以依次这样建立:外部文件1、外部文件2、外部文件3以及主文件。

建立"外部文件1_输入"的具体步骤如下:

① 建好工程名称之后可看到图7-14中左侧"面积计算_1"的工程字样。接着选择左上角的"文件"→"新建"命令。

② 在弹出的"新建"窗口右上角选中"添加到工程"复选框。

③ 在"文件名"栏目输入文件名称:"外部文件1_输入"。

④ 在"位置"编辑框中选择存放路径。

⑤ 再单击选择左侧的C++ Source File程序设计模式。

⑥ 单击右下角的"确定"按钮,完成"外部文件1_输入"的建立过程,如图7-15所示。

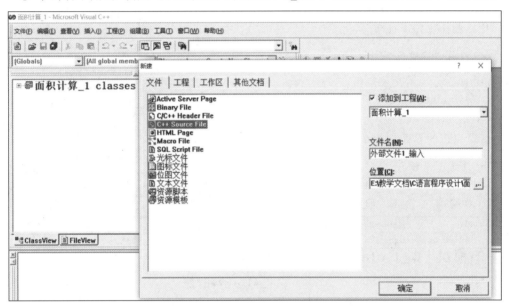

图7-15　"外部文件1_输入"的建立

建好"外部文件1_输入"工程后,就进入程序设计编程的界面,可以在该界面中编写"外部文件1_输入"的基本程序,这与之前编程的操作过程是完全一样的。

其基本输入程序如下:

```
//文件名:外部文件1_输入.cpp
void input()
{
    printf("梯形的上底、下底和高是:\n");
    scanf("%f%f%f", &a, &b, &h);
}
```

⑦ 编写完成的画面如图7-16所示。

⑧ 单击存盘图标,完成"外部文件1_输入"的建立。

在这里需要注意,每一个外部文件编写完之后,只需要存盘,还不能进行编译和链接,因

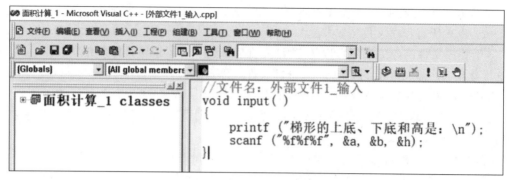

图 7-16　"外部文件 1_输入"的编辑

为整个工程设计还没有完成,进行编译链接会出现错误。

建立"外部文件 2_计算"的步骤与建立"外部文件 1_输入"的步骤①～⑦是一样的,除了文件名不同以外,其他过程完全相同。

其基本计算程序如下:

```cpp
//文件名:外部文件 2_计算.cpp
void calculate()
{
    s = (a + b) * h/2;
}
```

编写完成的界面如图 7-17 所示。

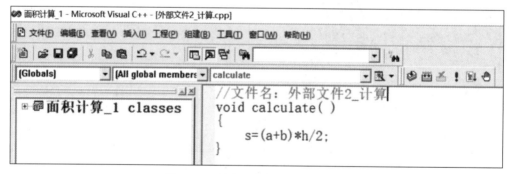

图 7-17　"外部文件 2_计算"的编辑

然后,单击存盘图标,完成"外部文件 2_计算"的建立。

建立"外部文件 3_输出"的步骤与建立"外部文件 1_输入"的步骤①～⑦也是一样的,除了文件名不同以外,其他过程完全相同。

其基本输出程序如下:

```cpp
//文件名:外部文件 3_输出.cpp
void output()
{
    printf("上底 = %2.2f\t 下底 = %2.2f\t 高 = %2.2f\n",a, b, h);
    printf("面积 = %4.2f\n", s);
}
```

编写完成的界面如图 7-18 所示。

然后,单击存盘图标,完成"外部文件 3_输出"的建立。

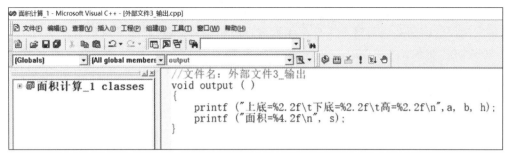

图 7-18　"外部文件 3_输出"的编辑

建立"主文件_调用"的步骤与建立"外部文件 1_输入"的步骤①～⑦也是一样的,除了文件名不同以外,其他过程完全相同。

其基本调用程序如下:

```
//文件名:主文件_调用.cpp
void main()
{
    input();
    calculate();
    output();
}
```

编写完成的界面如图 7-19 所示。

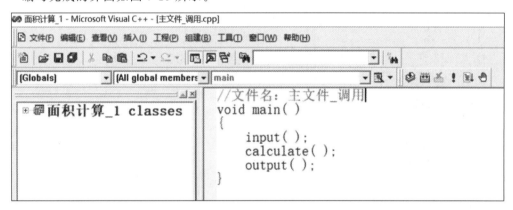

图 7-19　"主文件_调用"的编辑

然后,单击存盘图标,完成"主文件_调用"的建立。

(3) 完善文件条件要求。

4 个基本文件都已经建立好了,但是还不能编译链接,更不能运行。因为每个文件还有条件和要求没有完善。这些条件和要求主要是外部变量的定义、声明以及函数的声明等。

关于外部变量的定义和声明问题:从 3 个外部文件的基本程序中可以看出,各自的函数采用的都是无参、无返回值的 void 类型结构形式,而且各函数内部引用的变量都相同,基本都是 a、b、h、s 等相关变量,变量的控制格式都是%f 的形式。所以,整个程序文件都要采用外部变量的定义形式,变量的类型要采用浮点型,这样所有的文件函数都可以共享。最好在主文件的前面直接定义,在 3 个外部文件中再对所用到的外部变量进行声明后即可引用。

关于函数的声明问题:从主文件的基本调用程序中可以看出,它所调用的 3 个函数

input()、calculate()和 output()都不在主文件中，也不是它的内部函数，而是外部函数。所以，在主文件的前面必须对这3个外部函数进行声明，然后就可以正常调用了。

另外，在"外部文件1_输入"和"外部文件3_输出"的程序前面还要加入文件包含声明 #include < stdio. h >，因为这两个文件中都含有 scanf()输入或者 printf()输出语句，加入该运行平台后，两个文件程序的编译就完善了。

还需要注意一点，对外部变量和外部函数的声明时，除了开头用到关键词 extern 以外，在变量名和函数名之前还要加上相应的类型，不能漏掉，否则会出现错误。

根据上面的分析，分别对4个文件进行相应的补充完善，无误后再存盘，然后单击"组建"→"全部重建"命令进行编译和链接。

链接无误后，设计好的 C 语言工程应用程序如图 7-20 所示。

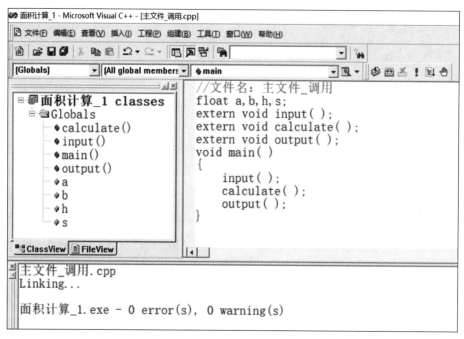

图 7-20　设计完成的 C 语言工程应用程序

从图 7-20 中可以看出，C 语言工程应用项目为"面积计算_1"的程序是由 calculate()、input()、main()和 output()4 个函数以及 a、b、h、s 这 4 个外部变量共同组成的，程序的编译链接没有任何问题，完全可以运行。

程序的运行结果如下：

梯形的上底、下底和高是：
6 8 4
上底 = 6.00　　下底 = 8.00　　高 = 4.00
面积 = 28.00
Press any key to continue

可以看出，程序的运行结果完全正确，说明 C 语言程序的工程应用设计方法是可行的、可靠的。

本例的设计内容虽然简单，但设计过程是完整的，也是很典型的。对于复杂的工程设计完全可以借鉴。

7.11.3 在 Windows 桌面运行 C 语言程序文件的设定方法

不论是什么程序文件,人们都已经习惯在 Windows 桌面上运行,但我们所设计的 C 语言程序文件即便是可执行文件,也只能在编程软件平台上运行,不能在 Windows 桌面上运行。要想运行,还需要进一步再做设定。下面以例 7-14 的程序文件为例介绍这种设定方法。

（1）对已经设计好并且能够正确运行的 C 语言程序文件进行"批组建"。

① 打开 Microsoft Visual C++ 6.0 编程软件平台,打开"文件",在下拉菜单中单击"打开工作空间"命令,通过文件夹查找到"面积计算_1.dsw"的程序文件并打开。

② 然后打开主文件,在主函数之前要加上文件包含声明#include < stdio.h >,并在主函数的输出函数"output();"之后添加两个"getchar();"命令,这两个命令主要是在 Windows 窗口运行程序时,起到"暂停"的作用,否则程序的运行结果会一闪而过,还没看清楚就退出了运行,加上暂停后,可以在看清运行结果后再按任意键退出,如图 7-21 所示。

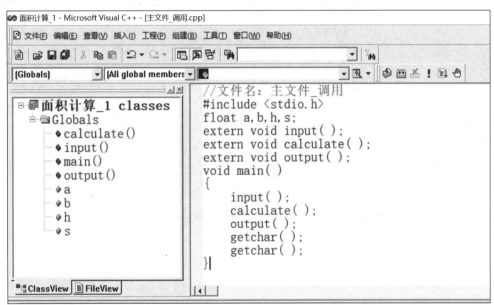

图 7-21 "面积计算_1"工程打开界面

（2）单击窗口顶部的"组建"→"批组建"命令后弹出如图 7-22 所示的界面,选中"面积计算_1-Win32 Release"复选框。

（3）单击如图 7-22 所示窗口左上角的"创建"按钮,就可以生成一个名为"面积计算_1.exe"的应用程序,并存放在与源程序文件相同路径下的 Release 文件夹中。

（4）在源程序文件夹中的 Release 文件夹下,找到"面积计算_1.exe"的应用程序后,将其复制下来,再粘贴到自己想要存放的文件路径中。

（5）再用鼠标左键按住"面积计算_1.exe"应用程序的图标将之拖到计算机的桌面上,就会在桌面上创建一个"面积计算_1.exe"的快捷方式图标。

（6）然后,在桌面上双击打开这个"面积计算_1.exe"图标就可以直接运行了。这样就

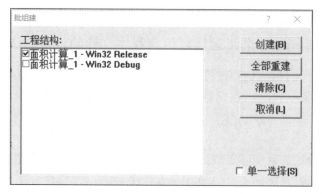

图 7-22 批组建界面

不需要再进入 Microsoft Visaul C++ 6.0 编程软件的运行平台了，与其他的应用程序一样，运行更加方便。在 Windows 桌面运行"面积计算_1.exe"的结果如图 7-23 所示。

图 7-23 在 Windows 桌面运行 C 程序文件的界面

从图 7-23 中可以看出，C 语言程序文件在 Windows 桌面运行的结果正确，说明在 Windows 桌面运行是可行的。

（7）也可以将"面积计算_1.exe"应用程序复制到其他计算机或者 U 盘上供其他人使用，而不需要再将自己的源程序文件复制给其他人，这也有利于保护自己设计的程序软件的著作权。

这只是一个在 Windows 桌面运行 C 语言程序的设定方法，只要按照以上类似的方法对其他的 C 语言程序文件进行设定，都可以实现在 Windows 桌面上运行。

7.12 通用函数的调用方法

在计算机编译系统的库函数中，包含清屏函数、日期函数、时间函数、字体颜色设定函数、定位函数、画圆函数等，这些函数在很多 C 语言程序中都可能用到，我们将这些库函数称为通用函数。

在 C 语言中,对编译系统中这些库函数的调用方法就叫作通用函数的调用方法。

在前面函数的分类中,我们对库函数的调用方法已经作了简单的说明,即要调用任何一个库函数,都必须在调用之前,先对该函数的运行平台进行声明,也就是要先找到、并列出该函数所在的头文件,然后才可以正确调用该函数。

在 C 语言中,具有同样功能的函数可能有多种形式,选用哪一种形式要根据程序的需要而定。

这里先给大家介绍一种系统函数：system()函数,该函数是一个 C/C++的函数,它也是 Windows 操作系统下的应用函数。system()函数的功能非常广泛,选用不同的参数就可以发出不同的 DOS 命令,实现不同的应用功能。与其他类似的函数相比,system()函数的格式简洁清晰,功能明确。如果要调用 system()函数,则必须在程序之前加上 #include <stdlib.h>头文件,也就是该函数的运行平台。

system()函数不同的参数具有不同的功能,其部分参数功能如下：

CD——显示或更改当前目录的名称。

CHCP——显示或设置活动代码页数。

CHDIR——显示或更改当前目录的名称。

CHKDSK——检查磁盘并显示状态报告。

CLS——清除屏幕。

CMD——打开另一个 Windows 命令解释程序窗口。

COLOR——设置默认控制台前景和背景颜色。

COMP——比较两个或两套文件的内容。

COPY——将至少一个文件复制到另一个位置。

DATE——显示或设置日期。

DOSKEY —— 编辑命令行、调用 Windows 命令并创建宏。

DEL——删除至少一个文件。

DIR——显示一个目录中的文件和子目录。

DISKCOMP——比较两个软盘的内容。

DISKCOPY——将一个软盘的内容复制到另一个软盘。

ECHO——显示消息,或将命令打印。

ERASE——删除至少一个文件。

EXIT——退出 CMD.EXE 程序(命令解释程序)。

FC——比较两个或两套文件,并显示不同之处。

FINDSTR——在文件中搜索字符串。

FOR——为一套文件中的每个文件运行一个指定的命令。

FIND——在文件中搜索文字字符串。

FORMAT——格式化磁盘。

FTYPE——显示或修改用于文件扩展名关联的文件类型。

GOTO——将 Windows 命令解释程序指向批处理程序中某个标明的行。

GRAFTABL——使用 Windows 在图像模式下显示扩展字符集。

HELP——提供 Windows 命令的帮助信息。

IF—— 执行批处理程序中的条件性处理。

LABEL——创建、更改或删除磁盘的卷标。

MD——创建目录。

MKDIR——创建目录。

MORE——一次显示一个结果屏幕。

MODE——配置系统设备。

MOVE——将文件从一个目录移到另一个目录。

PATH——显示或设置可执行文件的搜索路径。

PAUSE——暂停批文件的处理并显示消息。

PRINT——打印文本文件。

PROMPT——更改 Windows 命令提示符。

PUSHD——保存当前目录，然后对其进行更改。

RD——删除目录。

RECOVER——从有问题的磁盘恢复可读信息。

REM——记录批文件或 CONFIG. SYS 中的注释。

RENAME——重命名文件。

REN——重命名文件。

RMDIR——删除目录。

REPLACE——替换文件。

SETLOCAL——开始设置批文件中的环境更改。

SET——显示、设置或删除 Windows 环境变量。

SHIFT——更换批文件中可替换参数的位置。

START——启动另一个窗口来运行指定的程序或命令。

SORT——对输入进行分类。

SUBST——将路径与一个驱动器号关联。

TITLE——设置 CMD. EXE 会话的窗口标题。

TIME——显示或设置系统时间。

TYPE——显示文本文件的内容。

TREE——以图形模式显示驱动器或路径的目录结构。

VER——显示 Windows 版本。

VERIFY——告诉 Windows 验证文件是否已正确写入磁盘。

VOL——显示磁盘卷标和序列号。

XCOPY——复制文件和目录树。

应该还有很多，这里就不再一一列举了，感兴趣的读者可以自己去查阅。

这些参数可以大写，也可以小写。由于参数不同，system()函数在 C 语言程序中起着相当重要的作用。根据不同参数所起的作用也不同，也可以将 system()函数称为相应的功能函数。比如，清屏函数、日期函数等，也称为通用函数。

顺便说一下，DOS 命令是指 DOS 操作系统的命令，是一种面向磁盘的操作命令，也是早期的计算机操作命令,主要包括目录操作类命令、磁盘操作类命令、文件操作类命令以及其他命令等。目前大家使用的操作系统主要是 Windows 7、Windows 10 等操作系统,都是可视化的界面系统。在早期的系统中,人们使用的操作系统都是 DOS 系统。

下面对几个通用函数调用方法分别进行说明。

1. 清屏函数的调用方法

清屏函数格式:

```
system("cls");
```

函数的功能:就是对屏幕之前的显示内容进行清理、净化。类似于"橡皮擦"的功能。但它比"橡皮擦"的功能更强。"橡皮擦"只是局部清理,而清屏函数是全屏清理,使用清屏函数之后的屏幕显示内容变得更清晰。

函数的运行平台:

```
#include < stdlib.h>
```

调用方法:在程序需要的位置插入"system("cls");"即可。

我们在 3.8 节的菜单设计练习中已经使用过清屏函数"system("cls");"的调用方法,请看下面的程序:

```
1   #include < stdlib.h>
2   …
3   system("cls");
4   printf("选择计算菜单\n");
5   printf(" =============== \n");
6   printf("1、计算矩形面积\n");
7   printf("2、计算三角形面积\n");
8   printf("3、计算菱形面积\n");
9   printf("4、退出计算\n");
10  printf(" =============== \n");
11  printf("   你的选择是:");
12  scanf(" % d",&m);
```

程序说明:

该程序段的第 1 行就是清屏函数"system("cls");"的运行平台。

第 3 行是清屏函数"system("cls");"的调用,它可以把之前的所有显示内容清理干净,然后清晰地显示出下面菜单的内容。

2. 日期函数的调用方法

日期函数格式:

```
system("DATE /t");
```

函数的功能:显示系统当前的日期和星期几。在实时信息的处理上经常会用到系统当前的日期。比如,在智能电网综合自动化系统中,如果某台电气设备发生了电气短路事故,我们不仅要知道事故的类型,还要知道事故发生的具体日期和实际时间,这样的事故信息对于分析事故原因和处理事故都是非常重要的。

函数的运行平台:

```
#include < stdlib.h>
```

调用方法：在程序需要的位置插入"system("DATE /t");"即可。

请看下面的程序：

```
1   # include < stdio. h >
2   # include < stdlib. h >
3   void main()
4   {
5       printf("\n\n\t 1#循环水变电所 5#水泵 来接地信号 跳闸!\n");
6       printf("\t 事故发生的日期为:");
7       system("DATE /t");
8   }
```

程序说明：

该程序的第 2 行就是日期函数"system("DATE /t");"的运行平台。

第 5 行是变电所发生事故信息的输出。

第 7 行是发生事故的当前日期函数"system("DATE /t");"的调用。

完整程序运行后的结果如下：

1#循环水变电所 5#水泵 来接地信号 跳闸!
事故发生的日期为:2020/07/29 周三

从显示的信息中不仅可以看出电气事故的具体类型，还能看到发生事故的具体日期。不过仅有事故的日期信息，对于事故的分析和处理还是不够的。

3. 时间函数的调用方法

时间函数格式：

system("TIME /T");

函数的功能：显示系统当前的时间。

函数的运行平台：

include < stdlib. h >

调用方法：在程序需要的位置插入"system("TIME /T");"即可。

请看下面的程序：

```
1    # include < stdio. h >
2    # include < stdlib. h >
3    void main()
4    {
5        printf("\n\n\t 1#循环水变电所 5#水泵 来接地信号 跳闸!\n");
6        printf("\n\t 事故发生的日期为:");
7        system("DATE /t");
8        printf("\t 事故发生的时间为:");
9        system("TIME /T");
10   }
```

程序说明：

该程序的第 2 行就是时间函数"system("DATE /T");"的运行平台。

第 5 行是变电所发生事故信息的输出。

第 7 行是发生事故的当前日期函数"system("DATE /t");"的调用。

第 9 行是发生事故的当前时间函数"system("TIME /T");"的调用。

程序运行结果如下：

1#循环水变电所 5#水泵 来接地信号 跳闸！
事故发生的日期为：2020/07/29 周三
事故发生的时间为：16:57

从显示的信息中不仅可以看出电气事故的具体类型，还能够看到发生事故的具体日期和实际时间，这个日期和时间信息对事故的分析和处理就起到了"画龙点睛"的重要作用。

需要注意的是，日期函数和时间函数中的参数字母不分大、小写，而且后面的字符/t或/T不能省略，否则会出现"系统无法接受输入日期"等错误信息。

4. 字体颜色设定函数的调用方法

字体颜色设定函数格式：

system("color xx");

函数的功能：设置字体的背景色和前景色，xx 分别代表十六进制的任意两个数，前面的 x 代表背景色，后面的 x 代表前景色。

16 种颜色的对应数值如下：

0—黑色	1—蓝色	2—绿色	3—湖蓝色	4—红色	5—紫色
6—黄色	7—白色	8—灰色	9—淡蓝色	A—淡绿色	B—淡浅绿色
C—淡红色	D—淡紫色	E—淡黄色	F—亮白色		

比如，"system("color 9f");"表示背景色为淡蓝色，前景色为亮白色。

函数的运行平台：

include < stdlib.h >

调用方法：在程序需要的位置插入"system("color xx");"即可，xx 要用选定数值。

如果想改变前面所示的事故信息字体的背景色和前景色，则可以用下面的程序来实现：

```
1   # include < stdio.h >
2   # include < stdlib.h >
3   void main()
4   {
5       system("color f4");
6       printf("\n\n\t 1#循环水变电所 5#水泵 来接地信号 跳闸!\n");
7       printf("\n\t 事故发生的日期为:");
8       system("DATE /t");
9       printf("\n\t 事故发生的时间为:");
10      system("TIME /T");
11      getchar();
12  }
```

程序说明：

该程序的第 2 行就是字体颜色设定函数的"system("color f4");"的运行平台。

第 5 行是字体颜色设定函数"system("color f4");"的调用。

其他程序行不变。程序运行后的结果如图 7-24所示。

从显示信息可以看出，输出的信息背景色是亮白

1#循环水变电所 5#水泵 来接地信号 跳闸!
事故发生的日期为: 2020/08/01 周六
事故发生的时间为: 21:47

图 7-24　带有颜色的字体信息

色,字是红色。

不过,上面显示的信息都是红色,还不够灵活。如果用color()函数改变字体颜色,每行信息的颜色会更加绚丽多彩。该函数的定义如下:

```
1   void color(short x)
2   {
3       if(x>= 0 && x<= 15)
4           SetConsoleTextAttribute(GetStdHandle(STD_OUTPUT_HANDLE), x);
5       else
6           SetConsoleTextAttribute(GetStdHandle(STD_OUTPUT_HANDLE), 7);
7   }
```

color()函数实际上是一个自定义函数,在这个自定义函数中又两次调用了控制台字体属性的设定函数"SetConsoleTextAttribute(GetStdHandle(STD_OUTPUT_HANDLE), x);",它的功能是设定字体的前景颜色,背景保持黑色。根据 0<= x<= 15 的值来确定字体的颜色。其中,第 4 行是设定 0~15 对应的任意一种颜色,第 6 行默认的颜色是白色。要调用这个字体属性的设定函数,就必须用到它的头文件,即该函数的运行平台。它的运行平台是: ♯ include < windows. h >。

我们用字体颜色的设定函数 color()来输出前面类似的事故信息,程序如下:

```
1   # include < stdio. h >
2   # include < stdlib. h >
3   # include < windows. h >
4   void color(short x)
5   {
6       if(x>= 0 && x<= 15)
7           SetConsoleTextAttribute(GetStdHandle(STD_OUTPUT_HANDLE), x);
8       else
9           SetConsoleTextAttribute(GetStdHandle(STD_OUTPUT_HANDLE), 7);
10  }
11  void main()
12  {
13      color(4);          //字体是红色
14      printf("\n\n\t 1♯ 循环水变电所 5♯水泵 来接地信号 跳闸!\n");
15      color(2);          //字体是绿色
16      printf("\n\t 事故发生的日期为:");
17      system("DATE /t");
18      color(6);          //字体是黄色
19      printf("\n\t 事故发生的时间为:");
20      system("TIME /T");
21      getchar();
22  }
```

程序运行后,其结果如图 7-25 所示。

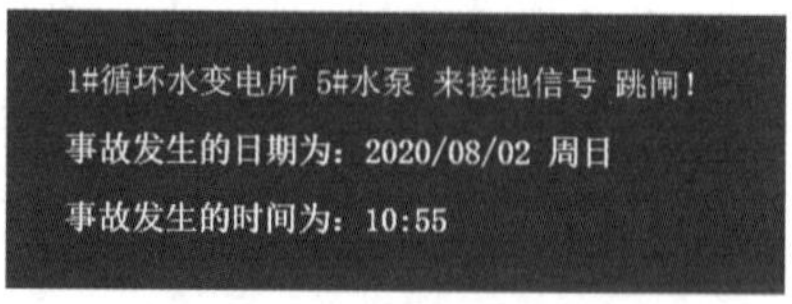

从显示的结果可以看出,3 行信息的字体颜色为红、绿、黄,这样的输出效果又丰富了许多。

前面的两例仅仅是对输出信息字体颜色设定方法的说明,在实际应用中需要什么样的颜色配置和效果,完全可以参照前面的例子进行设定。

```
1#循环水变电所 5#水泵 来接地信号 跳闸!
事故发生的日期为: 2020/08/02 周日
事故发生的时间为: 10:55
```

图 7-25　带有不同颜色的字体信息

应用小结:system("color xx")设定函数和 color(short x)设定函数,其功能都是设定输出信息的颜色,但是,前者可以同时设定背景色和前景色两种色域,后者的背景色不用设定,是默认的黑色,只能设定前景色。前者的参数 xx 取的是 0~f 的十六进制数,后者的参数 x 取的是 0~15 的十进制数。前者的参数前后必须加双引号(" "),后者的参数不需要加任何符号。前者的运行平台是 #include < stdlib. h >,后者的运行平台是 #include < windows. h >。两者的调用方法都是函数调用法。

5. 定位函数的调用方法

定位函数的格式:

gotoxy(int x,int y);

函数的功能:定位函数有两个形参 x、y,相当于平面坐标系中的横坐标和纵坐标,其中,x 相当于横坐标,代表列数;y 相当于纵坐标,代表行数。该函数的功能就是在屏幕的某一列、某一行定位输入信息或者定位输出信息。或者说,要在屏幕的某一位置输入信息或者输出信息,这个位置就由定位函数 gotoxy(int x,int y)来确定。

这个函数的定义如下:

```
1  void gotoxy(int x, int y)
2  {
3      COORD pos;
4      pos. X = x;
5      pos. Y = y;
6      SetConsoleCursorPosition(GetStdHandle(STD_OUTPUT_HANDLE), pos);
7  }
```

在 gotoxy(int x, int y)的定义中,COORD 是系统内部已经定义好的一个结构体,有关结构体的内容将在第 9 章学习。该结构体有两个成员 X 和 Y,pos 是结构体的一个变量,pos. X= x,pos. Y=y 表示把参数 x 和 y 的值分别赋值给结构体变量 pos 的两个成员 X 和 Y。

该函数定义的第 6 行是调用系统的一个函数,这个函数叫作控制台光标位置设定函数,它的功能就是设定控制台光标的位置。由于控制台光标位置的设定函数是一个系统函数,所以必须找到该函数的运行平台,否则该函数以及定位函数都是无法运行的。该函数的运行平台是 #include < windows. h >,与字体颜色设定函数 color()的头文件或者运行平台相同。有了这个运行平台,定位函数 gotoxy(int x,int y)就可以调用和运行了。

在应用定位函数 gotoxy(int x,int y)之前,我们先了解一下屏幕的坐标系统。在 C 语言中,我们把屏幕输出窗口可以看作一个平面坐标系,屏幕坐标系的原点在屏幕的左上角。屏幕窗口显示的大小为列×行=120×30,列是从左到右排列,行是从上到下排列。其中最左边的一列为 0 列,最顶上的一行为 0 行。也就是从左到右为 0~119 列,从上到下为 0~29 行,屏幕窗口的坐标为[(0,0),(120,0),(0,30),(120,30)]。不同的计算机屏幕窗口可能有少许的差异,但是窗口的显示原理是相似的。

例如,我们在屏幕上要定位输出一句话:"大家好才是真的好!",如果不做任何的定位限制,那么程序就从第 0 行、第 0 列开始显示,也就是在屏幕的左上角显示。请看下面的程序:

```
1  # include < stdio. h >
2  void main()
3  {
```

```
4      printf ("大家好才是真的好!\n");
5  }
```

可以想象屏幕窗口输出的信息是一个位于左上角的极端状态,这样的人机界面是不够友好的。

如果在整个屏幕窗口中只输出这样一条信息,而且人机界面要友好一点,则需要用到定位输出函数 gotoxy(int x,int y)。比如,要在屏幕窗口的中间输出这条信息,其定位输出应该放在屏幕的中间位置,也就是屏幕的列位置=(120-输出信息的总长度)/2=(120-16)/2=52 列,而总行数的一半,即位于第 15 行,也就是位于第 52 列、第 15 行中的位置。

其对应的程序如下:

```
1  # include < stdio. h>
2  # include < windows. h>
3  void gotoxy( int x, int y)
4  {
5      COORD pos;
6      pos. X = x;
7      pos. Y = y;
8      SetConsoleCursorPosition(GetStdHandle(STD_OUTPUT_HANDLE), pos);
9  }
10 void main()
11 {
12     gotoxy(52, 15);
13     printf("大家好才是真的好!\n");
14     getchar();
15 }
```

程序的输出结果就会位于屏幕的中间部位,效果自然要好一些了。大家可以自己验证。

也许有人会说:不用定位函数 gotoxy(int x,int y),用其他的方法也可以实现定位输出。是的,用其他的方法是可以实现定位输出。但是,其他定位需要慢慢地调整比对才能达到要求,而且定位还不够准确,输出的顺序更不能前后、左右颠倒。如果采用定位函数进行定位输出,不仅操作简洁,可以快速实现精准定位,而且输出的前后、左右顺序可以随意地颠倒,所以,使用定位输出更好。

思路拓展:如果把定位输出与字体颜色设定融合在一起,那么输出的效果就更符合人机界面友好的要求了,感兴趣的读者可以自己尝试实现。

6. 画圆函数的调用方法

画圆函数的格式:

circle(参数 1,参数 2,参数 3);

函数的功能:画圆函数有 3 个参数,其中前两个参数对应圆心的坐标,相当于横坐标 x 和纵坐标 y,第 3 个参数是圆的半径,相当于 r。当给定圆心的坐标和圆的半径后,就可以画出一个完整的圆形。

函数的运行平台:

include < graphics. h>

C 语言没有自己的图形库,要画图就要用其他的图形库。graphics. h 是 TC 针对 DOS 下的一个 C 语言图形库,该库中包含像素函数、直线和线性函数、多边形函数、填充函数等。

调用方法：要调用画圆函数 circle(参数 1,参数 2,参数 3),先要调用另外一个函数 initgraph() ,此函数是设置画图窗口的大小,然后才能调用画圆函数 circle(),最后用函数 closegraph()再关闭图形设置窗口。

其对应的程序如下：

```
1   # include < stdio. h >
2   # include < graphics.h >
3   void main()
4   {
5       initgraph(640, 480);
6       circle(300, 200, 100);
7       getchar();
8       closegraph();
9       getchar();
10  }
```

程序说明：

第 2 行是画圆函数的头文件,也就是画圆函数的运行平台。

第 5 行是绘图窗口大小的设置函数调用,也就是设置绘图窗口的大小,两个参数表示窗口的分辨率为 640×480。

第 6 行是画圆函数的调用,其中所画圆的圆心的坐标为(300,200),半径为 100。

第 7 行是"暂停",以便能看清所画圆形的图形。

第 8 行关闭图形界面。

第 9 行也是一个"暂停"功能。

程序的输出结果大家可以自己去验证。

思路拓展：以上 6 个通用函数的调用方法只是抛砖引玉,通用函数或者库函数还有很多,它们的调用方法基本上都是类似的。

通用函数的调用方法：每一个通用函数的调用必须包括两大环节：一是要根据程序的功能要求找到相应的通用函数,比如,要画圆就要找到画圆的函数、要加日期就要找到日期输出的函数、要改变字体的颜色就要找到字体颜色设定函数、要计算对数就要找到对数的计算函数等；二是要找到对应函数的运行平台,并且将其运行平台置于该函数的调用之前,然后才可以调用。有些通用函数比较简单可以直接调用,比如,日期、时间函数的调用,有些函数还需要再调用编译系统控制台的其他函数,需要找到其对应的程序源码。比如,定位输出函数 gotoxy()要找到控制台光标位置设定函数、画圆函数 circle()要找到绘图窗口大小的设置函数等,完成了这些准备工作,通用函数的调用也就变得容易多了。

至于根据程序的功能要求,怎么查找相应的通用函数以及它们的运行平台,方法也很简单、方便,就是在网络上搜索或者通过库函数的附录查找。大家可以根据自己的所想去实践一下,加深学习和理解。

本章小结

本章主要介绍了 C 语言中函数的使用等相关知识,内容很多。围绕着函数,我们学习了：C 程序的结构形式、函数的分类、自定义函数与主函数的分工协作、自定义函数参数的 3

种传递方式与特点、函数的指针及其引用、变量的作用域、主文件与外部文件、C语言程序的工程应用设计方法、通用函数的调用方法等内容。这些内容中又涉及许多新的概念,比如,自定义函数、有参函数、无参函数、有返回值的函数、无返回值的函数、函数的指针、内部变量、外部变量、内部函数、外部函数、静态变量、静态函数、变量的声明、函数的声明、函数的调用、变量传递、指针传递、地址传递等内容。

函数是C语言模块化程序设计的基础,是构成C语言程序的基本单位。C语言中的函数包括主函数、库函数、空函数以及自定义函数等。不论是哪种函数,都具有严密的结构形式,都是由首部和函数体紧密构成的。C语言中的函数不同于数学函数,它完成的是一种功能,或者说只要是完成某种功能都可以采用函数的形式来完成。

在每一个C语言程序中,必须要有一个主函数 main(),而且只能有一个主函数 main(),不论主函数位于程序的什么位置,它都是C语言程序运行的入口,也是C语言程序运行结束的出口。

库函数也叫作标准函数或者通用函数,它具有庞大的函数群体。这些函数都是别人事先已经设计好的,并已经存储在计算机的编译系统中,需要时直接调用即可。

空函数比较特殊,没有任何实体命令。但是用它与循环语句配合可以实现延时功能。

本章重点学习了自定义函数的定义方法、自定义函数的调用方法等。根据变量形式的不同,自定义函数的调用分为4种调用方式,即无参无返回值的调用、无参有返回值的调用、有参无返回值的调用、有参有返回值的调用等。正确运用4种调用方式还是有一定难度的。首先要设计好4种不同的自定义函数,这是正确调用的前提。具体的调用形式有函数参数调用法和函数调用法,有嵌套调用和递归调用。要做到正确调用自定义函数,必须弄明白自定义函数与主调函数的位置关系,根据其位置关系再确定对自定义函数要不要进行声明。

自定义函数有变量传递、指针传递和地址传递3种方式,变量传递采用普通变量作形参,指针传递采用指针作形参,而地址传递采用地址作形参。

采用变量作形参的变量传递方式时,对自定义函数的类型和返回值都有影响或要求。如果自定义函数仅仅是输入功能,并有返回值的要求,那么每次只能对一个变量进行操作,不能对多个变量进行操作。如果自定义函数是计算、分析、判断、循环等功能,并有返回值要求,那么每次可以对多个变量进行操作,但返回值只有一个。对于变量作形参的变量传递方式,在主调函数中,直接用"变量名"作实参对自定义函数进行调用,并需要将调用的值赋给对应的变量或者放置在相关语句中。

采用指针作形参的指针传递或者采用地址作形参的地址传递时,自定义函数的类型可直接采用 void 类型,结尾不再需要返回指令 return,还可以一次进行多个变量的输入、计算、分析、判断、循环等功能。对于指针作形参的指针传递方式,在主调函数中,既可以用变量的指针作实参,也可以用变量的地址作实参两种方式对自定义函数进行调用,调用后,不需要再给对应的变量赋值了,可以直接引用变量。对于地址作形参的地址传递方式,在主调函数中,直接用变量名作实参对自定义函数进行调用,调用后,也不需要再给对应的变量赋值了,可以直接引用变量。需要注意的是,地址作形参时,其形参的类型要与实参变量的类型相同,这一点不要弄错。

指针作形参的指针传递方式和地址作形参的地址传递方式与变量作形参的变量传递方式相比较,不仅使自定义函数的定义变得简单了,还扩大了自定义函数的应用范围,这就是指针作形参和地址作形参的好处。

许多函数的运行离不开变量,在函数内定义的变量叫内部变量,在函数外定义的变量叫外部变量。变量的作用域不同引用的方法也不同。内部变量的作用域仅属于所在的函数,外部变量的作用域属于本文件中所有的函数。要调用本文件中函数后面的外部变量,在被引用的函数体中要提前进行声明;要调用跨文件的外部变量,都必须在被引用的函数之前进行声明。外部变量的声明方法是:在外部变量的定义之前加上关键词 extern 即可,应注意,外部变量的声明是不能赋初值的。

为了限制变量的属性和作用域,可以对变量进行静态处理,因此有静态内部变量和静态外部变量。静态内部变量只能赋一次初值,静态外部变量只能在本文件中引用。

有了主文件和外部文件后,函数也有了内部函数和外部函数之分。本文件中的函数叫内部函数,外部文件中的函数叫外部函数。本文件中的函数,如果在主调函数之前定义则不需要进行声明,可以直接调用;如果在之后定义,则在主调函数的首部之前或者在主调函数的函数体之前必须对所调用的函数进行声明,一般在函数之前声明更好。如果要调用跨文件的外部函数,那么必须在主调函数之前进行声明。内部函数声明的方法是用被调函数的首部加一个分号(;)来完成;外部函数声明的方法是在内部函数的声明之前再加一个关键词 extern 来完成。

如果要限制函数的调用范围,可以对函数进行静态处理,处理的方法是在定义函数的首部之前加上关键词 static 即可。

C语言程序的工程应用设计方法是学习C语言的根本目的,其设计步骤包括:设定工程项目名称;添加所有的程序文件,包括所有的源程序文件,即主文件、外部文件和头文件等;编写所有的源程序文件;完善所有文件之间的相互调用条件,即完善外部变量的声明、外部函数的声明以及头文件的声明等。

在 Windows 桌面运行C语言程序文件可以使C语言程序的应用便利化、通用化。其设定的方法是对已经设计好的C语言程序文件用编程软件调出后,再进行"组建"→"批组建"等操作,然后,在对应的 Release 文件夹中找到相关的可执行文件,将之复制粘贴到其他的文件夹,并在 Windows 桌面添加快捷方式,即可在 Windows 桌面运行相应的C语言程序文件了。

本章的内容很多,要准确理解和掌握,更要灵活应用和反复的实践才能有更大的收获。

第8章

C语言中的头文件及其应用

在前面介绍的C语言源程序开头,大多有一个特殊的命令行♯include<∗.h>或者♯include"∗.h"。没有它函数就不能运行,我们把它叫作文件包含声明或者叫作函数的运行平台。在此之前,我们不知道里面是什么,所以有神秘感。因为它可能包含了函数的声明、变量的声明、定义等处理命令,所以有人把它叫作预处理命令。又因为它的文件扩展名是head的首字母h,并位于程序的前面,所以,也叫作头文件。

第7章我们学习了C语言程序的工程设计方法,采用该方法时,自定义函数可以定义成双无函数,已经简单了很多。不过,当外部函数或者变量之间相互调用时必须要进行相应的声明,这些声明很容易搞错。如果采用头文件的方式来设计程序,那么不仅自定义函数可以用双无形式,而且不需要声明,更加简单,这就是头文件最大的优点。本章就给大家逐步揭开头文件的神秘面纱。

8.1 头文件的编辑与使用方法

首先,大家要明白:头文件不是函数,它是一组命令程序。我们知道,函数是具有完整的首部和函数体的,而头文件没有这样严格的结构。头文件虽然不是函数,但它胜似函数。因为头文件中不仅包含变量的定义、各类声明,还可能包含其他的函数等。头文件就像一个收纳箱,除了主函数之外,命令、程序、函数等都可以往里装,可以说是包罗万象。

从第7章的介绍中可以看出,每个库函数或者通用函数的运行平台可能是不一样的,也就是说,它们的头文件是不一样的,这些头文件是事先设计好的一组程序。这么一说,可能很多初学者会认为这种头文件(∗.h)一定很难,自己是不能编写的。其实不然,头文件与普通的C语言程序文件一样,我们自己也可以编写和设计。

8.1.1 头文件的相关概念与处理方法

1. 头文件的概念

凡是以.h为扩展名的文件都叫作头文件。

2. 头文件的作用

头文件主要是用来存放一些重要自定义函数的定义、声明,变量的定义、声明以及宏定义等处理命令,或者说,头文件可以存放一些共享程序、共享变量等。使用头文件可以使自定义函数的定义变得更简单,可以大大减少程序设计的工作量。

3. 头文件的编写平台

头文件是一种文本文件,可以用专门的 C 语言编程软件来编写,比如选择 C/C++ Header File 平台来编写,也可以采用文本编辑器来编写,编好之后要以扩展名.h 来保存。

4. 处理头文件的要点

设计头文件的内容并不难,它与一般程序的设计思路是一样的,逻辑思维也是一样的。最关键是要明白处理头文件的要点,具体包括两方面:一是设计好的头文件要存放在哪里? 二是头文件采用什么样的引用形式? 因为头文件存放的路径不一样,引用的形式也不一样,不一致就会出现编译和链接上的错误。

5. 头文件的存放位置

编写好的头文件除了要以扩展名.h 来存放以外,还必须记住存放的位置。如果是用编程软件 C/C++ Header File 编写的头文件,那么一般会直接存放在与 C 语言编写的源程序文件相同的文件夹内。如果是采用文本编辑器编写的头文件,那么可以以扩展名为.h 的形式直接存放在编程软件 Microsoft Visual C++ 6.0 的安装目录\VC98\include 下,也可以将在 C/C++ Header File 平台编写的头文件复制到 Microsoft Visual C++ 6.0 的安装目录\VC98\include 下。当然,还可以将用文本编辑器编写的头文件直接存放在与源程序文件相同的文件夹中。这里所指的文本编辑器只能是记事本,不能是 Word 或者 WPS。因为后两者编辑的头文件扩展名为.doc 或者.docx,即便将其修改为.h,头文件的内容也会出现乱码。

8.1.2 头文件的使用方法

头文件一般都放在程序的最前面,至少要放在源程序之前,否则会出现错误。

头文件的使用必须用关键词 include 来引用,而且在 include 之前必须要加上一个字符♯,即♯include。在♯include 之后有两种引用形式:一种是♯include "头文件名.h",另一种是♯include <头文件名.h>,这两种形式主要与头文件的存放路径有关。

如果头文件的存放路径与所设计的源程序文件的存放路径一致,也就是都在同一个文件夹下,那么只能采用♯include " * .h"命令行的引用形式,不能采用♯include < * .h>命令行的引用形式,否则会出现类似于"fatal error C1083:Cannot open include file:'Tsanjiao.h':No such file or directory"的致命编译错误。

如果头文件的存放位置位于编程软件的安装路径\VC98\include 下,那么不论所设计的源程序文件存放路径在哪里,头文件采用♯include < * .h>或者♯include " * .h"两种命令行的引用形式都可以。

当使用♯include语句引用头文件时,相当于把头文件中所有的语句内容全部复制到♯include处。

8.2 头文件的程序设计应用举例

下面以简单的梯形面积计算为例,通过几个不同的情况重点介绍头文件的编辑和使用方法。

例 8-1 通过以下3种头文件的构成形式计算梯形的面积。

(1)头文件仅包含全局共享变量定义时,计算梯形的面积;

(2)头文件既包含标准头文件和全局共享变量的定义,又包含自定义函数声明时,计算梯形的面积;

(3)头文件既包含标准头文件和全局共享变量的定义,又包含自定义函数时,计算梯形的面积。

下面分别设计头文件和计算梯形面积的主函数源程序文件。

情况(1)的头文件仅包含全局共享变量定义时,计算梯形的面积。

① 头文件采用 C/C++ Header File 平台编写,文件名为 Ttixing1.h。

设计的头文件程序如下:

```
//头文件名:Ttixing1.h
float a,b,h,s = 0;
```

然后单击存盘图标即可将头文件 Ttixing1.h 存放在指定的 E:\编辑文档\文件夹中。

可以看出,这个头文件只有定义变量的一行命令,非常简单。

② 主函数源程序文件(简称:主文件,下同)采用 C++ Source File 平台编写,文件名为:用头文件计算梯形面积(1).cpp。

设计的主文件程序如下:

```
//文件名:用头文件计算梯形面积(1).cpp
1    # include < stdio.h >
2    # include "Ttixing1.h"
3    void main()
4    {
5        void TiXingmj1();
6        TiXingmj1();
7    }
8    void TiXingmj1()
9    {
10       printf("请输入梯形的上底、下底和高:");
11       scanf("%f%f%f",&a,&b,&h);
12       s = (a + b) * h/2;
13       printf("上底 = %0.2f\t下底 = %0.2f\t高 = %0.2f\t面积 = %0.2f\n",a,b,h,s);
14   }
```

然后单击存盘图标即可将主文件源程序"用头文件计算梯形面积(1).cpp"也存放在 E:\编辑文档\文件夹中。

在主文件程序中,采用了主函数与自定义函数相结合的方式,主函数在前,自定义函数在后,自定义函数完成变量的输入、面积的计算以及结果的输出3种功能,主函数只进行简单的函数调用。

由于头文件和主文件存放在相同的文件夹下,所以在主文件的第2行采用了带双引号" "的头文件的引用方式(♯include "Ttixing1.h"),而且只能采用这种引用方式。

程序的第3~7行为主函数的定义,其中第5行是对自定义函数的声明,第6行是对自定义函数的调用。

程序的第8~14行为自定义函数的定义,具体内容比较简单,不再解释。

③ 头文件和主文件设计完成后,单击"组建"→"全部重建"命令,对头文件和主文件进行编译和链接,结果正确。其提示信息为"用头文件计算梯形面积(1).exe - 0 error(s),0 warning(s)",没有任何问题。说明设计的头文件正确,主文件也正确,尤其是主文件引用头文件的方式也正确,程序完全可以运行了。

程序的运行结果如下:

```
请输入梯形的上底、下底和高:8 10 5↙
上底 = 8.00     下底 = 10.00     高 = 5.00     面积 = 45.00
Press any key to continue
```

可以看出,程序计算所得的梯形面积正确,说明头文件的引用正确。

情况(2)的头文件既包含标准头文件和全局共享变量的定义,又包含自定义函数声明时,计算梯形的面积。

① 头文件继续采用C/C++ Header File平台编写,文件名为Ttixing2.h。

设计的头文件程序如下:

```
//头文件名:Ttixing2.h
♯include < stdio.h >
float a,b,h,s = 0;
void TiXingmj2();
```

然后单击"文件"→"另存为"命令,选择存盘路径为安装目录\VC98\include即可将头文件Ttixing2.h存放在\include文件夹中。

② 主文件采用C++ Source File平台编写,文件名为:用头文件计算梯形面积(2).cpp,注意要将主文件中相关文件名的序号改为2,否则会出错。

设计的主文件程序如下:

```
//文件名:用头文件计算梯形面积(2).cpp
1   ♯include "Ttixing2.h"    //或者♯include < Ttixing2.h >均可
2   void main()
3   { TiXingmj2(); }
4   void TiXingmj2()
5   {
6       printf("请输入梯形的上底、下底和高:");
7       scanf(" % f % f % f",&a,&b,&h);
8       s = (a + b) * h/2;
9       printf("上底 = % 0.2f\t 下底 = % 0.2f\t 高 = % 0.2f\t 面积 = % 0.2f\n\n",a,b,h,s);
10  }
```

然后单击存盘图标即可将主文件源程序"用头文件计算梯形面积(2).cpp"存放在指定的E:\编辑文档\的文件夹中。

在主文件程序中,也采用了主函数与自定义函数相结合的方式,主函数依然在前,自定义函数在后,自定义函数依然完成变量的输入、面积的计算以及结果的输出 3 种功能,主函数只有一行命令,就是对自定义函数的调用,很简单。

在主文件的第 1 行是引用自己头文件 ♯include "Ttixing2.h"的语句命令,也可以采用 ♯include<Ttixing2.h>的引用方式;因为头文件存放在\VC98\include 文件夹中,而主文件存放在 E:\编辑文档\文件夹中,两个文件的存放路径不相同,所以两种引用方式都行。在主文件中不再需要标准头文件了,因为该文件已包含在 Ttixing2.h 头文件中了。

程序的第 2 行和第 3 行是主函数的定义,其函数体只有一行命令,就是调用自定义函数,非常简单。主函数中不再需要自定义函数的声明了,因为该声明已包含在头文件中了。

程序的第 4～10 行是自定义函数的定义,具体内容与情况(1)相同。

③ 头文件和主文件设计完成后,单击"组建"→"全部重建"命令,对头文件和主文件进行编译和链接,没有任何问题。

程序运行结果与情况(1)的完全相同,说明头文件的引用也完全正确。

情况(3)的头文件既包含标准头文件和全局共享变量的定义,又包含自定义函数时,计算梯形的面积。

① 头文件采用"记事本"平台编写,文件名为 Ttixing3.h。

设计的头文件程序如下:

```
//头文件名:Ttixing3.h
♯include<stdio.h>
float a,b,h,s=0;
void TiXingmj3()
{
    printf("请输入梯形的上底、下底和高:");
    scanf("%f%f%f",&a,&b,&h);
    s=(a+b)*h/2;
    printf("上底=%0.2f\t下底=%0.2f\t高=%0.2f\t面积=%0.2f\n\n",a,b,h,s);
}
```

然后单击记事本的"文件"→"保存"命令,选择存盘路径为安装目录\VC98\include,即可将头文件存放在\include 文件夹中。

需要注意的是,通过记事本编辑存储的头文件 Ttixing3 是文本文件格式,文件的扩展名是.txt,而不是.h,C 语言的编译系统是找不到该文件的。所以,必须要将文本文件格式的扩展名.txt 再修改为头文件.h 的格式才可以通过编译。

修改文件扩展名的方法是:先找到头文件的安装目录\VC98\include,单击屏幕上方的"查看"选项,再选中"文件扩展名",可以看到所有文件的扩展名,从中找到需要修改的文本文件后,右击,再单击"属性",然后在"常规"窗口将原文件的扩展名.txt 修改为.h,最后单击"确定"即可。

② 主文件依然采用 C++ Source File 平台编写,文件名为:用头文件计算梯形面积(3).cpp,注意,要将主文件中相关文件名的序号改为 3,否则会出错。

设计的主文件程序如下:

```
//文件名:用头文件计算梯形面积(3).cpp
1   ♯include<Ttixing3.h>  //或者♯include "Ttixing3.h"均可
```

```
2  void main()
3  { TiXingmj3(); }
```

然后单击存盘图标即可将主文件源程序"用头文件计算梯形面积(3).cpp"存放在指定的 E:\编辑文档\文件夹中。

在主文件程序中,只有一个主函数,而且只进行简单的函数调用而已。

主文件的第 1 行是头文件♯include < Ttixing3.h>的引用方式,也可以采用♯include "Ttixing3.h"的引用方式。

③ 头文件和主文件设计完成后,单击"组建"→"全部重建"命令,对头文件和主文件进行编译和链接,结果没有任何问题。

程序的运行结果也与情况(1)的完全相同,说明头文件的引用完全正确。

从情况(3)的头文件中可以看出,自定义函数采用的是双无函数,定义很简单;同样,主文件中主函数对自定义函数的调用不需要实参,调用也非常简单。这就是应用头文件的最大优势。

8.3　头文件的工程应用开发步骤

下面将头文件与 C 语言的工程应用结合起来设计程序,这样可以各取所长。

例 8-2　采用 C 语言程序工程应用与头文件相结合的方法设计一个考试成绩分析程序,根据给定的课程班人数,从键盘上输入该课程班学生的学号、姓名、3 门课的考试成绩,然后计算每个学生 3 门课的平均成绩,并计算、输出全班每门课程的平均分,最后依照平均成绩从高到低对全班同学的成绩信息进行排序和输出。学生的成绩信息如下:

姓名	课程 1	课程 2	课程 3
张三	90	87	95
李四	78	84	90
王五	86	78	69
赵六	89	92	78
刘欣	84	79	95

要求:用自定义函数 1 完成学号和姓名的输入;用自定义函数 2 完成 3 门课成绩的输入;用自定义函数 3 完成每个学生 3 门课平均成绩的计算;用自定义函数 4 完成全部学生每门课平均分的计算,并由主文件进行输出;用自定义函数 5 完成全部学生平均成绩从高到低的信息排序和输出。主文件里只有主函数,并负责课程班总人数的输入、每门课平均分的输出以及相关自定义函数的调用等。编程方法采用 C 语言的工程应用方法。

编程思路:根据题意要求,我们先把所有的外部变量、数组等定义好,并放在头文件的前面,并把 5 个自定义函数一起也归纳到头文件中进行定义,头文件取名为 StuCJ.h,存放路径与主文件的存放路径相同,工程名称为:学生成绩头文件应用。5 个自定义函数依次取名为 SR1()、SR2()、JS1()、JS2()和 CXP(),5 个自定义函数全部采用双无函数形式。下面就是头文件的工程设计步骤。

(1) 创建工程名称。

打开 Visual C++ 6.0 编程软件,单击"文件"→"新建"命令,单击 Win32 Console Application,输入工程名称:**学生成绩头文件应用**,选择工程文件的存放路径,单击"确定"

按钮,单击"完成"按钮,再单击"确定"按钮,创建工程名称完成。创建工程名称的界面如图 8-1 所示。

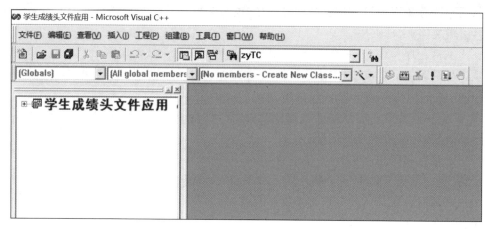

图 8-1　创建工程名称的界面

(2) 编辑头文件。

在图 8-1 所示的界面中,单击左上角的"文件"→"新建"命令,输入头文件名:StuCJ. h,选择 C/C++ Header File,单击"确定"按钮,头文件的创建过程完成,头文件最初的编辑界面如图 8-2 所示。

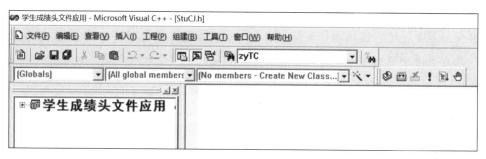

图 8-2　头文件最初的编辑界面

从图 8-2 的顶部可以看到头文件的名称:StuCJ. h,说明头文件的创建过程是正确的,接着就可以编辑头文件程序了。

头文件中的相关程序设计如下:

```
//头文件名:StuCJ. h
1    # include < stdio. h >
2    # include < string. h >
//下面是头文件中宏定义、共享变量和 4 个数组的定义
3    # define N 40
4    int i, j,n;
5    char XH[N][9] = {" "},XM[N][9] = {" "};
6    float CJ[N][4] = {0},PJ[3] = {0},sum;
```

程序说明:

第 1 行是标准的头文件包含声明。

第 2 行是字符串的头文件包含声明。

第3行是宏定义 N,先设定学生的人数上限为 40 人,实际人数由输入确定。

第4行定义了两个循环变量 i、j 和学生的实际人数变量 n。

第5行定义了学号和姓名的二维数组,并给两个数组赋空值。

第6行定义了3门课的成绩数组和平均值的数组,并先清零,还定义了累加变量 sum。

```
//下面是自定义函数 1 的定义
1   void SR1()
2   {
3       for(i = 0; i < n; i++)
4       {
5           printf("  请输入第 %d 个学生的学号:",i + 1);
6           gets(XH[i]);
7           printf("  请输入第 %d 个学生的姓名:",i + 1);
8           gets(XM[i]);
9       }
10  }
```

程序说明:

第3行循环变量的终值"i < n;"采用的是学生的实际人数,不能用宏定义 N。

第6行和第8行是用字符串函数 gets() 分别输入学生的学号和姓名,XH[i] 和 XM[i] 是对应字符串的首地址。

```
//下面是自定义函数 2 的定义
1   void SR2()
2   {
3       for(i = 0; i < n; i++)
4       {
5           printf("  请输入第 %d 个学生三门课的成绩:",i + 1);
6           for(j = 0; j < 3; j++)
7               scanf("%f",&CJ[i][j]);
8       }
9   }
```

程序说明:

第6行循环变量的终值"i < 3;"对应学生 3 门课的成绩。

第7行是输入学生的成绩。

```
//下面是自定义函数 3 的定义
1   void JS1()
2   {
3       for(i = 0; i < n; i++)
4       {
5           sum = 0;
6           for(j = 0; j < 3; j++)
7               sum += CJ[i][j];
8           CJ[i][j] = sum/3;
9       }
10  }
```

程序说明:

第5行是给累加求和先清零。

第8行是计算每个学生 3 门课的平均成绩并赋值。

```
//下面是自定义函数 4 的定义
1    void JS2()
2    {
3        for(j = 0; j < 3; j++)
4        {
5            sum = 0;
6            for(i = 0; i < n; i++)
7                sum += CJ[i][j];
8            PJ[j] = sum/n;
9        }
10   }
```

程序说明：

第 5 行也是给累加求和先清零。

第 7 行是累加求和。

第 8 行是计算全部每门课的平均成绩并赋值，注意，内外循环变量 i、j 已经对调了。

```
//下面是自定义函数 5 的定义
1    void CXP()
2    {
3        char t1[9],t2[9];
4        float t3,t4,t5,t6;
5        for(i = 0; i < n - 1; i++)
6        {
7            for(j = 0; j < n - 1 - i; j++)
8            {
9                if(CJ[j][3] < CJ[j + 1][3])
10               {
11                   strcpy(t1,XH[j]);
12                   strcpy(XH[j],XH[j + 1]);
13                   strcpy(XH[j + 1],t1);
14                   strcpy(t2,XM[j]);
15                   strcpy(XM[j],XM[j + 1]);
16                   strcpy(XM[j + 1],t2);
17                   t3 = CJ[j][0]; CJ[j][0] = CJ[j + 1][0];CJ[j + 1][0] = t3;
18                   t4 = CJ[j][1]; CJ[j][1] = CJ[j + 1][1];CJ[j + 1][1] = t4;
19                   t5 = CJ[j][2]; CJ[j][2] = CJ[j + 1][2];CJ[j + 1][2] = t5;
20                   t6 = CJ[j][3]; CJ[j][3] = CJ[j + 1][3];CJ[j + 1][3] = t6;
21               }
22           }
23       }
24       printf("\n  下面是排序之后学生的成绩信息输出:\n");
25       printf("  学号\t\t 姓名\t 课程 1\t 课程 2\t 课程 3\t 平均成绩\n");
26       for(i = 0; i < n; i++)
27       {
28           printf("  % s\t % s\t",XH[i],XM[i]);
29           printf(" % 2.2f\t % 2.2f\t",CJ[i][0],CJ[i][1]);
30           printf(" % 2.2f\t % 2.2f\n",CJ[i][2],CJ[i][3]);
31       }
32   }
```

程序说明：

第 3 行是用一维字符数组定义学号和姓名排序对调时所需要的中间变量。

第 4 行是定义排序对调时所需要的 3 门课和平均值的中间变量。

第 9 行是排序的判断语句,从学号到平均成绩等 6 个数据的对调要一起进行。

第 11 行是把学号 XH[j]保存到 t1 中。

第 12 行是把学号 XH[j+1]保存到 XH[j]中。

第 13 行是把学号 t1 保存到 XH[j+1]中,完成对调。

第 14 行姓名的对调方法与学号的对调类似。

第 17~20 行是 3 门课的成绩和平均值的对调,方法同上。

第 28~30 行是学生信息的输出。

在头文件的编辑中,5 个自定义函数全都采用的是双无结构模式,自定义函数的定义形式简单了很多。编辑完头文件后单击存盘图标,图 8-3 所示就是头文件编辑完成后的部分界面。

图 8-3　头文件编辑完成后的部分界面

（3）编辑主文件。

在如图 8-3 所示的头文件界面中,单击左上角的"文件"→"新建"命令,输入主文件名:主文件_main.cpp,选择 C++ Souece File,单击"确定"按钮,主文件的创建过程完成,主文件最初的编辑界面如图 8-4 所示。

图 8-4　主文件最初的编辑界面

从图 8-4 的顶部可以看到主文件的名称:主文件_main.cpp,说明主文件的创建过程也是正确的,接着就可以编辑主文件程序了。

主文件程序如下:

```
//主文件_main.cpp
1   # include < stdio. h>
2   # include "StuCJ. h"
3   void main()
4   {
5       printf("\n  请输入学生的总人数:");
6       scanf(" % d",&n);
7       getchar();
8       printf("\n");
9       SR1();
10      printf("\n");
11      SR2();
12      JS1();
13      JS2();
14      printf("\n  每门课的平均分如下:\n");
15      printf("  课程 1\t\t  课程 2\t\t  课程 3\n");
16      for(j = 0; j < 3; j++)
17          printf("  % 2.2f\t\t",PJ[j]);
18      printf("\n");
19      CXP();
20      printf("\n");
21  }
```

程序说明:

第 1 行是标准的头文件包含声明。

第 2 行是本工程的头文件包含声明 # include "StuCJ. h"。因为头文件和主文件存放的路径相同,所以该文件包含声明采用双引号的形式。主文件主要是对 5 个自定义函数的调用,不用实参,调用形式也简单了很多。编辑完主文件后单击存盘图标,图 8-5 所示就是主文件编辑完成后的部分界面。

(4) 文件的编译和链接。

在如图 8-5 所示的界面中,单击"组建"→"全部重建"命令,图 8-6 所示就是编译成功后的部分界面。

从如图 8-6 所示的界面中可以看到,左边 FileView 窗口中显示的是工程设计的架构,包括工作区名称、应用文件名称、Source Files 名称和 Header Files 名称等信息。因为左边选中了头文件名称 StuCJ. h,所以右边显示的是头文件的部分程序清单。下面的信息栏显示的是编译之后的结果(0 错误、0 警告),说明程序编译链接没有问题了。

如果单击如图 8-6 所示界面左侧窗口下侧的 ClassView 选项卡,那么界面就变为图 8-7 所示的界面。

从如图 8-7 所示的界面中可以看到,左边 ClassView 窗口中显示的是工程设计的架构,包括 5 个自定义函数、主函数以及所有的变量、数组等信息,这些变量或者函数也都属于外部变量和外部函数。因为左边选中了主函数名称,所以右边显示的是主函数的部分程序清单。如果选中其他函数名,那么右边将显示其他对应函数的程序清单。

图 8-5 主文件编辑完成后的部分界面

图 8-6 编译成功后的部分界面(1)

也可以单击右边程序清单上面的下三角按钮,把该工程中所有的函数名以下拉列表的形式列出来。只要单击其中一个函数名,不论是在头文件中,还是在主文件中,在右边的窗口中就会对应显示出该函数的程序清单内容。

(5) 工程文件的运行验证。

不论右边窗口中显示的是哪个函数程序清单,只要单击程序的运行图标!,程序文件都可以正常运行,下面是程序文件的运行结果。

首先是输入信息:

请输入学生的人数:5↙

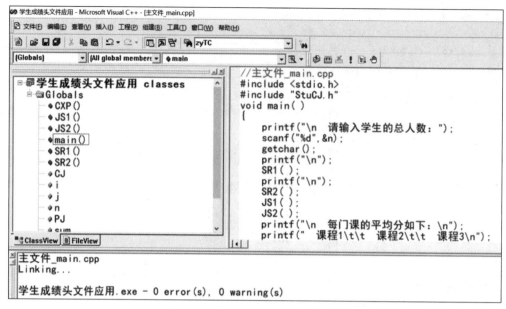

图 8-7　编译成功后的部分界面(2)

请输入第 1 个学生的学号:EEA21001 ✓
请输入第 1 个学生的姓名:张三 ✓
请输入第 2 个学生的学号:EEA21002 ✓
请输入第 2 个学生的姓名:李四 ✓
请输入第 3 个学生的学号:EEA21003 ✓
请输入第 3 个学生的姓名:王五 ✓
请输入第 4 个学生的学号:EEA21004 ✓
请输入第 4 个学生的姓名:赵六 ✓
请输入第 5 个学生的学号:EEA21005 ✓
请输入第 5 个学生的姓名:刘欣 ✓

请输入第 1 个学生三门课的成绩:90 87 95 ✓
请输入第 2 个学生三门课的成绩:78 84 90 ✓
请输入第 3 个学生三门课的成绩:86 78 69 ✓
请输入第 4 个学生三门课的成绩:89 92 78 ✓
请输入第 5 个学生三门课的成绩:84 79 95 ✓

下面是课程平均分和排序后结果的输出:
每门课的平均分如下:

课程 1	课程 2	课程 3
85.40	84.00	85.40

下面是排序之后学生的成绩信息输出:

学号	姓名	课程 1	课程 2	课程 3	平均成绩
EEA21001	张三	90.00	87.00	95.00	90.67
EEA21004	赵六	89.00	92.00	78.00	86.33
EEA21005	刘欣	84.00	79.00	95.00	86.00
EEA21002	李四	78.00	84.00	90.00	84.00
EEA21003	王五	86.00	78.00	69.00	77.67

Press any key to continue

可以看出,程序文件的运行结果完全正确,说明采用 C 语言程序工程应用设计与头文件相结合的方式所设计的程序文件完全正确。

在例 8-2 中,我们把所有的外部变量和外部数组都放在头文件中进行定义,把 5 个自定义函数也放在头文件中进行定义,主文件与头文件中的 5 个自定义函数之间不再需要外部变量以及外部函数的声明,整个程序文件更简单,条理也更清晰了。

可以看出,采用头文件设计程序比采用变量传递、指针传递、地址传递以及工程应用等方式设计程序都要简单,尤其是对大型 C 语言程序的开发设计,采用头文件进行程序设计是首选。

归纳总结:通过头文件的引用举例可以看出,只要掌握了头文件的存盘路径和引用方式,就可以放心大胆地使用头文件了。头文件的应用非常灵活,除了不能包含主函数之外,各种定义、声明以及被调函数的应用等都可以包含在头文件中。合理地采用头文件可以使主函数变得非常简洁、清晰。所以,灵活地应用头文件可以把各种函数的应用推向更高的境界。可见,掌握头文件的应用是相当重要的。

为了更好地使用头文件,建议头文件和主文件源程序的编写都采用专业编程软件来编写,也就是头文件要用 C/C++ Header File 平台来编写,主文件源程序采用 C++ Source File 平台来编写。头文件的存盘路径有两个: 要么与主文件存放在相同的文件夹下,要么存放在\include 文件夹下。

本章小结

本章主要介绍 C 语言中头文件及其应用知识,包括头文件的编辑与使用、头文件的工程应用开发等内容。头文件的内容虽然不多,但它是 C 语言的重要组成部分,是每一个 C 语言程序都需要的环节。

头文件是 C 语言程序的重要文件形式,它可以包罗万象,非常灵活。应用得当,可以使 C 语言程序文件变得更加简洁、清晰。头文件的内容可以是变量的定义、变量的声明,还可以是函数的声明、函数的定义,甚至是多种内容的组合。不论是哪种内容,头文件的引用方法与存放的路径关系非常密切。如果头文件与 C 语言源程序文件存放的路径相同,那么只能采用♯include " * . h"的引用方式。如果头文件与 C 语言源程序文件存放的路径不相同,且头文件必须存放在\include 文件夹中,则头文件采用♯include " * . h"或者♯include < * . h>引用方式都是可行的。

头文件和主文件源程序的编写都应采用专业编程软件来编写,也就是头文件要用 C/C++ Header File 平台来编写,主文件源程序采用 C++ Source File 平台来编写。头文件的存盘路径有两个,要么与主文件存放在相同的文件夹下,要么存放在\include 文件夹下。

采用头文件设计的程序比采用变量传递、指针传递、地址传递以及工程应用等方式设计的程序都要简单,尤其是对大型 C 语言程序的开发设计,采用头文件进行程序设计是首选。

第9章

C语言中的结构体及其应用

本章主要介绍 C 语言中的结构体及其应用,具体内容包括结构体的概述、定义,结构体变量的定义、引用,结构体成员的输入和输出方法,结构体数组,结构体指针,动态内存函数,结构体中链表的处理和应用等。本章的内容比较多,而且感觉这些概念都很陌生、很抽象,甚至有不少神秘感。对于初学者来说,可能又产生了不少的畏惧心理。其实大可不必。

本章将以朴素的语言和简洁的思路,以通俗易懂的方式来介绍结构体的相关内容和应用技术,一定会让每个学习者如梦初醒,学习起来感觉豁然开朗。只要大家依照本章的内容一步一步地去学习,一定会感觉轻松自然,收获颇多。

9.1 结构体概述

在前面学习数组、字符串、指针、函数等内容中,举过针对学生考试成绩分析的例子。其中所包含的学号、姓名、考试成绩等数据类型各不相同,不能用一个统一的数组来描述它们,必须采用 3 种不同类型的数组来描述,其输入、运算和输出等也都需要用不同的程序来分别进行设计,这就给 C 语言程序的设计增添了不少的麻烦。不过,采用结构体这些麻烦就会荡然无存。

结构体的概念:能够把不同类型的数据组合在一起的特殊格式就叫作结构体。

比如,把学生的姓名与 3 门课的成绩组合在一起的格式就是一种结构体,因为姓名是字符型数据,成绩是浮点型数据,两种数据类型完全不同。同样,把职工的姓名与工资、奖金、补贴等组合在一起的格式也是一种结构体。把产品的名称、型号、价格、数量等组合在一起的格式也是一种结构体。结构体的格式多种多样,C 语言对结构体的处理是非常有代表性的。

下面给大家看看结构体的具体表现形式,它们是 3 种不同的表格,其中表 9-1 是学生成绩登记表,表 9-2 是职工工资表,表 9-3 是备件材料表。

表 9-1　学生成绩登记表

姓名	学号	专业	C 语言	高数	英语	平均
张三	EEA21001	电气自动化	89	76.5	88	84.5
刘欣	EEA21005	机械工程设计	75	93	77.5	81.8

在表 9-1 中共有 7 种数据、两种类型,其中姓名、学号、专业等是字符型,而 C 语言、高数、英语和平均等是浮点型,它们共同组成了学生成绩登记表。

表 9-2　职工工资表

姓名	岗位	基本工资	出勤工资	工龄工资	降温费	工资小计
王平	10 岗	4000.00	3980.00	26.00	350.00	4356.00
江丽	13 岗	3000.00	3010.6	16.00	350.00	3376.6

在表 9-2 中也有 7 种数据,也是由两种数据类型共同组成的。

表 9-3　备件材料表

名称	型号	规格	单价	库存量	库存位	备注
接触器	CJ20	220V-25A	70.00	10	1#-3	交流
热元件	GR3	16/3D	25.00	8	2#-1	国产

在表 9-3 中也有 7 种数据,是由 3 种数据类型共同组成的。

从以上 3 个表格中可以看出,每个表格都是由多个不同数据类型组成的结构体。

现在,大家知道结构体是什么了吗? 是的,结构体就是表格的另一种表现形式。

大家对表格是比较熟悉的,也容易理解。有了这种感性认识作铺垫,理解结构体也就不难了。

9.2　结构体的定义

从前面 3 个表格中可以看出,它们具有下面的共同点:

(1) 它们都有一个表名;

(2) 它们都有一个表头;

(3) 它们都有表栏。

所有的表格都具有这 3 个特点。

我们把这 3 个共同点用 C 语言描述出来,它就是结构体了。

结构体有一个关键词:struct,它的意思就是:结构,它是结构体的标志和类型。

结构体的命名方法:任何一个结构体都必须以 struct 关键词开始,然后在它的后面加上一个名字,这个名字就是表名,也就是结构体的名字。比如,struct students,students 就是学生成绩表的名称,两者连起来就是结构体的名称。名字的命名方式与变量的命名方式类似。

表头的设定方法:就是用一对花括号{ }把表头里面所有表列的内容括起来即可。这一对花括号{ }可以横放,也可以竖放。每个表列内容的设定方法与变量、数组的定义方法类似。

比如,学号、姓名、年龄 3 个表列的设定方法是:

```
char xh[9];
char xm[9];
int age;
```

这就类似于字符数组和整型变量的定义,不同之处是表列只能定义,不能赋值。

比如数组的定义"char xh[9]={" "};",单个定义赋值是正确的;而表列定义成"char xh[9]={" "};"就是错误的。

类型相同的表列可以混合设定,两者之间要用","号隔开,后面再加上";"号即可。比如,

```
char xh[9],xm[9];
```

如果是数字型的表列内容,可以按照普通变量的定义来设定。

比如,出生的年、月、日,它们都是整型数据,可以单个设定如下:

```
int year;
int month;
int day;
```

也可以一起来设定:

```
int year, month, day;
```

把不同内容用花括号{ }括在一起就是表头的构成方式,也就是结构体表列的构成方式:

```
{
    char xh[9];
    char xm[9];
    int age, year, month, day;
    float Ccj, Gs, Yy;
}
```

根据结构体表列的内容还可以计算出结构体的宽度。比如,学号 xh[9]、姓名 xm[9]各占 9 字节;而整型和浮点型数据各为 4 字节。这些字节的总和就是结构体所占的宽度,也就是该表格的表头所占的宽度。它们的总和是 46 字节。

把表头与表列相结合就是结构体的定义了,就这么简单。

结构体的定义用文字描述如下:

struct 结构体名
```
{
    类型 表列 1;
    类型 表列 2;
    类型 表列 3;
    …
};
```

上面就是结构体的定义,其中第 1 行是结构体的名称;花括号内是结构体的所有表列,花括号后面的分号绝对不能少,这是结构体的结束标志。

结构体名称与结构体表列必须紧密相连,两者之间不能插入任何语句。

结构体的表列也叫作结构体的成员,如下所示:

```
struct 结构体名
{
    类型 成员1;
    类型 成员2;
    类型 成员3;
    …
};
```

结构体内的每个表列就是结构体的一个成员。

不论是结构体的表列还是成员,都包含着类型,当然,相同类型的可一起设定。

比如,学生成绩登记表的结构体定义如下:

```
struct students
{
    char xh[9];
    char xm[9];
    int age;
    int year;
    int month;
    int day;
    float Ccj;
    float Gs;
    float Yy;
};
```

也可以采用成员归类的方式定义如下:

```
struct students
{
    char xh[9], xm[9];
    int age;
    int yea, month, day;
    float Ccj, Gs, Yy;
};
```

为了便于对结构体进行分析,根据这个结构体的定义格式,可以把它形象地看作为一个学生成绩登记表,比如下面的形式:

students								
xh	xm	age	year	month	day	Ccj	Gs	Yy

表格是有行、列边界线的,而结构体是没有这种边界线的。实际上,有无边界线并没有关系,它们只是一种外观形象而已,并不影响对结构体数据的分析和操作。

这个学生成绩登记表的表名是 students,是由 xh、xm、…、Yy 等9个表列或者成员组成的,它们与前面定义的结构体完全对应。根据前面的统计,该表的总宽度为46字节。

当一个结构体定义好之后,它就有了表栏,这也就是表的第3个特点。但是,它的表栏是"虚"的或者说是空的。所以,结构体表头不占内存,相当于一张"空白"表。

表格是一个整体,要填数据有一个要求,必须按照一行、一行的模向模式来填,并且要把每一行整体看成一个变量,也叫作结构体变量,这个变量要先定义,之后才可以填写数据。

与普通变量的要求一样，都要先定义、后引用。

9.3 结构体变量的定义

结构体变量的定义有两种方法：一种是直接定义，另一种是间接定义。

直接定义就是在定义结构体的同时，在结构体的后面或者在表示结构体结束的分号之前直接插入变量名，如果有多个变量定义，那么在变量之间要用逗号分开。比如，要定义两个结构体变量 st1 和 st2，可以如下定义：

```
struct students
{
    char xh[9], xm[9];
    int age, year,month,day;
    float Ccj,Gs;,Yy;
}st1, st2;
```

这就是结构体变量的直接定义。

间接定义是用结构体的类型与名称一起进行定义，比如，

```
struct students st1,st2;
```

这就是结构体变量的间接定义。间接定义时，结构体的类型关键词 struct 不能少，结构体名 students 也不能少，必须两者一起来定义。

比较而言，直接定义能够看清楚结构体变量所包含的所有表列，但是定义比较复杂；间接定义比较简单，但是看不出表列所包含的所有表列。二者各有千秋。

9.4 复杂结构体的嵌套定义

结构体的嵌套定义，也就是大结构体套小结构体的定义方法，也可以叫作大表格套小表格的设定方法。

比如，在上面结构体所描述的学生成绩登记表中包含有出生日期以及 3 门课的成绩，我们可以把该表格换一种方式来表述，用汉字表示的形式如表 9-4 所示。

表 9-4　学生成绩登记表

学号	姓名	年龄	出生日期			考试成绩		
			年	月	日	C语言	高数	英语

从表 9-4 中可以看出，由两个虚线框分别围起来的"出生日期"和"考试成绩"是两个小表格的表头，而用实线框围起来的是整个大表格的表头，大表格把小表格套在其中，这就是大表格套小表格的形式，也叫作表格的嵌套。

表格的嵌套在日常生活中也很常见，用 C 语言来设计表格的嵌套就是结构体的嵌套定义。结构体的嵌套定义，要先定义小的结构体，然后再定义大的结构体。

以表 9-4 对应的结构体定义为例，首先定义出生日期的结构体 date 如下：

```
struct date
{ int year, month, day; };
```

因为年、月、日都是整型数据，所以把三者一起定义为 int 类型，后面要加上分号。该结构体的成员只有 3 个，采用横向布局的定义更简单，结构体后面的分号不能少。

接着定义考试成绩的结构体 test 如下：

```
struct test
{ float Ccj, Gs, Yy; };
```

因为 C 语言、高数、英语的考试成绩都是浮点型数据，所以把三者一起定义为 float 类型，后面也要加上分号。该定义也采用横向布局的方式，结构体后面的分号也不能少。

两个小结构体已经定义好了，下来就可以定义大结构体了。现在的关键问题是：在定义大结构体时，怎么嵌套小的结构体？这个问题一旦解决了，结构体的嵌套问题也就解决了。

大家一定记得，在前面刚刚讲过结构体变量的间接定义方法，就是用结构体的名称来定义变量，而结构体的名称包括结构体的类型和结构体的名字两部分，然后在结构体名称的后面再加上变量名和分号就可以了。

所以，我们给出生日期的小结构体间接定义一个变量 birthday 如下：

```
struct date birthday;
```

也给考试成绩的小结构体间接定义一个变量 score 如下：

```
struct test score;
```

大结构体套小结构体的方法：就是在大结构体成员的适当位置加入小结构体变量的间接定义即可，这就是结构体的嵌套定义方法。

例如，表 9-4 对应的结构体嵌套定义如下：

```
1  struct students
2  {
3      char xh[9],xm[9];
4      int age;
5      struct date birthday;
6      struct test score;
7  };
```

其中第 5 行和第 6 行就是两个小结构体变量的间接定义，也是结构体嵌套定义的实现方法。birthday 和 score 都是大结构体中的一个成员，它们都有各自的结构体类型。在结构体的定义中，每个成员都要有明确的类型说明，这是结构体定义的规定。

下面就是 3 个结构体嵌套的表格形式：

			students					
			birthday			score		
xh	xm	age	year	month	day	Ccj	Gs	Yy

结构体定义后，它就相当于一个空表，表栏内是没有数据的。

9.5　结构体成员数据的输入方法

要给结构体表栏中填入数据,必须先要定义结构体的变量。有了结构体的变量,才有表栏存储数据的位置。每个结构体变量所占的内存数与结构体表头的宽度相同。

结构体变量可以直接定义,也可以间接定义。定义之后,就可以给表栏或者成员输入数据了。输入功能采用 scanf() 输入语句来实现,不过,用该语句不能给结构体的变量整体赋值,只能给结构体变量的每一个成员赋值。

由于结构体的变量包括多个成员,而每个成员的类型可能不同,因此结构体变量与每个成员之间都有关联。要用 scanf() 输入语句给结构体的成员赋值,就必须解决结构体变量与各成员之间的联接问题。联接是结构体的重要运算方法。

1. 结构体成员的运算方法

我们给前面介绍的结构体直接定义两个变量 st1、st2 如下:

```
struct students
{
    char xh[9], xm[9];
    int age, year, month, day;
    float Ccj, Gs, Yy;
}st1, st2;
```

定义后的结构体以及变量可以用表格形式表示如下:

	xh	xm	age	year	month	day	Ccj	Gs	Yy
st1	•	•	•	•	•	•	•	•	•
st2	•	•	•	•	•	•	•	•	•

students

可以看到,两个变量 st1、st2 位于结构体表栏的左侧,每个变量与表格中的表列或者成员都有一个相交点"•",这个相交的小圆点就是结构体变量与结构体成员之间联系的纽带。

如果把这个小圆点看成一种运算符,则称这个小圆点是结构体的成员运算符。它可以把结构体变量与结构体的成员紧密地联系在一起,这也就是结构体的成员运算。

比如,变量 st1 的成员运算方式如下:

st1.xh,st1.xm,st1.age,…,st1.Yy,…

其中,st1.xh 表示变量 st1 对应的学号 xh,st1.xm 表示变量 st1 对应的姓名,st1.Yy 表示变量 st1 对应的英语成绩等。

同样,变量 st2 的成员运算方式如下:

st2.xh,st2.xm,st2.age,…,st2.Yy,…

其中,st2.xh 表示变量 st2 对应的学号 xh,st2.xm 表示变量 st2 对应的姓名,st2.Yy 表示变量 st2 对应的英语成绩等,它们是一一对应关系,具有唯一性。

2. 单一结构体成员数据的输入方法

有了成员运算方法,就可以给结构体变量对应的成员输入数据了。

其输入方法如下:

```
scanf("%s%s%d%d%d",st1.xh, st1.xm, &st1.age, &st1.year, &st1.month);
scanf("%d%f%f%f",&st1.day, &st1.Ccj, &st1.Gs, &st1.Yy);
```

由于成员比较多,所以分两行来输入。

第 1 行输入的是变量 st1 对应的学号、姓名、年龄、出生年和出生月 5 个数据。

第 2 行输入的是变量 st1 对应的出生日、C 语言成绩、高数成绩、英语成绩 4 个数据。

因为学号、姓名两个成员都是字符串,所以用成员运算名称直接作地址,采用%s 的控制格式输入,与用数组名作地址一样;而年龄,出生年、月、日都是整型数据,所以用%d 的控制格式,在成员运算之前还要加上地址符 &;3 门课的成绩都是浮点型数据,所以,用%f 的控制格式,在成员运算之前也要加上地址符 &。切记,地址符不能漏掉。

按照同样的方法也可以给变量 st2 对应的成员输入数据:

```
scanf("%s%s%d%d%d",st2.xh, st2.xm, &st2.age, &st2.year, &st2.month);
scanf("%d%f%f%f",&st2.day, &st2.Ccj, &st2.Gs, &st2.Yy);
```

3. 嵌套结构体成员数据的输入方法

因为嵌套结构体成员有层次变化,比如,birthday 是大结构体的成员,也是第一层成员;而 birthday 又包含了 year、month 和 day 共 3 个成员,它们是第二层成员,也是最底层的成员。

如果用结构体变量 st1 的成员运算只引用到第一层则是 st1．birthday,但这是不够的,也是不能输入的。因为还有第二层的 3 个成员,要输入也是输入第二层成员的数据,也就是给最底层的成员输入数据。

所以要把成员运算继续向下一层延伸,如果有多层,则要一直延伸到最底层。这就是多层成员的运算方法,也就是嵌套结构体成员的引用方法。

下面就是多层成员运算的引用方法:

```
st1.birthday.year
st1.birthday.month
st1.birthday.day
```

只有引用到最底层,成员才具有唯一性,输入才能正常实现。

下面以前面的嵌套结构体定义为例来进一步说明成员输入引用的方法:

```
1   struct date
2   {    int year, month, day;    };
3   struct test
4   {    float Ccj, Gs, Yy;    };
5   struct students
6   {
7       char xh[9], xm[9];
8       int age;
9       struct date birthday;
10      struct test score;
11  }st1,st2;
```

程序说明:

第 1 行和第 2 行是出生日期小结构体的定义。

第 3 行和第 4 行是考试成绩小结构体的定义。

第 5～11 行是大结构体的嵌套定义。

st1、st2 是直接定义的两个结构体变量。

如果要给结构体变量 st1 的每个成员输入数据,那么其输入语句如下:

```
scanf("%s%s%d%d",st1.xh, st1.xm, &st1.age, &st1.birthday.year);
scanf("%d%d",&st1.birthday.month, &st1.birthday.day);
scanf("%f%f%f",&st1.score.Ccj, &st1.score.Gs, &st1.score.Yy);
```

同样,如果要给结构体变量 st2 的每个成员输入数据,那么其输入语句如下:

```
scanf("%s%s%d%d",st2.xh, st2.xm, &st2.age, &st2.birthday.year);
scanf("%d%d",&st2.birthday.month, &st2.birthday.day);
scanf("%f%f%f",&st2.score.Ccj, &st2.score.Gs, &st2.score.Yy);
```

从上面的输入语句可以看出,不论是单一结构体,还是嵌套结构体,其变量各成员数据的输入都可以一次输入完,即使用一个输入语句也行。当然,也可以单独给结构体变量某个特定的成员输入数据,比如,"scanf("%d", &st1.birthday.month);"也是可行的。

9.6　结构体成员数据的运算方法

我们已经知道,通过点(·)成员运算能够把结构体变量与成员组合成一个整体。当我们要对不同结构体的成员之间进行算术运算、关系运算或者逻辑运算时,就可以采用变量与成员的相应模式完成。

1. 对结构体成员进行求和与求平均值等算术运算

```
sum = st1.Ccj + st1.GS + st1.Yy; aver = sum/3;
```

2. 对结构体成员进行关系判断运算

```
if(st1.Gs > st2.Gs)
    printf("学生 1 的高数成绩比学生 2 的高数成绩高。\n");
…
if(st1.birthday.year < st2.birthday.year)
    printf("学生 1 比学生 2 的年龄大。\n");
…
if(st1.Ccj == st2.Ccj)
    printf("学生 1 的 C 语言成绩跟学生 2 的 C 语言成绩相同。\n");
```

3. 对结构体成员进行逻辑运算

```
if(st1.Ccj&& st1.Gs&&st1.Yy)
    printf("学生 1 没有缺考。\n");
…
if(!st2.Ccj || !st2.Gs ||!st2.Yy)
    printf("学生 2 休学了。\n");
```

可以对结构体成员进行算术运算、关系运算和逻辑运算,但是不能对结构体变量进行类似的运算,因为它包含不同的成员。

4. 对结构体变量和结构体成员进行赋值运算

```
st2 = st1;   st2.Ccj = st1.Ccj;
```

可见,赋值运算既适合于结构体变量,也适合于结构体成员。但是,赋值的内容要匹配,不能把成员的值赋值给结构体变量,也不能把变量的值赋值给成员。比如,

```
st2 = st1.Ccj; st2.Ccj = st1;
```

这是错误的。

从以上 4 种运算可以看出,结构体成员的运算方法与普通变量的运算方法相同,只是结构体的运算对象是变量与成员的组合形式看起来比较复杂。

9.7　结构体成员数据的输出方法

结构体成员的数据输出方法与输入方法类似,不论是单一的结构体成员还是嵌套的结构体成员,都要按最底层的成员运算方式输出。

例如有输入语句如下:

```
scanf("%s%s%d%d",st1.xh, st1.xm, &st1.age, &st1.birthday.year);
scanf("%d%d",&st1.birthday.month, &st1.birthday.day);
scanf("%f%f%f",&st1.score.Ccj, &st1.score.Gs, &st1.score.Yy);
```

按最底层成员运算方式把结构体变量 st1 所有成员的数据输出出来,其输出语句如下:

```
printf("%s\t%s\t%d\t%d-",st1.xh, st1.xm, st1.age, st1.birthday.year);
printf("%d-%d\t",st1.birthday.month, st1.birthday.day);
printf("%2.2f\t%2.2f\t%2.2f\n",st1.score.Ccj, st1.score.Gs, st1.score.Yy);
```

可见,输出格式与普通变量的输出控制格式相似,在输出中也可以使用转义字符或者其他字符,输出的成员运算式子要描述正确,控制格式要与成员的数据类型相匹配。

比如年月日的输出:2022-4-6。而 2.2f 表示对浮点型成员的成绩输出时保留两位小数。

9.8　结构体数组介绍

要给结构体的成员输入数据,首先要定义结构体的变量,有了变量才可以输入。如果只有几个变量,那么可以单独定义和输入。但如果有大量的变量,比如,一个课程班 80 名学生的成绩登记表,要定义 80 个变量,那就太笨了。在这种情况下,用结构体数组来实现就容易多了。

9.8.1　结构体数组的定义

我们知道,结构体变量的定义有直接定义和间接定义,而结构体数组是大量结构体变量的集合,所以对结构体数组的定义也有直接定义和间接定义,具体的定义方法与结构体变量的定义方法完全相同,只需要给结构体变量名后面加上数组的下标即可。

如果结构体数组只有一个下标,则是一维的结构体数组;如果有两个下标,则是二维的结构体数组。二维的结构体数组相当于有多张相同的表格。

结构体数组的直接定义用文字描述如下:

```
struct 结构体名字
{
    类型 成员 1;
    类型 成员 2;
    类型 成员 3;
    …
    类型 成员 n;
}数组名[下标];
```

结构体数组的间接定义用文字描述如下：

struct 结构体名字 数组名[下标];

例如，下面的直接定义形式：

```
struct students
{
    char xh[9],xm[9];
    float Cyy;
}Ccj[50];
```

间接定义如下：

```
struct students Ccj[50];
```

两个定义的内容是一样的，都是定义了一个一维的结构体数组，下标数 50 表示有 50 名学生，也代表了 50 个结构体变量或者元素。

我们知道，普通的数组是由不同的元素组成的，每个元素都有地址。结构体数组也一样，也是由不同的结构体数组元素组成的，每个结构体数组元素也有自己的地址；而且每一个结构体数组元素还包含多个不同的成员，每个成员也有自己不同的地址。

比如结构体数组 Ccj[50]，它的数组元素为：Ccj[0]，Ccj[1]，Ccj[2]，…，Ccj[49]；

每个数组元素的地址为：&Ccj[0]，&Ccj[1]，&Ccj[2]，…，&Ccj[49]；

而数组元素 Ccj[0] 的成员为：Ccj[0]. xh，Ccj[0]. xm，Ccj[0]. Cyy；

数组元素 Ccj[1] 的成员为：Ccj[1]. xh，Ccj[1]. xm，Ccj[1]. Cyy；

数组元素 Ccj[2] 的成员为：Ccj[2]. xh，Ccj[2]. xm，Ccj[2]. Cyy；

……

数组元素 Ccj[49] 的成员为：Ccj49]. xh，Ccj[49]. xm，Ccj[49]. Cyy。

因为各结构体数组元素中第 1 个成员 xh[9]、第 2 个成员 xm[9] 都是普通的一维字符型数组，第 3 个成员是普通的浮点型变量，数组名就代表数组的首地址，所以可以得到结构体数组各元素所包含的对应成员的地址。

Ccj[0] 元素各成员的地址为：Ccj[0]. xh，Ccj[0]. xm，&Ccj[0]. Cyy；

Ccj[1] 元素各成员的地址为：Ccj[1]. xh，Ccj[1]. xm，&Ccj[1]. Cyy；

Ccj[2] 元素各成员的地址为：Ccj[2]. xh，Ccj[2]. xm，&Ccj[2]. Cyy；

……

Ccj[49] 元素各成员的地址为：Ccj[49]. xh，Ccj[49]. xm，&Ccj[49]. Cyy。

了解了结构体数组元素、元素的地址、元素的成员以及元素成员地址的书写格式后，对于结构体的相关输入、运算、比较判断、结果输出等都会有一定的帮助。

如果结构体数组的定义如下：

```
struct students Ccj[2][50];
```

那么说明 Ccj[2][50] 是一个二维的结构体数组,第 1 个下标[2]表示有两个课程班,第 2 个下标[50]表示每个课程班有 50 名学生。

有了结构体数组,每个数组元素就是一个结构体变量,接下来主要学习结构体数组成员的输入和输出方法。

9.8.2　结构体数组成员的输入和输出方法

我们知道,数组元素的输入和输出都要用到循环,这是解决数组问题的最优方法。同样,结构体数组元素成员的输入和输出也要用到循环,方法与普通的数组元素输入和输出方法相同。

比如,给结构体数组 Ccj[50] 的成员输入数据,用循环的方法如下:

```
int i;
for(i = 0; i < 50; i++)
    scanf("%s%s%f",Ccj[i].xh, Ccj[i].xm, &Ccj[i].Cyy);
```

可见,用 3 条语句就可以把 50 名学生的学号、姓名以及 C 语言成绩全部输入完毕。

也可以用循环把 50 名学生的学号、姓名以及 C 语言成绩全部输出出来。

请看下面的程序段:

```
for(i = 0; i < 50; i++)
    printf("%s\t%s\t%2.2f\n",Ccj[i].xh, Ccj[i].xm, Ccj[i].Cyy);
```

由此可见,将循环与结构体数组相结合是一种绝配,可以非常简单地解决结构体的输入、运算以及输出问题。

9.9　结构体的程序设计应用举例

要设计一个结构体程序,其操作对象主要是结构体,所以首先要定义结构体。结构体可以定义在函数的前面,也可以定义在函数体的内部,但是不能定义在函数的后面。

如果将结构体定义在函数体的内部,那么它就是内部结构体,该结构体中的成员只能归该函数引用,其他的函数都不能引用。如果将结构体定义在函数的前面,那么它就是外部结构体,在它后面的所有函数都可以引用该结构体。所以,通常都在程序的前面对结构体进行定义。

例 9-1　采用结构体模式计算学生 3 门课的平均成绩,并输出全部学生的成绩信息。有关学生的成绩信息如下:

学号	姓名	课程 1	课程 2	课程 3
EEA21001	张三	87.8	92.5	75.9
EEA21002	李四	88.5	90.3	87.4
EEA21003	王五	76.9	87.2	68.9
EEA21004	赵六	77.3	86.2	70.6
EEA21005	刘欣	81.7	95.4	90.2

编程思路:这个例子与前几章的相关例子类似,题目中给定了 5 名学生的学号、姓名和 3 门课的成绩信息。不同的是,在前几章中,我们必须采用不同的数组来分别描述学生的姓

名和成绩等数据,很麻烦。而在本例中,我们可以把学生的所有信息数据用一个结构体来描述。给结构体取名为:students,结构体成员有 6 个,包含学号、姓名、3 门课的成绩和平均成绩等。

本例的程序任务包括学生的学号、姓名和 3 门课成绩的输入,平均成绩的计算以及学生成绩信息的输出等。我们把三大任务分配给 3 个自定义函数来完成,主函数只负责协作和调用。其中输入部分由自定义函数 Shuru()完成,计算部分由自定义函数 Jisuan()完成,输出部分由自定义函数 Shuchu()完成。

考虑到程序的通用性,采用宏定义 N 设定一个学生人数的上限为 50 人,实际人数由程序输入来决定,这样可以保持基本程序不变。本例中学生的实际人数为 5 人,可以通过输入来确定。学生信息可以采用一个一维的结构体数组 stu[N]来完成,在程序前与结构体一起直接定义。另外,还需要定义一个循环变量 i、实际人数 n 和一个求和变量 sum。

具体的宏定义、结构体和数组的直接定义如下:

```
#define N 50
struct students
{
    char xh[9], xm[9];
    float kc1, kc2, kc3, pj;
}stu[N];
int i,n;
float sum;
```

输入函数定义如下:

```
1   void Shuru()
2   {
3       printf("\n");
4       printf("   请输入学生的学号、姓名和三门课的成绩:\n");
5       for(i = 0; i < n; i++)
6       {
7           printf("   ");
8           scanf("%s%s", stu[i].xh, stu[i].xm);
9           scanf("%f%f%f", &stu[i].kc1, &stu[i].kc2, &stu[i].kc3);
10      }
11  }
```

计算函数的定义如下:

```
1   void Jisuan()
2   {
3       for(i = 0; i < n; i++)
4       {
5           sum = 0;
6           sum = stu[i].kc1 + stu[i].kc2 + stu[i].kc3;
7           stu[i].pj = sum/3;
8       }
9   }
```

输出函数的定义如下:

```
1   void Shuchu()
2   {
```

```
3        printf("\n");
4        printf("   学生的成绩信息如下:\n");
5        printf("   学号\t\t 姓名\t 课程 1\t 课程 2\t 课程 3\t 平均\n");
6        for(i = 0; i < n; i++)
7        {
8            printf("   ");
9            printf("%s\t%s\t%2.2f\t",stu[i].xh, stu[i].xm, stu[i].kc1);
10           printf("%2.2f\t%2.2f\t%2.2f\n",stu[i].kc2, stu[i].kc3, stu[i].pj);
11       }
12   }
```

主函数的定义如下:

```
1    void main()
2    {
3        printf("\n   请输入学生人数:");
4        scanf("%d",&n);
5        Shuru();
6        Jisuan();
7        Shuchu();
8    }
```

对以上程序,我们采用 C 语言的工程设计和头文件的方法来实现,借此机会对 C 语言的工程设计和头文件的用法也做一个复习和巩固。

我们将结构体、结构体数组以及所有的外部变量连同 3 个自定义函数一起并入头文件中,头文件取名为:stujgt.h;主文件取名为:学生成绩主文件 main。头文件和主文件存放的路径要相同,所以,在主文件的前面要加上结构体头文件的包含声明,也就是 3 个自定义函数相关的运行平台,其语句形式为:＃include "stujgt.h"。

C 语言工程设计的步骤,首先是建立工程名称,建立过程为:单击"文件"→"新建"命令,选择 Win32 Console Application,设置"工程名称"为:学生结构体成绩信息,设定存放位置,创建新的工作空间,单击"确定"按钮;建立一个空工程后,单击"完成"按钮;审核工程目录、存放路径和名称无误后,单击"确定"按钮。工程名称建立完成后的界面如图 9-1 所示。

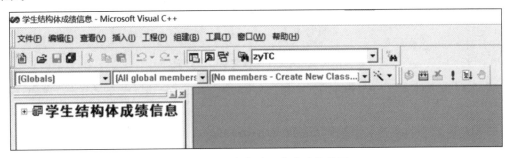

图 9-1　工程名称建立完成后的界面

头文件的编辑步骤主要包括:在如图 9-1 所示的工程名称窗口单击"文件"→"新建"命令,在"文件名"文本框中输入头文件名:stujgt.h,选择 C/C++ Header File,单击"确定"按钮,然后进行头文件的编辑。编辑完成存盘。图 9-2 所示就是头文件编辑完成后的界面。

主文件的编辑步骤与头文件的编辑步骤类似,主要包括:在如图 9-2 所示的头文件窗口单击"文件"→"新建"命令,在"文件名"文本框中输入主文件名:学生成绩主文件 main.

图 9-2　头文件编辑完成后的界面

cpp，选择 C/C++ Source File，单击"确定"按钮，然后进行主文件的编辑。编辑完成存盘。图 9-3 所示就是主文件编辑完成后的界面。

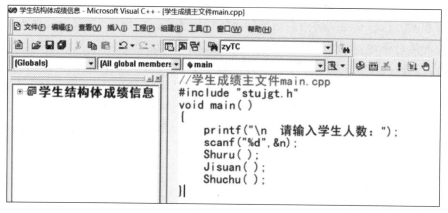

图 9-3　主文件编辑完成后的界面

　　然后对头文件和主文件进行编译和链接，步骤为：单击"组建"→"全部重建"命令，编译完成后的界面如图 9-4 所示。

　　从图 9-4 中可以看出，编译和链接很成功，提示没有任何错误和警告，程序完全可以运行了。

　　单击如图 9-4 所示窗口右侧的！按钮，程序的运行结果如下：

```
请输入学生人数:5↙

请输入学号、姓名和三门课的成绩：
EEA21001 张三 87.8 92.5 75.9↙
EEA21002 李四 88.5 90.3 87.4↙
EEA21003 王五 76.9 87.2 68.9↙
```

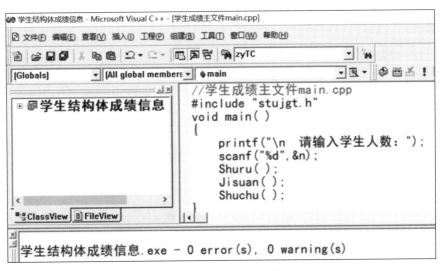

图 9-4　编译完成后的界面

EEA21004 赵六 77.3 86.2 70.6 ↙
EEA21005 刘欣 81.7 95.4 90.2 ↙

学生的成绩信息如下：

学号	姓名	课程1	课程2	课程3	平均
EEA21001	张三	87.8	92.5	75.9	85.40
EEA21002	李四	88.5	90.3	87.4	88.73
EEA21003	王五	76.9	87.2	68.9	77.67
EEA21004	赵六	77.3	86.2	70.6	78.03
EEA21005	刘欣	81.7	95.4	90.2	89.10

Press any key to continue

可以看出，程序的运行结果完全符合题意要求。

不仅如此，将本例的程序与之前相关例子的程序相比较可以看出，采用结构体设计的程序要比一般数组设计的程序简单很多，自定义函数和主函数都变简单了。

这说明采用结构体设计的程序是具有明显优势的。

在例 9-1 中，我们已经计算出了每个学生的平均成绩，如果按平均成绩从高到低排序也很简单，在头文件中增加一个排序的自定义函数，在主文件中调用即可。

由于排序要用到双循环，需要两个循环变量 i 和 j，还要用到排序的中间变量 t。虽然排序是根据平均成绩来判断的，但根据比较结果，需要对整个结构体变量中的所有成员全部进行对调，而不仅仅是对调一个平均成绩成员那么简单。所以调用的中间变量 t 也必须是结构体变量，不能用与平均成绩类似的浮点型变量。因此，在头文件中还需要加入一个整型的外部变量 j 和一个结构体变量 t。

给头文件中增加相关变量后的语句如下：

```
#define N 50
struct students
{
    char xh[9],xm[9];
    float kc1,kc2,kc3,pj;
}stu[N], t;
```

```
int i, j, n;
float sum;
```

所设计的排序函数如下：

```
1   void Paixu()
2   {
3       for(i = 0; i < n - 1; i++)
4       {
5           for(j = 0; j < n - 1 - i; j++)
6           {
7               if(stu[j].pj < stu[j + 1].pj)
8               {
9                   t = stu[j];
10                  stu[j] = stu[j + 1];
11                  stu[j + 1] = t;
12              }
13          }
14      }
15  }
```

程序段的第 9～11 行就是对结构体变量进行排序对调，与之前的相比，对调语句简单多了。

另外，应该将新增的排序函数 Paixu() 插入头文件中输出函数 Shuchu() 之前，完善头文件的程序编辑后存盘。

对主文件也需要做一点修改，即在调用输出函数"Shuchu();"之前插入排序函数的调用"Paixu();"。

修改后的主文件如下：

```
1   void main()
2   {
3       printf("\n    请输入学生人数:");
4       scanf(" % d",&n);
5       Shuru();
6       Jisuan();
7       Paixu();
8       Shuchu();
9   }
```

图 9-5 所示就是修改后新的工程设计编译链接完成的界面。

从图 9-5 中可以看出，程序的编译和链接提示没有任何错误和警告，在左边的 ClassView 类视图中，显示的函数有 5 个：1 个主函数和 4 个自定义函数，还有 6 个外部或者全局变量及结构体数组等，与我们的程序设计完全一致。

单击如图 9-5 所示窗口中右边的！按钮，程序输出的排序结果如下：

```
学生的成绩信息如下:
    学号        姓名    课程 1   课程 2   课程 3    平均
    EEA21005    刘欣    81.7    95.4    90.2    89.10
    EEA21002    李四    88.5    90.3    87.4    88.73
    EEA21001    张三    87.8    92.5    75.9    85.40
    EEA21004    赵六    77.3    86.2    70.6    78.03
    EEA21003    王五    76.9    87.2    68.9    77.67
Press any key to continue
```

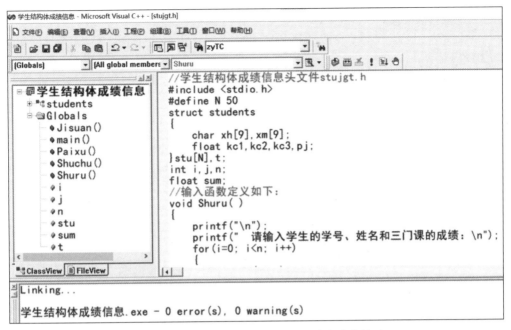

图 9-5　修改后新的工程设计编译链接完成的界面

可以看出,排序的结果完全正确,说明程序的设计是成功的。

　　虽然采用结构体模式设计的程序已经很简单了,但有一点美中不足,就是采用结构体的数组名引用成员运算时,成员表达式都比较长。比如,stu[i].xh、stu[i].xm、stu[i].kc1等。如果数组名更长、更复杂,那么成员表达式也就更长,书写也更麻烦,稍不留神还会出错。不过采用结构体指针可以简化成员的表达式。

9.10　结构体指针及3个关键环节

　　结构体指针主要是针对结构体数组设定的。指针都有定义、定位和引用3个关键环节,同样,结构体指针也有这3个关键环节,缺一不可,而且前后顺序不能颠倒。

9.10.1　结构体指针的定义

　　结构体指针的第一个关键环节就是结构体指针的定义,有两种定义方法:一是直接定义,二是间接定义。

　　直接定义描述如下:

```
struct 结构体名称
{
    类型 成员1;
    类型 成员2;
…
} * 指针名;
```

　　例如,下面的结构体指针直接定义:

```
struct workers
```

```
{
    char xm[9],gw[5];
    int gz;
} * p;
```

直接定义以前面的结构体作基础,与结构体变量的直接定义类似。

间接定义描述如下:

struct 结构体名称 ＊指针名;

例如,下面的结构体指针间接定义:

```
struct workers * p;
```

结构体指针的定义只是最基础的工作,还需要给指针定位。

9.10.2　结构体指针的定位

给结构体指针定位就是结构体指针的第二个关键环节。具体的定位方法与其他类似的指针定位方法相同。

结构体指针以一维结构体数组的指针居多,所以给结构体指针定位就是把一维结构体数组名赋给结构体指针。例如,

```
struct workers
{
    char xm[9], gw[5];
    int gz;
}wr[5], * p = wr;
```

直接定义了一个结构体数组 wr[5]和指针 ＊ p,并把数组名赋初值给指针"p＝wr;"定位。

这是给指针间接定位:

```
struct workers wr[5], * p = wr;
```

给结构体指针定义和定位都不是目的,目的是为了引用结构体指针。

9.10.3　结构体指针的引用

结构体指针的引用是第三个关键环节。结构体指针的引用与其他指针的引用还是有较大差别的。

结构体指针的引用主要有两种方法:一种是指针的成员运算法引用,另一种是指针的指向运算法引用。

1. 用结构体指针引用结构体变量成员

首先定义一个 workers 的员工工资结构体如下:

```
struct workers
{
    char xm[9],gw[5];
    float gz;
};
```

该结构体有姓名、岗位、工资 3 个成员。

我们间接定义一个结构体变量 oPerator 如下:

struct workers oPerator;

采用点号成员运算表示结构体变量的成员就是 oPerator. xm、oPerator. gw、oPerator. gz。

下面间接定义一个结构体指针 p,并用结构体变量的地址给指针定位如下:

struct workers ＊ p＝&oPerator;

结构体指针定位后就可以引用了。

方法 1,采用点号成员运算法引用如下:

(＊p).xm,(＊p).gw,(＊p).gz;

方法 2,采用指向运算法引用如下:

p＞xm,p－＞gw,p－＞gz;

结构体指针的->运算称为指向运算。指向运算中不需要加点号,否则会出错。

可见,结构体指针的成员运算和指向运算都比结构体变量的成员运算简单,这就是结构体指针引用的好处。

2. 用结构体指针引用结构体数组成员

我们知道,结构体数组成员的表达式可以用数组名的点号成员运算来表示。

先间接定义一个员工工资结构体数组"struct workers wr[5];",表示有 5 名员工。其成员表达式可以表示如下:

wr[0].xm wr[0].gw wr[0].gz
wr[1].xm wr[1].gw wr[1].gz
…

如果改用结构体指针来表示各成员,那么可能有人会如下列出:

p＝wr;
(＊p[0]).xm (＊p[0]).gw (＊p[0]).gz
(＊p[1]).xm (＊p[1]).gw (＊p[1]).gz
…

也可能有人会如下列出:

p＝wr;
p[0]－＞xm p[0]－＞gw p[0]－＞gz
p[1]－＞xm p[1]－＞gw p[1]－＞gz
…

需要注意的是,这两种运算都是错误的,是不能运行的。因为结构体每个成员的内存大小可能是不同的,结构体指针不能按列成员移动,只能按行移动。所以结构体指针只能用当前行的指针,当然不能带下标移动了。

结构体指针的正确引用运算只能是下面两种运算形式。

(1) 点号成员运算:

(＊p).xm (＊p).gw (＊p).gz

(2) 指向运算:

p－＞xm p－＞gw p－＞gz

有人可能已经看出来了,上面结构体指针的点号成员运算(＊p).xm、(＊p).gw 和指向运算 p-> xm、p-> gw 都是对结构体数组第 1 行的元素成员进行的引用运算,也就是对当前行的引用运算,那要引用第 2 行怎么办?

　　既然无法改变结构体指针的成员表达式,我们就干脆改变指针,让指针随着结构体数组的行而改变,这就需要采用结构体指针的绝对定位方式了,也就是用结构体指针作循环变量。

　　例如,下面是结构体指针的循环移位与点号成员运算的引用方法。其输入引用方法如下:

```
for(p = wr; p < wr + 5; p++)
    scanf("%s%s%f",(*p).xm, (*p).gw, &(*p).gz);
```

输出引用方法如下:

```
for(p = wr; p < wr + 5; p++)
    printf("%s%s%d",(*p).xm, (*p).gw, (*p).gz);
```

下面是结构体指针的循环移位与指向运算的引用方法。其输入引用方法如下:

```
for(p = wr; p < wr + 5; p++)
    scanf("%s%s%d", p->xm, p->gw, &p->gz);
```

输出引用方法如下:

```
for(p = wr; p < wr + 5; p++)
    printf("%s%s%d",p->xm, p->gw, p->gz);
```

　　采用结构体指针作循环变量,随着循环的改变,指针的定位位置也自动跟着改变,结果就是:结构体指针始终指向结构体数组的当前行,所以结构体指针的点号成员运算引用和指针的指向运算引用都是可行的。

　　这也告诉我们,在结构体数组中要引用指针,必须采用指针作循环变量的绝对定位或者移位方式,其他方式都不可行。

　　归纳总结:表示结构体变量或者数组成员表达式的方法有 3 种:一是变量名或者数组名[下标]的点号成员运算法;二是指针点号成员运算法;三是指针的指向运算法。

　　比如,wr[0].xm、(*p).xm、p->xm,三者是完全等价的,用哪一种都行。

　　很显然,用结构体指针表达成员运算要比用数组名表达简单,尤其是指针的指向运算更简洁。

9.10.4　结构体数组指针的程序设计引用举例

　　例 9-2　假设 5 名职工的信息有姓名、性别、岗位和工资 4 项,用结构体指针输入、输出职工的工资信息。

　　编程思路:先定义一个结构体,成员包括姓名、性别、岗位和工资 4 项,其中姓名、性别和岗位都是字符型成员,工资是整型成员。因为有 5 名职工信息,所以需要定义一个一维的结构体数组,下标数为 5,再定义一个结构体指针。根据结构体数组指针的引用方法,5 名职工的信息输入和输出都要用到循环,而且必须用结构体指针作循环变量,只有这样,才可以用结构体指针的点号成员运算或者指向运算引用结构体的数组成员。

　　下面是采用结构体指针的两种引用方法设计的程序:

```
1    # include < stdio. h >
2    struct workers
3    {
4        char xm[9],xb[3],gw[5];
5        int gz;
6    }wr[5], * p;
7    void main()
8    {
9        printf("\n");
10       printf("   请输入工人的姓名、性别、岗位和工资:\n");
11       for(p = wr; p < wr + 5; p++)
12       {
13           printf("   ");
14           scanf("% s % s % s % d",( * p).xm,( * p).xb,( * p).gw,&( * p).gz);
15       }
16       printf("\n");
17       printf("   工人的信息如下:\n");
18       printf("   姓名\t性别\t岗位\t工资\n");
19       for(p = wr; p < wr + 5; p++)
20           printf("   % s\t% s\t% s\t% d\n",p - > xm,p - > xb,p - > gw,p - > gz);
21   }
```

程序说明：

第 2～6 行是结构体、数组和指针的定义。

第 7～21 行是主函数的定义。

其中，第 11 行和第 19 行是用结构体指针 p 作循环变量，实现指针的自动移位，始终保持结构体指针定位在当前行，为结构体指针的引用运算创造条件。

第 14 行是采用结构体指针的点号成员运算进行输入。

第 20 行是采用结构体指针的指向运算方法进行输出。

程序的运行结果如下：

```
请输入工人的姓名、性别、岗位和工资:
张三    男    8 岗     8000
李四    男    9 岗     7000
王五    女    7 岗     9000
赵六    女    10 岗    6000
刘欣    男    5 岗     10000

工人的信息如下:
张三    男    8 岗     8000
李四    男    9 岗     7000
王五    女    7 岗     9000
赵六    女    10 岗    6000
刘欣    男    5 岗     10000
Press any key to continue
```

从程序的运行结果可以看出，输入和输出一一对应，完全正确，说明采用结构体指针的引用运算方法设计的程序没有任何问题。

从上面的例子中可以看出，要对一个结构体的数组成员进行输入、计算和输出等多项操作时，可以采用指针的点号成员运算，也可以采用指针的指向运算。

9.11　结构体函数的程序设计应用举例

结构体函数的结构与普通函数一样,也是由首部和函数体两部分构成的。不同的是,它的函数类型是结构体类型,而函数名以及参数列表与普通的函数要求是一样的。结构体函数需要有返回值,返回的是结构体变量或者是结构体类型的数组名等。

结构体函数的定义用文字描述如下:

```
struct 结构体名称 函数名()
{
    函数体命令语句;
    …
    return 结构体变量(或结构体数组名);
}
```

例 9-3　定义一个学生结构体变量,并采用结构体函数来完成结构体成员的输入功能。

编程思路:首先定义一个学生信息结构体,然后再定义一个结构体变量,接着定义结构体成员的输入函数,最后定义主函数。经过组合后看看运行结果。

定义的学生结构体如下:

```
struct student
{   char xh[9], xm[9], dz[20]; };
```

结构体成员由学号、姓名和学院名 3 部分组成,它们都是字符型数据。

再定义一个结构体变量 st 如下:

```
struct student st;
```

如果我们把结构体变量成员的输入任务交给一个结构体函数 Input() 来完成,那么这个结构体函数 Input() 的定义如下:

```
struct student Input()
{
    struct student temp;
    printf("\n   请输入学号:"); gets(temp.xh);
    printf("   请输入姓名:"); gets(temp.xm);
    printf("   请输入学院名:"); gets(temp.dz);
    return temp;
}
```

如果把这个结构体函数放在主函数之后,并用主函数来调用这个结构体函数,然后把结构体变量 st 各成员的输入结果从主函数中输出出来,那么其主函数的定义如下:

```
1   struct student Input();
2   void main()
3   {
4       st = Input();
5       printf("\n   学号:%s   姓名:%s   学院名:%s\n", st.xh, st.xm, st.dz);
6   }
```

第 1 行是结构体函数的声明,也就是外部函数的声明。

把几个程序段组合成完整的程序如下:

```
#include <stdio.h>
struct student
{   char xh[9], xm[9], dz[20]; };
struct student st;
struct student Input();
void main()
{
    st = Input();
    printf("\n  学号:%s  姓名:%s  学院名:%s\n", st.xh, st.xm, st.dz);
}
struct student Input()
{
    struct student temp;
    printf("\n  请输入学号:"); gets(temp.xh);
    printf("  请输入姓名:"); gets(temp.xm);
    printf("  请输入学院名:"); gets(temp.dz);
    return temp;
}
```

程序的运行结果如下:

请输入学号:EEA21001↙
请输入姓名:张三↙
请输入学院名:机电工程学院↙

学号:EEA21001 姓名:张三 学院名:机电工程学院
Press any key to continue

可以看到,程序的运行结果完全正确,说明结构体函数的应用是正确的。

从上面的例子中可以看出,结构体函数与普通的自定义函数性质、用法和定义过程都是一样的,也都是为主调函数服务的。不同的就是函数的类型是结构体类型,为什么要采用结构体类型?这是由返回变量的类型要求决定的。如果是一个无形参无返回的双无函数,那么同样可以完成结构体变量成员的输入或者输出,与结构体的类型并无关系。也就是说,要解决结构体的问题不一定非要采用结构体函数来实现,普通的自定义函数也可以解决。

经过前面各章内容的学习,我们离C语言应用程序的开发越来越近了,我们的"羽翼"快要丰满了,快要"起飞"了。下面要学习的内容就是起飞前的又一个重要结点,那就是链表。

9.12　结构体中的链表介绍

链表是结构体中的一项重要内容,学会使用链表对于开发C语言的应用技术相当重要。

1. 链表的概念

链表是一种存储数据的结构形式,有"单向链表""双向链表""循环链表""双向循环链表"等多种形式。我们主要学习"单向链表"形式。

我们在学生信息管理、职工人事档案管理中都会遇到一些很实际的问题,比如,增加一个学生信息,或者新进一名员工;也可能要删除一个学生的信息,或者员工调离后需要删除其档案信息等，这些情况用 C 语言程序中的链表技术来实现会更有优势。

我们把结构体比作一张表格，如何给已有的表格中插入一行新内容？又如何在已有的表格中删除一行信息内容？这与增加一个学生信息、新进一名员工或者删除一个学生信息以及删除一名员工的档案是类似的。这种情况就与结构体的链表技术有关。

我们把例 9-1 中的学生成绩信息看作是一个学生成绩登记表，如表 9-5 所示。

表 9-5　学生成绩登记表（1）

序号	学号	姓名	课程 1	课程 2	课程 3
1	EEA21001	张三	87.8	92.5	75.9
2	EEA21002	李四	88.5	90.3	87.4
3	EEA21003	王五	76.9	87.2	68.9
4	EEA21004	赵六	77.3	86.2	70.6
5	EEA21005	刘欣	81.7	95.4	90.2

如果因某种原因，要删掉第 3 行的学生成绩登记信息，如表 9-6 所示。

表 9-6　学生成绩登记表（2）

序号	学号	姓名	课程 1	课程 2	课程 3
1	EEA21001	张三	87.8	92.5	75.9
2	EEA21002	李四	88.5	90.3	87.4
4	EEA21004	赵六	77.3	86.2	70.6
5	EEA21005	刘欣	81.7	95.4	90.2

从删除的结果可以看出，第 3 行表栏中的学生信息内容被清掉了，而表栏还在，成了一个空白行。我们想要的是将表栏一起删掉，可见上面这种删除方法是不彻底的。

要想彻底删除，就需要将后面表栏中的内容依次往前移。我们可以设计一个 C 语言程序，直接对结构体数组进行删除操作，也可以用结构体的链表技术来实现。删除后数组元素的总个数要减去 1，而链表的总长度也要减少 1。

同样，如果想在第 5 行之前插入一个新进来的学生成绩信息，那么必须先插入一个新的空行，以便用来保存新插入的内容。而第 5 行的信息不能被刷新或者覆盖，必须向后移。我们可以设计一个 C 语言程序，直接对结构体数组进行相应的插入操作，也可以用结构体的链表技术来实现插入功能。

那么，链表技术到底是什么呢？其实，链表技术很简单，就是把表格中的每一行数据信息从头到尾、从前到后链接成一个整体。也就是把第 2 行数据信息的头链接到第 1 行数据信息的尾，把第 3 行数据信息的头链接到第 2 行数据信息的尾，把第 4 行数据信息的头链接到第 3 行数据信息的尾，以此类推，直到把所有的数据信息全部链接完成。

不过，要进行这样的链接还需要一个条件，这个条件就是在每一行数据信息的尾端要新增一栏，这个新增栏专门存放一个与表格栏目相同的结构体指针，这个指针就叫作结构体的尾指针，通常用 next 表示尾指针。因为指针成员可以链接地址，非指针成员不可以。

表 9-7 就是增加尾指针后的新表。

如果将表格用一个结构体来表示，那么新增的结构体尾指针 next 就要加到结构体成员的末端，不能加错位置。

表 9-7 学生成绩登记表(3)

序号	学号	姓名	课程 1	课程 2	课程 3	尾指针
1	EEA21001	张三	87.8	92.5	75.9	next
2	EEA21002	李四	88.5	90.3	87.4	next
3	EEA21003	王五	76.9	87.2	68.9	next
4	EEA21004	赵六	77.3	86.2	70.6	next
5	EEA21005	刘欣	81.7	95.4	90.2	NULL

为了分析链表的规律和特点,我们把表格中每一行的所有数据信息简称为一个数据结点,每个结点又分为两部分,其中尾指针之前的数据部分称为数据域,尾指针部分称为指针域。

2. 链表的结构特点

链表一般具有以下特点:

(1)每一个链表都定义了一个头指针 head,该指针专门指向链表的头结点,始终代表一个链表开始的位置,不能有其他的变动。

(2)每个结点或者每个元素都由两个域组成:一个数据域,一个指针域。数据域专门存储结点的数据信息;指针域专门指向后继结点的起始位置。

(3)最后一个结点的指针域要设置为 NULL(空),作为链表的结束标志。

图 9-6 所示就是单向链表的构成方式:

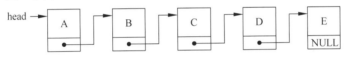

图 9-6 单向链表的构成方式

从图 9-6 中可以看出,该单向链表总共由 5 个结点构成,其中 A、B、C、D、E 分别是各自结点的数据域,链表开头有一个头指针 head 始终指向第 1 个结点,每个结点的指针域都与后续结点的数据域相连,尾结点的指针域为 NULL,表示该链表的结束。

从图 9-6 中可以看到,整个链表从头到尾完全相连成一个整体,就像一个长链条那样彼此不能分开,这也就是结构体链表名称的由来。很明显,表格是分散的,不具有这种链式特点。

3. 对链表的操作方式

对链表的基本操作主要有创建、检索(查找)、插入、删除和修改 5 种方式。

(1)创建链表:从无到有地建立一个新链表,也就是给一个空链表中依次插入若干结点,并要保持结点之间的链接关系。

(2)检索操作:按照给定的检索条件,在已有的链表中查找某个结点,找到即为成功。

(3)插入操作:在已有的链表中增加一个新结点,使链表的线性长度增加 1,并且要保持原来链表的逻辑关系不变。

(4)删除操作:根据给定的检索条件,找到链表中相应的结点,并将其删除,使链表的线性长度减少 1,删除后且保持链表原有的逻辑关系不变。

(5)修改操作:按照给定的检索条件,找到链表中相应的结点,对其数据进行修改,链表的线性长度和原有的逻辑关系不变。

9.13　静态链表的建立与操作方式

链表有静态链表和动态链表之分,静态链表就是给已有的结构体数据结点增加一个指针域,并把新增的指针域与后续结点的数据域链接在一起,构成链表的整体形式,并把尾结点的指针域设定为 NULL。

动态链表是从无到有新创建一个完整的链表,创建过程是由多个结点不断地链接构成的。动态链表的创建还需要借助几个特定的创建函数来完成。

例 9-4　将已有数据信息的结构体数组 stu[5] 链接起来,构成一个具有多结点的单链表。stu[5] 对应的原结构体定义如下:

```
struct students
{ char xh[9], xm[5]; int Cyy; };
```

原来的 stu[5] 结构体数组定义及赋初值如下:

```
struct students stu[5] = {{"EEA21001","张三", 89}, {"EEA21002","李四", 77}, {"EEA21003","王
五", 84},{"EEA21004","赵六", 80},{"EEA21005","刘欣", 93}};
```

编程思路:要建立静态链表,首先要给原有的结构体成员后面新增一个结构体尾指针 next,而且必须是相同结构体类型的指针,不能是其他类型的指针,从而构成结点的指针域。还需要定义一个链表的头指针 head 和一个移动指针 p。把头指针 head 始终定位在数组的首地址上,也就是"head=stu;",并且保持不变;把所有前一个结点的尾指针 next 定位在后续结点开头的起始地址上;把最后一个结点的尾指针 next 设定为 NULL。

输出学生信息时,要用移动指针 p 作循环变量,循环变量的初值与头指针 head 的初值相同,即 p=head;循环变量的终值为:p!=NULL;循环变量的增值为:p=p->next,也就是把前一个结点的尾指针 p->next 赋值给移动指针 p,这个增值的设置很重要,也很科学。

因为,经过前面生成静态链表程序的运行后,每个结点的尾指针都已经与后续结点的起始地址链接在了一起,而 p->next 既代表了前一个结点的尾指针,又是后一个结点的起始地址。所以,把 p->next 赋值给移动指针 p,就相当于把移动指针 p 直接定位到了下一个结点的起始地址上,这样就开始了一轮新的循环。直到移动指针 p 的值为 NULL 时,循环结束。具体编程如下:

首先给原有的结构体成员后面新增一个相同结构体的尾指针 * next,该指针为 struct students 类型。

```
struct students
{ char xh[9], xm[5]; int Cyy; struct students * next; };
```

在原有结构体数组定义赋初值的基础上再定义头指针 * head 和移动指针 * p,即:

```
struct students stu[5] = {{"EEA21001","张三", 89}, {"EEA21002","李四", 77}, {"EEA21003","王
五", 84},{"EEA21004","赵六", 80},{"EEA21005","刘欣", 93}}, * head, * p;
```

主函数的定义如下:

```
1  void main()
2  {
```

```
3        head = stu;
         //下面是链表的生成过程
4        stu[0].next = &stu[1];
5        stu[1].next = &stu[2];
6        stu[2].next = &stu[3];
7        stu[3].next = &stu[4];
8        stu[4].next = NULL;
9        printf("\n");
10       printf("   学生的成绩信息如下：\n");
11       printf("   学号\t\t 姓名\tC 语言成绩\n");
12       for(p = head; p!= NULL; p = p -> next)
13           printf("   % s\t% s\t   % d\n",p-> xh,p -> xm,p -> Cyy);
14   }
```

程序说明：

第 3 行是给头指针定位。

第 4～8 行是静态链表的生成过程，就是把后一个结点的首地址赋值给前一个结点的尾指针，即"stu[0].next＝&stu[1];"，以此类推，直到出现最后一个结点的尾指针时，直接赋空值 NULL。

需要注意的是，每个结点的尾指针是一个与本结构体类型相同的指针，后一个与它相连的首地址也必须是一个结构体地址，两者的类型要一致。不能用"stu[0].next＝&stu[1].xh;"链接，因为右边的地址是结构体成员的地址，两者的地址类型不匹配，是错误的。

将 3 个程序段组合在一起构成完整的程序如下：

```
1    # include < stdio. h>
2    struct students
3    char xh[9],xm[5]; int Cyy; struct students * next; };
4     struct students stu [5] = {{ " EEA21001"," 张 三", 89}, { " EEA21002"," 李 四", 77},
     {"EEA21003","王五", 84},{"EEA21004","赵六",80},{"EEA21005","刘欣", 93}}, * head, * p;
5    void main()
6    {
7        head = stu;
8        stu[0].next = &stu[1];
9        stu[1].next = &stu[2];
10       stu[2].next = &stu[3];
11       stu[3].next = &stu[4];
12       stu[4].next = NULL;
13       printf("\n");
14       printf("   学生的成绩信息如下：\n");
15       printf("   学号\t\t 姓名\tC 语言成绩\n");
16       for(p = head; p!= NULL; p = p -> next)
17           printf("   % s\t% s\t   % d\n",p-> xh,p -> xm,p -> Cyy);
18   }
```

程序的运行结果如下：

```
   学生的成绩信息如下：
   学号       姓名       C 语言成绩
EEA21001   张三          89
EEA21002   李四          77
EEA21003   王五          84
EEA21004   赵六          80
```

EEA21005　　刘欣　　　　93

Press any key to continue

程序的运行结果正确,可见,结构体静态链表的生成程序是可行的。

由于本例的结构体数组元素只有 5 个,所以采用了分步生成静态链表的方式。如果结构体的数组元素是 50 个,则可以采用循环的方式生成静态链表。

比如,下面的程序:

```
1   void main()
2   {
3       int i;
4       head = stu;
        //下面是链表的循环生成过程
5       for(i = 0; i < 50; i++)
6       {
7           if(i == 50 - 1)
8               stu[i].next = NULL;
9           else
10              stu[i].next = &stu[i + 1];
11      }
12      printf("\n");
13      printf("  学生的成绩信息如下:\n");
14      printf("  学号\t\t 姓名\tC 语言成绩\n");
15      for(p = head; p != NULL; p = p -> next)
16          printf("  %s\t%s\t  %d\n", p -> xh, p -> xm, p -> Cyy);
17  }
```

程序说明:

第 5～10 行就是循环生成静态链表的方法,其中,

第 7 行判断是否为最后一个元素。如果是,则第 8 行指针赋空值 NULL;否则,第 10 行就把下一个结点的首地址赋给前一个结点的尾指针,使前后两个结点链接起来。

第 15 行是用结构体指针作循环变量,改变指针当前行的定位方式。

第 16 行是用指针的指向引用运算输出数组成员的值。

大家可以自己去验证程序的运行结果。

静态链表是对已有的结构体元素进行的操作,而动态链表完全是"白手起家",直接创建一个新的链表。所以,动态链表用途更广泛。

9.14　动态链表的建立与操作方式

要建立动态链表需要借助几个特定的函数,这些特定函数功能主要与结构体元素或者结构体结点的内存操作有关。

在结构体数组的应用中可能会出现这样一些情况:一是定义的内存空间不够用,二是定义的内存空间有多余。比如,一个课程班设定为 40 人,而实际报课人数为 50 人,如果用数组定义为 40 人,那么内存空间就不够用。同样,如果定义为 40 人,实际只有 20 人,那么剩余的内存空间太多。这两种情况都不大好,若出现在已有的程序中,再去修改程序还是比较麻烦的。如果采用动态链表就可以做到恰到好处,需要多少内存空间就给多少内存空间,不需要就不给。这种技术就叫作动态内存分配技术。

9.14.1 动态内存分配函数介绍

动态内存分配有 malloc()、calloc()、realloc()和 free()这 4 个函数,这些函数的运行平台为 stdlib.h 或者 alloc.h,要调用这些函数就需要在程序的前面添加它们的运行平台。下面介绍每个函数的功能。

1. malloc()函数

函数调用方式:

```
void * malloc(unsigned int size);
```

函数作用:请求从系统的动态存储区中分配一个长度为 size 的连续内存空间。若请求成功,则把这个内存空间的起始地址交付给 malloc()函数。我们要做的就是把这个地址再赋值给一个指针。函数"malloc(unsigned int size);"请求到的内存空间起初的类型是空类型,如果要把它赋值给一个已经定义好的指针,那么允许将所请求到的内存空间的空类型强制转换成由定义指针指定的类型。如果请求内存失败,则返回一个空指针 NULL,即地址为 0,表示没有申请到。

为了进一步理解这个函数的功能,我们可以举一个旅游预订房间的例子。很多人都喜欢旅游,在出发之前,除了设计好旅游路线之外,重要的一件事就是安排好旅游的住宿,也就是要事先预订好宾馆或者酒店的房间。几个人、需要几个标间、什么时候入住等,把这些信息告诉宾馆后,如果宾馆有房间就会给你提前预订好,你去了办完手续,就可以拿到预订房间的钥匙入住了。如果宾馆没有房间,则预订不成功。

malloc()这个函数的功能就类似于从宾馆预订房间一样,函数括号中的参数 size 是需要存放变量内存空间的大小,也就像要预订的房间大小一样。若请求成功了,则可以拿到内存的地址,也就像拿到了房间的钥匙一样,这个函数就相当于预订一个单人的标间房。

例如,"p = (int *)malloc(100);"的功能是向计算机系统请求 100 字节大小的内存空间。若请求成功了,则函数就把这 100 字节内存的首地址赋值给需要请求的整型指针 p,(int *)就是对(void *)类型的强制转换,这个转换是不能少的,除非是空类型(void *)。

如果请求的动态内存分配数与结构体的总内存数相同,或者类似于结构体表格的总宽度,可以直接采用如下的请求方式:

```
p = (struct students * )malloc(sizeof(struct students));
```

其中,p 是结构体指针,(struct students *)是结构体类型的强制转换,函数参数 sizeof(struct students)表示内存数为结构体 struct students 的总宽度。在第 5 章中,我们学过,sizeof()是一个检测内存大小的函数。这种方法在链表中应用得挺多,请大家记住这种方法的应用。在下面的另外两个函数中应用方法也是一样的。

2. calloc()函数

函数调用方式:

```
void * calloc(unsigned n, unsigned int size);
```

函数作用:请求从系统的动态存储区中分配 n 个长度为 size 的连续空间。若请求成功,则将这个存储区的起始地址给这个函数,你可以把这个地址赋给一个指针。如果分配失败,则返回一个空指针 NULL,即地址为 0。

可见,calloc()函数一次可以请求多个内存空间,相当于一次可以向宾馆预订多个标间一样。这个函数尤其适合于为数组元素申请内存空间。

比如结构体数组 stu[5]总共有 5 个元素,每个元素所占的内存大小就是学号、姓名和 C语言成绩 3 个成员字节数的总和,即 9＋5＋4＝18,也就是结构体 struct students 的总长度。如果要为数组 stu[5]请求内存空间,则可以用下面的函数调用方式:

```
p = (struct students * )calloc(5,struct students);
```

也可以用

```
p = (struct students * )calloc(5,sizeof(struct students));
```

当然,也可以用

```
p = (struct students * )calloc(5,18);
```

只要是把该函数赋值给指定的指针就可以了(p 是指针)。

3. realloc()函数

函数调用方式:

```
void * realloc (void * p, unsigned int size);
```

函数作用:将原来由 malloc()或 calloc()函数请求的 void * p 指针所指的动态存储区更改成长度为 size 的连续内存空间。若请求成功,则将这个内存空间的起始地址交付给这个函数,你可以把这个地址赋给一个指针。如果请求失败,则返回一个空指针 NULL,即地址为 0。

大家看明白了吗?这个函数的功能相当于什么?是不是相当于重新预订房间啊?没错,就相当于重新预订房间。可能因为前面预订的房间不合适,可能多了,也可能少了,所以要重新预订更合适的。也就是重新请求更合适的内存大小,以免浪费资源。

比如,前面“p=(struct students *)calloc(5,18);”相当于预订了 5 个套房,现在不要那么多了,要把原来预订的内存空间改为“p＝(struct students *)realloc(p,36);”也就是减少预订数;当然也可以增加预订数,比如,“p＝(struct students *)realloc (p,108);”。

4. free()函数

函数调用方式:

```
void free (void * p);
```

函数作用:将指针所指的内存空间释放。* p 是 malloc()或 calloc()函数以及 realloc()函数所指的内存空间。free()函数没有返回值。

这个函数就更容易理解了,它的功能就相当于退房。这个房间可能还没有入住,也可能入住结束了,总之,预订的房间不住了。也就是把之前请求过的内存空间释放出来,还给计算机系统。

有了这 4 个动态内存分配函数,创建一个动态链表也就有强有力的助手了。

9.14.2　创建动态链表的程序设计举例

下面用一个例子来说明创建动态链表的方法和过程。

例 9-5　以动态链表的方式设计一个程序对 50 名学生的学号、姓名以及 3 门课的成绩进行分析和操作,具体的要求如以下菜单所示:

```
学生成绩分析表
============
1. 学生成绩输入
2. 学生成绩平均
3. 每门课程平均
4. 平均成绩方差
5. 最高成绩学生
6. 学生成绩输出
7. 学生成绩查询
8. 退出程序运行
```

编程思路:从例题的内容来看,题目并不难,但是,看了菜单的要求后,感觉还是有一定难度的。因为菜单包含了 8 种功能要求,不过,这 8 种功能要求所对应的程序我们大多做过练习,所以还是可以完成的。

首先要建立一个结构体,题意要求,要以创建动态链表的形式来设计程序,所以在结构体的设计中要包括数据域和指针域两部分。结构体的成员包括学号、姓名、3 门课的成绩,还要包括平均成绩以及结构体的尾指针等 7 部分内容。在这里要说明一下,不需要定义一个包含 50 名学生信息的结构体数组,因为该部分内容可以通过动态链表来实现。

建立动态链表需要定义 3 个结构体指针:一个是头指针 head,一个是元素的定位指针 p,还有一个是成员的移动指针 q。其中,指针 p 主要负责对接请求到的动态内存分配以及改变对元素地址的定位,它的移动方向是纵向的;而指针 q 主要改变对结构体成员地址的定位,它的移动方向既有横向的,又有纵向的。

创建动态链表需要用到动态内存分配函数 malloc(),所以在程序的前面要加上该函数的文件包含声明或者运行平台 ♯include < stdlib. h >。

程序菜单有 8 种功能,前 7 种功能均采用自定义函数来完成,其中自定义函数 1 完成功能 1:学生成绩输入;自定义函数 2 完成功能 2:学生成绩平均;自定义函数 3 完成功能 3:每门课程平均;自定义函数 4 完成功能 4:平均成绩方差;自定义函数 5 完成功能 5:最高成绩学生;自定义函数 6 完成功能 6:学生成绩输出;自定义函数 7 完成功能 7:学生成绩查询。

主函数负责功能菜单的设定、各自定义函数的调用以及第 8 种功能——程序的退出。

整个程序采用头文件和主文件的形式,并按照 C 语言的工程设计方法来设计,工程名称为"学生成绩动态链表程序"。除了主文件之外,其他的所有程序均归并于头文件中,头文件取名为 stugl. h,与主函数的存放路径相同,这样的设计最简单。

整个程序的设计过程包括 5 个步骤:①头文件中各程序部分的分步设计;②头文件的组合设计;③主文件的程序设计;④程序的调试;⑤程序的运行和验证。下面分别介绍各个步骤的设计过程。

1) 头文件中各程序部分的分步设计

(1) 头文件的共享部分程序设计。头文件取名为 stugl. h,扩展名必须是. h。

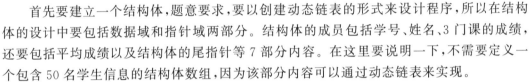

```
//头文件名:stugl. h
1    ♯ include < stdio. h >
```

```
2    # include < stdlib. h>
3    # include < string. h>
4    struct stuchji
5    {
6         char xh[9],xm[9];
7         float kc1,kc2,kc3,pj;
8         struct stuchji * r;
9    } * head = NULL, * p, * q;
10   int i,n;
```

程序说明：

第1～3行是3个系统运行平台或者头文件。

第4～9行是结构体的定义，其中，

第8行是结构体结点的指针域。

第9行直接定义了3个结构体指针，并给头指针 head 赋空值 NULL；p 是元素移动指针，q 是成员移动指针。

第10行定义了一个循环变量 i 和学生的总人数变量 n。

头文件的后续部分设计主要是7种功能对应的自定义函数的定义。

（2）各功能部分及自定义函数的设计。

功能1的设计思路：学生成绩输入程序的设计，在前面已练习过，基本思路相同，但在本例中是通过动态链表方式来实现，设计方法完全不同。本例设计难度比较大，有几部分需要特殊设计。

① 首先要输入学生的总人数，其语句如下：

```
1    system("cls");
2    printf("\n");
3    printf("   请输入学生的总人数:");
4    scanf(" % d",&n);
5    getchar();
```

程序说明：

第1行是清屏命令。

第2行是输出一个空行，为了界面更加友好。

第5行是吸收输入人数后的回车键，以防对后续输入的影响。

② 建立动态链表的头结点。因为结构体建好后是没有任何的数据信息的，连一个空白栏目都没有，没有任何内存，所以要先从系统中请求一个与结构体宽度大小相同的内存空间，这就需要使用 malloc()函数。

请求过程需要用 while(1)的循环方式，首先发出内存请求，然后进行判断，如果没有请求到，则继续请求；如果请求到了，则把请求到的内存地址赋值给元素指针 p，并退出请求循环。

然后，还要把该内存空间的首地址赋值给头指针 head 以及成员移动指针 q，也可以把指针 p 同时赋值给头指针 head 和成员移动指针 q，接着给头结点成员一一赋值，从而成功建立起链表的第一个结点——头结点。

在链表中，因为头结点具有唯一性，不具有普遍性，所以不能参与循环，要单独列出。

建立头结点的具体程序如下：

```
1   while(1)
2   {
3      p = (struct stuchji * )malloc(sizeof(struct stuchji));
4      if(p == NULL)
5            continue;
6      else
7            break;
8   }
9   head = p;
10  q = p;
11  printf("   请输入第 1 个学生的学号、姓名和三门课的成绩:\n");
12  printf("  ");
13  scanf("%s%s%f%f%f",q->xh,q->xm,&q->kc1,&q->kc2,&q->kc3);
```

程序说明：

第 1~8 行是循环请求内存空间的语句；请求到了,就把内存分配的首地址赋值给元素指针 p,即"p =(struct stuchji *)malloc(sizeof(struct stuchji));",注意请求格式。

第 4 行判断如果指针 p 为 NULL 空值,说明没有请求到,第 5 行就继续请求；若请求到了,则在第 7 行退出循环。

第 9 行和第 10 行是把请求的地址赋值给头指针 head 和成员移到指针 q。

第 11 行为提示信息,表示给头指针对应的首结点成员赋值,也就是给第 1 个学生信息赋值。

第 12 行表示赋值前先空两格,为了人机界面更加友好。

第 13 行就是给头结点的成员赋值,内容包括学号、姓名和 3 门课的成绩等,赋值采用成员指针 q 的指向运算方式,学号、姓名是字符串形式,所以指向运算前不用加地址符 &；但是 3 门课的成绩是浮点型变量的指向运算,所以要在指向运算前加上地址符 &。

为了更好地理解头结点的建立过程,我们将头结点的建立过程用图 9-7 来做一个详细的说明。

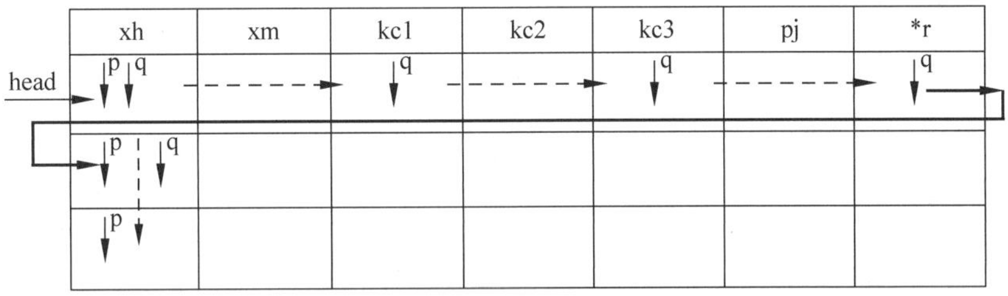

图 9-7　学生成绩动态链表说明

图 9-7 是根据本例的结构体定义画出的表格,该表格总共有 7 列,其中前 6 列是结点的数据域,最后一列 * r 是结点的指针域。刚定义好的结构体是没有任何表栏的,通过程序第 3 行的动态函数请求：

```
p = (struct stuchji * )malloc(sizeof(struct stuchji));
```

先申请到第一个空白行,并把空白行的起始地址赋值给结构体元素的移动指针 p；然后程序第 9 行和第 10 行把 p 对应的地址赋值给头指针 head 和结构体成员指针 q。

从图 9-7 中的虚线箭头可以看出,结构体元素的移动指针 p 是按行进行纵向绝对移动的,它专门负责接纳动态请求到的空白表栏;而结构体成员指针 q 是按列横向相对移动的,它主要负责为结构体成员输入数据。

另外,如图 9-7 中的粗实线箭头所示,是把结构体成员指针 q 引用的前一个结点的尾指针 q-> r 与新请求的空白行首地址链接起来,也就是"q-> r＝p;",即把请求到的内存地址 p 赋给前面结点的尾指针 q-> r,这就建好了第一个结点的链表。

建好第一个结点链表后,再把结构体成员指针 q 移动到新的空白行首地址上,即"q＝p;",为新结点成员的数据赋值做好准备。

③ 循环创建后续的新结点。也就是从第 2 个结点开始用循环语句创建新结点。循环体的内容包括动态内存空间的申请、与前一个结点的链接以及新结点成员信息的输入等,直到把所有学生的信息输入完为止,再给最后一个结点的尾指针赋空值 NULL,完成整个动态链表的创建。

创建动态链表的程序段如下:

```
1   for(i＝1; i＜n; i++)
2   {
3       while(1)
4       {
5           p＝(struct stuchji * )malloc(sizeof(struct stuchji));
6           if(p == NULL)
7               continue;
8           else
9               break;
10      }
11      q-> r＝p;
12      q＝p;
13      printf("   请输入第 %d 个学生的学号、姓名和三门课的成绩:\n",i＋1);
14      printf("   ");
15      scanf("%s%s%f%f%f",q-> xh,q-> xm,&q-> kc1,&q-> kc2,&q-> kc3);
16  }
17  q-> r＝NULL;
18  printf("   所有学生的成绩信息均已输入完成!\n");
19  getchar(); getchar();
```

程序说明:

第 1 行循环变量的初值要从 1 开始,因为头结点的数据已经在循环之前输入完成了,循环要从第二个结点开始,也就是初值为 1 的情况。

第 3～10 行是循环请求内存空间的语句,含义同前。

第 11 行是先把请求到内存空间的首地址通过元素的指针 p 赋值给之前结点的尾指针"q-> r＝p;",也就是把新的空白结点与前一个结点先链接起来。

第 12 行等新的结点与前一个结点链接完之后,再把结点成员的移动指针 q 从前一个结点移开,然后定位到新的结点开始的地址上,即"q＝p;",接下来就可以用成员移动指针 q 给新结点的成员赋值了。

第 11 行和第 12 行两个指针的赋值定位很重要,这是建立动态链表的关键环节,而且两行的前后顺序必须如此安排,不能颠倒,也不能像"q-> r＝q＝p;"这样同时赋值,大家一定要好好体会。

第 13 行是输入提示信息,其中学生顺序采用动态方式 i+1 来实现。

第 14 行是输出两个空格,为了使人机界面更加友好。

第 15 行是采用成员移动指针 q 的指向运算来完成信息的输入。

第 17 行是在循环体之外把最后一个结点的尾指针设定为 NULL,表示动态链表到此结束,这一语句是必需的,同样也很重要,否则说明链表没有结束。

第 18 行是说明输入功能已经完成的提示信息。

第 19 行是屏幕显示暂停,以便看清功能 1 的任务已经完成,然后按任意键返回到菜单。

下面将以上各程序段组合起来。

功能 1 输入函数的完整定义如下:

```
//功能 1:学生成绩信息输入
1   void Shuru()
2   {
3       system("cls");
4       printf("\n");
5       printf("  请输入学生的总人数:");
6       scanf("%d",&n);
7       getchar();
8       while(1)
9       {
10          p = (struct stuchji * )malloc(sizeof(struct stuchji));
11          if(p == NULL)
12              continue;
13          else
14              break;
15      }
16      head = p;
17      q = p;
18      printf("  请输入第 1 个学生的学号、姓名和三门课的成绩:\n");
19      printf("  ");
20      scanf("%s%s%f%f%f",q->xh,q->xm,&q->kc1,&q->kc2,&q->kc3);
21      for(i = 1; i < n; i++)
22      {
23          while(1)
24          {
25              p = (struct stuchji * )malloc(sizeof(struct stuchji));
26              if(p == NULL)
27                  continue;
28              else
29                  break;
30          }
31          q -> r = p;
32          q = p;
33          printf("  请输入第 %d 个学生的学号、姓名和三门课的成绩:\n",i+1);
34          printf("  ");
35          scanf("%s%s%f%f%f",q->xh,q->xm,&q->kc1,&q->kc2,&q->kc3);
36      }
37      q -> r = NULL;
38      printf("  所有学生的成绩信息均已输入完成!\n");
39      getchar();getchar();
40  }
```

功能 2 的设计思路：学生成绩平均程序的设计,这个程序主要是先对每个学生 3 门课的成绩进行累加求和,然后再计算平均值,并把平均值赋给对应的结点成员即可。求和需要一个累加变量 sum,可以在本程序中定义为内部变量。因为功能 1 已经完成了链表的生成,所以功能 2 可以从头结点开始,直接用循环来进行计算。

不过可能会出现一个问题,就是在功能 1 还没有完成输入的情况下,要操作功能 2 就会出现错误。因为此时还没有任何数据,所以在功能 2 的程序前面必须加上对功能 1 数据输入情况的判断,有数据才可以操作功能 2。这种判断在其他功能操作中也需要。

那么,判断语句怎样构成?

如果功能 1 还没有完成,则说明链表还没有生成,当然也就没有任何准确的成员数据可查。即便要查,其数据要么是 0,要么可能是一个任意的数。所以,用成员数据来判断是不行的。这时候只能用成员移动指针 q 来判断。

在判断之前,不管有没有数据,都先要把链表调出来,调用的方法就是把链表的头指针 head 赋值给成员移动指针 q,或者说给指针 q 定位,即“q=head;”,让指针 q 指向链表的头结点开始的位置。如果链表还没有生成,那么头指针 head 就是空值 NULL,成员指针 q 也就是 NULL,说明功能 1 还没有完成。如果链表已经生成,那么头指针 head 肯定不是 NULL,成员指针 q 也就不是 NULL,这说明功能 1 已经完成了,可以进行功能 2 的操作了。

下面就是功能 2 的具体判断语句以及函数设计:

```
//功能 2: 学生成绩平均计算
1   void Pingjun()
2   {
3       system("cls");
4       q = head;
5       if(q == NULL)
6       {
7           printf("\n  请先完成功能 1:学生成绩的输入!\n");
8           goto ed;
9       }
10      else
11      {
12          float sum;
13          for(q = head; q!= NULL; q = q-> r)
14          {
15              sum = 0;
16              sum = q-> kc1 + q-> kc2 + q-> kc3;
17              q-> pj = sum/3;
18          }
19      }
20      printf("\n  所有学生的平均成绩均已计算完成!\n");
21  ed:;
22      getchar(); getchar();
23  }
```

程序说明：

第 3 行是清屏命令。

第 4 行首先是调入链表,并把成员指针 q 定位在链表的头结点上。

第 5~9 行是判断功能 1 是否已经完成? 如果没有,就发出提示信息:请先完成功能 1:

学生成绩的输入！然后用跳转命令"goto ed;"将程序跳转到标号为 ed：的函数体尾端"ed：；"，并退出功能 2 的操作。

第 10～19 行是判断功能 1 已经完成，然后以循环的方式，对学生 3 门课的成绩进行累加求和，并计算其平均值，再赋给结构体的平均值成员。其中，

第 12 行是内部变量 sum 的定义，这一句也可以移到函数体的最前面；第 13 行是用结构体成员移动指针 q 作循环变量的循环语句 for(q…)；第 15 行是给累加变量 sum 清零；第 16 行是累加求和；第 17 行是计算平均值，并给平均值成员赋值。在这些语句中，采用的都是成员移动指针 q 的指向运算。

第 20 行是完成功能 2 之后的提示信息。

第 22 行是显示暂停，以便能看清楚提示信息。

功能 3 的设计思路：每门课程平均成绩程序的设计，需要定义 3 个内部变量 kpj1、kpj2、kpj3，以及 3 个求和变量 s1、s2、s3，计算结果就在本程序中直接输出。为了防止没有数据时误操作，功能 3 的程序也要加入对功能 1 的判断环节，方法与功能 2 类似。

功能 3 具体的程序设计如下：

```
//功能3:课程平均成绩计算
1   void Kepingjun()
2   {
3       system("cls");
4       q = head;
5       if(q == NULL)
6       {
7           printf("\n   请先完成功能1:学生成绩的输入!\n");
8           goto ed;
9       }
10      else
11      {
12          float s1,s2,s3,kpj1,kpj2,kpj3;
13          s1 = s2 = s3 = 0;
14          for(q = head; q!= NULL; q = q -> r)
15          { s1 += q -> kc1;   s2 += q -> kc2;   s3 += q -> kc3; }
16          kpj1 = s1/n;   kpj2 = s2/n;   kpj3 = s3/n;
17          printf("\n   课程1平均为:%2.2f\n",kpj1);
18          printf("   课程2平均为:%2.2f\n",kpj2);
19          printf("   课程3平均为:%2.2f\n",kpj3);
20      }
21      printf("   每门课的平均成绩均已计算完成!\n");
22  ed:;
23      getchar(); getchar();
24  }
```

程序说明：

第 4 行同样是首先调入链表，并把成员指针 q 定位在链表的头结点上。

第 12 行是定义 6 个内部变量。

第 13 行是 3 个求和变量清零。

第 14 行是循环语句。

第 15 行是对 3 门课的成绩分别进行累加求和。

第 16 行是对 3 门课的成绩分别计算平均值。

第 17～19 行是分别输出 3 门课的平均成绩。

第 21 行是完成功能 3 之后的提示信息。

功能 4 的设计思路：平均成绩方差程序设计,是以每个学生的平均成绩为计算基础的,所以要求结构体的成员不仅要有成绩,而且是已经计算过平均值的,或者说程序需要加上判断环节的。判断环节有两个：第一个判断是有没有数据输入,判断方法与功能 2 和功能 3 相同;第二个判断是平均成员有没有数据？判断的数据应为 0～100,不能仅仅用 0 来判断,否则可能会出现误判。

平均成绩的方差按照公式计算就可以了,其计算公式为

$$\text{fc} = \frac{1}{n} \sum x_i^2 - \left(\frac{\sum x_i}{n} \right)^2 = \frac{1}{n}\text{sum1} - \left(\frac{\text{sum2}}{n} \right)^2$$

式中,x_i 代表每个学生的平均成绩,n 是学生总人数,fc 是平均成绩方差。

为了便于程序设计,我们定义两个内部变量 sum1 和 sum2 来替代公式中的求和计算。其中,$\text{sum1} = \sum x_i^2$,$\text{sum2} = \sum x_i$。

计算出的平均成绩方差就在本程序中直接输出。

功能 4 的具体的程序设计如下：

```
//功能 4:平均成绩方差计算
1   void Fangcha()
2   {
3       system("cls");
4       float sum1 = 0, sum2 = 0, fc;
5       q = head;
6       if(q == NULL)
7       {
8           printf("\n   请先完成功能 1:学生成绩的输入!\n");
9           goto ed;
10      }
11      else
12      {
13          if(q -> pj <= 0 || q -> pj >= 100)
14          {
15              printf("\n   请先完成功能 2:学生平均成绩的计算!\n");
16              goto ed;
17          }
18          else
19          {
20              for(q = head; q!= NULL; q = q -> r)
21              {
22                  sum1 += q -> pj * q -> pj;
23                  sum2 += q -> pj;
24              }
25              fc = (1.0/n) * sum1 - (sum2/n) * (sum2/n);
26          }
27      }
28      printf("\n   平均成绩方差为: % 2.2f\n", fc);
29  ed:;
30      getchar(); getchar();
31  }
```

程序说明：

第 4 行是内部变量的定义。

第 5 行同样是先调入链表，并把成员指针 q 定位在链表的头结点上，这是后面程序分析运作的基础。

第 6～10 行是对功能 1 的判断，含义同前述。

第 13～17 行是判断功能 2 是否完成。如果未完成，则发出提示信息，先去完成功能 2，并退出功能 4。

第 20～25 行是计算平均成绩方差的相关语句。

第 28 行是输出方差的计算结果。

功能 5 的设计思路： 最高成绩学生信息输出程序设计，是要以平均成绩为依据，经过前后比较，找到最高成绩，并记住最高成绩学生的位置信息，然后在本程序中输出最高成绩学生的全部信息。因为查找结果要有位置信息，所以要将数字循环与指针循环相结合，也就是要采用复合循环语句。同样，本程序段也需要加入有无数据输入以及有无计算平均值的判断，判断语句与功能 4 的相关语句相同。判断之前还需要定义一个内部变量 max 用于确定最高成绩。

功能 5 具体的程序设计如下：

```
//功能5:最高成绩学生信息输出
1   void Zuigao()
2   {
3       system("cls");
4       float max;
5       int w;
6       q = head;
7       if(q == NULL)
8       {
9           printf("\n   请先完成功能1:学生成绩的输入!\n");
10          goto ed;
11      }
12      else
13      {
14          if(q->pj <= 0||q->pj >= 100)
15          {
16              printf("\n   请先完成功能2:学生平均成绩的计算!\n");
17              goto ed;
18          }
19          else
20          {
21              max = q->pj; w = 0;
22              for(i = 0,q = head; i < n,q!= NULL; i++,q = q->r)
23              {
24                  if(q->pj > max)
25                  {   max = q->pj; w = i;   }
26              }
27              for(i = 0,q = head; i < n,q!= NULL; i++,q = q->r)
28              {
29                  if(i == w)
30                  {
```

```
31                    printf("\n  最高成绩的学生信息如下:\n");
32                    printf("  学号\t\t 姓名\t 课程 1\t");
33                    printf("课程 2\t 课程 3\t 平均成绩\n");
34                    printf("  % s\t% s\t% 2.2f\t",q-> xh,q-> xm,q-> kc1);
35                    printf(" % 2.2f\t% 2.2f\t",q-> kc2,q-> kc3);
36                    printf(" % 2.2f\n",q-> pj);
37                }
38            }
39        }
40    }
41    printf("  最高成绩已找到!\n");
42  ed:;
43    getchar(); getchar();
44 }
```

程序说明：

第 6 行也要首先调入链表,并把成员指针 q 定位在链表的头结点上。

第 7~11 行是对功能 1 的判断,含义同前述。

第 14~18 行是判断功能 2 是否完成,含义同前述。

第 21 行是把头结点的平均成绩先预设为最高的平均成绩,并记下头结点的顺序编号 w=0。

第 22 行是复合循环语句 for(i…,q…)。

第 24 行是用每个结点的平均值成员与最高值相比较。

第 25 行如果结点的平均值成员>最高值,就用结点成员替代最高值,并记录下改平均值成员所在的顺序位置。

第 27~38 行是根据上面找到最高平均成绩的位置 w,从链表中重新找到该位置所对应学生的信息,并将最高成绩学生的信息全部输出出来。因为是链表形式,没有结构体数组,不能直接用位置 w 来定位输出最高成绩的学生信息。

第 41 行是完成最高成绩信息查找的结果提示。

功能 6 的设计思路：学生成绩输出程序设计,这个程序段设计比较简单,不过也需要加入双判断语句,其相关的语句形式与功能 4 的相同。

功能 6 具体的程序设计如下：

```
//功能 6:学生成绩输出
1   void Shuchu()
2   {
3       system("cls");
4       q = head;
5       if(q == NULL)
6       {
7           printf("\n  请先完成功能 1:学生成绩的输入!\n");
8           goto ed;
9       }
10      else
11      {
12          if(q-> pj <= 0||q-> pj >= 100)
13          {
14              printf("\n  请先完成功能 2:学生平均成绩的计算!\n");
15              goto ed;
16          }
```

```
17          else
18          {
19                printf("\n  学生的成绩信息如下:\n");
20                printf("  学号\t\t 姓名\t 课程 1\t");
21                printf("课程 2\t 课程 3\t 平均成绩\n");
22                for(q = head; q!- NULL; q = q->r)
23                {
24                      printf("  % s\t % s\t % 2.2f\t",q->xh,q->xm,q->kc1);
25                      printf("% 2.2f\t % 2.2f\t",q->kc2,q->kc3);
26                      printf("% 2.2f\n",q->pj);
27                }
28          }
29      }
30      printf("  学生成绩信息已输完!\n");
31  ed:;
32      getchar(); getchar();
33  }
```

程序说明:

第 4 行也要首先调入链表,并把成员指针 q 定位在链表的头结点上。

第 5~9 行是对功能 1 的判断,含义同前述。

第 12~16 行是判断功能 2 是否完成,含义同前述。

第 18~28 行是学生成绩信息的输出。

第 30 行是完成成绩信息输出的结果提示。

功能 7 的设计思路:学生成绩查询程序设计,这个程序段设计也比较简单,不过也需要加入对功能 1 和功能 2 的双判断语句,语句形式与功能 4 的相关语句相同。学生成绩的查询条件可以用学号,也可以用姓名,但不能用成绩来查询,因为成绩不具有唯一性。用学号或者姓名作为查询的条件,就要用到字符串的比较函数 strcmp(),所以在总程序之前要加上字符串函数的文件包含声明♯include < string. h >。在本例中,我们按照学生的姓名进行查询,另外,还需要定义一个内部字符串一维数组用于查询姓名的输入。

功能 7 具体的程序设计如下:

```
//功能 7:学生成绩查询
1   void Chaxun()
2   {
3       system("cls");
4       char cxm[9];
5       q = head;
6       if(q == NULL)
7       {
8           printf("\n  请先完成功能 1:学生成绩的输入!\n");
9           goto ed;
10      }
11      else
12      {
13          if(q->pj<= 0||q->pj >= 100)
14          {
15              printf("\n  请先完成功能 2:学生平均成绩的计算!\n");
16              goto ed;
17          }
```

```
18          else
19          {
20              getchar();
21              printf("\n  请输入要查询的学生姓名:");
22              gets(cxm);
23              for(q = head; q!= NULL; q = q -> r)
24              {
25                  if(strcmp(q -> xm,cxm) == 0)
26                  {
27                      printf("  所查学生的成绩信息如下:\n");
28                      printf("  学号\t\t姓名\t课程 1\t");
29                      printf("课程 2\t课程 3\t平均成绩\n");
30                      printf("  % s\t% s\t% 2.2f\t",q -> xh,q -> xm,q -> kc1);
31                      printf("% 2.2f\t% 2.2f\t",q -> kc2,q -> kc3);
32                      printf("% 2.2f\n",q -> pj);
33                  }
34              }
35          }
36      }
37      printf("  学生成绩信息已输完!\n");
38  ed:;
39      getchar(); getchar();
40  }
```

程序说明:

第 4 行定义了一个用于查询姓名的字符串一维数组。

第 5 行是调入链表,并给成员指针 q 定位。

第 6~10 行是对功能 1 的判断。

第 13~17 行是对功能 2 的判断。

第 20 行插入了一个任意字符的输入语句,用于接收前面的回车键操作,减少对后面查询姓名输入的影响。

第 22 行是查询姓名的输入语句,采用字符串输入函数 gets() 来实现。

第 23~34 行是判断和输出查询的结果;其中第 25 行是对查询姓名的判断,如果字符串的比较函数 strcmp(q-> xm,cxm)===0,则说明成员的姓名与查询的姓名一致,可以输出查询的结果。

第 37 行是完成成绩信息查询的结果提示。

2) 头文件的组合设计

将以上头文件的共享部分程序与 7 个功能部分的自定义函数组合在一起,就构成了完整的头文件程序。具体程序不再重复,大家可以自己去组合。

3) 主文件的程序设计

本例的主文件也就是主函数,其主要完成菜单的生成、各功能的调用以及程序的退出等。除了功能 8 之外,前 7 个功能调用完之后,都要先返回到菜单中,只有选择功能 8 时才能退出程序。在主函数中要定义一个功能选择变量 gnxz,菜单功能的设计要采用 switch() 语句格式来实现。为了使菜单显示更清晰,还需要加入清屏命令语句"system("cls");",该语句的运行平台为: ♯ include < stdlib. h >。

由于采用头文件与主文件的工程设计方式,所以,在主文件的前面要加入本例头文件的运行平台,也就是头文件的包含声明: ♯ include "stugl. h"。

主文件的具体程序设计如下：

```cpp
//主文件_main.cpp
1   # include "stugl.h"
2   void main()
3   {
4       int gnxz;
5   Fh: system("cls");
6       printf("\n\n\n");
7       printf("\t   学生成绩分析表\n");
8       printf("\t================== \n");
9       printf("\t  1. 学生成绩输入\n");
10      printf("\t  2. 学生成绩平均\n");
11      printf("\t  3. 每门课程平均\n");
12      printf("\t  4. 平均成绩方差\n");
13      printf("\t  5. 最高成绩学生\n");
14      printf("\t  6. 学生成绩输出\n");
15      printf("\t  7. 学生成绩查询\n");
16      printf("\t  8. 退出程序运行\n");
17      printf("\t================== \n");
18      printf("\t    你的选择是:");
19      scanf(" % d",&gnxz);
20      if(gnxz < 1||gnxz > 8)
21          goto Fh;
22      else
23      {
24          switch(gnxz)
25          {
26              case 1: Shuru(); goto Fh;
27              case 2: Pingjun(); goto Fh;
28              case 3: Kepingjun(); goto Fh;
29              case 4: Fangcha(); goto Fh;
30              case 5: Zuigao(); goto Fh;
31              case 6: Shuchu(); goto Fh;
32              case 7: Chaxun(); goto Fh;
33              case 8: printf("  退出程序!\n"); break;
34          }
35      }
36  }
```

程序说明：

第1行就是头文件的包含声明。

第4行是功能选择变量的定义。

第5行是清屏命令，其中前面的标号Fh:是菜单循环返回的入口。

第6行输出3个空行，也就是从屏幕的第4行开始显示菜单的内容。

第7~18行是输出菜单的具体内容。

第19行是菜单的选项输入。

第20行是菜单的选项范围越界判断。

第21行如果判断选项超出菜单范围，则通过转向语句"goto Fh;"返回到菜单，重新进行选择，避免出现选择上的错误。

第24~34行是由switch()多分支语句构成的8种功能执行语句列表；其中，功能1到功能7执行完之后都要通过转向语句"goto Fh;"跳转到菜单，以便进行新的功能选择。

如果选择功能 8,那么程序直接给出"退出程序!"的提示后,结束整个程序的运行。

4)程序的调试

根据 C 语言的工程设计方法,头文件和主文件的基本程序编辑完成之后,就可以开始进行程序的运行调试了。不过,在调试时,先不要把所有的程序汇集在一起来调试,那样错误可能会很多,不利于对程序的修改和完善。

具体的调试方法是:按照菜单功能,先将头文件前面的结构体等相关部分与自定义函数 1 输入函数组合在一起,然后与主文件结合进行调试。第一步先完成功能 8——退出程序运行的调试,因为这一步最简单,也很容易实现。

然后开始调试自定义函数 1,也就是调试功能 1:学生成绩输入。调试时先设定学生的总人数为 2,用两个学生的成绩信息来测试,这样的调试工作量最小,效果是一样的。若调试没有问题,则将自定义函数 6 的输出函数加入头文件中,再进行新的调试。用自定义函数 6 的调试输出结果可以检验自定义函数 1 的输入结果是否正确。以此类推,逐步将自定义函数 2、自定义函数 3、自定义函数 4、自定义函数 5 以及自定义函数 7 全部加入头文件中调试,从而完成所有程序的调试任务。调试过程中出现的问题或者错误,必须逐项进行修改和完善,直到完全符合设计要求。

5)程序的运行和验证

本例中的 7 种功能与之前的程序相比还是有一定难度的,但是与链表的插入和删除功能相比又要简单一些。后面我们就要学习链表的插入和删除方法,在向程序加入这两个功能后,再一起进行程序的运行和验证。不过,本例中所有的程序都是已经调试修改、完善之后的正确程序,完全可以直接运行。对本例程序的运行结果大家也可以先行验证。

9.14.3　对链表结点的插入与删除方法

9.14.2 节重点介绍了动态链表的创建与程序设计方法,对链表技术的应用有了一定的认识。链表结点的插入和删除也是两种主要的链表技术。

1. 链表结点的插入

链表的排列是具有一定规律的,当一个链表创建完之后,总会因某种原因需要给链表中插入一个新的结点。比如,单位新进职工需要加入劳资系统,建好的课程班又有学生要加入,这些情况都属于链表结点的插入。

图 9-8 所示为一个已经按照某种规律创建好的链表模型。

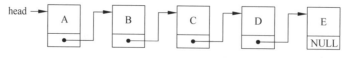

图 9-8　已经创建好的单向链表模型

从如图 9-8 所示的链表结构可以看出,根据一定的规律,给链表插入新的结点有下面 3 种情况:

(1)新结点插入到头结点之前;

(2)新结点插入到链表中部的某个位置;

(3)新结点插入到链表的尾部构成链表新的尾结点。

3 种插入情况如图 9-9 所示。

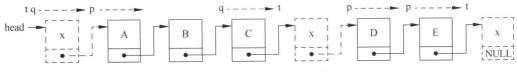

图 9-9　新结点插入示意图

图 9-9 中的虚线方框表示新插入的结点 x,不论新结点插入到链表的什么位置,在插入之前,都要先创建新结点。也就是要通过动态内存分配函数 malloc() 从系统中请求一个结构体元素的内存空间,再将该内存空间的首地址赋值给一个结构体指针,比如,赋值给结构体指针 t,然后通过指针 t 的指向运算给新结点的各成员赋值,从而完成新结点的创建。最后,根据插入位置的不同再进行相应的插入操作。

新结点插入操作的关键是对插入点的判断和定位,这也是插入操作的难点。插入头结点和插入尾结点相对要容易一些,但是,要给链表中部某一位置插入新结点,其插入操作难度要大很多,需要用到双指针的动态移动定位技术,也就是需要两个指针,而且根据判断条件,两个指针要从链表的头结点向尾结点移动,在移动过程中确定插入点,然后再实施插入操作。

图 9-9 中 p、q 就是结构体的双指针,顶部的虚线箭头表示双指针的动态移动方向。其中指针 p 代表前端结点的指针,指针 q 代表后端结点的指针。具体的定位点要根据判断条件来确定,而插入操作则由多个指针的赋值操作一起来完成。

选择结构体元素中的哪个成员作为插入的判断条件是有讲究的,一般采用字符型成员作为判断的条件比较合理,比如选择学号、姓名等。尽量不要选用数字型的成员作为判断的条件,除非是顺序编号。因为数字具有普遍性,不具有唯一性,要作为判断的条件是不充分的。

根据插入新结点的判断条件,对指针 t 的指向成员与指针 p 的指向成员进行比较判断。以字符型的成员学号 xh 的判断为例,这个判断必须使用字符串的比较函数 strcmp(t->xh,p->xh)。假设原链表的 xh 成员是按照字母的顺序升序排列的,那么比较函数判断的结果有 4 种情况:一是新插入的结点成员<指针 p 所指向的首结点成员,其 strcmp(t->xh,p->xh)==−1;二是新插入的结点成员与指针 p 所指向的结点成员两者的结果相等,其 strcmp(t->xh,p->xh)==0;三是新插入的结点成员>指针 p 所指向的末端成员,其 strcmp(t->xh,p->xh)==1;四是新插入的结点成员位于链表中部的某个位置,其−1<strcmp(t->xh,p->xh)<1。

可见,不论新结点怎么插入,都有−1<=strcmp(t->xh,p->xh)<=1。

当首结点满足 strcmp(t->xh,p->xh)==−1 时,说明新结点要插入到原链表的头部。

当尾结点满足 strcmp(t->xh,p->xh)==1 时,说明新结点要插入到原链表的尾部。

当其他结点满足−1<strcmp(t->xh,p->xh)<1 时,说明新结点要插入到原链表中部的某个位置。

当结点满足 strcmp(t->xh,p->xh)==0 时,说明新结点是重复插入,应取消。

如果将新结点 x 插入到原来头结点的前面,那么其判断 strcmp(t->xh,p->xh)==−1 如图 9-9 左边的 x 虚线框所示,这就需要用头指针 head 和结构体元素指针 p 两个指针相配合。先将头指针 head 赋值给元素指针 p,即"p=head;",让指针 p 先锁定原链表的头结点。然后将新结点的指针 t 赋值给头指针 head,即"head=t;",这样头指针就指向了新的结点 x;如果链表中每个结点的尾指针为 *r,那么新增结点的尾指针也是 *r,接着,再把原来的头结点指针 p 赋值给新结点 x 的尾指针,即"t->r=p;",这样就把新结点的尾指针与原来链表的头结点链接在了一起,从而完成新结点插入到原来头结点之前的操作。链接完成后,链表的结点数就增加了一个,所以要给链表的结点总数加1。

要将新结点 x 插入到链表中部的某个位置,比较麻烦。具体的插入过程需要使用 3 个结构体指针,比如 3 个结构体指针分别为 p、q 和 t,其中指针 t 指向新插入的结点,指针 p 用作结构体元素的前端动态移动指针,指针 q 用作结构体元素的后端动态移动指针。

中部新插入的结点位置应该满足 $-1<$ strcmp(t-> xh,p-> xh)<1 的条件,不能插入相同的结点,所以要排除 strcmp(t-> xh,p-> xh)$==0$ 的情况;当然,也要排除首结点和尾结点两种极端情况。

因为是在链表的中间插入,到底插入到什么位置,事先并不清楚,所以需要从链表的头结点开始进行判断。判断的条件是 strcmp(t-> xh,p-> xh)>-1 的情况,这个判断只是初查,还不能确定插入点,但是,需要先把这个结点临时锁定,以便为后面确定真正的插入点做准备。方法是先把指针 p 赋值给指针 q,即"q=p;",接着将指针 p 移入下一个循环。如果下一个循环,依然是 strcmp(t-> xh,p-> xh)>-1 的情况,则说明该结点不是插入点,就要用指针 q 把这个结点也临时锁定,方法依然是把指针 p 赋值给指针 q,即"q=p;"。接着,继续将指针 p 移入下一个循环,以此类推。直到出现 strcmp(t-> xh,p-> xh)<1 的情况,说明找到了插入点,就在两个指针 q 和 p 之间,这就是新结点在链表中部要插入的位置。

具体的插入操作方法如图 9-9 中部的 x 虚线框所示,把新结点 x 指针 t 赋值给后端结点 q 的尾指针,即"q-> r=t;",然后,把前端结点的指针 p 赋值给新结点 t 的尾指针,即"t-> r=p;",这样就完成了新结点 x 插入链表中部某个位置的操作。链接完成后,链表的结点数也增加了一个,同样也要给链表的结点总数加1。

如果将新结点 x 插入到原来尾结点的后面,条件 strcmp(t-> xh,p-> xh)$==1$ 成立,那么所插入的新结点一定是新的尾结点。其具体的操作方法如图 9-9 右边的 x 虚线框所示,把新结点指针 t 赋值给指针 p 的尾指针,即"p-> r=t;",然后把新结点的尾指针赋空值NULL,这样就完成了对尾结点的插入。同样,链接完成后,也要给链表的结点总数加1。

2. 链表结点的删除

链表结点的删除也是链表一项重要的操作技术,它与链表新结点的插入功能刚好相反。

比如,单位有职工辞职,需要从劳资系统删除其信息;建好的课程班有学生要退出,这些情况都属于于链表结点的删除。

链表结点的删除可以用图 9-10 说明。

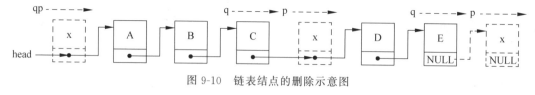

图 9-10   链表结点的删除示意图

图 9-10 中虚线表示要删除的结点 x,可以看出,链表要删除的结点也有 3 种情况:

(1) 删除链表的头结点;

(2) 删除链表中部的某个结点;

(3) 删除链表的尾结点。

从图 9-10 来看,可能有人会觉得,结点的删除似乎要比结点的插入容易实现,其实不然,各有各的难点,难点同样是在结点的定位上。

不论要删除的是哪个结点,首先要有一个查找的条件,这个条件要从键盘上输入。与结点的插入条件类似,删除的条件一般也是采用字符型成员,比如,学号或者姓名等。如果采用学号作为删除判断的条件,那么可以定义一个一维的学号数组 sxh[9],从键盘上给 sxh 赋值。有了这个条件,就可以用字符串的判断函数 strcmp(sxh,p-> xh)进行分析查找要删除的结点了。

初判的结果必须是 strcmp(sxh,p-> xh)==0,然后,再用是否是头指针或者尾指针进行定位判断,从而确定要删除的准确结点,除了这两种情况,剩下的自然是要删除的链表中部某一位置的结点。

如果要删除头结点 x,那么具体的删除操作方法如图 9-10 左边的 x 虚线框所示,根据要删除的条件,如果 strcmp(sxh,p-> xh)==0,而且 p==head,那么要删除的结点一定是头结点。具体的操作方法就是把头指针直接定位到指针 p 的尾指针上,即"head=p-> r;",这样就删除了头结点 x。删除了头结点之后,链表的结点数就减少了一个,所以要将链表的结点总数减 1。

如果要删除链表的尾结点 x,具体的删除操作方法如图 9-10 右边的 x 虚线框所示,根据要删除的条件,如果 strcmp(sxh,p-> xh)==0,而且 p-> r==NULL,那么要删除的结点一定是尾结点。具体的操作方法就是把后端指针 q 所指向的结点的尾指针直接赋空值,即"q-> r=NULL;",这样就删除了尾结点 x,指针 q 所指向的结点就是新的尾结点。删除了尾结点之后,链表的结点数也减少了一个,所以要将链表的结点总数减 1。

如果要删除链表中部的某一个结点 x,具体的删除操作方法如图 9-10 中间的 x 虚线框所示,依然要根据要删除的条件来确定,如果 strcmp(sxh,p-> xh)==0,再加上既不是 p==head 的头结点,也不是 p-> r==NULL 尾结点,那么,要删除的结点就一定是链表中部的某一个结点。具体的操作方法就是把前端指针 p 所指向的结点的尾指针 p-> r 直接赋值给后端指针 q 所指向的结点的尾指针 q-> r,即"q-> r=p-> r;",这样就删除了链表中部的某一个结点 x。删除了该结点之后,链表的结点数也减少了一个,所以也要将链表的结点总数减 1。

如果在整个链表中均不满足 strcmp(sxh,p-> xh)==0 条件,则说明在该链表中没有找到要删除的结点信息,也可以说,输入的删除条件是错的。

当然,还有一种情况就是:原来就是一个空链表,没有任何结点,当调入链表之后,可以用指针 q 进行判断。调入链表使用"q=head;"。如果是一个空链表,则 head==NULL,那么 q==NULL。这时要删除一个结点显然是错误的操作。所以,必须对是否是空链表进行必要的判断。

3. 对链表的防误堵漏处理

一个项目设计完成之后,其链表菜单往往包括多个选项功能,比如例 9-5 中就有 8 种不同的选项功能。程序设计者本人自然知道哪个分项功能要先运行,哪个后运行。但是程序的使用者未必就知道这些操作的顺序要求。当然,我们也可以给使用者提供程序的操作说明书,让他们提前明白操作步骤。可是,万一操作顺序错了呢?程序很有可能会出现错误而中断运行,这就说明程序的设计是不完善的。

比如,在例 9-5 中,功能 1:学生成绩输入,当程序运行后,使用者选择了功能 1,而且完成了对所有学生成绩信息的输入任务。但是,在接下来的操作中,使用者不小心又选择了功能 1,程序又要求将所有学生的成绩信息输入一遍,那么,前面所有的输入操作就白费了。所以,在功能 1 的选项中,必须要加上防止重复输入误操作的堵漏环节。有了这个防误操作的堵漏措施,只要使用者输入完信息之后,不论误选功能 1 多少次,都不会对已经输入的数据信息造成任何的影响,程序也不会中断退出,依然能正常运行。

同样,在例 9-5 中,功能 2:学生成绩平均,当程序运行后,使用者首先选择了功能 2,计算平均值肯定会出错。因为功能 1 还没有完成,链表是空的,没有任何数据,当然无法计算平均值。如果没有相应的堵漏措施,那么选择功能 2 程序出错是无疑的。还有,如果给链表菜单中加入了插入结点的功能,但新插入结点的平均值还没有计算,那么这时调用后续的其他功能也会出现错误。

像上面这样的误操作还有很多,在功能 3～功能 7 中都可能会遇到,所以,在每一个功能选项中,都必须加入相应的防误堵漏措施。

还有一点也很重要,每次从键盘上输入完信息之后,在输入语句之后要加上一个"getchar();"语句。getchar()语句的功能是获得键盘上任意一个字符,该语句主要用于吸收前面输入信息之后的回车键,以防在后续的输入中因之前的回车键占用了要输入的信息内容,从而出现漏输入的情况。

另外,还要尽量做到人机界面友好,比如,第一行的信息不要顶行顶格显示,可以在屏幕顶部空一个空行,屏幕左边空两个空格,这样显示的信息看起来就比较清晰。不同显示内容之间也可以加一个空行等。

当显示完一条信息内容之后,应当让屏幕显示的内容先暂停下来,不要马上刷新,暂停也可以使用"getchar();"语句来实现。这样,可以将屏幕显示的信息给人们看得更清楚,等看清楚了再按任意键进入后续的程序。

如果一个"getchar();"语句不够,屏幕还停不下来,则说明前面的回车键没有吸收彻底,可以再加一个"getchar();"语句。

这些都是编程中的一些小技巧,用多了自然会得心应手。这样的例子还有很多,具体的防误堵漏方法可以参见下面例题中的应用。

可以说,误操作情况是非常普遍的,也是最容易被忽视的。在程序设计中,我们往往强调的是功能上的正确,对于怎样防止出现误操作很少提到。但是,一个程序设计完成之后,好不好用,人机界面是否友好,是否不论怎样操作都不会出现错误以及程序中断的现象等,才是评价一个程序优劣的重要指标。在评价一个程序的好坏时,其功能最多占六成,而防误堵漏以及人机界面友好起码要占四成。

4. 链表结点的插入和删除功能举例

学习了链表结点的插入和删除技术后,我们在例 9-5 的基础上还可以再加入两个功能:一个是"学生信息插入",另一个是"学生信息删除"。需要说明一下,插入和删除功能虽然具有普遍性,但是插入和删除的内容往往比较单一,也就是说,每次只插入一个信息或者只删除一个信息。具体的程序设计和操作可以用例 9-6 来说明。

例 9-6 将例 9-5 的内容按照如下所示菜单进行设计:

学生成绩分析表
===========
1. 学生成绩输入

2. 学生成绩平均
3. 每门课程平均
4. 平均成绩方差
5. 最高成绩学生
6. 学生成绩输出
7. 学生成绩查询
8. 学生信息插入
9. 学生信息删除
10. 退出程序运行

编程思路：例 9-5 中原来有 7 个功能,其程序不需要做什么改变,都可以直接运行。例 9-6 在例 9-5 的基础上新增了两个功能：其一是功能 8 学生信息插入,其二是功能 9 学生信息删除。大的方面与例 9-5 的编程思路相同,我们把新增的两个功能也用两个相应的自定义函数来实现,并把它们一起归并到头文件中去,再对主文件做相应的修改即可。小的方面,对例 9-5 中原有的 7 个功能自定义函数,还需要进行必要的防误堵漏修改和完善。

在例 9-6 中,主要还是对功能 8 和功能 9 的自定义函数的定义以及对主文件的完善。

下面就是对功能 8 学生信息插入的程序设计思路说明。

功能 8 的设计思路：学生信息插入程序设计,是以已有的链表为基础的。所以,首先要调入链表,然后对功能 1 学生信息输入和功能 2 学生成绩平均进行判断,这两个环节就是防误堵漏措施。如果判断这两个功能尚未完成,那么程序应发出提示信息,要求先去完成这两个功能。如果这两个功能已经完成,就可以进行学生成绩信息的插了。为了配合功能 8 和功能 9,在结构体中还需要再定义一个结构体指针 t,这个操作要在头文件中完善。

(1) 学生信息插入的步骤。

① 判断功能 1 和功能 2 是否已经完成。如果没有完成则发出提示信息,并返回菜单;如果已经完成,即可进入插入程序。

② 进入插入程序后,先要请求一个结构体元素的内存空间,并将其内存地址赋值给结构体指针 t,然后通过指针 t 的成员指向运算给新结点各成员赋值,从而构建一个新结点。

③ 以新结点中的某一成员作为插入的判断条件,与原来链表中相应的成员进行比较判断,从而找出符合条件的插入点位置。这个插入点位置可能位于头结点之前,也可能位于尾结点之后,或者位于链表中部的某个位置,3 个位置是需要分别判断的。

④ 找到插入点位置后,运用相应的插入方法完成插入操作。不同点的插入方法是不同的,可以参照前面介绍的插入方法来实施。

在功能 8 中,我们拟采用学号作为插入新结点的判断条件。因为学号一般是升序排列,自身带有一定的规律性,便于确定插入点的位置。

用学号作为插入点的判断条件,就要用到字符串的比较函数 strcmp(),而判断的依据要采用函数 strcmp() 的结果>−1 或者<1 的形式,不能采用结果==0 的形式。因为后者是判断相等关系的,如果是后者,就不能重复插入了。只有新插入的结点不在链表之中才可以插入,这是插入的基本要求。

(2) 功能 8 程序相关各环节的语句设计。

① 在头文件的结构体中新增一个结构体指针 t。

```
struct stuchji
{
```

```
    char xh[9],xm[9];
     float kc1,kc2,kc3,pj;
    struct stuchji * r;
} * head = NULL, * p, * q, * t;
```

② 判断功能1是否已经完成？这是防误堵漏措施之一。

```
1  p = head;
2  if(p == NULL)
3  {
4      printf("\n  请先完成功能1:学生成绩的输入!\n");
5      goto tc;
6  }
```

程序段的第1行是调入链表。

第2行判断如果if(p==NULL)条件成立,则说明链表是空的,也说明功能1没有完成。

第4行发出提示信息,要求先完成功能1。

第5行执行转向语句"goto ed;"退出功能8,并返回到菜单。

③ 判断功能2是否已经完成？这是防误堵漏措施之二。

```
1  for(p = head; p!= NULL; p = p-> r)
2  {
3      if(p-> pj < = 0||p-> pj >= 100)
4      {
5          printf("\n  请先完成功能2:学生平均成绩的计算!\n");
6          goto tc;
7      }
8  }
```

程序段的第1行是以指针 p 作循环变量的 for(p…)循环语句,是对整个链表从头到尾的循环,p＝p-> r 是对指针 p 的绝对移位,指针 p 移到下一个结点首端,这是在链表中常用的循环方法。因为链表结点成员的引用需要用指针来完成,所以采用指针作循环变量更有优势。

第3行 if(p-> pj <=0||p-> pj >=100)是判断链表中每个结点的平均成绩是否越界。也就是判断是否完成了平均成绩的计算。如果有一个结点没有完成,则发出提示信息,要求先完成功能2。因为有新插入的结点,其平均成绩可能没有计算,所以需要对每一个结点进行判断。

第5行是发出提示信息。

第6行是退出和返回。

④ 建立新结点的程序设计如下:

```
1  while(1)
2  {
3      t = (struct stuchji * )malloc(sizeof(struct stuchji));
4      if(p == NULL)
5          continue;
6      else
7          break;
8  }
9  printf("  请输入插入学生的学号、姓名和3门课的成绩:\n");
10 printf("  ");
11 scanf("%s%s%f%f%f",t-> xh,t-> xm,&t-> kc1,&t-> kc2,&t-> kc3);
```

```
12 getchar();
```

程序段的第 1～8 行是请求一个结构体元素的内存空间,并将其首地址赋值给结构体指针 t; 各语句的含义与例 9-5 中功能 1 的相关语句类似。

第 9 行是给新结点各成员赋值的提示信息。

第 10 行是空两格,这是热键界面友好的需要。

第 11 行是给新结点的各成员赋值。

第 12 行是吸收前面输入之后的回车键。

⑤ 判断新插入的结点是否是重复信息,这是防误堵漏措施之三。

```
1  for(p = head; p!= NULL; p = p-> r)
2  {
3       if(strcmp(t-> xh,p-> xh) == 0)
4       {
5            printf("\n   新插入的结点信息重复,请看清楚重新插入!\n");
6            goto tc;
7       }
8  }
```

程序段的第 1 行是以指针 p 作循环变量的 for(p…)循环语句。

第 3 行 if(strcmp(t-> xh,p-> xh)==0)是判断插入的新结点学号与链表中某个结点的学号是否相同。若逻辑值等于 0 则说明相同,是重复插入,这当然是不允许的。

第 5 行发出提示信息,说明不能重复插入。

第 6 行退出并返回菜单。

⑥ 如果新插入的结点是头结点,那么其程序设计如下:

```
1  p = head;
2  if(strcmp(t-> xh,p-> xh) == - 1)
3  {
4      head = t;
5      t-> r = p;
6      printf("\n   新结点已插入到链表的头部!\n");
7      goto ed;
8  }
```

程序段的第 1 行是将指针 p 回位;因为在前面的重复输入判断中,经过全部循环后,指针 p 已经指向到整个链表之外了,必须将指针 p 回位,使指针 p 重新定位在链表的头结点上,才能进行接下来的操作。

第 2 行判断语句 if(strcmp(t-> xh,q-> xh)==-1)是用新结点的学号与原来头结点的学号进行比较判断,如果判断的结果==-1,则说明新结点的学号小于原来头结点的学号,这时要将新结点插入到原来的头结点之前,构成新的头结点。

第 4 行就是把新结点的指针 t 赋值给头指针 head,即"head=t;",构成新的头结点。

第 5 行是把原来的头结点指针 p 赋值给新结点的尾指针,即"t-> r=p;",也就是把原来头结点的首地址与新结点的尾指针链接起来,这样就完成了新结点的插入任务,并构成了新的链表。

第 6 行发出提示信息,说明新结点已插入到链表的头部。

第 7 行是通过"goto ed;"语句跳转到程序的结尾后退回到菜单。

⑦ 如果新插入的结点是链表中部的某个结点，那么在这个程序段中要用到"双指针的动态伴随移动定位"功能。要准确定位链表中部某个插入点，必须满足两个判断条件，而且这两个条件必须是动态的，不能是静态的。如果是静态的，插入点就是固定不变的，这显然是不对的。因为插入点是未知的，是需要判断后才能确定的，所以不能用静态、固定的方式，只能采用动态的方式。要达到动态的效果，就要让双指针 p、q 相伴移动，方法是用循环来移动前端结点的指针 p，而对后端结点的指针 q 要随时做好位置记录，并要与指针 p 相伴移动。不论怎样移动，指针 p 和 q 都是不能重合的。可见，这个功能是有难度的。

下面是具体的程序设计：

```
1   if(strcmp(t->xh,p->xh)>-1)
2   {
3       q = p;
4       for(p = head; p!= NULL; p = p->r)
5       {
6           if(strcmp(t->xh,p->xh)<1)
7           {
8               q->r = t;
9               t->r = p;
10              printf("\n   新结点已插入到链表的中部!\n");
11              goto ed;
12          }
13          else
14              q = p;
15      }
16  }
```

程序说明：

首先，程序段的第 1 行 if(strcmp(t->xh,p->xh)>-1)是用新结点的学号与原来头结点的学号进行比较判断，这是第一个判断条件。

如果判断的结果>-1，则说明新结点的学号大于原来头结点的学号，也说明新结点肯定要插入到头结点之后的某个位置，至于是什么位置还不能确定。

所以程序段的第 3 行要将第一个指针 p 对应的结点位置用第二个指针 q 先记录下来，即"q=p;"，以便为定位操作做好准备。

第 4 行 for(p=head; p!=NULL; p=p->r)是对链表从头到尾进行循环，也就是移动前端结点的指针 p。

第 6 行 if(strcmp(t->xh,p->xh)<1)是用新结点的学号与指针 p 对应结点的学号进行比较判断，这是第二个判断条件。

如果判断的结果<1，则说明新结点的学号小于指针 p 对应结点的学号，也说明新结点肯定要插入到指针 p 对应的结点之前。把前后两个条件综合在一起，就说明新结点 t 要插入到指针 q 对应的后端结点与指针 p 对应的前端结点之间，这就是新结点要插入到链表中部的准确位置。后面的语句就是具体的插入方法。

第 8 行是把新结点的指针 t 赋值给后端结点的尾指针，即"q->r=t;"，这样就把新结点与后端的结点先链接起来了。

第 9 行是把前端结点的指针 p 赋值给新结点的尾指针，即"t->r=p;"，这样就把前端的结点与新结点也链接起来了，从而完成了在链表中部插入新结点的任务。

第 10 行是完成中部插入结点的提示信息。

第 11 行是退出并返回到菜单。

第 14 行是当第二个判断条件不满足时,对后端结点的指针 q 进行记录,即"q＝p;",这个语句看起来很简单,实际很重要。它能够实现指针 q 的动态伴随移动,也就是始终紧跟在前端指针 p 的后面,为双指针动态移动定位时刻做好准备。

⑧ 如果新插入的结点是尾结点,那么首先要找到尾结点。因为不知道链表结点的总数是多少,所以要查找尾结点也要从头结点开始查起,这就要用到循环。然后再判断是不是尾结点,如果不是则跳过;如果是,则要根据插入的条件进行判断确认,然后才能插入。

具体程序设计如下:

```
1   for(p = head; p!= NULL; p = p-> r)
2   {
3       if(p-> r!= NULL)
4           continue;
5       else
6       {
7           if(strcmp(t-> xh,p-> xh) == 1)
8           {
9               p-> r = t;
10              t-> r = NULL;
11              printf("\n   新结点已插入到链表的尾部!\n");
12              goto ed;
13          }
14      }
15  }
```

程序说明:

第 1 行是循环语句 for(p…),要从链表的头结点开始查找,一直找到链表的尾结点。

第 3 行的判断语句 if(p-> r!＝NULL)就是判断循环是否找到了链表的尾结点。如果不是,则跳过第 4 行,从第 5 行开始进行插入条件的判断。

第 7 行 if(strcmp(t-> xh,p-> xh)==1)是用新结点的学号与指针 p 对应结点的学号进行比较判断;如果判断的结果==1,则说明新结点的学号大于指针 p 对应结点的学号,也说明新结点肯定要插入到指针 p 对应的尾结点之后,构成新的尾结点。下面的语句就是具体的插入方法。

第 9 行是把新结点的指针 t 赋值给指针 p 指向的尾指针,即"p-> r＝t;",这就把新结点与原来的尾指针链接起来了。

第 10 行是把新结点的尾指针赋值为空值 NULL,即"t-> r＝NULL;",这样就完成了尾结点的插入查找。

第 11 行发出提示信息,说明新结点已插入到链表的尾部。

第 12 行通过"goto ed;"语句跳转到程序的结尾后退回到菜单。

(3) 功能 8 的完整程序设计。

将以上 8 个部分组合起来稍加完善就是功能 8 具体的程序设计:

```
//功能 8:学生信息插入
1   void Charu()
```

```
2   {
3       system("cls");
4       p = head;
5       if(p == NULL)
6       {
7           printf("\n  请先完成功能 1:学生成绩的输入!\n");
8           goto tc;
9       }
10      for(p = head; p!= NULL; p = p -> r)
11      {
12          if(p -> pj <= 0 || p -> pj >= 100)
13          {
14              printf("\n  请先完成功能 2:学生平均成绩的计算!\n");
15              goto tc;
16          }
17      }
18      while(1)
19      {
20          t = (struct stuchji * )malloc(sizeof(struct stuchji));
21          if(t == NULL)
22              continue;
23          else
24              break;
25      }
26      printf("\n  请输入插入学生的学号、姓名和三门课的成绩:\n");
27      printf("  ");
28      scanf("%s%s%f%f%f",t -> xh,t -> xm,&t -> kc1,&t -> kc2,&t -> kc3);
29      getchar();
30      for(p = head; p!= NULL; p = p -> r)
31      {
32          if(strcmp(t -> xh,p -> xh) == 0)
33          {
34              printf("\n  新插入的结点信息重复,请看清楚重新插入!\n");
35              goto tc;
36          }
37      }
38      p = head;
39      if(strcmp(t -> xh,p -> xh) == - 1)
40      {
41          head = t;
42          t -> r = p;
43          printf("\n  新结点已插入到链表的头部!\n");
44          goto ed;
45      }
46      if(strcmp(t -> xh,p -> xh)> - 1)
47      {
48          q = p;
49          for(p = head; p!= NULL; p = p -> r)
50          {
51              if(strcmp(t -> xh,p -> xh)< 1)
52              {
53                  q -> r = t;
54                  t -> r = p;
55                  printf("\n  新结点已插入到链表的中部!\n");
56                  goto ed;
57              }
58              else
```

```
59                    q = p;
60              }
61          }
62      for(p = head; p!= NULL; p = p - > r)
63      {
64          if(p - > r!= NULL)
65              continue;
66          else
67          {
68              if(strcmp(t - > xh, p - > xh) == 1)
69              {
70                  p - > r = t;
71                  t - > r = NULL;
72                  printf("\n   新结点已插入到链表的尾部!\n");
73                  goto ed;
74              }
75          }
76      }
77  ed:n++;
78  tc:getchar();
79  }
```

程序说明：

第 3 行是清屏命令。

第 4 行是调入链表，并给成员指针 p 定位。

第 5～9 行是判断功能 1 是否完成。

第 10～17 行是判断功能 2 是否完成。

第 18～29 行是创建新结点。

第 30～37 行是对重复插入信息的判断。

第 38～45 行是插入新的头结点。

第 46～61 行是给链表中部插入新结点。

第 62～76 行是插入新的尾结点。

第 77 行是插入完结点之后要跳转的位置；因为不论新结点插入到链表的头部、尾部还是中间某个位置，插入之后，链表的结点都会增加一个，链表的长度会增加 1，所以必须给链表结点的总数加 1，即"n＋＋;"，这就是给链表的结点总数加 1。如果不加 1，那么功能 3、功能 4 等多个功能都将会出现错误。

第 78 行是防误堵漏跳转退出并返回菜单的位置；它不需要对结点总数加 1，否则相应的功能也会出现错误。

下面是对功能 9 的程序设计思路的说明。

功能 9 的设计思路：学生信息删除程序设计，既然是删除，删除谁？这是要有条件的。删除的条件要有一定的规律性或者唯一性，这样从链表中查找结点就容易一些。比如，以某个学生的姓名作为删除查找的条件，姓名具有较强的唯一性，是可以作为删除的判断条件的。也可以用学生的学号作为删除的判断条件，它不仅具有规律性，也具有很强的唯一性。

这个条件是要从键盘上输入的，这就需要先定义一个能接受删除条件的一维字符型数组，可以定义为"char sxh[9];"，也就是用学号 sxh 作为删除判断的条件。

删除是以已有的链表为基础的，所以也要调入链表，调入方法就是"p＝head;"，即将头指针 head 赋值给结构体数组元素的移动指针 p。

　　进行删除前也需要对功能 1 学生信息输入和功能 2 学生成绩平均进行判断,要像功能 8 一样,加入防误堵漏措施。其方法和含义与功能 8 中的类似。如果这两个功能已经完成,则可以进行学生成绩信息的删除。

　　删除也包括 3 种情况,即被删除的结点可能是头结点,也可能是尾结点,或者是链表中部的某个结点,具体是哪个结点也是需要分别进行判断的。

　　(1) 删除部分输入语句的设计。

　　输入删除学号的程序设计:

```
printf("\n  请输入要删除的学号:");
scanf("%s",sxh);
getchar();
```

　　第 1 行是提示,第 2 行是输入,第 3 行用于接收回车键。

　　要删除一个结点,我们事先并不知道这个结点究竟在什么位置,是头结点、尾结点还是中部的某一个结点? 所以必须在链表的大循环中去寻找。每一种寻找都需要两个条件。第一个条件就是判断有没有与删除条件相同的结点。如果有,就要用第二个条件对删除位置进行判断。经过判断,如果是头部,则删除头结点;如果是尾部,则删除尾结点;否则,删除中部的某个结点。

　　如果第一个条件不满足,循环又没有结束,则要先将当前指针对应的结点记录下来,方法是"q=p;",接着进行后续的循环。实际上,这也是双指针动态移动定位的方法。

　　如果循环全部结束了,依然没有找到满足第一个条件的结点,则说明要删除的信息不存在,或者说,要删除的条件给错了。

　　(2) 不同位置结点删除的程序设计。

　　① 删除头结点的程序设计。

```
1   if(p == head)
2   {
3       head = p -> r;
4       printf("\n  该结点是原来的头结点,已从链表中删除!\n");
5       goto ed;
6   }
```

　　在满足第一个删除条件的情况下,程序段的第 1 行 if(p==head)语句是判断结点是否为头结点。如果是,则要进行后续的删除操作。

　　第 3 行就是把头指针 head 直接指向头结点的尾指针,即"head=p->r;",这样就把头结点从链表中删除了,而 head 所指的就是新的头结点。

　　第 4 行发出提示信息,说明头结点已被删除。

　　第 5 行通过"goto ed;"语句跳转到标号为 ed:的程序结尾处,然后返回到菜单。

　　② 删除尾结点的程序设计。

```
1   if(p -> r == NULL)
2   {
3       q -> r = NULL;
4       printf("\n  该结点是原来的尾结点,已从链表中删除!\n");
5       goto ed;
6   }
```

同样,在满足第一个删除条件的情况下,程序段第 1 行的 if(p->r==NULL)语句是判断前端指针 p 指向的尾指针是否是尾结点。如果是,则要进行后续的删除操作。

第 3 行是把后端指针 q 所指的尾指针赋空值 NULL,即"q->r=NULL;",这样就删除了前端指针 p 所指向的尾结点,而后端指针 q 所指向的结点就成为新的尾结点。

第 4 行发出提示信息,说明尾结点已被删除。

第 5 行通过"goto ed;"语句跳转到标号为 ed:的程序结尾处,然后返回到菜单。

③ 删除链表中部某个结点的程序设计。

```
1   q->r=p->r;
2   printf("\n   该结点是原来中部的一个结点,已从链表中删除!\n");
3   goto ed;
```

同样,如果在满足第一个删除条件的情况下,被删除的结点既不是头结点,也不是尾结点,那么它一定是链表中部的结点。

程序段的第 1 行是把前端指针 p 所指的结点尾指针直接赋值给后端指针 q 所指的结点尾指针,即"q->r=p->r;",这样就删除了前端指针 p 所对应的结点。

第 2 行发出提示信息,说明链表中部的某一个结点已被删除。

第 3 行通过"goto ed;"语句跳转到标号为 ed:的程序结尾处,然后返回到菜单。

(3) 功能 9 的完整程序设计。

将以上几部分组合起来就是功能 9 具体的程序设计:

```
//功能 9:学生信息删除
1   void Shanchu()
2   {
3       char sxh[9];
4       system("cls");
5       p = head;
6       if(p == NULL)
7       {
8           printf("\n   请先完成功能 1:学生成绩的输入!\n");
9           goto tc;
10      }
11      for(p = head; p!= NULL; p = p->r)
12      {
13          if(p->pj<=0||p->pj>=100)
14          {
15              printf("\n   请先完成功能 2:学生平均成绩的计算!\n");
16              goto tc;
17          }
18      }
19      printf("\n   请输入要删除的学号:");
20      scanf("%s",sxh);
21      getchar();
22      q = head;
23      for(p = head; p!= NULL; p = p->r)
24      {
25          if(strcmp(sxh,p->xh) == 0)
26          {
27              if(p == head)
28              {
29                  head = p->r;
```

```
30              printf("\n  该结点是原来的头结点,已从链表中删除!\n");
31              goto ed;
32          }
33          else
34          {
35              if(p->r == NULL)
36              {
37                  q->r = NULL;
38                  printf("\n  该结点是原来的尾结点,已从链表中删除!\n");
39                  goto ed;
40              }
41              else
42              {
43                  q->r = p->r;
44                  printf("\n  该结点是原来中部的一个结点,已从链表中删除!\n");
45                  goto ed;
46              }
47          }
48      }
49      else
50          q = p;
51  }
52  printf("\n  没有找到要删除的学生信息!\n");
53  goto tc;
54  ed:n-- ;
55  tc:getchar();
56 }
```

程序说明：

第3行是删除条件的定义。

第5行是调用链表。

第6~10行是判断功能1是否完成。

第11~18行是判断功能2是否完成。

第19~21行是输入要删除的条件。

第22~51行是对结点的删除程序,其中,

第22行是对后端结点指针 q 的记录。

第23行是对整个链表的大循环。

第25行是判断要删除的学号条件是否相同。

第27~32行是删除头结点的程序。

第35~40行是删除尾结点的程序。

第41~45行是删除链表中部某一个结点的程序。

第49~50行是通过指针 q 记录后端结点位置的程序,这是一种动态移动定位方式。

第52是提示删除条件错误。

第53行通过"goto tc;"语句跳转到标号为 tc:的程序结尾处,然后返回到菜单。

第54行是删除完结点之后要跳转的位置;因为,不论删除哪个结点,删除完之后,链表的结点数都会少一个,链表的长度也会少1,所以都必须将链表结点的总数减1,即"n--;"。如果不减1,那么功能3、功能4等多个功能都可能出现错误。

第55行是防误堵漏跳转退出、并返回菜单的位置;它不需要将结点总数减1,否则相应

的功能也会出现错误。

　　下面是将例9-6与例9-5的程序相结合,给例9-5程序中加入功能8和功能9,并对头文件完善之后的程序设计:

```
//头文件名为:stugl.h
1    # include < stdio.h >
2    # include < stdlib.h >
3    # include < string.h >
4    struct stuchji
5    {
6         char xh[9],xm[9];
7         float kc1,kc2,kc3,pj;
8         struct stuchji * r;
9    } * head = NULL, * p, * q, * t;
10   int i,n = 0;
//功能1:学生成绩信息输入
11   void Shuru()
12   {
13        system("cls");
14        if(n!= 0)
15        {
16            printf("\n　请不要重复输入!\n");
17            goto ed;
18        }
19        else
20        {
21            printf("\n　请输入学生的总人数:");
22            scanf(" % d",&n);
23            getchar();
24            while(1)
25            {
26                p = (struct stuchji * )malloc(sizeof(struct stuchji));
27                if(p == NULL)
28                    continue;
29                else
30                    break;
31            }
32        }
33        head = p;
34        q = p;
35        printf("　请输入第1个学生的学号、姓名和三门课的成绩:\n");
36        printf("　");
37        scanf(" % s % s % f % f % f",q -> xh,q -> xm,&q -> kc1,&q -> kc2,&q -> kc3);
38        getchar();
39        for(i = 1; i < n; i++)
40        {
41            while(1)
42            {
43                p = (struct stuchji * )malloc(sizeof(struct stuchji));
44                if(p == NULL)
45                    continue;
46                else
47                    break;
48            }
```

```
49              q->r = p;
50              q = p;
51              printf("  请输入第%d个学生的学号、姓名和三门课的成绩:\n",i+1);
52              printf("  ");
53              scanf("%s%s%f%f%f",q->xh,q->xm,&q->kc1,&q->kc2,&q->kc3);
54              getchar();
55         }
56         q->r = NULL;
57         printf("\n  所有学生的成绩信息已全部录入完成!\n");
58    ed:;
59         getchar();
60    }
```

//功能2:学生平均成绩计算

```
61    void Pingjun()
62    {
63         float sum;
64         system("cls");
65         p = head;
66         if(p == NULL)
67         {
68              printf("\n  请先完成功能1:学生成绩的输入!\n");
69              goto ed;
70         }
71         for(p = head; p!= NULL; p = p->r)
72         {
73              if(p->pj <= 0||p->pj >= 100)
74                   goto js;
75              else
76                   continue;
77         }
78         printf("\n  请不要重复计算!\n");
79         goto ed;
80    js:for(p = head; p!= NULL; p = p->r)
81         {
82              sum = 0;
83              sum = p->kc1 + p->kc2 + p->kc3;
84              p->pj = sum/3;
85         }
86         printf("\n  所有学生的平均成绩均已计算完成!\n");
87    ed:;
88         getchar();
89    }
```

//功能3:课程平均成绩计算

```
90    void Kepingjun()
91    {
92         float s1,s2,s3,kpj1,kpj2,kpj3;
93         s1 = s2 = s3 = 0;
94         system("cls");
95         p = head;
96         if(p == NULL)
97         {
98              printf("\n  请先完成功能1:学生成绩的输入!\n");
99              goto ed;
100        }
```

```
101          for(p = head; p!= NULL; p = p -> r)
102          {
103                if(p -> pj <= 0 || p -> pj >= 100)
104                {
105                      printf("\n   请先完成功能 2:学生平均成绩的计算!\n");
106                      goto ed;
107                }
108          }
109          for(p = head; p!= NULL; p = p -> r)
110          {  s1 += p -> kc1;   s2 += p -> kc2;   s3 += p -> kc3;   }
111          kpj1 = s1/n;   kpj2 = s2/n;   kpj3 = s3/n;
112          printf("\n   课程 1 平均为: % 2.2f\n",kpj1);
113          printf("   课程 2 平均为: % 2.2f\n",kpj2);
114          printf("   课程 3 平均为: % 2.2f\n",kpj3);
115          printf("\n   每门课的平均成绩均已计算完成!\n");
116    ed:;
117          getchar();
118    }
//功能 4:平均成绩方差计算
119    void Fangcha()
120    {
121          float sum1 = 0, sum2 = 0, fc;
122          system("cls");
123          p = head;
124          if(p == NULL)
125          {
126                printf("\n   请先完成功能 1:学生成绩的输入!\n");
127                goto ed;
128          }
129          for(p = head; p!= NULL; p = p -> r)
130          {
131                if(p -> pj <= 0 || p -> pj >= 100)
132                {
133                      printf("\n   请先完成功能 2:学生平均成绩的计算!\n");
134                      goto ed;
135                }
136          }
137          for(p = head; p!= NULL; p = p -> r)
138          {
139                sum1 += p -> pj * p -> pj;
140                sum2 += p -> pj;
141          }
142          fc = (1.0/n) * sum1 - (sum2/n) * (sum2/n);
143          printf("\n   平均方差为: % 2.2f\n",fc);
144    ed:;
145          getchar();
146    }
//功能 5:最高成绩学生信息输出
147    void Zuigao()
148    {
149          float max;
150          int w;
151          system("cls");
152          p = head;
```

```
153        if(p == NULL)
154        {
155             printf("\n    请先完成功能 1:学生成绩的输入!\n");
156             goto ed;
157        }
158        for(p = head; p!= NULL; p = p->r)
159        {
160             if(p->pj <= 0||p->pj >= 100)
161             {
162                  printf("\n    请先完成功能 2:学生平均成绩的计算!\n");
163                  goto ed;
164             }
165        }
166        p = head;
167        max = p->pj; w = 0;
168        for(i = 0,p = head; i < n,p!= NULL; i++,p = p->r)
169        {
170             if(p->pj > max)
171             {   max = p->pj; w = i;    }
172        }
173        for(i = 0,p = head; i < n,p!= NULL; i++,p = p->r)
174        {
175             if(i == w)
176             {
177                  printf("\n    最高成绩的学生信息如下:\n");
178                  printf("   学号\t\t 姓名\t 课程 1\t");
179                  printf("课程 2\t 课程 3\t 平均成绩\n");
180                  printf("   %s\t %s\t %2.2f\t",p->xh,p->xm,p->kc1);
181                  printf("%2.2f\t %2.2f\t",p->kc2,p->kc3);
182                  printf("%2.2f\n",p->pj);
183             }
184        }
185        printf("\n    最高成绩已找到!\n");
186 ed:;
187        getchar();
188 }
//功能 6:学生成绩信息输出
189 void Shuchu()
190 {
191        system("cls");
192        p = head;
193        if(p == NULL)
194        {
195             printf("\n    请先完成功能 1:学生成绩的输入!\n");
196             goto ed;
197        }
198        for(p = head; p!= NULL; p = p->r)
199        {
200             if(p->pj <= 0||p->pj >= 100)
201             {
202                  printf("\n    请先完成功能 2:学生平均成绩的计算!\n");
203                  goto ed;
204             }
205        }
```

```
206        printf("\n  学生的成绩信息如下:\n");
207        printf("  学号\t\t姓名\t课程 1\t");
208        printf("课程 2\t课程 3\t平均成绩\n");
209        for(p = head; p!= NULL; p = p -> r)
210        {
211                printf("  % s\t% s\t% 2.2f\t",p -> xh,p -> xm,p -> kc1);
212                printf("% 2.2f\t% 2.2f\t",p -> kc2,p -> kc3);
213                printf("% 2.2f\n",p -> pj);
214        }
215        printf("\n  学生成绩信息已输完!\n");
216  ed:;
217        getchar();
218 }
//功能 7:学生成绩查询
219 void Chaxun()
220 {
221        char cxm[9] = {" "};
222        system("cls");
223        p = head;
224        if(p == NULL)
225        {
226                printf("\n  请先完成功能 1:学生成绩的输入!\n");
227                goto ed;
228        }
229        for(p = head; p!= NULL; p = p -> r)
230        {
231                if(p -> pj <= 0||p -> pj >= 100)
232                {
233                        printf("\n  请先完成功能 2:学生平均成绩的计算!\n");
234                        goto ed;
235                }
236        }
237        printf("\n  请输入要查询的学生姓名:");
238        scanf("% s",cxm);
239        getchar();
240        for(p = head; p!= NULL; p = p -> r)
241        {
242                if(strcmp(p -> xm,cxm) == 0)
243                {
244                        printf("\n  所查学生的成绩信息如下:\n");
245                        printf("  学号\t\t姓名\t课程 1\t");
246                        printf("课程 2\t课程 3\t平均成绩\n");
247                        printf("  % s\t% s\t% 2.2f\t",p -> xh,p -> xm,p -> kc1);
248                        printf("% 2.2f\t% 2.2f\t",p -> kc2,p -> kc3);
249                        printf("% 2.2f\n",p -> pj);
250                        goto tc;
251                }
252                else
253                        continue;
254        }
255        printf("\n  没有查到该学生的成绩信息!\n");
256        goto ed;
257  tc:printf("\n  学生成绩信息已显示完毕!\n");
258  ed:;
```

```
259     getchar();
260 }
//功能8:学生信息插入
261 void Charu()
262 {
263     system("cls");
264     p = head;
265     if(p == NULL)
266     {
267         printf("\n   请先完成功能1:学生成绩的输入!\n");
268         goto tc;
269     }
270     for(p = head; p!= NULL; p = p -> r)
271     {
272         if(p -> pj < = 0 || p -> pj > = 100)
273         {
274             printf("\n   请先完成功能2:学生平均成绩的计算!\n");
275             goto tc;
276         }
277     }
278     while(1)
279     {
280         t = (struct stuchji * )malloc(sizeof(struct stuchji));
281         if(t == NULL)
282             continue;
283         else
284             break;
285     }
286     printf("\n   请输入插入学生的学号、姓名和三门课的成绩:\n");
287     printf("   ");
288     scanf("%s%s%f%f%f",t -> xh,t -> xm,&t -> kc1,&t -> kc2,&t -> kc3);
289     getchar();
290     for(p = head; p!= NULL; p = p -> r)
291     {
292         if(strcmp(t -> xh,p -> xh) == 0)
293         {
294             printf("\n   新插入的结点信息重复,请看清楚重新插入!\n");
295             goto tc;
296         }
297     }
298     p = head;
299     if(strcmp(t -> xh,p -> xh) == - 1)
300     {
301         head = t;
302         t -> r = p;
303         printf("\n   新结点已插入到链表的头部!\n");
304         goto ed;
305     }
306     if(strcmp(t -> xh,p -> xh) > - 1)
307     {
308         q = p;
309         for(p = head; p!= NULL; p = p -> r)
310         {
311             if(strcmp(t -> xh,p -> xh) < 1)
```

```
312                    {
313                            q - > r = t;
314                            t - > r = p;
315                            printf("\n   新结点已插入到链表的中部!\n");
316                            goto ed;
317                    }
318                    else
319                            q = p;
320                }
321            }
322        for(p = head; p!= NULL; p = p - > r)
323        {
324                if(p - > r!= NULL)
325                        continue;
326                else
327                {
328                        if(strcmp(t - > xh, p - > xh) == 1)
329                        {
330                                p - > r = t;
331                                t - > r = NULL;
332                                printf("\n   新结点已插入到链表的尾部!\n");
333                                goto ed;
334                        }
335                }
336        }
337    ed:n++;
338    tc:getchar();
339 }
//功能9:学生信息删除
340 void Shanchu()
341 {
342        char sxh[9];
343        system("cls");
344        p = head;
345        if(p == NULL)
346        {
347            printf("\n   请先完成功能 1:学生成绩的输入!\n");
348            goto tc;
349        }
350        for(p = head; p!= NULL; p = p - > r)
351        {
352            if(p - > pj < = 0||p - > pj > = 100)
353            {
354                    printf("\n   请先完成功能 2:学生平均成绩的计算!\n");
355                    goto tc;
356            }
357        }
358        printf("\n   请输入要删除的学号:");
359        scanf(" % s", sxh);
360        getchar();
361        q = head;
362        for(p = head; p!= NULL; p = p - > r)
363        {
364                if(strcmp(sxh, p - > xh) == 0)
```

```
365              {
366                  if(p == head)
367                  {
368                      head = p->r;
369                      printf("\n   该结点是原来的头结点,已从链表中删除!\n");
370                      goto ed;
371                  }
372                  else
373                  {
374                      if(p->r == NULL)
375                      {
376                          q->r = NULL;
377                          printf("\n   该结点是原来的尾结点,已从链表中删除!\n");
378                          goto ed;
379                      }
380                      else
381                      {
382                          q->r = p->r;
383                          printf("\n   该结点是原来中部的一个结点,已从链表中删除!\n");
384                          goto ed;
385                      }
386                  }
387              }
388          else
389              q = p;
390      }
391      printf("\n   没有找到要删除的学生信息!\n");
392      goto tc;
393  ed:n-- ;
394  tc:getchar();
395  }
```

程序说明:

头文件总共由 395 个语句行组成,下面介绍每个部分的功能。

第 1~3 行是 3 个文件包含声明。

第 4~10 行是结构体以及指针和全局变量的定义。

第 11~60 行是功能 1 的自定义函数定义。其中,

第 14~18 行是防止误操作功能 1 引起重复输入的防误堵漏措施,判断语句是 if(n!=0)很简单,如果人数 n 不为 0,则说明已经输入过信息了,不能再重复输入了。这一部分语句在例 9-5 中是没有的,在例 9-6 中是新增的,这样可以使功能 1 的程序更完善。

第 61~89 行是功能 2 的自定义函数定义。其中,

第 71~79 行是判断新增结点是否计算过以及防止重复计算的防误堵漏措施。

第 74 行是出现新增未计算的就跳转到计算程序段。

第 78 行是发出不要重复计算的提示信息。

第 79 行是跳转退出并返回到菜单。

第 90~118 行是功能 3 的自定义函数定义;语句形式与例 9-5 相同。

第 119~146 行是功能 4 的自定义函数定义。

在功能 4~功能 9 中对功能 2 的防误堵漏措施均与新增功能 8 中相应的语句形式相同。

第 147～188 行是功能 5 的自定义函数定义。

第 189～218 行是功能 6 的自定义函数定义。

第 219～260 行是功能 7 的自定义函数定义。

第 261～339 行是功能 8 的自定义函数定义。

第 340～395 行是功能 9 的自定义函数定义。

下面是加入功能 8 和功能 9 之后,对主文件修改完善后的程序设计:

```
//主文件_main.cpp
1   # include "stugl.h"
2   void main()
3   {
4       int gnxz;
5   Fh: system("cls");
6       printf("\n\n\n");
7       printf("\t   学生成绩分析表\n");
8       printf("\t================\n");
9       printf("\t  1. 学生成绩输入\n");
10      printf("\t  2. 学生成绩平均\n");
11      printf("\t  3. 每门课程平均\n");
12      printf("\t  4. 平均成绩方差\n");
13      printf("\t  5. 最高成绩学生\n");
14      printf("\t  6. 学生成绩输出\n");
15      printf("\t  7. 学生成绩查询\n");
16      printf("\t  8. 学生成绩插入\n");
17      printf("\t  9. 学生成绩删除\n");
18      printf("\t  10. 退出程序运行\n");
19      printf("\t================\n");
20      printf("\t   你的选择是:");
21      scanf("%d",&gnxz);
22      getchar();
23      if(gnxz<1||gnxz>10)
24          goto Fh;
25      else
26      {
27          switch(gnxz)
28          {
29              case 1: Shuru(); goto Fh;
30              case 2: Pingjun(); goto Fh;
31              case 3: Kepingjun(); goto Fh;
32              case 4: Fangcha(); goto Fh;
33              case 5: Zuigao(); goto Fh;
34              case 6: Shuchu(); goto Fh;
35              case 7: Chaxun(); goto Fh;
36              case 8: Charu(); goto Fh;
37              case 9: Shanchu(); goto Fh;
38              case 10: system("cls"); printf("\n   程序已退出!\n\n"); break;
39          }
40      }
41  }
```

程序说明:

在主文件程序由 41 行语句命令构成,其中,第 16 行增加了功能 8 学生成绩插入的菜单选项。

第 17 行增加了功能 9 学生成绩删除的菜单选项。

第 22 行也是新增的语句,主要是吸收前面输入完之后的回车键。

switch()分支列表也同时增加了新的选项,其中,

第 36 行增加了插入"Charu();"自定义函数的调用选项。

第 37 行增加了删除"Shanchu();"自定义函数的调用选项。

第 38 行给程序的退出语句增加了清屏命令,这是为了人机界面友好的需要。

其他的语句形式完全与例 9-5 的相同。

下面就是对程序进行全面验证的过程,以两名学生的信息为例,验证内容和顺序如下:

菜单验证→功能 10 退出验证→误选了功能 2～功能 9 的验证→功能 1 输入的验证→误选功能 5～功能 9 的验证→功能 2 的运行→功能 3 的运行→功能 4 的运行→功能 5 的运行→功能 6 的运行→功能 7 的运行→功能 8 的运行→功能 9 的运行等。

下面给出程序主要的运行验证结果。

菜单显示结果:

```
    学生成绩分析表
==================
  1. 学生成绩输入
  2. 学生成绩平均
  3. 每门课程平均
  4. 平均成绩方差
  5. 最高成绩学生
  6. 学生成绩输出
  7. 学生成绩查询
  8. 学生成绩插入
  9. 学生成绩删除
  10.退出程序运行
==================
      你的选择是:
```

下面是选择功能 1 选项,输入完两名学生信息后的结果:

```
输入学生的总人数:2↙
请输入第 1 个学生的学号、姓名和三门课的成绩:
EEA21002 李四 88.5 90.3 87.4↙
请输入第 2 个学生的学号、姓名和三门课的成绩:
EEA21004 赵六 77.3 86.2 70.6↙

所有学生的成绩信息已全部录入完成!
```

下面是计算完平均成绩之后,执行功能 3 计算每门课程平均成绩的结果:

```
课程 1 的平均为:82.90
课程 2 的平均为:88.25
课程 3 的平均为:79.00

每门课的平均成绩已计算完成!
```

下面是选择功能 4 选项,计算平均方差的结果:

```
平均方差为:28.62
```

下面是选择功能 6 选项，输出显示的结果：

学生的成绩信息如下：

学号	姓名	课程 1	课程 2	课程 3	平均成绩
EEA21002	李四	88.50	90.30	87.40	88.73
EEA21004	赵六	77.30	86.20	70.60	78.03

学生成绩信息已输完！

重点来了，下面是选择功能 8 选项，分别插入 3 名学生信息的结果：

请输入插入学生的学号、姓名和三门课的成绩：
EEA21001 张三 87.8 92.5 75.9 ↙

新结点已插入到链表的头部！

请输入插入学生的学号、姓名和三门课的成绩：
EEA21005 刘欣 81.7 95.4 90.2 ↙

新结点已插入到链表的尾部！

请输入插入学生的学号、姓名和三门课的成绩：
EEA21003 王五 76.9 87.2 68.9 ↙

新结点已插入到链表的中部！

下面是插入 3 名学生之后执行功能 3 计算 3 门课平均成绩的结果：

课程 1 平均为：82.44
课程 2 平均为：90.32
课程 3 平均为：78.60

每门课的平均成绩均已计算完成！

下面是插入 3 名学生之后执行功能 4 计算平均方差的结果：

平均方差为：25.17

下面是执行功能 6，显示成绩信息的输出结果：

学生的成绩信息如下：

学号	姓名	课程 1	课程 2	课程 3	平均成绩
EEA21001	张三	87.80	92.50	75.90	85.40
EEA21002	李四	88.50	90.30	87.40	88.73
EEA21003	王五	76.90	87.20	68.90	77.67
EEA21004	赵六	77.30	86.20	70.60	78.03
EEA21005	刘欣	81.70	95.40	90.20	89.10

学生成绩信息已输完！

下面对功能 9 删除选项进行验证，分别删除链表的中部某个结点、头结点、尾结点以及非链表的结点 4 种情况进行验证，并将删除后其他功能的变化结果也一同进行验证。

下面分别是删除各结点的相关结果：

请输入要删除的学号：EEA21003 ↙

该结点是原来中部的一个结点，已从链表中删除！

请输入要删除的学号:EEA21001 ↙

该结点是原来的头结点,已从链表中删除!

请输入要删除的学号:EEA21005 ↙

该结点是原来的尾结点,已从链表中删除!

下面是删除后执行功能 3,计算 3 门课平均成绩的结果:

课程 1 平均为:82.90
课程 2 平均为:88.25
课程 3 平均为:79.00

每门课的平均成绩均已计算完成!

下面是删除后执行功能 4,计算平均方差的结果:

平均方差为:28.62

下面是删除后执行功能 6,显示成绩信息的输出结果:

```
学生的成绩信息如下:
学号        姓名    课程 1    课程 2    课程 3    平均成绩
EEA21002    李四    88.50    90.30    87.40    88.73
EEA21004    赵六    77.30    86.20    70.60    78.03
```

学生成绩信息已输完!

以上的输出信息说明,所有的运行结果都是正确的,也说明该程序的设计完全正确。

至此可以看出,对于动态链表的创建、各种计算以及链表结点的插入和删除等功能,通过细致周密的程序设计,完全达到了预期目的,也很好地完成了例 9-6 程序设计的任务。

例 9-6 中"学生成绩动态链表程序"经过作者的精心设计和反复验证,完全没有问题,运行非常流畅,也杜绝了各种可能的误操作和漏洞,具有很好的实用价值,对于类似项目的开发设计具有很好的借鉴意义。

另外,还有一个功能就是链表结点的修改,这个功能比较简单,我们没有举例,它与链表结点的查询功能类似。两者的共同点都是要先找到相应的结点,然后进行不同的后续处理。查询的后续处理是对结点成员的显示;而修改的后续处理是对结点成员的重新输入,大家可以仿照功能 7 来设计修改功能。

9.14.4　链表与数组的关系

很多人学习数组的时候就觉得数组很难,在学习完链表之后,现在回过头来看看数组,是不是觉得数组简单多了。的确,学完链表就像站在了高山之巅,俯首下望,真有一种"会当凌绝顶,一览众山小"的感觉。

数组是变量的升级版,而结构体是数组的升级版,链表是结构体的深加工,也可以说链表是数组的超级版。

数组是把相同类型的变量汇集在一起,而结构体是把不同类型的数组以及变量混合在一起。对于变量而言,数组就是它们的大家庭;而对于结构体而言,数组仅仅只是结构体中一个小小的成员。

对于数组的运算就是对变量的团队运算；而对于结构体的运算就是对大数据的运算。链表就是对大数据运算的重要手段。

当然，数组有数组的优点，链表有链表的优势。数组可以随意引用不同的元素，必须知道数组元素的总个数。链表只能引用当前结点的成员，不需要知道结点的总数。所以，数组与链表的应用各有千秋，而链表更具实用价值。

共用体、枚举类型以及类型的命名方式等内容都比较简单，有了结构体的概念和应用能力，对于共用体、枚举类型以及类型的命名方式等内容都容易学习和理解，大家可以自己去学习，本章不再展开介绍了。

本章小结

本章主要介绍了C语言中的结构体及其应用，内容包括结构体概述、定义、结构体变量的定义、引用、结构体成员的输入和输出方法、结构体数组、结构体指针、动态内存函数、结构体中链表的处理和应用等，尤其是链表的处理和应用是本章的重点，也是难点。

结构体实际上就是由不同类型的数组以及变量组合构成的一个整体，从形象上可以理解成一个表格。结构体中的每个数组、变量等都是结构体的一个成员，也叫作表列。

结构体的定义包括两部分：一个是结构体的名称部分，另一个是成员表列部分。其中结构体的名称部分首先要用到一个引导词：struct，它就是结构体的关键词，任何一个结构体的定义都必须以该关键词开头，后面是由设计者确定的结构体名称。结构体的所有成员必须用花括号{ }括起来，在后面的花括号}外面必须要加上分号表示结构体定义的结束。定义时，结构体的每个成员都要有类型、成员名，后面必须加上分号。

结构体的变量、数组、指针等定义均有直接定义和间接定义两种方法。

结构体成员的引用方法有3种形式，有点号成员运算法、指针的指向运算法以及指针带*号的点号成员运算法等。3种方法既适用于结构体变量的成员，也适用于结构体数组元素的成员。

动态内存分配函数有4个，它们是生成链表的重要工具。

链表就是把结构体的所有成员按照特定的规律链接成一个整体的方法。要生成链表，需要把结构体的变量或者结构体数组的元素改称为结点，也叫作数据域；并给每个结点之后再增加一个与结构体类型完全相同的尾指针，也叫作指针域。

链表只是一个结果，而链表的生成过程更加重要。链表的插入和删除功能更普遍，难度也更大。

在链表的插入和删除过程中必须要用到双指针动态伴随移动定位技术，简单地讲，就是两个结构体指针要随着循环过程一前一后地动态伴随移动，然后根据给定的条件，随时实现定位的功能。

本章有几个重要的举例，程序很完整，非常有代表性，对于学习和应用链表编程会有很大帮助和借鉴意义。

第10章

C语言的数据文件与数据的存取技术

与计算机相关的文件大家都比较熟悉,有文档文件、电子表格文件、视频文件,还有我们所编写的C语言程序文件等。只要将这些文件保存在计算机的硬盘或者U盘中,当我们再次阅读这些文件时就可以从计算机的存盘介质中调取出来,既不会丢失,也不需要重建,很方便。

10.1 C语言的数据文件概述

在C语言程序中,不仅有众多的语句命令,还有或多或少的数据。语句命令是构成C语言程序的基本因子,而数据是C语言程序运行的重要载体和对象。

1. C语言程序文件存在的不足

有一种情况大家有没有发现:当我们用所设计的C语言程序对数组或者结构体等数据进行运算操作时,首先需要把大量的数据通过程序从键盘上输入进来,然后进行各种运算、分析,最后输出结果,当运行完之后程序就会自动退出运行。当检查发现程序的运行结果有错误时,就要对程序进行修改和完善。可是,当修改完再次运行程序时,原来输入的众多数据已经全都没有了,需要重新输入,这会浪费不少的时间。如果程序的修改完善不止一次,而是很多次,每次修改完之后都需要重新输入数据,那么不仅会大大降低编程的工作效率,而且也是一件很烦人的事情。

即便是已经设计好的程序,不需要再修改和完善,也会出现类似的问题。比如,用C语言建立一个课程班学生的信息档案,建立一个企业员工的工资档案或者是产品数据档案等,当用程序建完档案后就会退出运行。如果不能把这些与C语言程序相关的数据档案保存下来,当需要查看这些数据时,打开程序什么数据都看不到,全都没有了。

现在是数字科技时代,个人用的银行卡、支付宝、QQ、微信、抖音等也都是由计算机程序来实现的,都有个人的用户名、密码等信息数据,尤其是一些重要的实名数据都需要保存在计算机或者手机系统的介质中。否则,当程序运行完之后,所有的数据都丢失了,那不仅是简单的程序漏洞问题,也可能带来严重的法律问题。所以,对程序数据的保存有着十分重要的意义。

如前所述,在 C 语言程序中之所以会出现数据丢失的问题,主要是因为没有把程序运行过程中的数据保存下来,这也可以说是 C 语言程序文件的一个不足之处。要想把这些数据保存下来,就需要解决 C 语言程序中保存数据的技术问题,这也是本章要学习的重点内容。

2. C 语言的数据文件保存技术

有人可能认为,我们所设计的 C 语言程序文件已经保存在计算机里面了,运行程序时那些数据也应该保存在里面。其实,这是两码事。就像我们用一个公式 $C = a\mathrm{e}^{st}$ 计算一道数学题一样,我们把计算过程会写在草稿纸上,计算完之后,知道计算结果就可以了。过后我们仍会记得计算公式,但是原来的计算草稿纸可能已经丢弃了。这个计算公式就像我们的 C 语言程序文件一样一直会保存下来,而草稿纸及其上面的计算数据就像是给 C 语言程序输入的数据那样,如果没有把它们收集保存起来,也会被丢弃的。当然,一个 C 语言程序可能比一个数学计算公式要复杂,不过道理是一样的。

所以,C 语言的程序文件与数据是不一样的,仅仅保存 C 语言程序文件是不够的,还需要把这些数据以文件的方式保存下来,这就是 C 语言数据文件的由来。要保存 C 语言的数据文件,当然要用到 C 语言数据文件的相关操作技术。

3. C 语言数据文件的分类

在 C 语言程序中需要保存的数据类型有很多。比如,对性别的保存、姓名的保存、地址的保存,还有对年龄、出生日期以及有关数据的保存等。在这些需要保存的数据类型中,性别只是一个单一的字符型数据,比如,M 或者 F,其中 M 代表男,F 代表女;而姓名、地址等都是字符型数据;年龄、出生日期、数组以及有关数据的保存等则属于整型或者浮点型数据;结构体元素则可能是字符、字符串、整型或者浮点型等混合数据类型等。

可见,在 C 语言程序中需要保存的数据类型从单一的字符型到结构体中的混合类型都可能存在,它们都需要采用 C 语言的数据文件保存方式。

不论是保存单一字符,还是一个字符串,或者是保存一批数组元素以及保存结构体元素的数据块等,它们的保存语句命令都是不同的,调用的语句命令也是不同的。

所以,C 语言的数据文件可分为单一的字符型文件、单一的字符串文件、单一的整型数据文件、整型的数据块文件以及结构体的数据块文件等不同形式。

4. C 语言数据文件的操作过程

许多教材都把 C 语言数据文件的操作过程归纳为 3 个步骤:

第一步,打开文件;

第二步,读或者写文件;

第三步,关闭文件。

其中第二步的读文件可以理解为调用文件,写文件可以理解为保存文件。

文件这 3 个操作步骤的顺序不能更改,否则会出现"致命"的错误。

由这 3 个步骤的顺序可以看出,要对 C 语言的数据文件进行调用或者保存,第一步首先要打开文件,然后才可以进行调用或者保存文件,之后还要将文件关闭。

实际上,这3个步骤是把C语言数据文件编程设计的思路告诉了我们,这就要求我们先要学习怎样打开文件,然后再学习怎样调用文件和保存文件,还要学习怎样关闭文件等。

10.2 C语言数据文件的打开方式

C语言数据文件的打开方式与普通文件的打开方式不同。对于普通文件,只要找到文件名用鼠标双击就可以打开,而C语言的数据文件用鼠标双击打开是没有用的,即使打开了,很多也是乱码。所以,需要用特定的函数在C语言程序中打开才有用。打开C语言数据文件的特定函数是fopen(),在10.3节会有详细的介绍。

C语言数据文件的打开方式有多种,方式不同,打开的含义也不同。

表10-1所列是C语言数据文件的打开方式一览表。

表 10-1　C语言数据文件打开方式一览表

打开方式	方式类型	文件类型	打开方式的含义
r	只读	文本文件	不能创建文件,只能打开已知的文本文件,并从文件头调用文件,原文件内容不变
w	只写	文本文件	可以创建或者打开一个文本文件,只能保存文件,不能调用文件。保存时原文件被刷新清零
a	追加	文本文件	可以创建或者打开一个文本文件,可以从文件尾追加内容,不能调用文件
r+	读/写	文本文件	不能创建文件,只能打开一个文本文件,从文件头调用,也从文件头保存,原文件内容被清零
w+	只写	文本文件	含义与w方式相同
a+	读/写追加	文本文件	可以打开或者创建一个文本文件,从文件头调用,从文件尾追加保存。不影响原文件的内容
rb	只读	二进制文件	打开一个已存在的二进制文件,从文件头开始读数据。原文件内容不变。不能创建文件
wb	只写	二进制文件	打开一个二进制文件,若文件不存在就创建它,否则刷新它,原文件内容清零
ab	追加	二进制文件	打开一个二进制文件,读时从文件头读,写时从文件尾追加。不能创建文件
rb+	读/写	二进制文件	打开一个二进制文件,读时从文件头读,写时从文件头写,原文件内容清零。不能创建文件
wb+	只写	二进制文件	打开一个二进制文件,若文件不存在就创建它,否则刷新它,原文件内容清零
ab+	追加	二进制文件	打开一个二进制文件,读时从文件头读;写时从文件尾追加。不影响原文件的内容

从表10-1可以看出,打开文件的方式总共有12种。在这12种方式中,前6种是打开文本文件的方式,后6种是打开二进制文件的方式。

我们先简要介绍一下这两种不同的文件格式,对于学习和理解C语言数据文件的操作是有帮助的。

对于一个 C 语言的数据文件而言,它的数据内容虽然是不变的,但由于打开方式的不同,对文件的保存和调用就出现了文本文件与二进制文件两种不同的形式。也就是说,如果打开文件时采用的是文本文件格式,那么后面所要保存的文件就是文本文件的方式;如果打开文件时采用的是二进制文件格式,那么后面所要保存的文件也就是二进制文件的方式。这两种文件还是有一些差异的,主要表现在以下两方面。

首先,文本文件与二进制文件的存放形式不同。文本文件是以 ASCII 的形式存放的,所占内存大。二进制文件是以字节形式存放的,所占内存小。

其次,文本文件与二进制文件的换行符不同。C 语言中换行符统一规定为\n,而在Windows 系统中,文本文件的换行符为\r\n,其中,\r 的意思是把光标移到所在行的最左边,\n 的意思是把光标移到下一行,\r\n 的意思就是把光标移到下一行的最左边,也就是换行。二进制文件的换行符为\n,也就是直接换行。由于两种文件的换行方式不同,如果打开文件的方式与原来保存的文件类型不一致,比如,将文本文件格式按照二进制文件格式打开或者将二进制文件格式按照文本文件格式打开,那就需要对两种文件的换行符进行相应的转换,这个转换过程有时会出现差错。

理解了文本文件和二进制文件的格式差异后,我们再来看看表 10-1 中 C 语言数据文件的打开方式。其中,文本文件的打开方式有 r——只读方式;w——只写方式;a——追加方式;还有 r+——读/写方式;w+——只写方式;a+——追加读/写方式等。

在文本文件的 6 种打开方式中,各打开方式的含义如下。

r——只读方式。不能创建文件,也不能保存文件,只能打开已知的文本文件,并为后续文件的调用或者保存做准备。

w——只写方式。可以创建或者打开文本文件,并能保存文件,但不能调用文件。创建的新文件内容为空,可以保存新内容进去;如果文件已经存在,该方式会把原来的文件内容清零,然后保存新的内容进去;如果不保存新内容,文件就为空。

a——追加方式。可以创建或者打开文本文件,并从文件的末尾追加保存内容,但是不能调用文件。

r+——读/写方式。不能创建文件,只能打开一个已知的文本文件,可以从文件头调用文件,也可以从文件头保存文件内容。如果是保存文件,那么原文件的内容就会被清零,这一点与 w 的打开方式类似。所以,尽量不要采用 r+方式保存文件的内容。

w+——只写方式。含义与 w 方式相同,没有什么特别之处。

a+——追加读/写方式。可以创建或者打开文本文件,从文件头调用,从文件尾追加保存。不影响原文件的内容。

在二进制文件的 6 种打开方式中,各打开方式的含义如下。

rb——只读方式。与 r 的打开方式含义类似,不同的是,以 rb 方式打开的是二进制文件,以 r 方式打开的是文本文件。

wb——只写方式。与 w 的打开方式含义也类似,不同的是以 wb 方式打开的是二进制文件,以 w 方式打开的是文本文件。

ab——追加方式。与 a 的打开方式含义类似,以 ab 方式打开的是二进制文件,以 a 方式打开的是文本文件。

还有 rb＋、wb＋、ab＋三种方式也与 r＋、w＋、a＋的三种方式含义类似,只是打开方式代表的文件类型不同而已。

要对 C 语言数据文件进行保存或者调用以及追加等操作,前提是先要创建数据文件,创建文件主要有 w、w＋、a、a＋和 wb、wb＋、ab、ab＋等多种方式,只有创建了数据文件,即便是空文件,之后对数据文件的操作才有意义。

不过,有一点一定要格外注意,如果一个数据文件已经创建好了,那么,轻易不要再使用类似含有 w 的方式来打开它。因为一旦用了 w、w＋或者 wb、wb＋等打开方式,就会对文件原有的数据内容清零,从而造成数据内容的丢失,除非原有的内容不要了。

在实际操作中,用哪种方式打开文件都行。不过,为了避免可能出现的错误,在保存和调用文件时,两者前后的打开方式要保持一致,要么都是文本文件方式,要么都是二进制文件方式;不要保存时采用文本文件方式,调用时采用二进制文件方式或者两者相反。

10.3 C 语言数据文件常用的特定函数介绍

C 语言数据文件的保存和调用都是由特定的函数来完成的,包括文件的打开和关闭也都是使用特定的函数。比如,打开一个文件要用 fopen()函数,关闭一个文件要用 fclose()函数,而向文件中保存一个字符要用 fputc()函数,向一个文件中保存一组数据块要用 fwrite()函数等。表 10-2 所列就是 C 语言数据文件常用的特定函数。

表 10-2 C 语言数据文件常用的特定函数一览表

函数名	函数的作用	函数原型	函数功能	返回值
fopen	打开文件	FILE * fopen(char * filename, char * mode);	以 mode 指定的方式打开名为 filename 的文件	打开成功返回一个文件指针,失败返回 0
fclose	关闭文件	int fclose(FILE * fp);	关闭 fp 所指的文件	关闭成功返回 0,失败返回 EOF
fputc	保存一个字符	int fputc(char ch, FILE * fp);	将字符 ch 保存到 fp 所指的文件中	保存成功就返回该字符,失败则返回 EOF
fgetc	调取一个字符	int fgetc(FILE * fp);	从 fp 所指的文件中调取一个字符	调取成功就返回该字符,失败则返回 EOF
putw	保存一个整数	int putw(int n, FILE * fp);	将一个整数 n(即一个字)保存到 fp 所指的文件中(非 ANSI 标准)	保存成功就返回该整数,失败则返回 EOF
getw	调取一个整数	int getw(FILE * fp);	从 fp 所指的文件中调取一个整数(非 ANSI 标准)	调取成功就返回该整数,失败则返回 EOF
fputs	保存一个字符串	int fputs(char str, FILE * fp);	将 str 指定的字符串保存到 fp 所指的文件中	保存成功返回 0,失败返回 EOF
fgets	调取一个字符串	int fgets(char * buf, int n, FILE * fp);	从 fp 所指的文件中调取一个长度为(n-1)的字符串,存入起始地址为 buf 的空间	成功返回地址 buf。若遇文件结束或出错,则返回 EOF

函数名	函数的作用	函数原型	函数功能	返 回 值
fwrite	保存一个数据块	int fwrite(char * pt, unsigned size, unsigned n, FILE * fp);	以文本或二进制方式将 pt 所指向的 n * size 字节数据块保存到 fp 所指的文件中	保存成功返回数据块的个数,失败则返回 EOF
fread	调取一个数据块	int fread(char * pt, unsigned size, unsigned n, FILE * fp);	以文本或二进制方式从 fp 所指的文件中调取 n * size 字节数据块存放到 pt 所指的内存区	成功则返回调取数据块的个数,失败则返回 EOF
fprintf	格式化保存数据	int fprintf(FILE * fp, char * format args,…);	以文本方式将参数 args 对应的数据按照 format 规定的格式保存到 fp 所指的文件中	返回要保存的字符数,失败则返回 EOF
fscanf	格式化读取调用数据	int fscanf(FILE * fp, char * format args,…);	从 fp 所指的文件中按照 format 规定的格式读取调用数据给 args 对应的地址参数	成功则返回调取数据的个数,失败则返回 EOF
rewind	指针返回函数	void rewind(FILE * fp);	将 fp 所指的文件指针返回到文件部头	无
feof	文件结尾判断函数	void feof(FILE * fp);	判断 fp 所指的文件是否结束	若文件没有结束,其返回值为 0,否则返回值为 16

注:ANSI 是美国国家标准协会的缩写,也表示美国国家标准协会的标准;非 ANSI 标准是指非美国国家标准协会的标准。EOF 表示 End of File。

表 10-2 所列的特定函数都是 C 语言编译系统自带的函数,这样的函数还有很多。它们都是有参函数,有的有一个形参,有的有多个形参。要调用这些函数,先要把它们各自形参的含义弄明白,然后调用起来才会得心应手。

在如表 10-2 所示的函数中,许多形参都是我们前面介绍过的,有的是指针形参,有的是整型形参,还有的是字符型形参等,这些形参都容易理解。但是,几乎在每个函数中都有 FILE * fp 这样的形参,这个形参之前并没有见过,而在 C 语言数据文件所涉及的函数中几乎都会出现,可见它是相当重要的,下面就重点来学习这个形参。

10.3.1　FILE 结构体类型介绍

FILE * fp 是一个文件指针形参,而 FILE 是文件指针的类型,它实际上代表了一个特殊的结构体类型。之所以特殊,是因为该结构体并不是一般的数据结构体,而是描述与文件信息相关的结构体,FILE 只是该结构体类型的间接表示方式,或者是文件信息结构体类型的别称。

下面是 FILE 的具体定义:

```
typedef struct
{
    short level;                    //缓冲区空和满的程度
    unsigned flage;                 //文件的状态标志
```

```
    char fd;                        //文件号
    unsigned char    hold;          //若无缓冲区,则取消字符输入
    short bsize;                    //缓冲区的大小,默认值为512
    unsigned char * buffer;         //数据缓冲区的指针位置
    unsigned char * curp;           //当前活动的指针
    unsigned istemp;                //草稿或临时文件标识
    short token;                    //用于正确性检验
} FILE;
```

在这个定义的首行中,因为有关键词 struct,它是结构体的标志,所以这个定义就是一种结构体的定义;花括号中的各项就是该结构体的成员,//后面的注释说明了各成员所代表的意义,这些成员也代表了与文件有关的信息。比如,level 表示缓冲区空和满的程度,flage 表示文件的状态标志,fd 表示文件号等。所以说,该结构体就是与文件有关的结构体。

在这个结构体定义的前面还有一个关键词 typedef,它是 type define 类型定义的缩写,它的作用就是可以给各种数据"类型"起一个别名,也就是可以给整型起别名、给浮点型起别名、给字符型起别名,还可以给结构体类型起别名,尤其是给结构体类型起别名更常用,也更有意义。但是,它不能给变量起别名,也不能创造新的数据类型。请看下面的例子。

(1)给整型起别名:

```
typedef int ZX;
```

这样,ZX 就是整型的一个别名,用 ZX 可以定义整型变量,即"ZX a,b,c;"表示定义了 3 个整型变量 a、b、c,这与"int a,b,c;"的定义是等价的。

(2)同样,"typedef char ZF;"就是给字符型起别名。

(3)还可以给结构体类型起别名:

```
typedef struct students          //结构体的名字 students 可以省略
{
    int num;
    char name[9];
    float chinese, math, eng, cyy;
    float ave;
}STU;
```

STU 就是所定义的结构体别名,用 STU 可以定义该结构体类型的变量。

所以,FILE 就是文件结构体的一个别名,用它可以定义结构体类型的变量或者指针等。

10.3.2   文件指针的 3 个关键环节

一个 C 语言的数据文件不论是文件名,还是文件的内容可能都比较长,甚至很复杂。如果用文件名或者文件内容进行各种文件的操作,势必会很麻烦。如果能用一个指针来代表文件,并用指针进行文件的各种操作就简单多了。

我们知道,FILE 是一个文件结构体类型,如果用 FILE 来定义一个指针 fp,那么这个指针 fp 就具有文件结构体的类型特征。而 C 语言的数据文件也具有文件结构体的特征,如果把 C 语言数据文件的地址赋给指针 fp 或者把指针 fp 定位在 C 语言数据文件的首地址上,则可以用指针 fp 来代表 C 语言的数据文件进行各种操作,这样对 C 语言数据文件的操作就变得容易多了。我们把这个指针叫作文件指针。

现在来看表 10-2 中所列函数的形参 FILE ＊fp，它就是对文件指针 fp 的定义，也就是说，该形参表示的是一个文件指针 fp。

根据之前所学的指针知识，指针都有 3 个关键环节，即指针的定义、指针的定位和指针的引用，这 3 个环节对于文件指针也同样适用。

1. 文件指针的定义

文件指针的第一个关键环节就是文件指针的定义，相当于给文件设定了一个箭头。

文件指针的定义格式：

文件指针的类型 ＊指针变量名；

例如，

```
FILE ＊ fp;
```

其中，FILE 是文件指针类型，fp 是文件指针变量名，＊是指针的标志。

当然，也可以定义其他字符作文件的指针，只要类型为 FILE，所定义的指针就是文件指针。比如，"FILE ＊ fq，＊ w，＊ k;"，说明 fq、w、k 等都是文件指针。

2. 文件指针的定位

文件指针的定位就是把打开的文件赋值给文件指针。

要给文件指针定位，必须用到文件的打开函数 fopen()。

函数原型：

```
FILE ＊ fopen(char ＊ filename, char ＊ mode);
```

形参说明：该函数有两个形参，其中第一个形参是要打开的文件名，第二个形参是打开文件的方式，打开方式要用双引号括起来。

函数调用方法：用实际文件名作第一个实参，用打开方式字母作第二个实参，然后再调用。文件名的实参可以直接用字符串形式，也可以用一维字符数组名的形式，还可以用一维的字符数组指针。用字符串形式时，要用双引号括起来。

文件名实参中可以包含路径名、文件名和文件的扩展名。文件名的构成形式不同，其归属也就不同。如果文件名中不包含路径名，则说明该文件归属于当前文件夹；否则，就归属于其他文件夹。文件的扩展名不同，文件的编辑方式就不同，编辑工具软件也不同。

通过 C 语言程序所保存的数据文件可能在当前文件夹中，也可能在其他文件夹中，要调用 fopen() 函数打开某个数据文件，其文件名的实参描述形式是不一样的。

1）当前文件的打开方式与文件指针的定位方法

请看下面给文件指针定位的语句命令例子：

```
fp = fopen("wjlx_1.docx","r");
```

这是用 fopen() 函数采用只读方式 r 打开文件 wjlx_1.docx，并赋值给文件指针 fp，或者是将文件 wjlx_1.docx 的首地址赋值给文件指针 fp，也就是给文件指针 fp 定位，将文件指针箭头指向 wjlx_1.docx 文件。

可以看出，该文件名 wjlx_1.docx 中是不含有路径名的，只有文件名 wjlx_1 和扩展名.docx，说明该文件归属于当前文件夹，也就是与 C 语言程序文件是同一个文件夹。文件的扩展名是.docx，说明该文件采用 WPS 文本文件的编辑方式。

下面也是给当前文件指针定位的语句命令例子：

```
fp = fopen("wjlx_1.docx","w");
```

这是采用只写方式 w 用 fopen() 函数打开 wjlx_1.docx 文件，并给文件指针定位。

下面也是给文件指针定位的语句命令例子：

```
fp = fopen("wjlx_1.docx","a");
```

这是采用追加方式 a 用 fopen() 函数打开文件 wjlx_1.docx，并给指针 fp 定位。

虽然打开方式不同，但打开的都是同一个文件，也都是给同一个文件指针 fp 定位。

在文件的打开函数中，要记住两个实参的书写格式。其中文件名必须包括主文件名和扩展名两部分，并且在文件名实参字符串的前、后两端要加上英文的双引号，即"wjlx_1.docx"，也要给文件的打开方式加上双引号，即"r"、"w"或者"a"。

如果事先将文件名赋值给一个一维的字符数组或者从键盘上输入一个文件名给一个一维的字符数组，那么在打开文件给文件指针定位时可以直接采用文件的数组名作第一个实参，数组名不需要加双引号。

比如下面的例子：

```
FILE * fp;
char wjm[ ] = {"wjlx_1.docx"};
fp = fopen(wjm,"r");
```

或者是下面的例子：

```
FILE * fp;
char wjm[12] = {" "};
printf("请输入文件名:");
scanf(" % s",wjm);                    //从键盘上输入文件名:wjlx_1.docx
//也可以用 gets(wjm);输入文件名
fp = fopen(wjm,"r");
```

这两个例子的作用是相同的，都是以只读方式 r 打开当前文件 wjlx_1.docx，不过，从键盘上输入文件名的方式更灵活。

2) 非当前文件的打开方式与文件指针的定位方法

如果要打开的数据文件不在当前文件夹，而是在其他文件夹中，那么文件名的实参中就要包含文件的路径名。

比如，文件 wjlx_1.docx 不在当前文件夹中，而在 E:\C-Free\编程文档\wjlx_1.docx 文件夹中，那么在调用 fopen() 函数时，就要把文件的路径名也加进文件名的实参中，其文件名实参的完整书写格式为："E:\\C-Free\\编程文档\\wjlx_1.docx"。

下面就是给文件指针 fp 定位的 3 个例子：

```
fp = fopen("E:\\C - Free\\编程文档\\wjlx_1.docx","r");
fp = fopen("E:\\C - Free\\编程文档\\wjlx_1.docx","w");
fp = fopen("E:\\C - Free\\编程文档\\wjlx_1.docx","a");
```

在上面的文件路径名中反斜杠要同时用两个\\，不能只写一个\，也就是要用反斜杠\的转义字符写法，否则会出现路径错误。

可以事先将带有路径的文件名赋值给一个一维的字符数组，也可以从键盘上输入带有路径的文件名给一维的字符数组，输入时路径名之前先要输入两个反斜杠。这样，在打开文件给文件指针定位时可以直接采用数组名作为第一个文件名实参,数组名就不用再加双引号了。

比如下面的例子:

```
FILE * fp;
char wjm[ ] = {"E:\\C-Free\\编程文档\\wjlx_1.docx"};
fp = fopen(wjm,"r");
```

或者是用下面的例子:

```
FILE * fp;
char wjm[34] = {" "};
printf("请输入文件名:");
scanf("%s",wjm);                        //从键盘上输入文件名:E:\\C-Free\\编程文档\\wjlx_1.docx↙
//也可以用 gets(wjm);输入文件名,记住:路径前要加双反斜杠\\
fp = fopen(wjm,"r");
```

它们都是以只读方式 r 打开非当前文件"E:\\C-Free\\编程文档\\wjlx_1.docx"。

3) 打开动态设定的文件与文件指针的定位方法

(1) 动态设定 C 语言数据文件名的必要性。

采用同一个 C 语言程序保存不同的数据文件很有必要。比如,采用同一个 C 语言程序保存不同课程班学生的学习成绩;采用同一个 C 语言程序保存不同单位职工的工资;采用同一个 C 语言程序保存不同产品的规格指标等。不同的人使用同一个 C 语言程序,所保存的数据文件名也是不一样的,除非有特殊的规定或者要求。

很显然,这些不同数据的保存不能用同一个数据文件名,否则,之前的数据会丢失或者被覆盖。所以必须采用不同的文件名来保存,这就要求数据文件名能够动态设定。

(2) C 语言数据文件的命名。

文件的取名没有什么限制,可以用字母、汉字,也可以用数字,还可以用多种字符的组合形式。不过,要尽量做到"见名如意",便于对文件的查找。

(3) 动态设定 C 语言数据文件名的操作方法。

动态设定 C 语言数据文件名的方法就是从键盘上直接输入文件名。为了对数据文件统一管理,可以将动态设定的不同数据文件名保存在同一个文件夹中,这样有利于管理、查询、确认以及调用等。

要把不同的数据文件保存在同一个文件夹中,可以把文件的路径名事先定义成一个一维的字符数组,还可以把文件的扩展名也事先定义成一个一维的字符数组,等从键盘上输入完文件名之后,再采用字符串的连接函数 strcat() 进行两次连接,就可以把从键盘上动态输入的文件名与路径名以及扩展名全部连接在一起,这样就构成了一个完整的文件名实参字符数组。当我们调用 fopen() 函数打开文件时,就可以采用连接好的字符数组作文件名的实参。如此一来,规范保存众多数据文件的目的也就达到了,打开和调用也更灵活。

例如,若 C 语言的程序文件保存在"E:\C-Free\编程文档\"中,如果要用 C 语言程序把扩展名为.docx 的数据文件 wjlx_1 保存在文件夹 fwj 中。其操作方法是:先在 E 盘新建一个文件夹 fwj,然后在 C 语言程序中将该文件夹定义并赋初值给一个一维的字符数组,即"char wjm[22]={"E:\\fwj\\"};",文件的路径要用反斜杠的转义字符\\隔开,整个路径名字符串要用双引号" "括起来;再将文件的扩展名.docx 定义并赋初值给另一个一维的字符数组,即"wjz[6]={{".docx"};",还需要再定义一个接收文件名的一维字符数组并赋空值,即"wjn[15]={" "};",因为这3个字符数组类型相同,所以可以一起定义。等程序输入完文件名之后,再用字符串的连接函数strcat()把3个字符数组按照文件名的格式要求连接成一个完整的形式,为数据文件的操作做好准备。

请看下面具体的程序设计:

```
1   FILE * fp;
2   char wjm[22] = {"E:\\fwj\\"}, wjz[6] = {{".docx "},wjn[15] = {" "};
3   printf("请输入文件名:");
4   scanf(" % s",wjn);                //输入文件名为 wjlx_1
5   strcat(wjm,wjn);
6   strcat(wjm,wjz);
7   fp = fopen(wjm,"w");
```

程序说明:

第1行定义了一个文件指针fp。

第2行定义了3个一维的字符数组,第一个是路径名数组,第二个是扩展名数组,第三个是文件名数组。

第4行是输入语句,程序运行后输入文件名wjlx_1。

第5行先将路径名与文件名连接在一起。

第6行再将扩展名与路径名、文件名连接在一起,构成完整的文件名格式。

第7行是以只写方式打开非当前文件夹中的"E:\\fwj\\wjlx_1.docx"文件。

当程序运行完之后,可以在E:\fwj\文件夹中找到所保存的文件wjlx_1.docx。如果重新设定一个文件名为wjlx_2.docx,程序运行完之后,同样在E:\fwj\文件夹中也能找到该文件。

可见,这样的程序段不仅实现了文件路径的共享,也实现了数据文件名的动态设定,应用范围更广。

4)C语言数据文件的扩展名与编辑打开方式

在许多教材中所介绍的C语言数据文件,其扩展名大都是.dat或者是.txt,其他的扩展名极少见到。这种情况给学习C语言的人造成了一定的错觉和困惑,以为C语言的数据文件扩展名只能采用.dat或者是.txt的方式。其实,并非如此。

实际上,C语言的数据文件扩展名除了.dat和.txt之外,还可以有.doc、.docx、.xls、.xlsx等多种不同的形式。数据文件扩展名不仅代表了不同的文件类型,也代表了不同的编辑方式,还代表了所要采用不同的打开工具软件等。

数据文件不同扩展名的含义如下:

.dat——主要是指数据文件,包括视频和图像文件等,可以采用视频工具软件打开。

.txt——主要是指纯文本文件,可以采用记事本工具软件打开。

.doc——主要是指纯文本文件,可以采用Word编辑软件打开。

.docx——主要是指纯文本文件,可以采用WPS的文字编辑软件打开。

.xls——主要是指电子文档文件,可以采用Excel编辑软件打开。

.xlsx——主要是指电子文档文件,可以采用WPS的电子文档编辑软件打开。

不论C语言的数据文件采用哪种扩展名,用只读r或者只写w等相关的方式都可以打开,并给文件指针定位。

其语句形式如下：

```
fp = fopen("wjlx_1.dat","r");
fp = fopen("wjlx_1.txt","r");
fp = fopen("wjlx_1.doc","r");
fp = fopen("wjlx_1.docx","r");
fp = fopen("wjlx_1.xls","r");
fp = fopen("wjlx_1.xlsx","r");
```

从打开函数 fopen() 的文件名实参中可以看出，在上面 6 种打开方式中，文件名都是 wjlx_1，说明它们的文件内容都是相同的。但由于它们的扩展名不一样，所以它们是 6 种不同的文件。要打开它们，需要采用各自不同的打开工具软件。如果采用其他的工具软件，打开后所看到的可能是乱码，甚至无法打开。

不论是什么扩展名的数据文件，在 C 语言程序中都是可以打开的。当然，前提是所属文件名和文件内容都必须是由 C 语言程序创建的。即便通过 C 语言程序所创建的文件名没有扩展名，在 C 语言程序中也是可以打开的。

思路拓展：从 C 语言程序打开文件的方式来看，对文件扩展名的要求和限制并不是很严格。所以，为了便于对 C 语言数据文件进行归类管理，增强 C 语言数据文件的隐秘性和安全性，我们完全可以自主给 C 语言的数据文件设置一个独立、特殊的扩展名，以区别于其他文件。

比如下面的例子：

```
fp = fopen("wjlx_1.lyc","r");
```

可见，wjlx_1.lyc 这个文件的扩展名.lyc 就是独有的。在文件目录中别人可能不知道该用什么软件来打开它，甚至无法打开。但是，这个文件在特定的 C 语言程序中是完全可以正常打开的，这就增强了文件的隐秘性和安全性，也体现了 C 语言数据文件所拥有的个性特征。

综上所述，对于同一个文件和同一个文件指针，其指针定位的表现形式也是多样的。不过，文件指针的定位还有一个特殊点，这个特殊点就是：文件可能存在，也可能不存在。如果文件存在，那么对文件指针的定位就有意义；否则没有意义。所以，在通常情况下，当文件指针定位后还需要对其进行必要的判断，而对文件指针的判断就是对文件指针引用的另一种具体体现。

3. 文件指针的引用

文件指针的引用有多种形式，主要是用文件指针作为相关函数的实参，来完成对文件指针的判断以及对文件指针所代表的数据文件进行保存或者调用等操作。

请看下面的程序段：

```
1   FILE  * fp;
2   fp = fopen("wjlx_1.docx","r");
3   if(fp == NULL)
```

程序说明：
第 1 行是给文件指针 fp 定义。
第 2 行是给文件指针 fp 定位，即先用打开函数 fopen() 以只读方式打开当前文件夹中一个名为 wjlx_1.docx 的文本文件,并把该文件的首地址赋给文件指针 fp,给文件指针定位,也可以看作是把文件指针 fp 指向文件 wjlx_1.docx。

第 3 行是对文件指针所代表的文件首地址进行判断,如果地址值为 NULL,则说明指针 fp 所指的文件不存在;否则文件存在。其中,对 fp 的判断也是对文件指针的引用。

前面的程序段是把文件指针的定位与引用判断分两行实现的,多数情况下是将两者综合在一起来实现。

请看下面的程序段:

```
1    FILE * fp;
2    if((fp = fopen("wjlx_1.docx","r")) == NULL)
```

第 2 行就是把文件指针的定位与判断综合在一起实现的,这种语句表述方式更常用。

从上面的举例中可以看出,文件指针的定位和引用都与某个特定的函数联系在一起,而且表述的方式比我们之前所学的其他类型指针的定位和引用都要复杂。

在学习了文件指针的 3 个关键环节之后,我们对文件指针的相关概念都比较清楚了,对 C 语言数据文件的操作也有了一定的基础。下面重点学习 C 语言数据文件的打开、保存、调用以及关闭等具体的操作方法。不过,在学习之前,还有一个共性的问题需要明白,这就是调用打开的文件时遇到文件结尾的判断问题。

不论我们操作的是文本文件还是二进制文件,当我们打开并调用文件时,总会遇到文件结束的时候,如果文件已经到了结尾处或者文件已经结束就不能再调用了,否则会出现调用错误。为了避免这种错误出现,通常采用 feof() 函数来判断文件是否结束。

如果文件没有结束,那么 feof() 函数的返回值为 -1;如果文件已经结束,那么 feof() 函数的返回值为 16。

在需要判断文件结束的程序中,我们可以用 feof() 函数的返回值来先行进行判断,以免出现调用文件的错误。在后续的学习内容中,我们会结合实例详细介绍 feof() 函数的调用方法。

下面先学习最简单的单一字符文件的操作方法。

10.4　C 语言单一字符文件的操作方法

单一字符文件的操作包括保存和调用两方面,下面分别进行介绍。

1. 单一字符文件的保存方法

由表 10-2 可知,对单一字符数据的保存要用函数 fputc() 来实现。

函数原型:

```
int fputc(char ch, FILE * fp);
```

函数参数:该函数有两个形参,其中第一个形参 char ch 是字符类型,它可以是字符变量,也可以是字符常量;第二个形参 FILE * fp 是文件指针类型。在调用该函数时必须要提供两个对应的实参,少一个都会出错。

函数的功能:把字符实参 ch 所对应的字符值保存到 fp 所指的文件中去。

函数的调用方法:只要提供两个对应的实参,就可以调用。例如,

```
fputc(c1,fp);
fputc('5',fp);
```

上面两个调用例子中均有两个实参,除了文件指针 fp 之外,第一个调用的字符实参 c1 是一个字符变量;第二个调用的字符实参是常量'5',它们都是正确的调用方式。

例如,"fputc(c1);"和"fputc(fp);"各少一个实参,所以都是错的。

注意,在函数"fputc(c1, fp);"和"fputc('5', fp);"调用中的指针 fp 是一个已经被定义和定位的文件指针实参,代表的是实际的数据文件,它与函数原型中的指针 FILE * fp 形参是完全不同的,在后续的举例中都是如此,不要理解错了。

两个调用 fputc() 函数的例子都表示向指针 fp 所指的文件中保存一个单一的字符,究竟是以文本文件方式保存还是以二进制文件方式保存,从 fputc() 函数是看不出来的,具体保存方式是由文件的打开方式决定的。如果文件是以 w 方式打开的,那么保存的就是文本文件方式;如果是以 wb 方式打开的,那么保存的就是二进制文件方式。

例 10-1　设计一个 C 语言程序,用数据文件保存一个单一的字符,比如性别:M 或者 F。

编程思路:要保存一个字符,核心是调用字符的保存函数 fputc()。在保存之前,先要打开一个文件,所以还要用到文件的打开函数 fopen()。打开之后还需要对文件是否存在进行必要的判断,如果文件存在则可以直接保存字符内容;如果文件不存在则无法保存字符内容。这就需要先创建一个文件,然后再保存,等保存完毕之后,还要将打开的文件关闭,确保文件的安全。所以还要用到关闭函数 fclose()。

在对数据文件的操作之前,先要定义一个文件指针,并定义一个字符变量,然后从键盘上输入一个性别字符,为文件的操作做好准备。

其程序段设计如下:

```
FILE * fp;
char c;
printf("\n 请输入客人的性别(M/F):");
scanf("% c",&c);
```

后续的程序主要是对文件的打开、判断、保存以及关闭等操作。请看下面的程序:

```
//文件名:单一字符文件的操作.cpp
1   # include < stdio. h >
2   void main()
3   {
4       FILE * fp;
5       char c;
6       printf("\n\n   请输入客人的性别(M/F):");
7       scanf("% c",&c);
8       fp = fopen("zfwj.docx","r");
9       if(fp == NULL)
10      {
11          printf("  文件不存在!\n");
12          printf("  下面新建文件:\n");
13          fp = fopen("zfwj.docx","w");
14          printf("  文件已建好,下面保存文件内容:\n");
15          fputc(c,fp);
16          printf("  文件保存完毕!\n");
```

```
17              printf("  关闭文件并退出。\n");
18              fclose(fp);
19        }
20  }
```

程序说明：

该程序由 20 行语句构成，其中第 4 行是给文件指针 fp 定义。

第 5 行是给字符变量 c 定义。

第 6 行和第 7 行是提示和输入字符变量的值，这两行也可以放第 13 行之后，效果是一样的。

第 8 行是以只读方式打开当前文件夹下的文件 zfwj. docx，该文件属于文本文件格式。将文件打开后赋值给指针 fp，也就是给文件指针 fp 定位。

第 9～19 行是对文件指针 fp 进行判断和相应的操作，其中，第 11～18 行是判断打开的文件不存在时所要进行的相关操作。

如果判断文件 zfwj. docx 不存在，则在第 13 行用 w 方式再次打开并创建文件 zfwj. docx，并给文件指针 fp 定位。注意：第 8 行是用 r 方式打开文件，r 方式只能打开已有的文件，并不能创建新的文件。而第 13 行是用 w 方式打开文件，w 方式可以创建新的文件，然后才可以向文件中保存数据。

第 15 行调用函数"fputc(c, fp);"向文件 zfwj. docx 中保存所输入的性别字母 M 的内容。

第 18 行关闭文件。

程序的运行结果如下：

```
请输入客人的性别(M/F): M
 文件不存在!
 下面新建文件:
 文件已建好,下面保存文件内容:
 文件保存完毕!
 关闭文件并退出!
 Press any key to continue
```

我们从对应的当前文件夹中找到新建的文件如下：

```
zfwj. docx
单一字符文件的操作.cpp
单一字符文件的操作.exe
单一字符文件的操作.o
```

其中，zfwj. docx 就是保存了性别字符 M 的 WPS 文档，其他 3 个分别是源程序文件、编译链接之后的可执行文件以及编译之后的目标文件等。

双击打开保存字符的文件 zfwj. docx 后看到的结果就是：

```
M
```

说明在文件 zfwj. docx 中确实保存了字符 M 的文件内容，可见，程序设计是成功的。

在这个程序中主要调用了 3 个特定的函数：第一个是打开函数 fopen()，第二个是保存字符的函数 fputc()，第三个是关闭函数 fclose()。实际上就是文件保存操作的 3 个步骤：打开—保存—关闭，这也是 C 语言保存文件的基本操作模式。

2．单一字符文件的调用方法

用数据文件保存一个字符不是目的，而把所保存的字符从文件中调取出来为我们所用才是真正目的。由表10-2可知，对单一字符文件的调用要用函数 fgetc() 来实现。

函数原型：

```
int fgetc(FILE * fp);
```

函数参数：它只有 FILE * fp 一个指针类型的形参，所以，在调用该函数时只要提供一个文件指针作实参就可以了。

函数的功能：从 fp 所指的文件中调取一个字符。

函数的调用方法：用一个文件指针 fp 作实参，将调取的字符值赋给一个字符变量或者直接输出。

例句，"fgetc(fp);"和"ch＝fgetc();"，第一个没有赋值，第二个没有实参，所以都是错的。

请看例句：

```
fp1 = fopen("zfwj.docx","r");
c1 = fgetc(fp);
c2 = fgetc(fp);
```

后两个语句是从当前文件夹中调用文本文件 zfwj.docx，并从中连续调取两个字符值分别赋值给字符变量 c1 和 c2。

如果文本文件 zfwj.docx 保存的内容是 A，那么，调用后字符变量 c1 的值就是 A，字符变量 c2 的值就是空格。

如果文本文件 zfwj.docx 通过追加后保存的内容是 AB，那么调用后字符变量 c1 的值就是 A，字符变量 c2 的值就是 B。

如果想给 c1 和 c2 都赋值 A，那么可以把 fp 所指的文件从头开始调用两次。这就需要在第二个调用语句之前加上一个使文件位置指针回位函数 rewind(fp)，这个函数可以把文件的位置指针从其他任何位置直接定位到文件的开头，所以叫作文件位置指针的回位函数。

请大家看清楚，"文件指针 fp"与"文件的位置指针"是两个不同的概念。文件指针 fp 是一个外部指针，是我们人为定义的；而文件的位置指针是一个内部指针，是计算机系统自动给文件分配的。每一个文件都有一个位置指针，当我们打开文件，并对文件的内容进行读、写时，文件的位置指针就会跟随读、写的内容自动地向后移动。如果要从文件开始的位置读取内容，那么文件的位置指针必须先回位，这样才能正确地读取内容。

请看下面的例句：

```
fp = fopen("zfwj.docx","r");
c1 = fgetc(fp);
rewind(fp);
c2 = fgetc(fp);
```

如果文件 zfwj.docx 保存的内容是字符 A，那么运行以上程序后，字符变量 c1 和 c2 的值都是字符 A。

在我们所举的例子中，文件 zfwj.docx 的扩展名是.docx，表示该文件是 WPS 文档。我们也可以把创建的文件扩展名改为 Word 的.doc 形式，也可以改为记事本的.txt 的形式。

也就是说,C语言的数据文件操作可以是多种不同的文件形式。

例 10-2　设计一个 C 语言程序,从数据文件 zfwj. docx 中调取一个单一的字符值赋给一个字符变量,并输出该字符变量的值。

编程思路:根据题目可知,C语言的数据文件 zfwj. docx 已经存在,要从该数据文件中调取一个字符,核心是要调用函数 fgetc()。在调取之前,先要用只读方式打开 C 语言的数据文件,不能用只写方式打开,否则会将原文件的内容清零。也不需要再对文件进行判断,可以直接从文件中调取字符,然后把调取的字符结果输出显示出来,最后关闭文件即可。

下面是根据编程思路设计好的程序:

```
1   # include < stdio. h>
2   void main()
3   {
4        FILE * fp;
5        fp = fopen("zfwj.docx","r");
6        printf("\n\n   客人的性别是:% c,男性。\n\n",fgetc(fp));
7        fclose(fp);
8   }
```

程序说明:

程序比较简单,只有8行命令。其中第4行是文件指针 fp 的定义。

第5行是以只读方式打开当前文件夹中的文件 zfwj. docx,并给文件指针 fp 定位。

第6行是将文件调用的结果 fgetc(fp)直接输出出来。

第7行是关闭文件。

在例 10-1 中,我们已给数据文件 zfwj. docx 保存了字符 M,在本例中,打开该文件进行读取调用,下面就是程序的运行结果:

```
客人的性别是:M,男性。
Press any key to conyinue
```

可见,程序调用的结果与例 10-1 程序的输入结果完全一致,说明 C 语言数据文件调用字符的程序设计是正确的。上面程序的第 6 行是直接输出文件的调用结果,如果先把调用结果赋值给一个字符变量,然后再输出,结果是一样的。

如果将例 10-1 和例 10-2 的两个程序综合在一起,那么当要打开的文件不存在时,要先创建文件,然后给文件保存字符;如果文件已经存在,则直接调用输出字符,请看下面的程序:

```
//文件名:单一字符文件的操作.cpp
1   # include < stdio. h>
2   void main()
3   {
4        FILE * fp;
5        char c;
6        fp = fopen("zfwj.docx","r");
7        if(fp == NULL)
8        {
9            printf("   文件不存在,先创建文件\n");
10           fp = fopen("zfwj.docx","w");
11           printf("\n\n   文件已建好,请输入客人的性别(M/F):");
12           scanf("% c",&c);
```

```
13              fputc(c,fp);
14              printf("\n\n  文件已保存完毕!\n");
15              fclose(fp);
16      }
17      else
18      {
19              printf("\n\n  文件已经存在,客人的性别是：%c,男性。\n",fgetc(fp));
20              fclose(fp);
21      }
22  }
```

大家可以验证该程序的运行结果,应该没有什么问题。

在前面程序中,保存单一字符的文件 zfwj.docx 都是以 r 或 w 的文本方式打开的。如果将打开文件 zfwj.docx 的语句改用 r+、a+ 的文本方式,程序也是可运行的,其运行结果也都是正确的。但是不能用 w+ 或者 a 的文本方式打开,否则原文件的内容会被刷新丢失或者运行结果出现错误。

当然,如果将打开文件 zfwj.docx 的语句改为二进制的 rb、rb+、ab+ 的方式,程序也是可行的,其运行结果也都是正确的。但是,不能用 wb、wb+ 或者 ab 的方式打开,否则原文件的内容也会被刷新丢失或者出错。大家可以自己去验证。

可见,对于同一个文件 zfwj.docx,可以用 6 种不同的文本方式来打开:

```
fp = fopen("zfwj.docx","r");   fp = fopen("zfwj.docx","w");   fp = fopen("zfwj.docx","a");
fp = fopen("zfwj.docx","r+");  fp = fopen("zfwj.docx","w+");  fp = fopen("zfwj.docx","a+");
```

也可以用 6 种不同的二进制方式来打开:

```
fp = fopen("zfwj.docx","rb");   fp = fopen("zfwj.docx","wb");   fp = fopen("zfwj.docx","ab");
fp = fopen("zfwj.docx","rb+");  fp = fopen("zfwj.docx","wb+");  p = fopen("zfwj.docx","ab+");
```

在实际的程序设计中,究竟选择哪种方式打开,并没有绝对的规定和限制,选择哪种方式都可以。但是,在同一个程序中,打开保存与打开调用文件的方式最好保持一致,不要出现打开方式上的交叉。

对于同一个文件,在文件类型相同的情况下,程序前后可以用两种不同的方式来打开,中间不需要先关闭文件。

比如,可以用下面的打开方式:

```
fp = fopen("zfwj.docx","r");
fp = fopen("zfwj.docx","a+");
```

或者

```
fp = fopen("zfwj.docx","a");
fp = fopen("zfwj.docx","a+");
```

以及下面的方式等:

```
fp = fopen("zfwj.docx","ab");
fp = fopen("zfwj.docx","ab+");
```

在选择文件的打开方式上,一定要注意打开方式对文件内容的影响,不要对已有的文件内容进行无谓的清零或者刷新操作。所以,w、w+ 以及 wb、wb+ 这 4 种打开方式要尽量慎用。

文件的打开可以用 w、a 或者 wb、ab 等不同方式,最好采用 w、w＋或者 wb、wb＋的方式来创建文件。

对于已经存在的文件,可以用 r、r＋、a＋或者 rb、rb＋、ab＋的方式打开。因为这些打开方式对原文件的内容没有影响,若可以不保留原文件内容,则可以选择其他打开方式。

如果文件已经存在,那么当采用 r、r＋、a＋或者 rb、rb＋、ab＋的方式打开时,在程序中可以取消对文件是否存在的判断。

比如下面带有判断的程序段:

```
1   fp = fopen("zfwj.docx","rb + ");
2   if(fp == NULL)
3   {
4           printf("   文件不存在,先创建文件\n");
5           fp = fopen("zfwj.docx","wb");
6           printf("\n\n   文件已建好,请输入客人的性别(M/F):");
7           scanf(" % c",&c);
8           fputc(c,fp);
9           printf("\n\n   文件已保存完毕!\n");
10          fclose(fp);
11  }
12  else
13  {
14          fputc('F',fp);
15          rewind(fp);
16          printf("\n\n   文件已经存在,客人的性别是: % c,男性。\n",fgetc(fp));
17          fclose(fp);
18  }
```

因为文件 zfwj.docx 已经存在,不需要再做判断,所以可以将原来 18 行的程序段改为如下的形式:

```
1   fp = fopen("zfwj.docx","rb + ");
2   fputc('F',fp);
3   rewind(fp);
4   printf("\n   文件已经存在,客人的性别是: % c。\n",fgetc(fp));
5   fclose(fp);
```

很显然,这样的程序只有 5 行,简化了很多。

尽管单一字符文件 zfwj.docx 的打开方式有 12 种之多,加上各种不同的组合使文件的打开变得十分复杂。但从前面的不同程序中可以看出,对文件 zfwj.docx 内容的保存采用的全都是函数 fputc(c,fp),而对文件 zfwj.docx 内容的调用采用的全都是函数 fgetc(fp),也就是说,不论文件的打开采用什么方式,它们的保存或者调用语句都是不会改变的。

这就说明,在文件的保存或者调取程序设计中,我们的主要精力要放在对文件打开方式的选择上,而对相关的保存和调用函数会用就可以了。

还有一点需要说明,在前面所有的程序例句中,要打开的文件 zfwj.docx 都是位于当前文件夹下,所以打开文件的语句命令都采用如下书写形式:

```
fp = fopen("zfwj.docx","r");
```

如果要打开的文件 zfwj.docx 不是位于当前文件夹下,而是位于“E:\教学文件\编辑文档\”中,即“E:\教学文件\编辑文档\zfwj.docx”,那么,打开文件的语句命令要采用下面的书写形式：

```
fp = fopen("E:\\教学文件\\编辑文档\\zfwj.docx","r");
```

不能采用下面的书写方式：

```
fp = fopen("E:\教学文件\编辑文档\zfwj.docx","r");
```

否则会出现错误。

还有一种情况需要说明一下，由于采用的编程软件不同，所以对"fclose(fp);"关闭函数语句的处理结果也有所差异。

如果是采用 C-Free 编程软件设计的程序，那么即便要打开的数据文件不存在，采用"fclose(fp);"语句关闭文件，对程序也不会有任何影响。

但是，如果是采用 Microsoft Visual C++ 6.0 编程软件设计的程序，那么当要打开的数据文件不存在时，一旦采用"fclose(fp);"语句关闭文件，当执行完该语句后，有的计算机会弹出程序中断的窗口，有的会使程序直接中断，其后续的程序都将无法正常运行。

请看下面采用 C-Free 软件设计的程序举例：

```
1   # include < stdio.h >
2   int main()
3   {
4       FILE * fp;
5       char wjm[15] = {" "};
6       printf("\n  请输入文件名:");
7       scanf("%s",wjm);
8       printf(" 下面打开 %s 文件:\n",wjm);
9       fp = fopen(wjm,"r");
10      if(fp == NULL)
11      {
12          fclose(fp);
13          printf(" 抱歉! %s 文件不存在!\n",wjm);
14      }
15      printf(" 程序退出运行!\n");
16      retutn 0;
17  }
```

程序说明：

第 4 行是给文件指针 fp 定义。

第 5 行定义了一个一维字符数组 wjm[15]并赋空值，用于存放文件名。

第 6 行和第 7 行是提示和输入文件名。

第 8 行是提示说明下面要打开所输入的文件。

第 9 行是以只读方式打开所输入的文件。

第 10 行是判断语句，判断该文件是否为空。

第 12 行是判断结果为空时，用关闭函数"fclose(fp);"语句关闭所输入的文件。

第 13 行是提示所输入的文件不存在。

第 15 行是"程序退出运行"的提示信息。

程序运行后的执行结果如下：

请输入文件名:诚信

```
    下面打开 诚信 文件:
     抱歉! 诚信 文件不存在!
     程序退出运行!
    按任意键继续…
```

可见,整个程序的执行过程完全正常,没有出现任何错误。

如果采用 Microsoft Visual C++ 6.0 编程软件设计该程序,则程序如下:

```
1   # include < stdio. h>
2   void main()
3   {
4        FILE * fp;
5        char wjm[15] = {""};
6        printf("\n    请输入文件名:");
7        scanf("% s",wjm);
8        printf("  下面打开  % s 文件:\n",wjm);
9        fp = fopen(wjm,"r");
10       if(fp == NULL)
11       {
12            fclose(fp);
13            printf("  抱歉! % s 文件不存在!\n",wjm);
14       }
15       printf("  程序退出运行!\n");
16  }
```

以上用 Microsoft Visual C++ 6.0 软件设计的程序除了第 2 行主函数的类型改为 void 之外,其余部分与用 C-Free 软件所编的程序完全相同,其运行结果如下:

```
    请输入文件名:诚信
    下面打开 诚信 文件:
  Press any key to continue
```

比较两个程序的运行结果可以看出,用 Microsoft Visual C++ 6.0 软件所编的程序在执行完第 12 行关闭函数"fclose(fp);"语句后直接中断了程序,使后续的程序无法再继续正常运行了。如果取消了第 12 行关闭语句,则程序运行结果如下:

```
    请输入文件名:诚信
    下面打开 诚信 文件:
     抱歉! 诚信 文件不存在!
     程序退出运行!
  Press any key to continue
```

这个结果与用 C-Free 软件所编的程序运行结果是完全一样的。

所以,在程序设计中,如果要打开的 C 语言数据文件并不存在,那么在不需要创建新文件的情况下,程序中就不需要再用关闭函数"fclose(fp);"语句来关闭文件了。

10.5　C 语言单一整数文件的操作方法

在实际应用中,我们也会遇到要保存一个重要的整数或者从文件中调用一个重要的整数等情况,这就是对单一整数文件的操作,该操作也包括保存和调用两方面。

1. 单一整数文件的保存方法

由表 10-2 可知,对单一整数的保存要用函数 putw()来实现。

函数原型：

int putw(int n, FILE * fp);

函数参数：它有两个形参，其中一个是整型 int n，可以是整型变量，也可以是整型常数；另一个是指针类型 FILE ＊ fp。

函数的功能：把整型实参 n 的值保存到 fp 所指的文件中。

函数的调用方法：必须提供两个对应的实参，少一个都会出错。

例如，"putw(a，fp);"和"putw(18，fp);"，第一个调用中用整型变量 a 作实参；第二个调用中用整型常量 18 作实参，这两种调用方式都是对的。

再看两个例子，"putw(a);"和"putw(fp);"，两个调用各少一个实参，所以都是错的。

例 10-3　设计一个 C 语言程序，用数据文件保存一个整数，比如学生的年龄为 18 岁。

编程思路：C 语言的数据文件有文本文件和二进制文件两种形式，本例采用二进制文件。选择 wb 方式创建一个新的二进制文件，新文件不需要判断，直接进行保存操作。由于文件的保存和关闭与打开方式无关，所以文件的保存只需要调用整数的保存函数 putw()即可，而文件的关闭直接用函数 fclose()即可。请看下面的程序：

```
//文件名:单一整数文件的操作.cpp
1   # include < stdio. h >
2   void main()
3   {
4       FILE ＊ fp;
5       int a;
6       printf("\n   请输入学生的年龄:");
7       scanf(" % d",&a);
8       fp = fopen("zswj.docx","wb");
9       printf("   文件已建好,下面保存文件内容:\n");
10      putw(a,fp);
11      printf("   文件保存完毕!\n");
12      printf("   关闭文件并退出。\n");
13      fclose(fp);
14  }
```

程序说明：

第 4 行是定义文件指针 fp。

第 5 行是定义整型变量 a。

第 6、7 行是提示信息。

第 8 行是以二进制 wb 方式打开当前文件夹下的文件 zswj. docx，将文件赋值给指针 fp，也就是给文件指针 fp 定位。

第 10 行调用函数"putw(a, fp);"向文件 zswj. docx 中保存所输入的年龄值。

第 13 行是关闭文件。

程序的运行结果如下：

```
请输入学生的年龄: 18↙
文件已建好,下面保存文件内容:
文件保存完毕!
关闭文件并退出。
Press any key to continue
```

从计算机对应的当前文件夹中找到建立的文件如下：

```
zswj.docx
单一整数文件.cpp
单一整数文件.exe
单一整数文件.o
```

其中，zswj.docx 就是保存的整数文件，其他 3 个分别是源程序文件、编译链接之后的可执行文件以及编译之后的目标文件等。

双击打开文件夹中保存的整数文件 zswj.docx，看到的结果是"空白"，似乎是一个空文件。

其实这是一个"假象"，实际上它并不是空的，而是有内容的，只是我们打开看不到而已，这也是通过 C 语言程序保存整数文件的特殊性。不过，文件中到底有没有整数内容存在，只有调用它才能知道结果。下面就用整数的调用程序来揭开这个"谜底"。

2. 单一整数文件的调用方法

在表 10-2 中，对单一整数文件的调用要用函数 getw() 来实现。

函数原型：

```
int getw(FILE * fp);
```

函数参数：它只有一个 FILE ＊fp 文件指针形参。

函数的功能：从 fp 所指的文件中调取一个整数，并赋值给一个整型变量。

函数的调用方法：调用时用文件指针 fp 作实参，将调取的整数值赋给一个整型变量或者直接输出即可。

例如，"getw(fp);"和"a＝getw();"两个调用语句都是错的，你看出问题了吗？

请看下面调用的例子：

```
1   fp = fopen("zswj.docx","rb");
2   a = getw(fp);
3   b = getw(fp);
```

程序说明：

第 1 行是用 rb 方式打开二进制的文件 zswj.docx。

第 2 行和第 3 行是连续调用两个整数值分别赋值给整型变量 a 和 b。

如果二进制文件 zswj.docx 保存的内容是 18，那么调用后整型变量 a 的值就是 18，而 b 的值为－1。这里的－1 表示文件 zswj.docx 已经结束。

如果用 ab 方式打开文件，并给二进制文件 zswj.docx 再追加保存一个整数 25，如下面的例句所示：

```
fp = fopen("zswj.docx","ab");
putw(25, fp);
```

那么文件 zswj.docx 实际保存的整数内容就为：18 25。然后，采用 rb 方式将文件 zswj.docx 打开后，通过两个调用语句就可以得到两个不同的整数值。

请看下面的例句：

```
fp = fopen("zswj.docx","rb");
a = getw(fp);
```

```
b = getw(fp);
```

此时,a＝18,b＝25。

如果想得到 a＝18,b＝18,还需要在 a、b 调用之间加上"rewind(fp);"语句,即

```
fp = fopen("zswj.docx","rb");
a = getw(fp);
rewind(fp);
b = getw(fp);
```

这样就可以得到：a＝18,b＝18。

例 10-4　将整数的保存和调用综合在一起设计一个程序,当要打开的文件不存在时,就创建文件,并给文件保存一个整数；如果文件已存在,则直接调用输出一个整数。

综合程序设计如下：

```
1    # include < stdio. h >
2    void main( )
3    {
4        FILE  * fp;
5        int a;
6        fp = fopen("zswj.docx","rb");
7        if(fp == NULL)
8        {
9            printf("  文件不存在,先创建文件\n");
10           fp = fopen("zswj.docx","wb");
11           printf("  文件已建好,请输入学生的年龄:");
12           scanf(" % d",&a);
13           putw(a,fp);
14           printf("  文件已保存完毕!\n");
15           fclose(fp);
16       }
17       else
18       {
19           a = getw(fp);
20           printf("  文件已经存在,学生的年龄为: % d\n", a);
21           fclose(fp);
22       }
23   }
```

程序说明：

第 4 行定义了一个文件指针 fp。

第 6 行是以二进制的 rb 方式打开文件 zswj. docx。

第 7 行判断文件是否存在。

第 8～16 行是文件不存在时,新创建文件并给文件保存一个学生的年龄,其中,

第 9 行、第 11 行、第 14 行是提示信息。

第 10 行是以二进制的 wb 方式再次打开文件 zswj. docx,实际上是新建该文件,并给文件指针 fp 定位。

第 12 行是从键盘上输入学生的年龄。

第 13 行是保存学生的年龄,这是程序的第一个重要环节。

第 15 行关闭文件。

第 18～22 行是当文件存在时，调用文件的内容并输出。

第 21 行是关闭文件。

由于在例 10-3 的程序中，我们已经向文件 zswj.docx 中保存了学生的年龄数 18，虽然直接打开看是"空白"的，但是它是实实在在存在的。

所以，当本程序运行后，判断文件 zswj.docx 已经存在，就接着调用该文件中的数据 18 出来给变量 a，并输出其结果。

程序的运行结果如下：

```
文件已经存在,学生的年龄为:18
Press any key to continue
```

程序的输出结果说明保存的文件是正确的，并不是"空白"。这也提醒我们，以后，当我们打开某个文件看到是"空白"时，千万不要删除它，说不定是某个重要的数字"密码"，一旦删掉了后悔可就来不及了。大家也可以再验证该程序的运行结果。

在前面的举例中，保存和调取单一整数的文件 zswj.docx 都是以二进制方式打开的，如果改为文本文件的打开方式，运行结果也是一样的，大家可以自己去验证。

10.6　C 语言单一字符串文件的操作方法

与单一字符和单一整数文件的操作相比，在实际应用中，对单一字符串文件的操作会更普遍。比如要保存一个人的姓名或者从文件中调用一个人的姓名等，就需要对单一字符串文件进行操作，该操作也包括保存和调用两方面。

1. 单一字符串文件的保存方法

在表 10-2 中，对单一字符串的保存要用函数 fputs() 来实现。

函数原型：

```
int fputs(char str, FILE * fp);
```

函数参数：它有两个形参，其中一个是字符型形参 char str，可以是字符串，也可以是一维的字符数组名；另一个是指针形参 FILE * fp。

函数的功能：把字符型实参 str 所对应的字符串保存到 fp 所指的文件中。

函数的调用方法：调用时第一个实参用一个字符串，第二个实参用文件指针。

例如，"fputs(sr);"和"fputs(fp);"各缺一个实参，所以都是错的。

再看两个例子，"fputs(sr, fp);"和"fputs("CHINA", fp);"，第一个调用中用一维字符数组名 sr 作实参；第二个调用中用字符串"CHINA"作实参；它们都是对的。

例 10-5　设计一个 C 语言程序，用数据文件保存一个字符串，比如学生的姓名：张小明。

编程思路：在本例中，我们按照文本文件确定打开方式。首先需要创建一个新的文本文件，采用 w 的打开方式。新创建的文件不需要判断，直接进行保存操作，文件的保存直接调用字符串的保存函数 fputs() 即可，之后将文件关闭。

下面是设计好的程序：

```
1    #include < stdio.h>
```

```
2   void main()
3   {
4        FILE  * fp;
5        char xm[9];
6        fp = fopen("zfcwj.docx","w");
7        printf("\n   文件已建好,请输入学生的姓名:");
8        scanf(" % s",xm);
9        printf("   下面保存文件内容:\n");
10       fputs(xm,fp);
11       printf("   文件保存完毕!\n");
12       printf("   关闭文件并退出。\n");
13       fclose(fp);
14  }
```

程序说明:

第 4 行定义一个文件指针 fp。

第 5 行定义了一个字符串 xm,用于存放学生的姓名。

第 6 行以 w 方式在当前文件夹下新建一个文本文件 zfcwj.docx,并给文件指针 fp 定位。

第 7 行是提示信息。

第 8 行是从键盘上给字符串赋值,用%s 字符串格式,地址直接用字符串名 xm 表示。

第 10 行调用函数"fputs(xm, fp);"向文件 zfcwj.docx 中保存所输入的字符串。

第 13 行是关闭文件。

程序的运行结果如下:

```
文件已建好,请输入学生的姓名:张小明↙
下面保存文件内容:
文件保存完毕!
关闭文件并退出。
Press any key to continue
```

从计算机对应的当前文件夹中找到建立的文件如下:

```
zfcwj.docx
单一字符串文件的操作.cpp
单一字符串文件的操作.exe
单一字符串文件的操作.o
```

其中,zfcwj.docx 就是保存字符串的文件,其他 3 个分别是源程序文件、编译链接之后的可执行文件以及编译之后的目标文件等。

打开保存字符串的文件 zfcwj.docx 结果如下:

```
张小明
```

可以看到,在文件 zfcwj.docx 中已经保存了"张小明"的文件内容,说明字符串文件的保存是成功的。

2. 单一字符串文件的调用方法

在表 10-2 中,对单一字符串文件的调用要用函数 fgets()来实现。

函数原型:

```
int fgets(char  * buf, int n, FILE * fp);
```

函数参数：该函数有 3 个形参，其中第一个形参 char ＊buf 是一个字符串指针，也可以是数组名，也就是把所调用的字符串存放在哪里的地址位置；第二个形参 int n 是一个整型变量，表示要调用字符的总个数，也就是调用字符串的总长度，即 n＝有效长度＋1，其中"有效长度"就是调取字符的总个数，＋1 代表字符串的结束标志；第三个形参是要调用的文件指针 FILE ＊fp。

函数的功能：从 fp 所指的文件中调取 n－1 个有效字符，并存放在指针 buf 对应的字符串地址中，－1 是不包含字符串的结尾标志\0。

函数的调用方法：调用时需要 3 个实参：第一个是存放字符串的指针或者是数组名；第二个是调取字符的总个数 n，其中包含字符串的结束标志；第三个是所要调取的文件指针 fp，3 个实参缺一不可，否则都会出错。

下面 3 个调用的例子：

```
fgets(9,fp);
fgets(p,fp);
fgets(p,9);
```

这 3 个函数调用都有错误，因为各少了一个实参。

下面是正确调用的例子：

```
fgets(p,9,fp);
```

表示从指针 fp 所指的文件中连续调取 9 个字符组成一个字符串，其中前 8 个是有效字符，后面再加一个字符串的结束标志，并把该字符串赋给指针 p 对应的地址。

我们在前面加上文件的打开命令，调用语句就更容易理解一些：

```
fp = fopen("zfcwj.docx","r");
fgets(p,9,fp);
```

假如文本文件 zfcwj.docx 中保存的内容是"张小明"，那么调用上面的语句后指针 p 对应的字符串就是"张小明　　"，后面多两个空格是与数字 9 对应。

如果文件 zfcwj.docx 中保存的内容是"I love CHINA!"，那么执行下面的例句后：

```
fp = fopen("zfcwj.docx","r");
fgets(p,14,fp);
```

指针 p 对应的字符串就是"I love CHINA!"。

如果把字符串的调用语句改为下面的形式：

```
fgets(p,11,fp);
```

那么，指针 p 对应的字符串就是"I love CHI"，指针 p 对应的字符串有效字符是 10 位，并不是 11 位，另一位就是字符串的结尾标志'\0'，这是系统自动加上的。

例 10-6　把保存与调用字符串相结合设计一个程序，当要打开的文件不存在时，就创建文件，并给文件保存一个字符串；如果文件已经存在，则直接调用和输出一个字符串，其程序设计如下：

```
1   # include < stdio.h >
2   void main()
3   {
4       FILE * fp;
```

```
5         char sr[9], * p = sr;
6         fp = fopen("zfcwj.docx","r");
7         if(fp == NULL)
8         {
9             printf("   文件不存在,先创建文件\n");
10            fp = fopen("zfcwj.docx","w");
11            printf("   文件已建好,请输入学生的姓名:");
12            scanf("%s",sr);
13            fputs(sr,fp);
14            printf("   文件已保存完毕!\n");
15            fclose(fp);
16        }
17        else
18        {
19            fgets(p,9,fp);
20            printf("   文件已经存在,学生的姓名为:%s\n", sr);
21            fclose(fp);
22        }
23    }
```

程序说明:

第 4 行是文件指针的定义。

第 5 行是字符串和指针的定义及定位。

第 6 行是以文本方式打开文件 zfcwj.docx,并给文件指针 fp 定位。

第 7 行是对打开文件的判断。

第 8~16 行是文件不存在时,新建文件和输入、保存字符串。

第 18~22 行是文件存在时,调用文件并输出字符串的值。

程序的运行结果如下:

```
   文件已经存在,学生的姓名为:张小明
Press any key to continue
```

可见,程序的运行结果正确。

现在我们可以在前面程序的基础上举一反三,进一步加深理解。

如果要给文件 zfcwj. docx 再追加一个字符串"CHINA",那么,从第 17 行 else 语句之后的语句可以修改为下面的形式:

```
17    else
18    {
19            fp = fopen("zfcwj.docx","a");
20            fputs("CHINA", fp);
21            fgets(p,9,fp);
22            printf("   文件已经存在,学生的姓名为:%s\n", sr);
23            fclose(fp);
24    }
25    }
```

程序的运行结果如下:

```
   文件已经存在,学生的姓名为:
Press any key to continue
```

可以看到,学生姓名输出的结果是"空的",但这不能说明学生的姓名就是空的。这是因为第 19 行的文件打开方式"a"追加了一个字符串后,文件指针没有回位,所以第 21 行的调用是没有结果的。

我们把对应文件夹中的文件 zfcwj.docx 打开,可以看到如下结果:

张小明 CHINA

说明追加保存字符串"CHINA"的操作是成功的。

如果在此基础上停止追加,把第 19 行和第 20 行注释掉,恢复到修改之前程序,那么其程序如下:

```
17    else
18    {
19        //fp = fopen("zfcwj.docx","a");
20        //fputs("CHINA", fp);
21        fgets(p,9,fp);
22        printf("\n\n   文件已经存在,学生的姓名为:% s\n\n", sr);
23        fclose(fp);
24    }
25 }
```

此时程序的运行结果如下:

文件已经存在,学生的姓名为:张小明 CH
Press any key to continue

可以看到,在"张小明"的姓名之后还加了"CH"两个字符,也就是把"CHINA"字符串的前两个字符也一起调取出来了。这是由调取字符的个数 9 决定的,因为"张小明"的姓名是 3 个汉字共有 6 字节,要调取 9 字节的字符串,除了一个结束标志\0 外,还有 8 个有效字节,所以把后面的字符串"CHINA"的前两个字符"CH"也一同调取出来了。

如果把第 21 行字符串的调用函数改成下面的形式:

```
21        fgets(p,7,fp);
```

把调取字符的个数 9 改为 7,那么其程序的运行结果如下:

文件已经存在,学生的姓名为:张小明
Press any key to continue

这个输出结果很明显是正常的。这也告诉我们,用字符串的调用函数 fgets()从文件中调取字符串时,要准确把握调取字符的个数,减少调取的错误。

在文件的打开方式为"a"的情况下,如果把第 5 行数组的定义改为"char sr[15];",在第 20 行之后加上文件位置指针的回位函数"rewind(fp);",并将第 21 行中的调用函数"fgets(p,9,fp);"改为"fgets(p,15,fp);",虽然可以输出内容了,但输出的都是乱码。按照同样方法,把文件的打开方式改为"a+",文件位置指针不回位,同样输出的内容也为"空";若加上文件位置指针回位,输出的结果与保存的文件内容就完全一样了。所以,在采用追加方式时,还是采用"a+"的方式为好。

如果一开始在文件保存"张小明"的基础上追加字符串"CHINA",将文件的打开方式设定为"a+",并把字符串调用函数中的调取字符个数设定为 7,并在调用字符串函数之前加上文件位置指针的回位函数,那么其程序段如下:

```
17        else
```

```
18      {
19          fp = fopen("zfcwj.docx","a + ");
20          fputs("CHINA",fp);
21          rewind(fp);
22          fgets(p,7,fp);
23          printf("\n\n  文件已经存在,学生的姓名为:% s\n\n", sr);
24          fclose(fp);
25      }
26  }
```

然后再运行整个程序,运行之后文件中追加保存的内容为:

张小明 CHINA

程序的运行结果如下:

　　文件已经存在,学生的姓名为: 张小明
Press any key to continue

可以看到,我们给文件既追加了字符串"CHINA",又获得了正确的输出结果。这也再次说明,只要正确地运用C语言的语句形式,就可以得到满意的答案。

如果将前面的程序改成二进制的打开方式,那么程序的运行结果与前面对应的结果也完全相同,大家可以自己去验证。

如果在前面的程序中保存的不是汉字形式的学生姓名,而是一个英文形式的字符串,比如,文件保存的内容为"I love CHINA!",那么在调用该字符串时,可以采用循环与单一字符调用函数 fgetc()相结合的方式来实现。

修改后的程序如下:

```
1   # include < stdio. h >
2   void main()
3   {
4       FILE  * fp;
5       char sr[14], * p = sr;
6       int i;
7       if((fp = fopen("zfcwj. docx","r")) == NULL)
8       {
9           printf("\n\n  文件不存在,先创建文件\n\n");
10          fp = fopen("zfcwj. docx","w");
11          printf("  文件已建好,请输入一个字符串:");
12          gets(sr);                        //输入 I love CHINA!↙
13          fputs(sr,fp);                    //保存该字符串
14          printf("  文件已保存完毕!\n");
15          fclose(fp);
16      }
17      else
18      {
19          for(i = 0; i < 14; i++)
20              sr[i] = fgetc(fp);           //用单一字符函数与循环配合调用文件
21          printf("\n\n  文件中的字符串为:% s\n\n", sr);
22          fclose(fp);
23      }
24  }
```

大家可以去验证输出结果,应该是没有问题的。

我们一步一步学习了单一字符、单一整数,再到单一字符串文件的保存和调用方法,后面还有更复杂数据文件的保存和调取方法,内容会越来越精彩,也越来越有趣。

10.7　C语言数据块文件的操作方法

在实际应用中,不仅有对单一型数据文件的操作,更多的是对批量数据文件的操作。比如要保存或者调用一个二维数组的数据,保存或者调用一个结构体数组的数据等,C语言中把这种批量数据文件的操作称为数据块文件的操作。数据块文件的操作同样包括保存和调用两方面。

1. 数据块文件的保存方法

在表 10-2 中,对数据块文件的保存要用函数 fwrite() 来实现。

函数原型:

```
int fwrite(char * pt, unsigned size, unsigned n, FILE * fp);
```

函数参数:它有 4 个形参,其中第一个 char * pt 是一个数据块区的指针形参;第二个 unsigned size 是一个无符号的数据形参,代表一个数据块的字节数;第三个 unsigned n 是一个无符号的整数形参,代表数据的总块数;第四个 FILE * fp 是文件指针形参。

函数的功能:把指针 pt 所定位的数据区中 size * n 的字节数据块保存到 fp 所指的文件中。指针 pt 所定位的数据区多为不同类型的数组,具体指向数组的首地址,也可以是变量或者数组元素的地址,其他参数要与其相配合。

函数的调用方法:在调用该函数时必须要提供 4 个对应的实参,少一个都会出错。

比如下面调用的例子:

```
fwrite(12,3,fp);
fwrite(p,3,fp);
fwrite(p,12,fp);
fwrite(p,12,3);
```

这 4 个函数调用语句都各少了一个实参,其中第一个调用少了数据区的指针实参;第二个调用少了数据块的字节数实参;第三个调用少了数据块的个数实参;第四个调用少了文件的指针实参,所以都是错误的。

下面是正确调用的例子:

```
fwrite(p,16,1,fp);
```

我们知道,一个整数占 4 字节,在这个数据块调用函数中,第二个实参为 16,16/4=4,表示有 4 个整数,当然也可能是 4 个浮点数,因为字节数相同;第三个实参为 1,代表数组元素为 1 行。所以,该函数的调用相当于将指针 p 所定位的一个一维数组中的 4 个元素依次保存到 fp 所指的数据文件中。

如果调用的函数是这样的:

```
fwrite(p,20,4,fp);
```

则相当于将指针 p 所定位的一个二维数组中 4×5 个元素依次保存到 fp 所指的数据文件中去,也就是保存一个 4 行 5 列的二维数组元素。

如果调用的函数是这样的：

```
fwrite(p, 7, 1, fp);
```

则相当于将指针 p 所定位的一个一维字符数组中 7 个元素依次保存到 fp 所指的数据文件中，也相当于将一个人的姓名保存到 fp 所指的数据文件中。因为姓名通常是 3 个汉字，共有 6 字节，再加一个结束标志，正好是 7 字节。

如果调用的函数是这样的：

```
fwrite(p,7,5,fp);
```

与前面的调用类似，相当于将 5 个人的姓名保存到 fp 所指的数据文件中，也就是保存一个二维的字符串数组。

重要提示：在 fwrite(char * pt, unsigned size, unsigned n，FILE * fp)的函数原型中，第一个形参 char * pt 是一个指针形参，它的类型是字符型 char，这只是一个类型代表，并不是固定模式，可以随数据块的类型不同而变化。也就是说，这个指针形参可以是整型、浮点型、字符型，也可以是结构体类型等。

例 10-7　设计一个 C 语言程序，用数据块文件保存一个整型二维数组各元素的值，二维的整型数组 a[3][4]各元素的值如下：

```
1   2   3   4
5   6   7   8
9  10  11  12
```

要求元素的值要从键盘上输入。

编程思路：

（1）准备工作。程序一开始要定义文件指针 fp、二维的整型数组 a[3][4]和行指针（* p）[4]，并给 p 定位，再定义两个整型循环变量 i、j。

（2）创建文件。选用 wb 的二进制文件方式创建一个数据块文件 sjkwj.docx，对数组而言，二进制文件更规范。

（3）输入数据块。文件创建好之后，从键盘上给二维数组各元素赋值。

（4）保存数据块。调用数据块的保存函数，给数据块文件保存数据。

（5）关闭文件。数据块保存完成后关闭文件，程序结束。

下面是设计好的程序：

```
1   # include < stdio. h >
2   void main( )
3   {
4       FILE * fp;
5       int a[3][4], ( * p)[4] = a, i, j;
6       fp = fopen("sjkwj.docx","wb");
7       printf("  文件已建好!\n");
8       printf("  请输入二维数组元素的值: ");
9       for(i = 0; i < 3; i++)
10          for(j = 0; j < 4; j++)
11              scanf(" % d",&a[i][j]);
12      printf("  下面保存文件内容:\n");
13      fwrite(p,16,3,fp);
14      printf("  文件保存完毕!\n");
```

```
15        printf("  关闭文件并退出。\n");
16        fclose(fp);
17 }
```

程序说明：

该程序由 17 行语句构成，其中，

第 4 行是对文件指针 fp 的定义。

第 5 行定义了一个整型二维数组 a[3][4] 和行指针 p，并将 p 直接定位在二维数组 a 上，还定义了两个循环变量 i、j。

第 6 行是在当前文件夹下以 wb 二进制方式创建一个数据块文件 sjkwj.docx，将文件打开后赋值给指针 fp，也就是给文件指针 fp 定位。

第 7 行和第 8 行是提示信息。

第 9~11 行是以循环方式从键盘上给二维数组各元素赋值。

第 13 行是调用函数"fwrite(p, 16, 3, fp);"向文件 sjkwj.docx 中保存所输入的二维数组各元素的值；这里的指针 p 必须是二维数组的行指针，不能用列指针。

第 16 行是关闭文件。

程序的运行结果如下：

```
文件已建好!
请输入二维数组元素的值:1 2 3 4 5 6 7 8 9 10 11 12↙
下面保存文件内容:
文件保存完毕!
关闭文件并退出!
Press any key to continue
```

从对应的当前文件夹中找到建立的文件如下：

```
sjkwj.docx
数据块文件的操作.cpp
数据块文件的操作.exe
数据块文件的操作.o
```

其中，sjkwj.docx 就是保存二维整型数组各元素的文件，其他 3 个分别是源程序文件、编译链接之后的可执行文件以及编译之后的目标文件等。

打开保存二维整型数组的文件 sjkwj.docx，结果是"空白"的，其实这依然是一个"假象"，实际上它并不是空的，而是有内容的，只是我们看不到而已，这也是数据块保存函数的一个特点。后面可以通过调用这个文件来揭开保存整型数据块文件神秘的面纱。

2. 数据块文件的调用方法

由表 10-2 可知，对数据块文件的调用要用函数 fread() 来实现。

函数原型：

```
int fread(char * pt, unsigned size, unsigned n, FILE * fp);
```

函数参数：它有 4 个形参，其中第一个 char * pt 是一个数据块区的指针形参；第二个 unsigned size 是一个无符号的数据形参，代表一个数据块的字节数；第三个 unsigned n 是一个无符号的整数形参，代表数据块的总块数；第四个 FILE * fp 是文件指针形参。

函数的功能：从 fp 所指的文件中调取 size * n 的字节数据块保存到指针 pt 所定位的数

据区中。指针 pt 所定位的数据区多为不同类型的数组,具体指向数组的首地址,也可以是变量或者数组元素的地址,其他参数要与其相配合。

函数的调用方法:在调用数据块的函数 fread()时必须要提供 4 个对应的实参,少一个都会出错。

比如下面调用的例子:

```
fread(12,3,fp);
fread(p,3,fp);
fread(p,12,fp);
fread(p,12,3);
```

这 4 个函数调用语句都各少了一个实参,其中第一个调用少了数据区的指针实参;第二个少了字节数实参;第三个少了数据块的个数实参;第四个少了文件的指针实参,所以都是错误的。

下面是正确调用的例子:

```
fread(p,16,1,fp);
```

该函数的调用表示从指针 fp 所指的数据文件中调取一字节数为 16 的数据块,并将该数据块中的数据依次赋值给指针 p 所定位的一维数组中。

如果调用的函数是这样的:

```
fread(p,20,4,fp);
```

则相当于从指针 fp 所指的数据文件中调取 4 字节数均为 20 的数据块,并将该数据块中的数据依次赋值给指针 p 所定位的二维数组。

如果调用的函数是这样的:

```
fread(p,7,1,fp);
```

则相当于从指针 fp 所指的数据文件中调取一字节数为 7 的数据块,并将该数据块中的数据依次赋值给指针 p 所定位的一维数组。如果这个数据块是字符型的,则相当于从数据文件中调取一个人的姓名赋值给一个一维的字符数组。

如果调用的函数是这样的:

```
fread(p,7,5,fp);
```

与前面的调用类似,相当于从 fp 所指的数据文件中调取 5 个人的姓名赋值给一个二维的字符数组。

重要提示:在 fread(char * pt, unsigned size, unsigned n, FILE * fp)的函数原型中,第一个形参 char * pt 是一个指针形参,它的类型是字符型 char,这也只是一个类型代表,并不是固定模式,可以随数据块的类型不同而变化。也就是说,这个指针形参可以是整型、浮点型、字符型,也可以是结构体类型等。

例 10-8　设计一个 C 语言程序,用数据块文件调用一个 3×16 的整型数据块,并将该数据块赋值给一个二维的整型数组 a[3][4],然后输出该数组各元素的值。

编程思路:

(1) 准备工作。程序一开始要定义一个文件指针 fp、二维的整型数组 a[3][4]和行指针(* p)[4],并给指针 p 定位在二维数组上,还需要定义两个整型循环变量 i、j。

（2）打开文件。我们沿用例 10-7 中的数据块文件 sjkwj.docx，该文件已经存在，所以要选用 rb 的二进制文件打开方式。因为该文件已经存在，所以不需要判断。

（3）调取数据块。调用数据块函数，给二维数组赋值。

（4）输出元素值。采用循环输出二维数组各元素的值。

（5）关闭文件。数组元素输出完之后关闭文件，程序结束。

下面是设计好的程序：

```
1    # include < stdio. h>
2    void main()
3    {
4        FILE * fp;
5        int a[3][4], ( * p)[4] = a, i, j;
6        fp = fopen("sjkwj.docx","rb");
7        printf("\n 文件已经存在,下面调取数据块文件!\n");
8        fread(p, 16, 3, fp);
9        printf("   数据块文件调取完毕!\n");
10       printf("   与数据块对应的二维数组各元素的值如下：\n");
11       for(i = 0; i < 3; i++)
12       {
13           for(j = 0; j < 4; j++)
14               printf(" % 4d",a[i][j]);
15           printf("\n");
16       }
17       printf("   关闭文件并退出。\n");
18       fclose(fp);
19   }
```

程序说明：

该程序由 19 行语句构成，其中，

第 4 行是给文件指针 fp 定义。

第 5 行定义了一个整型二维数组 a[3][4]和行指针 p，并给指针 p 直接定位，还定义了两个循环变量 i、j。

第 6 行是在当前文件夹下以二进制的 rb 只读方式打开数据块文件 sjkwj.docx，将文件打开后赋值给指针 fp，也就是给文件指针 fp 定位。

第 7 行是提示信息。

第 8 行是调用函数"fread(p, 16, 3, fp);"从文件 sjkwj.docx 中调用数据块，并赋值给指针 p 所定位的二维数组 a。

第 9 行和第 10 行是提示信息。

第 11～16 行是以循环方式输出二维数组各元素的值。

第 18 行是关闭文件。

程序的运行结果如下：

```
文件已经存在,下面调取数据块文件!
数据块文件调取完毕!
与数据块对应的二维数组各元素的值如下：
1   2   3   4
5   6   7   8
9   10  11  12
```

Press any key to continue

可以看出,程序调用 sjkwj.docx 文件后的运行结果就是一个整型的二维数组,显示结果与例 10-7 程序的输入和运行结果完全对应一致,说明从 C 语言数据文件中调取整型数据块的程序设计是成功的,也说明在例 10-7 的程序中保存的数据文件不是"空白"文件,而是实实在在有数据存在的。

将例 10-7 和例 10-8 的两个程序综合在一起,当要打开的文件不存在时,就创建文件,并给文件保存一个数据块;如果文件存在,则直接调用输出一个数据块,其程序设计如下:

```
1    # include < stdio. h>
2    void main()
3    {
4        FILE * fp;
5        int a[3][4],( * p)[4] = a,i,j;
6        if((fp = fopen("sjkwj.docx","rb")) == NULL)
7        {
8            printf("\n\n  文件不存在,需要新建文件!\n");
9            fp = fopen("sjkwj.docx","wb");
10           printf("\n\n  文件已建好!\n");
11           printf("  请输入二维数组元素的值: ");
12           for(i = 0; i < 3; i++)
13                 for(j = 0; j < 4; j++)
14                       scanf(" % d",&a[i][j]);
15           printf("\n  下面保存文件内容:\n");
16           fwrite(p,16,3,fp);
17           printf("  文件保存完毕!\n");
18           printf("  关闭文件并退出。\n");
19           fclose(fp);
20       }
21       else
22       {
23           printf("\n\n  文件已经存在,下面调取数据块文件!\n");
24           fread(p,16,3,fp);
25           printf("  数据块文件调取完毕!\n");
26           printf("  与数据块对应的二维数组各元素的值如下: \n");
27           for(i = 0; i < 3; i++)
28           {
29                 for(j = 0; j < 4; j++)
30                       printf(" % 4d",a[i][j]);
31                 printf("\n");
32           }
33           printf("  关闭文件并退出。\n");
34           fclose(fp);
35       }
36   }
```

大家可以验证该程序的运行结果。

如果把前面设计的 3 个程序中打开文件的方式改成文本文件的打开方式,其运行结果也都是正确的,程序也是可行的。

例 10-9　设计一个 C 语言程序,用数据块文件保存和调用 3 个学生的姓名、性别、年龄、3 门课的成绩。保存前需要从键盘上输入学生的信息;调用后要将学生的信息输出显示出来。3个学生的信息如下：

张	三	男	18	87.4	91.3	78.9
李	四	女	19	90.2	87.5	93.4
王	五	男	20	76.2	89.7	77.8

编程思路：本例中要保存和调用的数据块是既有字符串，又有整数，还有浮点型数据等多种类型的数据形式，显然用普通的数组是无法描述的，必须采用结构体的数据形式，结构体取名为 struct students。所以在程序中首先要定义一个结构体，并定义一个结构体数组和结构体指针，为后续的程序做准备。保存的数据块文件名设定为：jgtwj. docx。有关结构体的程序设计在第 9 章已经介绍了很多，此处不详细展开分析了，直接看程序。

所设计的程序如下：

```
1    # include < stdio. h>
2    struct students
3    {
4        char name[7],sex[3];
5        int age;
6        float kc[3];
7    }stu[3], * p = stu;
8    void main()
9    {
10       FILE * fp;
11       int i = 0,j;
12       if((fp = fopen("jgtwj.docx","rb")) == NULL)
13       {
14           printf("\n  文件不存在,需要新建文件!\n");
15           fp = fopen("jgtwj.docx","wb");
16           printf("  文件已建好,请输入学生信息:\n");
17           for(p; p < stu + 3; p++)
18           {
19               printf("  请输入第 %d 个学生的姓名:",i + 1);
20               gets(p -> name);
21               printf("  请输入第 %d 个学生的性别:",i + 1);
22               gets(p -> sex);
23               printf("  请输入第 %d 个学生的年龄:",i + 1);
24               scanf("%d",&p -> age);
25               printf("  请输入第 %d 个学生三门课的成绩:",i + 1);
26               for(j = 0; j < 3; j++)
27                   scanf("%f",&p -> kc[j]);
28               i++;
29               getchar();
30               printf("\n");
31           }
32           p = stu;                          //指针必须回位,这个很重要!
33           printf("  下面保存学生的信息... \n");
34           fwrite(p,sizeof(struct students),3,fp);
35           printf("  学生信息已保存完毕!\n");
36           printf("  关闭文件并退出。\n");
37           fclose(fp);
38       }
39       else
40       {
```

```
41          printf(" 文件已经存在,下面调取学生信息!\n");
42          fread(p,sizeof(struct students),3,fp);
43          printf(" 学生信息调取完毕!\n");
44          printf(" 学生的信息输出如下:\n");
45          printf(" 姓　名\t性别\t年龄\t课程1\t课程2\t课程3\n");
46          for(p = stu; p < stu + 3; p++)
47          {
48              printf(" %s\t%s\t%d\t", p->name, p->sex, p->age);
49              for(i = 0; i < 3; i++)
50                  printf("%2.1f\t",p->kc[i]);
51              printf("\n");
52          }
53          printf(" 关闭文件并退出。\n");
54          fclose(fp);
55      }
56 }
```

程序说明:

该程序总共有56行语句命令,其中,

第2~7行是学生信息结构体 struct students 的定义,第7行还直接定义了结构体的数组 stu[3],结构体指针 * p,并给指针 p 定位。

第10行是文件指针的定义。

第11行是对两个循环变量 i 和 j 的定义。

第12行是打开文件 jgtwj. docx 并进行判断。

第13~38行是判断文件 jgtwj. docx 不存在时,先创建文件,接着输入学生信息,然后是保存学生信息。其中,

第15行是创建二进制文件 jgtwj. docx。

第17~31行是采用数组指针的绝对循环移位法输入学生的信息,而结构体成员的输入采用的是指针的指向运算法。其中,

第29行是吸收前面输入之后的回车键,没有该语句,后面的输入会出现漏项。

第32行是对数组指针 p 回位,这个语句很重要,不能缺少。

第34行是保存学生的信息;在该语句中,保存函数 fwrite() 的第2个实参用函数 sizeof() 形式更简洁。

第40~55行是判断文件 jgtwj. docx 已经存在时,从文件中调用学生的数据信息给指针 p 所指的数组,并将学生信息输出出来。其中,

第42行是调用学生信息;在该语句中,调用函数 fread() 的第2个实参也用了函数 sizeof() 形式。

第45~52行是循环输出学生的信息,该循环采用的也是指针的绝对移位法,而结构体成员的输出采用的是指针的指向运算法。

第54行是关闭文件。

首次运行程序的结果如下:

```
文件不存在,需要新建文件!
文件已建好,请输入学生信息:
请输入第1个学生的姓名:张　三↙
请输入第1个学生的性别:男↙
```

```
请输入第 1 个学生的年龄:18↙
请输入第 1 个学生三门课的成绩:87.4 91.3 78.9↙
请输入第 2 个学生的姓名:李　四↙
请输入第 2 个学生的性别:女↙
请输入第 2 个学生的年龄:19↙
请输入第 2 个学生三门课的成绩:90.2 87.5 93.4↙
请输入第 3 个学生的姓名:王　五↙
请输入第 3 个学生的性别:男↙
请输入第 3 个学生的年龄:20↙
请输入第 3 个学生三门课的成绩:76.2 89.7 77.8↙
下面保存学生的信息...
学生信息已保存完毕!
关闭文件并退出。
Press any key to continue
```

打开查看在 jgtwj.docx 文件中保存的学生信息内容,除了姓名等汉字部分的内容清楚以外,涉及数字部分的内容看起来都是乱码。但这不影响程序调用的结果。

再次运行程序的结果如下:

```
文件已经存在,下面调取学生信息!
学生信息调取完毕!
学生的信息输出如下:
姓　名　　　性别　　年龄　课程 1　课程 2　课程 3
张　三　　　男　　　18　　87.4　　91.3　　78.9
李　四　　　女　　　19　　90.2　　87.5　　93.4
王　五　　　男　　　20　　76.2　　89.7　　77.8
关闭文件并退出。
Press any key to continue
```

从再次运行程序输出显示的结果来看,与首次运行程序所输入的数据内容完全对应一致,说明采用 fwrite() 和 fread() 函数对结构体类型的数据块进行保存和调用也是完全可行的。如果将程序中数据块文件的打开方式改为文本文件方式,两者的运行结果也是一样的。

在例 10-9 的程序中,第 32 行对数组指针 p 的回位语句很重要,因为它前面的指针绝对移位法给数组 stu[3] 输入完学生信息后,指针 p 已经指向了数组 stu[3] 后面的空档位置,后面都是没有数据的,如图 10-1 所示。

图 10-1　数组指针 p 超出范围示意图

如果指针 p 不回位,那么后面要从指针 p 的位置开始向后读取数组的数据进行保存,显然这是在数组 stu[3] 之外的操作,是没有数据的,要保存肯定是会出现错误的。

如果没有 32 行的指针回位语句,那么当程序再次运行后输出显示的学生信息结果如下:

```
文件已经存在,下面调取学生信息!
学生信息调取完毕!
学生的信息输出如下:
姓　名　　　性别　　年龄　课程 1　课程 2　课程 3
　　　　　　　0　　　0.0　0.0　　0.0
　　　　　　　0　　　0.0　0.0　　0.0
　　　　　　　0　　　0.0　0.0　　0.0
```

关闭文件并退出。
Press any key to continue

可见,所有的学生信息都是错误的。

当我们加上了第 32 行的指针 p 回位语句"p＝stu;"后,指针 p 就重新指向了数组 stu[3] 的首地址上,如图 10-2 所示。

图 10-2　数组指针 p 回位示意图

从图 10-2 可见,指针 p 回位后,从指针 p 的位置开始 stu[3] 都是有数据可以保存的,这样的数据保存当然是没有问题的,就是正常的输出结果。

当然,如果第 17 行的循环语句不采用指针的绝对移位法,而是采用循环变量与数组元素的下标法配合进行输入,则其程序段为:

```
17          for(i = 0; i < 5; i++)
18          {
19              printf("   请输入第 %d 个学生的姓名: ",i+1);
20              gets(stu[i].name);
21              printf("   请输入第 %d 个学生的性别: ",i+1);
22              gets(stu[i].sex);
23              printf("   请输入第 %d 个学生的年龄: ",i+1);
24              scanf("%d",&stu[i].age);
25              printf("   请输入第 %d 个学生三门课的成绩: ",i+1);
26              for(j = 0; j < 3; j++)
27                  scanf("%f",&stu[i].kc[j]);
28              getchar();
29              printf("\n");
30          }
```

经过以上修改后,原来第 32 行的指针 p 回位语句就可以不要了。大家可以自己去验证运行结果,应该是没有问题的。

大家一定注意到了,在我们前面所举的全部例子中,每个程序要保存的数据文件其扩展名均为.docx,这并不是特定的要求,完全是可以改变的。如果将要保存的数据文件扩展名改成.doc、.wps、.txt 等形式,是不会影响文件操作的,也都是没有问题的。

现在,再回头来看看数据块文件的保存和调用两个函数的原型:

```
int fwrite(char *pt, unsigned size, unsigned n, FILE *fp);
int fread(char *pt, unsigned size, unsigned n, FILE *fp);
```

在这两个函数的原型中,它们的第一个形参为 char *pt,用的都是字符型。但是,在我们前面所举的例子中,既有整型、浮点型、字符型,又有结构体类型等,而且程序运行都没有问题,都是正确的。这就充分说明,两个函数中的第一个指针形参类型只是一个形式,不是绝对不变的。大家不要被这个形参类型误导了,不要以为只有字符型参数可以用,其他类型的参数不能用,从而限制了程序设计的思路。

10.8　C 语言格式化文件的操作方法

前面我们已经学习了 C 语言多种数据文件的操作方法,从单一字符到数据块文件的操作都包含两方面:一是对文件的保存,二是对文件的调用。而 C 语言格式化数据文件的操作方法也是如此,既有保存,又有调用,只是对保存和调用的方式有格式上的要求。

10.8.1　格式化文件的概念

我们把对文件内容格式有要求的文件称为格式化文件。

应注意格式化概念的差异:格式化文件与磁盘的格式化是两个完全不同的概念,格式化文件是对文件内容在保存或者调用格式上进行一些设定和调整,对文件的具体内容没有任何影响;而磁盘的格式化是将磁盘空间完全初始化,磁盘中的文件内容将全部被删除,两者具有本质的区别,不能混为一谈。

我们都很熟悉 C 语言的输出语句 printf()和输入语句 scanf(),它们就是格式化的输出语句和格式化的输入语句。

比如,我们要输出这样一组学生的信息"姓名:张三,性别:男,年龄:18,三门课的成绩:87.4、91.3、78.9"。

如果在输出格式上不做任何修饰,仅仅是输出这样一组学生的信息,那么其输出语句可以写成这样:

```
printf("张三男 1887.491.378.9");
```

输出的结果就是下面的形式:

```
张三男 1887.491.378.9
```

虽然输出的内容包括了所有的信息,但输出格式是比较混乱的,分不清楚这些信息的具体含义,还会产生歧义;就像一段话语中没有标点符号一样,让人分不清楚它们的含义,阅读起来比较困难。

如果给输出语句加上格式修饰,在每个信息内容之间加上转义字符\t,将它们之间的距离拉大一点,可将输出语句写成下面的形式:

```
printf("\t 张三\t 男\t18\t87.4\t91.3\t78.9\n");
```

那么,输出的结果就是这样的:

```
    张三        男        18        87.4        91.3        78.9
```

当然,输出语句还可以写成下面的形式:

```
printf("    张三,男,18,87.4,91.3,78.9\n");
```

其输出的结果就是这样的:

```
    张三,男,18,87.4,91.3,78.9
```

很显然,对于这个学生信息,以上的输出都相当明确,不会产生歧义。

如果按照例 10-9 程序中结构体数组成员的输出形式,那么其输出语句可以写成如下形式:

```
printf("    %s\t%s\t%d\t", stu[i].name, stu[i].sex, stu[i].age);
printf("%2.1f\t%2.1f\t%2.1f\n",stu[i].kc[0], stu[i].kc[1], stu[i].kc[2]);
```

当循环变量 i=0 时,其对应的输出信息就是如下形式:

```
    张三        男        18        87.4        91.3        78.9
```

由此可见,对输出信息进行适当的格式化会使输出的信息更加清晰。而且格式化不拘泥于一种形式,而是多种多样。

同样,输入语句 scanf()也有一些格式化的要求,比如"scanf("%#2d%2d",&a);",该语句中的%#2d 是一种抑制符,也是一种格式化修饰,数字 2 也是格式化修饰,它表示去掉输入的前两位数字。如果要给变量 a 输入的数据为 35824,那么去掉前两位 35 之后,变量 a 的值就是 824。

当然,在输入语句中还可以加入其他的格式修饰,比如下面的语句形式:

```
scanf("%d,\t%d\n", &a, &b);
```

其中,逗号",",转义字符\t 和\n 等都是格式化的修饰,不过在给变量输入数值时,都必须按原样一一输入,否则会出现错误。由于这种位于输入语句中的格式化修饰在输入数据时是看不到的,容易被漏掉,所以在输入语句 scanf()中,不赞成加入其他的格式符或格式化修饰。

通过以上介绍,对格式化的概念已经清楚了许多,下面介绍格式化文件的操作。

10.8.2　格式化文件的保存方法

在表 10-2 中,对格式化文件的保存要用函数 fprintf()来实现。

函数原型:

```
int fprintf(FILE * fp, char * format args, …);
```

函数参数:它有两个形参,其中一个 FILE * fp 是文件指针形参;另一个"char * format args, …"是一个控制格式化的组合形参,省略号…表示与控制格式相对应的数据参数列表。

函数的功能:把右侧数据参数列表中对应的数据按照控制格式化的要求保存到指针 fp 所指的文件中。

函数的格式化要求:函数的格式化参数区要用英文的双引号括起来,每个控制格式之间要用其他的修饰隔开,数据参数列表要与控制格式一一对应。

函数的调用方法:在调用格式化的保存函数时必须提供符合要求的实参,多一个或者少一个都会出错。为了帮助理解,下面给出一个例子。

比如,下面这 8 个不同的调用语句都是有错误的,你能看出错在哪里吗?

```
1  fprintf("%d,%s,%f\n", a, xm, x);
2  fprintf(fp, "%s\t%f\n", a, xm, x);
3  fprintf(fp, "%d %f\n", a, xm, x);
4  fprintf(fp,"%5d\t%s\n", a, xm, x);
5  fprintf(fp, "%d\t%-10s %f\n", xm, x);
6  fprintf(fp, "%d,%s-%f\n", a, x);
7  fprintf(fp, "%d-%s\t%f\n", a,xm);
8  fprintf(fp, %d,%s,%f\n, a,xm, x);
```

其中,第 1 个调用语句缺少文件指针实参 fp;第 2~4 个调用语句各缺少一个控制格式,与右侧的数据实参列表不对应;第 5~7 个调用语句各缺少一个数据实参列表,与中间的控制格式不对应;第 8 个调用语句中间的控制格式两侧没有双引号,所以它们都有错误。不过,里面的附加修饰都是对的。

下面的语句才是正确的调用格式：

```
fprintf(fp, "%d,%s,%f\n", a, xm, x);
```

所以在书写格式化保存语句时一定要细心，不要在细节上出现差错，尽量减少查错、改错的麻烦。

有人已经看出来了，格式化保存语句"fprintf(fp, "%d,%s,%f\n", a, xm, x);"的书写格式与格式化输出语句"printf("%d,%s,%f\n", a, xm, x);"极为相似。可以看出，格式化保存语句除了第1个字符 f 以及文件指针 fp 外，其他部分就是格式化的输出语句。

所以，只要把格式化的输出语句稍加修改就是格式化的保存语句了。而且在格式化的输出语句中怎样确定输出格式，在格式化的保存语句中也就怎样确定格式化的保存格式。

我们知道，格式化的输出语句 printf() 可以输出各种不同类型的数据，包括输出单一字符、单一整数、单一浮点数、单一字符串，还可以输出各种不同类型的数组以及结构体的成员数据等。

同理，格式化的保存语句 fprintf() 也可以保存各种不同类型的数据，包括保存单一字符、单一整数、单一浮点数、单一字符串，还可以保存各种不同类型的数组以及结构体的成员数据等。

下面介绍用格式化保存语句 fprintf() 保存不同类型数据的操作方法。

1. 用格式化保存语句 fprintf() 保存单一字符的方法

如果设定的格式化文件为 gshwj.docx，采用格式化保存语句保存一个单一字符的语句为：

```
fprintf(fp,"%c\n", 'M');
```

如果设计一个程序，通过程序运行后，先创建一个格式化文件 gshwj.docx，并用格式化保存语句"fprintf(fp,"%c\n", 'M');"保存一个字符 M。

当我们打开文件 gshwj.docx 后，可以看到文件的内容为：

```
M
```

可见，该保存结果与之前采用单一字符的保存函数"fputc('M',fp);"保存的内容是一样的。

2. 用格式化保存语句 fprintf() 保存单一整数的方法

如果设定的格式化文件还是 gshwj.docx，采用格式化保存语句保存一个单一整数的语句为：

```
fprintf(fp,"%d\n", 18);
```

如果设计一个程序，通过程序运行后，先创建一个格式化文件 gshwj.docx，并用格式化保存语句"fprintf(fp,"%d\n", 18);"保存一个整数 18。

当我们打开文件 gshwj.docx 后，可以看到文件的内容为：

```
18
```

可见，该保存结果与之前采用单一整数保存函数"putw(18,fp);"保存的内容也是一样的，只是"putw(18,fp);"保存的内容是"隐身"的、看不见的，而"fprintf(fp,"%d\n", 18);"保存的内容是看得见的。

3. 用格式化保存语句 fprintf() 保存单一小数的方法

如果依然设定的格式化文件为 gshwj.docx,采用格式化保存语句保存一个单一浮点数的语句为:

```
fprintf(fp,"%2.2f\n", 3.14);
```

如果设计一个程序,通过程序运行后,先创建好格式化文件 gshwj.docx,并用格式化保存语句"fprintf(fp,"%2.2f\n", 3.14);"保存一个浮点数 3.14。

当我们打开文件 gshwj.docx 后,可以看到文件的内容为:

```
3.14
```

可见,该保存结果也是看得见的。

4. 用格式化保存语句 fprintf() 保存单一字符串的方法

如果设定的格式化文件还是 gshwj.docx,那么采用格式化保存语句保存一个单一字符串的语句为:

```
fprintf(fp,"%s\n", "CHINA");
```

如果也设计一个程序,通过程序运行后,先创建好格式化文件 gshwj.docx,并用格式化保存语句"fprintf(fp,"%s\n", "CHINA");"保存一个字符串"CHINA"。

当我们打开文件 gshwj.docx 后,可以看到文件的内容为:

```
CHINA
```

可见,该保存结果与单一字符串保存函数"fputs("CHINA",fp);"保存的内容也是一样的。

5. 用格式化保存语句 fprintf() 保存一个整型二维数组的方法

如果设定的整型数据块文件为 zscjwj.docx,需要保存的一个二维整型数组 a[3][4] 的数据方阵为:

```
86  79  95  88
96  89  94  92
79  80  83  90
```

对数据块文件的保存方法和格式化文件的保存方法进行比较,看看两者之间的区别。

1) 用数据块保存语句 fwrite() 来保存二维整型数组

采用数据块保存函数保存二维整型数组的语句为:

```
fwrite(p,16,3,fp);
```

可以采用二进制格式创建文件,也可以采用文本格式创建文件。

(1) 采用二进制文件的打开方式来创建文件。

如果设计一个程序,通过程序运行后,先用二进制格式创建好整型数据块文件 zscjwj.docx,然后通过循环给数组 a[3][4] 的各元素赋值,之后再用数据块保存函数"fwrite(p,16,3,fp);"将二维整型数组各元素的值保存到指针 fp 所指的整型数据块文件 zscjwj.docx 中。

打开文件 zscjwj.docx 后,看到文件的内容没有一个数字,而是一些字母和符号,并且找不到任何的规律。不过,通过数据块的函数调用后,输出的结果与前面的数组 a[3][4] 方阵是完全相同的。

（2）采用文本文件的打开方式来创建文件。

如果将文件 zscjwj.docx 改为文本格式，其他程序都不变，采用同样的输入和保存方式，那么程序运行完再打开文件 zscjwj.docx，可以看到文件内容与上面的内容是完全一样的，内容为乱码且无规律。

2）用格式化保存语句 fprintf() 来保存二维的整型数组

采用格式化保存语句来保存二维整型数组还需要与循环语句配合，其保存语句程序段为：

```
for(i = 0; i < 3; i++)
{
    for(j = 0; j < 4; j++)
        fprintf(fp,"%d", *(p[i] + j));
    fprintf(fp,"\n");
}
```

我们用两种不同的文件类型分别进行文件的创建，看看两者有无差异。

（1）采用二进制格式创建文件。

如果设计一个程序，通过程序运行后，先用二进制格式创建好整型数据块文件 zscjwj.docx，然后通过双循环语句给数组 a[3][4] 的各元素赋值，之后再用双循环语句与格式化保存语句"fprintf(fp,"%d", *(p[i]+j));"配合将二维整型数组各元素的值保存到指针 fp 所指的整型数据块文件 zscjwj.docx 中。

打开文件 zscjwj.docx 后，可以看到文件的内容为：

```
86 79 95 88
96 89 94 92
79 80 83 90
```

很显然，通过格式化保存语句保存的数据完全看得见，而且很有规律，它就是一个二维整型数组的数据方阵，与整型数组 a[3][4] 的数据方阵完全吻合。

（2）采用文本格式创建文件。

如果将文件 zscjwj.docx 改为文本格式，程序的其他部分都不变，采用同样的输入并保存，那么程序运行完再打开文件 zscjwj.docx，看到的文件内容与上面的内容完全一样。

上面的例子主要是对整型二维数组构成的数据块文件进行保存操作，而二维浮点型数组和结构体数组所构成的数据块与二维整型数组的数据块异曲同工，所以对这两种数据块的保存操作也是可行的。如果采用数据块保存函数 fwrite() 进行保存操作，那么打开保存的文件所能看到的同样是乱码，且没有规律；如果采用格式化保存函数 fprintf() 进行保存操作，那么打开保存的文件所能看到的同样依然是清晰有规律的内容。大家也可以去验证。

由此可见，不论文件的类型是文本格式还是二进制格式，只要采用数据块保存函数 fwrite() 保存数据的文件，其保存的文件内容形式就是一样的，都没有一个数字，而是一些字母和符号，并且没有任何的规律，但并不影响数据块的调用。

同样，不论文件的类型是文本文件还是二进制文件，只要采用格式化保存函数 fprintf() 保存数据文件，其保存的文件内容形式就是一样的，保存的数据不但可以看得见，而且很有规律。

10.8.3　格式化文件的调用方法

在表 10-2 中,对格式化文件的调用要用函数 fscanf()来实现。

函数原型:

```
int fscanf(FILE * fp, char * format args, … );
```

函数参数:它也有两个形参,其中一个 FILE * fp 是文件指针形参;另一个"char * format args, …"是控制格式化的组合形参,省略号…表示与控制格式相对应的数据地址列表。

函数的功能:按照控制格式化的要求从指针 fp 所指的文件中调用对应的数据给右侧的地址列表。

函数的格式化要求:函数的格式化参数区要用英文的双引号括起来,每个控制格式可以相同,也可以不同;可以是单一的控制格式,也可以是多个控制格式组合,地址列表要与控制格式一一对应。

函数的调用方法:采用格式化的函数调用文件时必须要提供符合要求的实参,少一个都会出错。

比如下面这 8 个不同的调用语句都是有错误的,你能看出错在哪里吗?

```
1   fscanf( "%d%s%f", &a, xm, &x);
2   fscanf(fp, "%s%f", &a, xm, &x);
3   fscanf(fp, "%d%f", &a, xm, &x);
4   fscanf(fp,"%d%s", &a, xm, &x);
5   fscanf(fp, "%d%s%f", xm, &x);
6   fscanf(fp, "%d%s%f", &a, &x);
7   fscanf(fp, "%d%s%f", &a,xm);
8   fscanf(fp, %d%s%f, &a,xm, &x);
```

其中,第 1 个调用语句缺少文件指针实参 fp;第 2~4 个调用语句各缺少一个控制格式,与右侧的地址列表不对应;第 5~7 个调用语句各缺少一个数据地址,与中间的控制格式不对应;第 8 个调用语句中间的控制格式两侧没有双引号,所以它们都有错误。错误的调用语句还有很多,比如在控制格式之间插入标点符号、插入转义字符或者插入其他的非控制格式符号等都是错误的。

下面的语句才是正确的调用格式:

```
fscanf(fp, "%d%s%f", &a, xm, &x);
```

所以,在书写格式化调用语句时一定要细心,不要在细节上出现差错,尽量减少查错、改错的麻烦。

有人也许已经看出来了,格式化调用语句"fscanf(fp, "%d%s%f", &a, xm, &x);"的书写格式与格式化输入语句"scanf("%d%s%f", &a, xm, &x);"极为相似。所以,格式化调用语句除了第 1 个字符 f 以及文件指针 fp 外,其他部分就是格式化的输入语句。

所以,只要我们把格式化的输入语句稍加修改就是格式化的调用语句了。而且在格式化的输入语句中怎样确定输入格式,那么在格式化的调用语句中也就怎样确定调用格式。

我们知道,格式化的输入语句 scanf()可以输入各种不同类型的数据,可以输入单一字符、输入单一整数、单一浮点数、单一字符串,还可以输入各种不同类型的数组以及结构体的成员数据等。

同理,格式化的调用语句 fscanf() 也可以调用各种不同类型的数据,可以调用单一字符、调用单一整数、单一浮点数、单一字符串,还可以调用各种不同类型的数组以及结构体的成员数据等。

下面介绍用格式化调用语句 fscanf() 调用不同类型数据的操作方法。

1. 用格式化调用语句 fscanf() 调用单一字符的方法

如果设定的格式化文件为 gshzfwj.docx,采用格式化调用语句调用一个单一字符的语句为:

```
fscanf(fp, "%c", 'M');
```

也可以用字符变量的调用语句为:

```
fscanf(fp, "%c", &ch);
```

如果 gshzfwj.docx 是新创建的文件,那么内容肯定是空白的,需要给文件先输入和保存一个字符,这是功能一。如果文件中已经保存有字符,则可以调用它,并将结果输出,这是功能二。两种不同的功能执行哪一个,要通过判断来决定,所以,程序前还要有判断环节。

判断的对象就是要打开的文件 gshzfwj.docx,打开该文件要用 r 或者 rb 的方式,其他的打开方式都不合适,可能会覆盖原有的数据。如果判断结果为 NULL,则说明文件不存在,程序就执行第一个功能;否则执行第二个功能。具体的判断语句如下:

```
if((fp = fopen("gshzfwj.docx","r")) == NULL)
```

因为在判断语句中含有文件指针 fp,所以在程序的前面需要定义一个文件指针 fp;如果是通过键盘给程序输入一个需要保存的字符,那么在程序的前面还需要定义一个字符变量 ch。至此,准备工作就绪。

下面是采用格式化语句保存单一字符的程序段:

```
printf("\n　文件不存在,需要创建文件!\n");
fp = fopen("gshzfwj.docx","w");
printf("　文件已建好,请输入一个字符:");
scanf("%c",&ch);
printf("　下面保存字符:\n");
fprintf(fp,"%c",ch);
printf("　字符保存完毕,关闭退出!\n");
fclose(fp);
```

如果文件已经存在则可以调用文件输出字符。下面是采用格式化语句调用和输出单一字符的程序段:

```
printf("　文件已存在,下面调用字符!\n");
fscanf(fp,"%c",&ch);
printf("　文件中保存的字符是:%c。\n",ch);
printf("　字符调用完毕,关闭退出!\n");
fclose(fp);
```

可见,保存的程序段比调用的程序段稍多一些,加上一些提示信息会使程序更加人性化。

将两种功能的程序段组成完整的程序如下:

```
1    # include < stdio. h>
2    void main()
3    {
4         FILE * fp;
5         char ch;
6         if((fp = fopen("gshzfwj.docx","r")) == NULL)
7         {
8              printf("\n  文件不存在,需要创建文件!\n");
9              fp = fopen("gshzfwj.docx","w");
10             printf("  文件已建好,请输入一个字符:");
11             scanf("% c",&ch);
12             printf("  下面保存字符:\n");
13             fprintf(fp,"% c",ch);
14             printf("  字符保存完毕,关闭退出!\n");
15             fclose(fp);
16        }
17        else
18        {
19             printf("\n  文件已存在,下面调用字符!\n");
20             fscanf(fp,"% c",&ch);
21             printf("  文件中保存的字符是:% c。\n",ch);
22             printf("  字符调用输出完毕,关闭退出!\n");
23             fclose(fp);
24        }
25   }
```

该程序总共由 25 行语句组成,首次运行程序的结果如下:

```
文件不存在,需要创建文件!
文件已建好,请输入一个字符:M↙
下面保存字符:
字符保存完毕,关闭退出!
Press any key to continue
```

从输出结果可以看出,给定的字符 M 已经保存在文件 gshzfwj. docx 中,打开该文件看到结果如下:

```
M
```

只要文件 gshzfwj. docx 一直存在,无论什么时候运行该程序,保存的字符 M 一直都在。

2. 用格式化调用语句 fscanf()调用单一整数的方法

如果设定的格式化文件为 gshzs. docx,采用格式化调用语句调用一个单一整数的语句为:

```
fscanf(fp," % d", 18);
```

也可以用整型变量的调用语句为:

```
fscanf(fp," % d", &a);
```

对于 gshzs. docx 是否是新创建的文件? 要用 r 或者 rb 的方式先打开进行判断,若结果为 NULL,则说明文件不存在,需要新建,并执行输入和保存功能;否则执行调用和输出功能。其他与单一字符程序的准备工作类似。

下面是对单一整数文件进行格式化操作的程序：

```
1   # include < stdio. h>
2   void main()
3   {
4       FILE * fp;
5       int a;
6       if((fp = fopen("gshzs.docx","r")) == NULL)
7       {
8           printf("\n\n  文件不存在,需要创建文件!\n");
9           fp = fopen("gshzs.docx","w");
10          printf("  文件已建好,请输入一个整数:");
11          scanf("%d",&a);
12          printf("  下面保存整数:\n");
13          fprintf(fp,"%d",a);
14          printf("\n  整数保存完毕,关闭退出!\n");
15          fclose(fp);
16      }
17      else
18      {
19          printf("\n\n  文件已存在,下面调用整数!\n");
20          fscanf(fp,"%d",&a);
21          printf("  文件中保存的整数是:%d。\n",a);
22          printf("\n  整数调用输出完毕,关闭退出!\n");
23          fclose(fp);
24      }
25  }
```

该程序总共由 25 行语句组成,首次运行程序的结果如下：

```
文件不存在,需要创建文件!
文件已建好,请输入一个整数:18↙
下面保存整数:
整数保存完毕,关闭退出!
Press any key to continue
```

说明整数 18 已经保存在文件 gshzs. docx 中,打开该文件可以看到结果如下：

```
18
```

只要文件 gshzs. docx 一直存在,无论什么时候运行该程序,保存的整数 18 就一直都在。

3. 用格式化调用语句 fscanf() 调用单一字符串的方法

方法与前面的类似,假设格式化文件为 gshzfc. docx,采用格式化调用语句调用单一字符串的语句为：

```
fscanf(fp,"%s", "CHINA");
```

用字符数组的调用语句为：

```
fscanf(fp,"%s", str);
```

对于 gshzfc. docx 是否是新创建的文件？ 要用 r 或者 rb 的方式先打开进行判断,若结果为 NULL,则说明文件不存在,需要新建,并执行输入和保存功能;否则执行调用和输出功能。

下面是对单一字符串文件进行格式化操作的程序：

```
1    # include < stdio. h>
2    void main()
3    {
4         FILE * fp;
5         char str[6];
6         if((fp = fopen("gshzfc.docx","r")) == NULL)
7         {
8              printf("\n   文件不存在,需要创建文件!\n");
9              fp = fopen("gshzfc.docx","w");
10             printf("  文件已建好,请输入一个字符串:");
11             scanf("% s",str);
12             printf("  下面保存字符串:\n");
13             fprintf(fp,"% s",str);
14             printf("  字符串保存完毕,关闭退出!\n");
15             fclose(fp);
16        }
17        else
18        {
19             printf("\n   文件已存在,下面调用字符串!\n");
20             fscanf(fp,"% s",str);
21             printf("  文件中保存的字符串是:% s。\n",str);
22             printf("  字符串调用输出完毕,关闭退出!\n");
23             fclose(fp);
24        }
25   }
```

该程序总共由 25 行语句组成,首次运行程序的结果如下：

```
 文件不存在,需要新建文件!
 文件已建好,请输入一个字符串:CHINA↙
下面保存字符串:
 字符串保存完毕,关闭退出!
Press any key to continue
```

说明字符串"CHINA"已经保存在文件 gshzfc.docx 中,打开该文件看到结果如下：

```
CHINA
```

只要文件 gshzfc.docx 一直存在,什么时候运行该程序,保存的字符串"CHINA"就一直都在。

4. 用格式化调用语句 fscanf() 调用一个二维整型数组的方法

假设二维整型数组的格式化文件为 gshzsz.docx,数组各元素的输入、保存和调用都需要与循环语句一起配合。

以下面的二维整型数组 a[3][4]方阵为例：

```
86  79  95  88
96  89  94  92
79  80  83  90
```

对于 gshzsz.docx 是否是新创建的文件？要用 r 或者 rb 的方式先打开进行判断,若结果为 NULL,则说明文件不存在,需要新建,并执行输入和保存功能;否则执行调用和输出功能。

　　给二维数组各元素赋值、保存以及调用的方式有多种,其中有数组名双下标法,还有行指针和列指针的多种引用方法等。在下面的程序中,用不同的方式对二维整型数组进行输入、保存和调用等格式化操作。

　　下面是对二维整型数组文件进行格式化操作的程序:

```
1    # include < stdio. h>
2    void main()
3    {
4        FILE * fp;
5        int a[3][4],( * p)[4], * q;
6        if((fp = fopen("gshzsz.docx","r")) == NULL)
7        {
8            printf("\n   文件不存在,需要创建文件!\n");
9            fp = fopen("gshzsz.docx","w");
10           printf("   文件已建好!\n");
11           printf("   请给二维整型数组各元素赋值:");
12           for(p = a; p < a + 3; p++)
13               for(q = * p; q < * p + 4; q++)
14                   scanf("% d",q);
15           printf("   下面保存二维整型数组:\n");
16           for(p = a; p < a + 3; p++)
17           {
18               for(q = * p; q < * p + 4; q++)
19                   fprintf(fp," % d ", * q);
20               fprintf(fp,"\n");
21           }
22           printf("   二维整型数组已保存完毕,关闭退出!\n");
23           fclose(fp);
24       }
25       else
26       {
27           printf("\n   文件已存在,下面调用二维整型数组!\n");
28           for(p = a; p < a + 3; p++)
29               for(q = * p; q < * p + 4; q++)
30                   fscanf(fp," % d",q);
31           printf("   文件中保存的二维整型数组如下:\n");
32           for(p = a; p < a + 3; p++)
33           {
34               for(q = * p; q < * p + 4; q++)
35                   printf(" % 5d", * q);
36               printf("\n");
37           }
38           printf("   二维整型数组调用完毕,关闭退出!\n");
39           fclose(fp);
40       }
41   }
```

程序说明:

该程序总共由 41 行语句组成,其中,

第 4 行是文件指针的定义。

第 5 行是二维数组以及行指针、列指针的定义。

第 6 行对文件二维数组文件的判断语句。

第 7～24 行是判断文件不存在时,新建文件,并给二维数组元素赋值和保存的语句,其中,

第 9 行是新建文件。

第 12～14 行是采用行、列指针的双循环绝对移位法给二维数组元素赋值。

第 16～21 行是采用行、列指针的双循环绝对移位法保存二维数组元素的值。

第 20 行是保存二维数组的换行符\n,这一句必须有,它是构成二维数组方阵的重要组成部分。

第 26～40 行是判断文件已经存在时,直接调用文件和输出二维数组各元素的值,其中,

第 28～30 行是采用行、列指针的双循环绝对移位法调用二维数组元素的值。

第 32～37 行是采用行、列指针的双循环绝对移位法输出二维数组元素的值。

第 23 行和第 39 行是关闭文件。

首次运行程序的结果如下:

```
文件不存在,需要创建文件!
文件已建好!
请给二维整型数组各元素赋值:86 79 95 88 96 89 94 92 79 80 83 90↙
下面保存二维整型数组:
二维整型数组已保存完毕,关闭退出!
Press any key to continue
```

说明给定的二维整型数组已经保存在文件 gshzsz.docx 中,打开该文件,可以看到结果如下:

```
86  79  95  88
96  89  94  92
79  80  83  90
```

只要文件 gshzsz.docx 一直存在,什么时候运行该程序,保存的二维整型数组一直都在。

5. 用格式化调用语句 fscanf()调用一个二维浮点型数组的方法

用格式化调用语句 fscanf()调用一个二维浮点型数组的方法与调用一个二维整型数组的方法是类似的,大家自己可以用程序去验证。

6. 用格式化调用语句 fscanf()调用一个结构体数组成员的方法

有了前面众多格式化调用语句的基础,进行结构体数组格式化文件的调用操作就很容易了。

例 10-10　假设结构体数组的格式化文件为 jgtsz.docx,3 名学生的信息用一个结构体数组 stu[3]方阵表示如下:

```
张三　男　18　87.4　91.3　78.9
李四　女　19　90.2　87.5　93.4
王五　男　20　76.2　89.7　77.8
```

设计一个 C 语言程序,对该组学生的信息进行输入、格式化保存以及格式化调用和输出等操作。

编程思路:首先要定义一个学生信息结构体和数组,然后围绕该数组进行信息的输入、保存、调用以及输出等相关操作。

根据题意,结构体、数组和指针等定义如下:

```
struct students
{
    char name[7],sex[3];
    int age;
    float kc[3];
}stu[3], * p;
int i,j;        //定义的循环变量
```

在结构体数组各成员的输入、保存、调用和输出操作中,采用多种引用方式来实现。其中,给结构体数组各成员赋值的语句采用数组名下标法设计如下:

```
for(i = 0; i < 3; i++)
{
    printf("  请输入第 %d 个学生的姓名:",i + 1);
    gets(stu[i].name);
    printf("  请输入第 %d 个学生的性别:",i + 1);
    gets(stu[i].sex);
    printf("  请输入第 %d 个学生的年龄:",i + 1);
    scanf("%d", &stu[i].age);
    printf("  请输入第 %d 个学生三门课的成绩:",i + 1);
    for(j = 0; j < 3; j++)
        scanf("%f", &stu[i].kc[j]);
    getchar();
}
```

上面的"getchar();"语句用于吸收前面输入的回车键。

对结构体数组各成员的格式化保存采用结构体指针的指向运算法设计如下:

```
for(p = stu; p < stu + 3; p++)
{
    fprintf(fp,"  %s\t%s\t%d\t", p -> name, p -> sex, p -> age);
    for(j = 0; j < 3; j++)
        fprintf(fp,"%2.1f\t",p -> kc[j]);
    fprintf(fp,"\n");        //保存时此句不能少,这是数据方阵的要求
}
```

对结构体数组各成员的格式化调用也采用结构体指针的指向运算法设计如下:

```
for(p = stu; p < stu + 3; p++)
{
    fscanf(fp,"%s %s %d", p -> name, p -> sex, &p -> age);
    for(j = 0; j < 3; j++)
        fscanf(fp,"%f",&p -> kc[j]);
}
```

在格式化调用语句中只能用基本的控制格式,不能加入其他的修饰字符,否则会出错。

对结构体数组各成员的输出采用结构体指针的点号运算法设计如下:

```
for(p = stu; p < stu + 3; p++)
{
    printf("  %s\t%s\t%d\t", ( * p).name, ( * p).sex, ( * p).age);
    for(j = 0; j < 3; j++)
        printf("%2.1f\t", ( * p).kc[j]);
```

```
        printf("\n");
    }
```

在上面的相关程序段中,若含有 scanf()输入语句和 fscanf()格式化调用语句,其成员
age 和课程 kc[i]都属于普通变量,所以,在输入和调用中,变量前面都需要加上地址符 &。

完整的程序设计如下:

```
//文件名:格式化结构体数组文件操作.cpp
1   # include < stdio.h>
2   struct students
3   {
4       char name[7],sex[3];
5       int age;
6       float kc[3];
7   }stu[3], * p = stu;
8   int i,j;
9   void main()
10  {
11      FILE * fp;
12      if((fp = fopen("jgtsz.docx","r")) == NULL)
13      {
14          printf("\n 文件不存在,需要创建文件!\n");
15          fp = fopen("jgtsz.docx","w");
16          printf("  文件已建好!\n");
17          printf("  请给结构体数组各成员赋值(学生信息):\n");
18          for(i = 0; i < 3; i++)
19          {
20              printf("  请输入第 %d 个学生的姓名:",i + 1);
21              gets(stu[i].name);
22              printf("  请输入第 %d 个学生的性别:",i + 1);
23              gets(stu[i].sex);
24              printf("  请输入第 %d 个学生的年龄:",i + 1);
25              scanf("%d", &stu[i].age);
26              printf("  请输入第 %d 个学生三门课的成绩:",i + 1);
27              for(j = 0; j < 3; j++)
28                  scanf("%f",&stu[i].kc[j]);
29              getchar();
30          }
31          printf("  下面保存结构体数组(学生信息):\n");
32          for(p = stu; p < stu + 3; p++)
33          {
34              fprintf(fp,"  %s\t%s\t%d\t",p -> name,p -> sex,p -> age);
35              for(j = 0; j < 3; j++)
36                  fprintf(fp,"%2.1f\t",p -> kc[j]);
37              fprintf(fp,"\n");
38          }
39          printf("  结构体数组已保存完毕,关闭退出!\n");
40          fclose(fp);
41      }
42      else
43      {
44          printf("\n  文件已存在,下面调用结构体数组!\n");
45          for(p = stu; p < stu + 3; p++)
46          {
```

```
47                    fscanf(fp,"%s%s%d",p->name, p->sex, &p->age);
48                    for(j=0; j<3; j++)
49                        fscanf(fp,"%f",&p->kc[j]);
50                }
51            printf("  文件中保存的结构体数组(学生信息)如下:\n");
52            printf("  姓名\t性别\t年龄\t课程1\t课程2\t课程3\n");
53            for(p=stu; p<stu+3; p++)
54            {
55                printf("  %s\t%s\t%d\t",(*p).name, (*p).sex, (*p).age);
56                for(j=0; j<3; j++)
57                    printf("%2.1f\t",(*p).kc[j]);
58                printf("\n");
59            }
60            printf("  结构体数组调用完毕,关闭退出!\n");
61            fclose(fp);
62        }
63    }
```

程序说明:

该程序总共由63行语句组成,其中,

第2~7行是结构体的定义以及结构体数组、指针的定义和定位。

第8行是循环变量的定义。

第9~64行是主函数的定义,其中,

第11行是文件指针fp的定义。

第12行是判断语句。

第15行是创建文件语句。

第18~30行是给结构体数组各成员赋值的语句,其中,

第21行为了不影响对后面性别的输入,采用字符串输入函数gets()来输入姓名。

第29行"getchar();"语句用于吸收前面输入的回车键,这个语句不能少,否则后面的输入就会出现漏输。

第32~38行是格式化保存结构体数组的语句,其中第34行、第36行、第37行的保存语句都带有格式化的修饰。

第45~50行是格式化调用结构体数组的语句;其中在第47行和第49行的格式化调用语句中除了基本的控制格式之外,不能加入任何其他的修饰,否则会出现错误。

第53~59行是输出结构体数组成员的语句。

首次运行程序的结果如下:

```
文件不存在,需要创建文件!
文件已建好!
请给结构体数组各成员赋值(学生信息):
请输入第1个学生的姓名:张三
请输入第1个学生的性别:男
请输入第1个学生的年龄:18
请输入第1个学生三门课的成绩:87.4 91.3 78.9
请输入第2个学生的姓名:李四
请输入第2个学生的性别:女
请输入第2个学生的年龄:19
请输入第2个学生三门课的成绩:90.2 87.5 93.4
```

请输入第 3 个学生的姓名:王五↙
请输入第 3 个学生的性别:男↙
请输入第 3 个学生的年龄:20 ↙
请输入第 3 个学生三门课的成绩:76.2 89.7 77.8 ↙
下面保存结构体数组(学生信息):
结构体数组已保存完毕,关闭退出!
Press any key to continue

说明给定的结构体数组已经保存在文件 jgtsz. docx 中,打开该文件,可以看到结果如下:

张三　男　18　87.4　91.3　78.9
李四　女　19　90.2　87.5　93.4
王五　男　20　76.2　89.7　77.8

可见,所有的数据信息保存的都很完整、清晰。

再次运行程序,可以看到运行结果如下:

文件已经存在,下面调用结构体数组!
文件中保存的结构体数组(学生信息)如下:
姓名　　性别　　年龄　　课程 1　　课程 2　　课程 3
张三　　男　　18　　87.4　　91.3　　78.9
李四　　女　　19　　90.2　　87.5　　93.4
王五　　男　　20　　76.2　　89.7　　77.8
结构体数组调用完毕,关闭退出!
Press any key to continue

只要保存的文件 jgtsz. docx 一直都在,什么时候运行该程序都能完整地输出此结构体数组的各成员。

不过,有一点要特别注意,在输入学生姓名时,名字中不能带有空格,即使采用"gets(stu[i]. name);"等输入函数输入数据,也不能有空格。因为格式化的调用语句 fscanf()要求被调用的字符串中不能带有空格,否则,虽然保存没有问题,但以后调用时就会出现混乱的现象。

上面各例对不同类型数据的格式化文件进行保存和调用操作中,采用的都是 r、w 文本文件的打开方式,如果改为 rb、wb 二进制文件的打开方式,结果也是一样的。

10.8.4 对其他类型的文本文档进行格式化文件的调用方法

从前面的例子中可以看到,采用 C 语言的格式化保存和调用语句对单一字符、单一整数、单一字符串、数组以及结构体类型等数据文件的操作,在各个文件中所保存的数据内容都是看得见的,而且都有一定的规律性。

这种"看得见、有规律"的特点带给我们一些启发:如果用 Word 或者 WPS 以及记事本等事先编辑好一个有规律的文档,也就是.docx、.wps、.doc 或者.txt 类型的文档时,能否采用 C 语言数据文件的格式化语句来成功调用它们? 如果能调用,则可以大大减少,甚至取消从 C 语言程序中输入文件信息的步骤。

因为,从程序中输入文件的数据信息是一件很烦琐的事,不能有任何差错。一旦输错了很难修改,甚至需要重新输入,这会大大降低程序的运行效率。如果采用 Word 或者 WPS 软件事先将文件的信息内容编辑好,即使有错误也容易修改,没有问题后将文档保存在计算机或者 U 盘中。当需要调用该文档时就采用 C 语言的格式化调用语句直接对相应的文件进行调用。若能这样做,就多了一个文件信息输入的通道,也使程序的数据信息输入更加灵活。不仅可以大大提高程序的运行效率,还可以大大提高工作效率。

我们首先对.docx 文档文件的格式化调用可行性进行验证。

例 10-11　假如某课程班学生的成绩考核信息中包含序号、学号、姓名、考勤成绩、平时成绩、期末成绩等,其中 3 名学生的成绩信息如下:

```
1    MCA19066    张志辉    100.00    84.00    100.00
2    MCA19074    李文凯    100.00    89.50    100.00
3    MCA19098    王新韬    100.00    77.00    100.00
```

要求将这些学生成绩信息先用一个文档文件 xskcxx.docx 建好保存起来,然后通过 C 语言程序的格式化调用语句来直接调用这个文档,看看调用结果如何。

我们就以前面的程序为基础进行适当的补充修改。

下面是修改后的程序设计:

```cpp
//文件名:docx 文档文件的格式化操作.cpp
1    # include < stdio. h >
2    struct students
3    {
4         int no;
5         char xh[9],xm[7];
6         float fxcj[3];
7    }stu[3], * p = stu;
8    int i,j;
9    void main()
10   {
11        FILE * fp;
12        if((fp = fopen("xskcxx.docx","r")) == NULL)
13        {
14             printf("\n   文件不存在,创建文件后再操作!\n");
15             goto ed;
16        }
17        else
18        {
19             printf("\n   文件已存在,下面调用文档信息!\n");
20             for(p = stu; p < stu + 3;p++)
21             {
22                  fscanf(fp," % d % s % s",&p -> no,p -> xh,p -> xm);
23                  for(j = 0; j < 3; j++)
24                       fscanf(fp," % f",&p -> fxcj[j]);
25             }
26             printf("   文档中保存的学生信息如下:\n");
27             printf("   序号\t学号\t姓名\t考勤\t平时\t期末\n");
28             for(p = stu; p < stu + 3; p++)
29             {
30                  printf("   % d\t % s\t % s\t",p -> no,p -> xh,p -> xm);
31                  for(j = 0; j < 3; j++)
32                       printf(" % 2.1f\t",p -> fxcj[j]);
33                  printf("\n");
34             }
35             printf("   docx 文档文件信息调用完毕,关闭退出!\n");
```

```
36              fclose(fp);
37          }
38   ed:;
39 }
```

首先用 WPS 软件建好学生的课程信息文档文件,并保存在文件 xskcxx.docx 中。

然后,先通过程序对文件 xskcxx.docx 中 3 名学生的信息进行调用和输出,其程序的运行结果如下:

```
文件已存在,下面调用文档信息:
文档中保存的学生信息如下:
序号   学号         姓名   考勤   平时   期末
0                   0.00   0.00   0.00
0                   0.00   0.00   0.00
0                   0.00   0.00   0.00
docx 文档文件信息调用完毕,关闭退出!
Press any key to continue
```

可以看出,当直接调用由 WPS 编辑的 xskcxx.docx 文档文件后,程序输出的 3 个学生文档信息都是 0 和空白,说明这种直接调用是失败的。同样,对.doc、.txt 文档进行类似的验证一样是失败的。

不过没关系,我们换一种方式再尝试。我们先用 C 语言的保存语句保存一个学生的文档内容,建好 C 语言的文档模板,然后对这个模板离线添加内容,如果能成功也是很好的。另设一个保存文件 xscjxx.docx,并在前面的程序中加入输入语句,将上面的程序修改成如下的形式:

```
//文件名:docx 文档文件的格式化操作.cpp
1   # include < stdio.h>
2   struct students
3   {
4       int no;
5       char xh[9],xm[7];
6       float fxcj[3];
7   }stu[3], * p = stu;
8   int i,j;
9   void main()
10  {
11      FILE * fp;
12      if((fp = fopen("xscjxx.docx","r")) == NULL)
13      {
14          printf("\n  文件不存在,需要创建文件!\n");
15          fp = fopen("xscjxx.docx","w");
16          printf("  文件已建好!\n");
17          printf("  请输入学生成绩信息:\n");
18          for(p = stu,i = 0; p < stu + 1;p++,i++)
19          {
20              p - > no = i + 1;
21              printf("\n  请输入第 %d 个学生的学号:",i + 1);
22              gets(p - > xh);
23              printf("  请输入第 %d 个学生的姓名:",i + 1);
24              gets(p - > xm);
25              printf("  请输入第 %d 个学生考勤、平时、期末的成绩:",i + 1);
```

```
26                  for(j = 0; j < 3; j++)
27                      scanf("%f",&p -> fxcj[j]);
28                  getchar();
29              }
30          printf("  下面保存docx学生文档信息:\n");
31          for(p = stu; p < stu + 1;p++)
32          {
33              fprintf(fp,"  %d\t%s\t%s\t",p -> no,p -> xh,p -> xm);
34              for(j = 0; j < 3; j++)
35                  fprintf(fp,"%2.2f\t",p -> fxcj[j]);
36              fprintf(fp,"\n");
37          }
38          printf("  docx学生文档信息已保存完毕,关闭退出!\n");
39          fclose(fp);
40      }
41      else
42      {
43          printf("\n  文件已存在,下面调用文档信息!\n");
44          for(p = stu; p < stu + 1;p++)
45          {
46              fscanf(fp,"%d%s%s",&p -> no,p -> xh,p -> xm);
47              for(j = 0; j < 3; j++)
48                  fscanf(fp,"%f",&p -> fxcj[j]);
49          }
50          printf("  文档中保存的学生信息如下:\n");
51          printf("  序号\t学号\t姓名\t考勤\t平时\t期末\n");
52          for(p = stu; p < stu + 1; p++)
53          {
54              printf("  %d\t%s\t%s\t",p -> no,p -> xh,p -> xm);
55              for(j = 0; j < 3; j++)
56                  printf("%2.1f\t",p -> fxcj[j]);
57              printf("\n");
58          }
59          printf("  docx文档文件信息调用完毕,关闭退出!\n");
60          fclose(fp);
61      }
62}
```

按照程序要求先输入一个学生的信息,并用C语言格式化保存语句将所输入的学生信息保存到xscjxx.docx文件中。

程序的运行结果如下:

```
    文件不存在,需要创建文件!
    文件已建好!
    请输入学生成绩信息:
    请输入第1个学生的学号:MCA19066↙
    请输入第1个学生的姓名:张志辉↙
    请输入第1个学生考勤、平时、期末的成绩:100 84 100↙
    下面保存docx学生文档信息:
     docx学生文档信息已保存完毕,关闭退出!
Press any key to continue
```

然后打开所保存的文件xscjxx.docx,可以看到保存的学生信息如下:

```
1   MCA19066   张志辉   100.00  84.00   100.00
```

现在到了我们做新尝试的时候了。先在计算机中打开 xscjxx. docx 文档文件，然后在这个文件的后面按照已有的规律将另外两名学生的信息逐一追加进去。注意：必须一步一步编辑，不能用复制粘贴方式，否则会出错。编辑完之后保存，追加信息后的文件 xscjxx. docx 内容如下所示：

```
1   MCA19066   张志辉    100.00  84.00     100.00
2   MCA19074   李文凯    100.00  89.50     100.00
3   MCA19098   王新韬    100.00  77.00     100.00
```

现在把程序中的调用和输出循环变量上限设置为学生的总人数 3，当我们再次用程序调用该文件时，所有的学生信息都顺利地调用输出出来了，其运行结果如下：

```
文件已存在，下面调用文件信息：
文档中保存的学生信息如下：
序号   学号          姓名    考勤     平时      期末
1     MCA19066      张志辉   100.00  84.00    100.00
2     MCA19074      李文凯   100.00  89.50    100.00
3     MCA19098      王新韬   100.00  77.00    100.00
docx 学生文档信息已保存完毕，关闭退出！
Press any key to continue
```

可见，在 C 语言程序所保存的.docx 文件原信息规律的基础上追加新的信息进去，这个新的尝试是成功的。

按照同样的方法，我们对.doc、.wps、.txt 文件做了类似的尝试，结果都是成功的。

然后，我们又对.xls 和.xlsx 文件做了类似的尝试，同样也取得了成功。

比较而言，虽然对于.docx、.doc、.wps、.txt 以及.xls、.xlsx 等各类文件采用 C 语言的格式化程序保存、离线追加和调用都是成功的，但是，对于.xls 和.xlsx 的两类电子文档文件采用 C 语言的格式化程序进行保存和调用更清晰、离线追加更方便，是一个最佳的选项。

在工程设计中，完全可以采用 C 语言程序将重要的技术数据以电子文档文件的方式进行保存、离线追加和调用，这对于工程设计开发、提高工作效率都是不二的选择。

通过以上对整型、浮点型二维数组以及对结构体数组文件的保存和调用举例，我们对文件的保存语句和调用语句有了更全面的了解。

尤其是数据块文件的保存和调用语句与格式化文件的保存和调用语句，二者的功能及区别主要表现在以下几方面。

（1）两类文件的保存和调用均与文件的打开方式无关。

（2）数据块文件的保存和调用是单一的语句命令，整体操作，应用简单。格式化文件的保存和调用是分步操作，需要与循环语句配合使用，属于综合性的语句形式，应用比较复杂。

（3）采用数据块文件保存和调用语句时，字符串中允许带空格，所保存的文件内容都是"乱码"，且看不出任何规律，不能对文件内容进行离线追加，降低程序的开发效率。但是，不影响文件的调用和输出结果。

（4）采用格式化文件的保存和调用语句时，字符串中不允许带有空格，所保存的文件内容都是看得见的，而且存放都有规律，可以对文件内容进行离线追加，这有助于提高程序的开发效率，对工程设计是有益的。最佳的追加文件形式是.xls 和.xlsx 的电子文档文件，这也是格式化文件保存和调用的最大优点。格式化的调用语句 fscanf()只能用基本的控制格式，比如，%s%d%f%c 等，可以是不同格式的组合。但是不能带有其他的修饰，比如，\t、

\n以及标点符号等。这一要求与格式化的输入语句 scanf( )是一致的。也就是说,在格式化输入语句中不能用的,在格式化调用语句中也不能用。或者说,格式化的输入语句怎么用,格式化的调用语句也就怎么用。

(5)格式化的保存和调用语句从单一字符、单一整数、单一浮点数、单一字符串、整型数组、浮点型数组,一直到结构体数组的成员等都可以保存和调用,而且所保存的文件内容"看得见,有规律",可以称为C语言数据文件的"万能"保存和调用方式。

10.8.5　C语言格式化文件保存和调用方法的程序设计应用举例

下面看一个具体的工程应用的实例。

"智能电网电气事故数字仿真自愈恢复平台"(简称"电网事故仿真平台")是本书作者采用C语言程序设计开发的一款应用软件,该软件主要是对智能电网系统进行电气事故的仿真模拟和自愈恢复送电的演训分析。应用该软件平台时,首先要建好电网系统的镜相虚拟模型,也就是要将所属电网系统中所有变电站的开关柜信息录入到该平台内保存起来,以便进行事故预想、事故分析以及自愈恢复送电的操作等。

由于电网系统中变电站的数量可能有很多,所属的开关柜更多,通过该软件平台录入每个变电站的开关柜信息需要花费很长的时间,而且容易出现录入错误,一旦录错,修改也比较麻烦。

所以,我们可以借助C语言格式化保存和调用语句的功能,用该软件平台先录入某个变电站少量开关柜的.xlsx 文件信息,创建一个开关柜的信息文件模板,然后在平台线下直接对该文件的信息模板内容进行补充追加,从而完成全部开关柜信息的录入。这种离线录入方式方便、灵活,不受软件平台和录入时间的限制,不仅可以减少直接录入的失误,还可以提高工作效率。

我们以某电网 110kV 变电站中 5 台开关柜的信息内容为例,如表 10-3 所示。

表 10-3　某 110kV 变电站 5 台开关柜运行状态及保护配置一览表

编号	母线位置	开关柜号	设备名称	开关状态	低电压	速断	过流	接地	瓦斯	差动	距离Ⅰ段	距离Ⅱ段	距离Ⅲ段	高频
1	Ⅰ	121	110kV1♯进线	1	0	×	×	0	0	0	0	0	0	0
2	Ⅰ	11PT	110kV1♯PT	1	0	×	×	×	×	×	×	×	×	×
3		100	110kV 母联	0	0	0	0	0	0	0	0	×	×	×
4	Ⅱ	122	110kV2♯进线	1	0	×	×	0	0	0	0	0	0	0
5	Ⅱ	12PT	110kV2♯PT	1	0	×	×	0	0	0	0	0	×	×

如果通过"电网事故仿真平台"录入表 10-3 中这些设备信息就需要占用不少的程序运行时间,如果有更多的变电站信息需要从该平台录入,那将更加费神。若采用脱离平台程序的离线录入,则可以多渠道灵活录入,优点很多。

下面用一个例子简要来说明这一用法。

例 10-12　在"电网事故仿真平台"中,开关柜的信息内容主要包括编号、母线位置、开关柜号、开关名称等,还包括开关状态、低电压、速断、过流、接地、瓦斯、差动、距离以及高频等多种继电保护等信息。请设计一个C语言程序,采用追加方式录入表 10-3 中所有开关柜的设备信息,并调用和输出这些信息。

　　编程思路：根据表 10-3 所示，每台开关柜的信息总共有 15 项内容，既有字符串，也有整型等多种类型的信息，所以，首先需要定义一个开关柜信息结构体，取名为 struct kgg，并定义一个结构体数组 kggxx[5]，还要定义一个指针，并给指针定位。需要设计的 C 语言程序要包括信息录入、信息调用以及信息输出等功能。信息录入只需要录入第 1 个开关柜信息即可，其余的信息采用离线追加的方式录入。保存信息的文件采用.xlsx 格式，文件取名为 bdzxx_110kV.xlsx。

　　结构体、数组和指针的定义如下：

```
struct kgg
{
    int sxbh;                        //顺序编号
    char mx[3],gh[10],gm[20];        //母线、柜号、柜名
    int kgzt;                        //开关状态
    char ddy[3],sd[3],gl[3],jd[3],ws[3],cd[3],z1[3],z2[3],z3[3],gp[3];  //各类保护状态
}kggxx[5], * p = kggxx;
```

　　继电保护状态可以定义为整型，也可以定义为字符型，本例定义为字符型，若没有相关的保护状态，则修改为"×"字符。

　　在主函数中需要定义一个文件指针 fp，还需要定义一个循环变量 i。

　　信息文件 bdzxx_110kV.xlsx 的保存和调用需要进行判断，其判断语句如下：

```
if((fp = fopen("bdzxx_110kV.xlsx","r")) == NULL)
```

　　格式化保存语句设计如下：

```
printf("\n   文件不存在,需要创建文件!\n");
fp = fopen("bdzxx_110kV.xlsx","w");
printf("   文件已建好!\n");
printf("   请输开关柜信息):\n");
for(p = kggxx,i = 0; p < kggxx + 1;p++,i++)
{
    p - > sxbh = i + 1;
    printf("\n   请输入第 %d 台柜的母线编号:",i + 1);
    scanf(" % s",p - > mx);
    getchar();
    printf("   请输入第 %d 台柜的柜号:",i + 1);
    gets(p - > gh);
    printf("   请输入第 %d 台柜的柜名:",i + 1);
    gets(p - > gm);
    printf("   请输入第 %d 台柜的状态:",i + 1);
    scanf(" % d",&p - > kgzt);
    strcpy(p - > ddy,"0");
    strcpy(p - > sd,"0");
    strcpy(p - > gl,"0");
    strcpy(p - > jd,"0");
    strcpy(p - > ws,"0");
    strcpy(p - > cd,"0");
    strcpy(p - > z1,"0");
    strcpy(p - > z2,"0");
    strcpy(p - > z3,"0");
    strcpy(p - > gp,"0");
    getchar();
```

```
    }
    printf("   下面保存 bdzxx_110kV.xlsx 的文件信息:\n");
    for(p = kggxx; p < kggxx + 1; p++)
    {
        fprintf(fp,"%d\t%s\t%s\t%s\t%d\t",p->sxbh,p->mx,p->gh,p->gm,p->kgzt);
        fprintf(fp,"%s\t%s\t%s\t%s\t%s\t",p->ddy,p->sd,p->gl,p->jd,p->ws,
    p->cd);
        fprintf(fp,"%s\t%s\t%s\t%s\n",p->z1,p->z2,p->z3,p->gp);
    }
    printf("   xlsx 文档文件信息已保存完毕,关闭退出!\n");
    fclose(fp);
```

在输入语句中,采用字符串复制函数先给低电压"strcpy(p->ddy,"0");"等所有的继电保护状态赋 0 值。

在格式化保存语句"fprintf(fp,"%d\t%s\t%s\t%s\t…");"中,每个控制格式之间都必须用转义字符\t进行隔离,只有这样,所保存的电子文档文件内容才能与每个单元格对应;否则,保存的内容与单元格就不对应。如果不对应,就没有规律,也就难以进行其余信息的离线追加,这一点很重要。

格式化调用和输出语句设计如下:

```
    printf("\n   文件已存在,下面调用文件信息!\n");
    for(p = kggxx; p < kggxx + 1; p++)
    {
        fscanf(fp,"%d%s%s%s%d",&p->sxbh,p->mx,p->gh,p->gm,&p->kgzt);
        fscanf(fp,"%s%s%s%s%s",p->ddy,p->sd,p->gl,p->jd,p->ws);
        fscanf(fp,"%s%s%s%s%s",p->cd,p->z1,p->z2,p->z3,p->gp);
    }
    printf("   文件中保存的开关柜信息如下:\n");
    printf("\n 序号  母线  柜号     柜     名          zt ddy sd gl jd ws cd z1 z2
    z3  gp\n");
    for(p = kggxx; p < kggxx + 1; p++)
    {
        printf("%4d    %s    %-5s    %-17s    ",p->sxbh,p->mx,p->gh,p->gm);
        printf("%d%5s%4s%4s%4s%4s",p->kgzt,p->ddy,p->sd,p->gl,p->jd,p->ws);
        printf("%4s%4s%4s%4s%4s\n",p->cd,p->z1,p->z2,p->z3,p->gp);
    }
    printf("\n   xlsx 文件信息调用输出完毕,关闭退出!\n");
    fclose(fp);
```

将以上程序完善后所设计的完整程序如下:

```
//文件名:变电站设备文件的格式化操作.cpp
1   #include < stdio.h >
2   #include < string.h >
3   struct kgg
4   {
5       int sxbh;
6       char mx[3],gh[10],gm[20];
7       int kgzt;
8       char ddy[3],sd[3],gl[3],jd[3],ws[3],cd[3],z1[3],z2[3],z3[3],gp[3];
9   }kggxx[5], * p = kggxx;
10  void main()
11  {
```

```
12      FILE * fp;
13      int i;
14      if((fp = fopen("bdzxx_110kV.xlsx","r")) == NULL)
15      {
16          printf("\n 文件不存在,需要创建文件!\n");
17          fp = fopen("bdzxx_110kV.xlsx","w");
18          printf("  文件已建好!\n");
19          printf("  请输开关柜信息):\n");
20          for(p = kggxx,i = 0; p < kggxx + 1;p++,i++)
21          {
22              p -> sxbh = i + 1;
23              printf("\n 请输入第 %d 台柜的母线编号:",i + 1);
24              scanf("%s",p -> mx);
25              getchar();
26              printf("  请输入第 %d 台柜的柜号:",i + 1);
27              gets(p -> gh);
28              printf("  请输入第 %d 台柜的柜名:",i + 1);
29              gets(p -> gm);
30              printf("  请输入第 %d 台柜的状态:",i + 1);
31              scanf("%d",&p -> kgzt);
32              strcpy(p -> ddy,"0");
33              strcpy(p -> sd,"0");
34              strcpy(p -> gl,"0");
35              strcpy(p -> jd,"0");
36              strcpy(p -> ws,"0");
37              strcpy(p -> cd,"0");
38              strcpy(p -> z1,"0");
39              strcpy(p -> z2,"0");
40              strcpy(p -> z3,"0");
41              strcpy(p -> gp,"0");
42              getchar();
43          }
44          printf("  下面保存 bdzxx_110kV.xlsx 的文件信息:\n");
45          for(p = kggxx; p < kggxx + 1; p++)
46          {
47              fprintf(fp,"%d\t%s\t%s\t%s\t",p -> sxbh,p -> mx,p -> gh,p -> gm);
48              fprintf(fp,"%d\t%s\t%s\t%s\t",p -> kgzt,p -> ddy,p -> sd,p -> gl);
49              fprintf(fp,"%s\t%s\t%s\t%s\t",p -> jd,p -> ws,p -> cd,p -> z1);
50              fprintf(fp,"%s\t%s\t%s\n",p -> z2,p -> z3,p -> gp);
51          }
52          printf("  xlsx 文档文件信息已保存完毕,关闭退出!\n");
53          fclose(fp);
54      }
55      else
56      {
57          printf("\n\n 文件已存在,下面调用文件信息!\n");
58          for(p = kggxx; p < kggxx + 1; p++)
59          {
60              fscanf(fp,"%d%s%s%s%d",&p -> sxbh,p -> mx,p -> gh,p -> gm,&p -> kgzt);
61              fscanf(fp,"%s%s%s%s%s",p -> ddy,p -> sd,p -> gl,p -> jd,p -> ws);
62              fscanf(fp,"%s%s%s%s%s",p -> cd,p -> z1,p -> z2,p -> z3,p -> gp);
63          }
64          printf("  文件中保存的开关柜信息如下:\n");
65          printf("\n 序号 母线 柜号    柜    名        zt ddy sd gl jd ws
```

```
cd   z1   z2   z3   gp\n");
66          for(p = kggxx; p < kggxx + 1; p++)
67          {
68              printf(" % 4d           % s      % − 5s          ",p− > sxbh,p− > mx,p− > gh);
69              printf(" % − 17s % d % 5s % 4s % 4s",p− > gm,p− > kgzt,p− > ddy,p− > sd,p− > gl);
70              printf(" % 4s % 4s % 4s % 4s",p− > jd,p− > ws,p− > cd,p− > z1);
71              printf(" % 4s % 4s % 4s\n",p− > z2,p− > z3,p− > gp);
72          }
73          printf("   xlsx 文件信息调用输出完毕,关闭退出!\n");
74          fclose(fp);
75      }
76 }
```

程序说明：

全部程序由 76 行语句组成,具体含义如前所述。

程序运行后的结果如下:

```
文件不存在,需要创建文件!
文件已建好!
请输入开关柜信息:
请输入第 1 台柜的母线编号:Ⅰ↙
请输入第 1 台柜的柜号:121↙
请输入第 1 台柜的柜名:110kV1＃进线↙
请输入第 1 台柜的状态:1↙
下面保存 bdzxx_110kV.xlsx 的文件信息:
xlsx 文档文件信息已保存完毕,关闭退出!
Press any key to continue
```

打开文件 bdzxx_110kV.xlsx,看到的结果如图 10-3 所示。

图 10-3　变电站信息的.xlsx 模板

打开 bdzxx_110kV.xlsx 文件,按照图 10-3 所示的模板将表 10-3 中其余的设备信息全部离线追加进去,并对个别信息进行必要的修改,尤其是母联的母线编号不能为空,将其修改为"×",然后存盘保存,结果如图 10-4 所示。

	A	B	C	D	E	F	G	H	I	J	K	L	M	N	O
1	1	Ⅰ	121	110kV1#进线	1	0	×	×	0	0	0	0	0	0	0
2	2	Ⅰ	11PT	110kV1#PT	1	0	×	×	×	×	×	×	×	×	×
3	3	×	100	110kV母联	1	0	×	×	×	×	×	×	×	×	×
4	4	Ⅱ	122	110kV2#进线	1	0	×	×	0	0	0	0	0	0	0
5	5	Ⅱ	12PT	110kV2#PT	1	0	×	×	×	×	×	×	×	×	×

图 10-4　变电站.xlsx 模板信息追加结果

然后将"变电站设备文件的格式化操作.cpp"程序中的格式化调用和输出语句的循环变量上限修改为 5,与设备的数量信息总数相对应,再次运行程序后的输出结果如下:

```
文件已存在,下面调用文件信息:
文件中保存的开关柜信息如下:
序号  母线  柜号  柜   名    zt  ddy  sd  gl  jd  ws  cd  z1  z2  z3  gp
1     Ⅰ    121   110kV1#进线  1   0    x   x   0   0   0   0   0   0   0
2     Ⅰ    11PT  110kV1＃PT   1   0    x   x   x   x   x   x   x   x   x
```

3	x	100	110kV 母联	0	0	0	0	0	0	0	x	x	x	x
4	Ⅱ	122	110kV2♯进线	1	0	x	x	0	0	0	0	0	0	0
5	Ⅱ	12PT	110kV2♯PT	1	0	x	x	x	x	x	x	x	x	x

xlsx 文件信息调用输出完毕,关闭退出!
Press any key to continue

可以看出,这个输出结果与 bdzxxx_110kV.xlsx 中保存的结果完全相同,也符合题意的要求。此例再次证明,采用电子文档文件形式追加设备信息是完全可行的,这种离线追加方式比在软件平台上的在线输入要方便很多,效率也更高。

C语言的数据文件因操作方式的不同分为顺序文件和随机文件两种,简单地讲,顺序文件就是按照先后顺序保存和调用文件的内容;而随机文件就是定位保存和定位调用文件的内容。本章主要介绍的是顺序文件的操作,有关随机文件的操作知识不再做介绍,大家有兴趣可以自己去学习研讨。

本章小结

本章主要介绍了 C 语言中数据文件的保存、调用及其应用方法,内容包括单一字符文件、单一整数文件、单一字符串文件、数据块文件以及格式化等文件的保存与调用方法,其中数据文件的格式化保存与调用是本章的重点,也是难点。

不同数据文件的保存与调用都由众多的专用函数来完成,其中各类保存函数要与调用函数相匹配,不要交叉混用。每个函数都带有或多或少的形参,调用这些函数时,实参的类型、数量、位置都要与函数的形参相对应。

这些函数中几乎都有文件指针,文件指针是一个专用结构体类型的指针,打开文件必须要用文件指针来引导。文件的类型有两类:一类是文本文件,另一类是二进制文件。每类文件的打开方式各有 6 种。文件的打开方式与文件的类型没有关系,也就是说,同一个文件既可以用文本文件打开,也可以用二进制文件打开,文件保存的内容和形式等都是一样的。打开文件常用 r 方式,创建文件常用 w 方式。

尤其是数据块文件的保存和调用语句与格式化文件的保存和调用语句的功能及区别主要表现在以下几方面。

(1) 两类文件的保存和调用均与文件的打开方式无关。

(2) 数据块文件的保存和调用是单一的语句命令,整体操作,应用简单;格式化文件的保存和调用是分步操作,需要与循环语句配合使用,属于综合性的语句形式,应用比较复杂。

(3) 采用数据块文件的保存和调用语句时,字符串中允许带空格,所保存的文件内容都是“乱码”,看不出任何的规律,不能对文件内容进行离线追加,降低程序的开发效率。但是不影响文件的调用和输出的结果。

(4) 采用格式化文件的保存和调用语句时,字符串中不允许带有空格,所保存的文件内容都是看得见的,而且存放都有规律,可以对文件内容进行离线追加,提高程序的开发效率。最佳的追加文件形式是.xls 和.xlsx 的表格文件,这也是格式化文件保存和调用的最大优点。

(5) 格式化的调用语句 fscanf() 只能用基本的控制格式,比如,%s%d%f%c 等,可以是不同格式的组合。但是不能带有其他的格式修饰,比如,\t、\n 以及标点符号等。这一要求与格式化的输入语句 scanf()是一致的。也就是说,在格式化输入语句中不能用的,在格式化调用语句中也不能用。或者说,格式化的输入语句怎么用,格式化的调用语句也就怎么用。

(6) 格式化的保存和调用语句从单一字符、单一整数、单一浮点数、单一字符串、整型数组、浮点型数组,一直到结构体数组的成员等都可以保存和调用,而且所保存的文件内容"看得见,有规律",完全可以称为 C 语言数据文件的"万能"保存和调用语句。

(7) 文件的保存用什么扩展名都可以,对于.docx、.doc、.wps、.txt 以及.xls、.xlsx 等各类文件,采用 C 语言的各类函数语句进行保存和调用都是可行的。尤其是对于.xls 和.xlsx 的两类电子文档文件采用 C 语言的格式化函数进行保存和调用更清晰、离线追加更方便。

(8) 在工程设计中,完全可以采用 C 语言程序将重要的技术数据以电子文档文件的方式进行保存、离线追加和调用,这对于工程设计开发、提高工作效率都是不二的选择。

参 考 文 献

[1] 谭浩强.C程序设计教程[M].北京：清华大学出版社,2007.

[2] 谭浩强.C程序设计教程[M].2版.北京：清华大学出版社,2013.

[3] 谭浩强.C程序设计教程[M].3版.北京：清华大学出版社,2018.

[4] 谭浩强.C程序设计教程学习辅导[M].3版.北京：清华大学出版社,2019.

[5] 何旭辉.换个姿势学C语言[M].北京：清华大学出版社,2022.

[6] 明日科技.C语言从入门到精通[M].5版.北京：清华大学出版社,2021.

[7] 文杰书院.C语言程序设计基础入门与实战(微课版)[M].北京：清华大学出版社,2020.

[8] 云尚科技.C语言入门很轻松[M].北京：清华大学出版社,2020.

[9] 郭一晶,薛春艳.C语言程序设计[M].北京：中国铁道出版社,2017.

[10] 薛春艳,郭一晶.C语言程序设计习题解析[M].北京：中国铁道出版社,2017.

[11] 郭一晶,薛春艳.C语言程序设计教程[M].北京：中国铁道出版社,2022.

[12] 潘银松,颜烨.C语言程序设计基础教程[M].重庆：重庆大学出版社,2019.

[13] 王学艳,赵丽霞,王丹.C语言程序设计[M].北京：北京理工大学出版社,2020.

[14] 张春艳.C语言从入门到精通[M].北京：人民邮电出版社,2019.